2023년 대비

산업안전 지도사 및 산업보건 지도사
(추록)

머리말

2023년 시험에 대비하여 2022년에 출제된 기출문제와 그 풀이를 상세하게 수록하였다. 기출문제 풀이는 다음 시험을 위한 중요한 학습시간이다. 2022년 기출문제는 직전년도 기출문제와 유사한 난이도를 보였으며 예전의 기출문제를 반복한 것도 일부 보였던 것이 특징이다. 지도사 시험은 기출문제의 반복을 지양(止揚)하는 것이 특징이었다. 한편, 산업보건일반 파트는 여전히 높은 난도를 자랑하듯 어려운 계산문제와 이론을 선보이고 있다.

지도사 시험에서 합격에 가장 큰 주춧돌 역할을 하는 것은 산업안전보건법령(제1과목)이다. 물론 산업안전일반 및 산업보건일반(제2과목), 기업진단지도(제3과목)도 중요하기는 마찬가지겠지만 상대적으로 고득점을 담보할 수 있는 과목은 제1과목인 법령임을 강조한다.

2022년 일부 법령 개정이 있어 시험에 나올만한 부분을 발췌하여 부록으로 실었으니 참고하기 바라며, 추록에 담긴 기출문제와 그 배경되는 지식을 숙지하여 다음 2023년 시험에 대비하기 바란다.

지도사 시험은 1차의 관문을 먼저 통과해야 훗날 치르게 될 2차 및 3차 시험이 의미가 있음을 알아야 한다. 통상 30% 내외의 합격률인 1차 시험에서 기출문제 풀이를 통해 앞으로 마주할 시험유형을 익혀 두는 데 도움이 될 것이다. 본서를 출간하는데 도움을 준 이현서 군에게 감사를 전한다.

포기하지 말고 꾸준히 익히고 반복하다 보면, 수험생인 그대가 꿈꾸는 세상이 펼쳐질 것을 믿는다. 본서가 따뜻한 길잡이가 되기를 바라는 마음이다.

2022년 11월에 신림동에서

목 차

제1과목 산업안전보건법령 ··· 2

산업안전지도사

제2과목 산업안전일반 ··· 105
제3과목 기업진단지도 ··· 142

산업보건지도사

제2과목 산업보건일반 ··· 172
제3과목 기업진단지도 – 산업보건지도사 안전일반 문제 ··· 233

부록 2022년 개정 최근법령 ··· 243
법령 개정사항 반영 예상문제 ··· 284

제1과목 산업안전보건법령

01 산업안전보건법령상 관계수급인 근로자가 도급인의 사업장에서 작업을 하는 경우 도급인의 안전조치 및 보건조치에 관한 설명으로 옳지 않은 것은?

① 도급인은 같은 장소에서 이루어지는 도급인과 관계수급인의 작업에 있어서 관계수급인의 작업시기·내용, 안전조치 및 보건조치 등을 확인하여야 한다.
② 건설업의 경우에는 도급사업의 정기 안전·보건점검을 분기에 1회 이상 실시하여야 한다.
③ 관계수급인의 공사금액을 포함한 해당 공사의 총공사금액이 20억원 이상인 건설업의 경우 도급인은 그 사업장의 안전보건관리책임자를 안전보건총괄책임자로 지정하여야 한다.
④ 도급인은 도급인과 수급인을 구성원으로 하는 안전 및 보건에 관한 협의체를 도급인 및 그의 수급인 전원으로 구성하여야 한다.
⑤ 도급인은 제조업 작업장의 순회점검을 2일에 1회 이상 실시하여야 한다.

> **해설**

법 제62조(안전보건총괄책임자) ① 도급인은 관계수급인 근로자가 도급인의 사업장에서 작업을 하는 경우에는 그 사업장의 안전보건관리책임자를 도급인의 근로자와 관계수급인 근로자의 산업재해를 예방하기 위한 업무를 총괄하여 관리하는 안전보건총괄책임자로 지정하여야 한다. 이 경우 안전보건관리책임자를 두지 아니하여도 되는 사업장에서는 그 사업장에서 사업을 총괄하여 관리하는 사람을 안전보건총괄책임자로 지정하여야 한다.
② 제1항에 따라 안전보건총괄책임자를 지정한 경우에는 「건설기술 진흥법」 제64조제1항제1호에 따른 안전총괄책임자를 둔 것으로 본다.
③ 제1항에 따라 안전보건총괄책임자를 지정하여야 하는 사업의 종류와 사업장의 상시근로자 수, 안전보건총괄책임자의 직무·권한, 그 밖에 필요한 사항은 대통령령으로 정한다.

> **영 제52조(안전보건총괄책임자 지정 대상사업)** 법 제62조제1항에 따른 안전보건총괄책임자(이하 "안전보건총괄책임자"라 한다)를 지정해야 하는 사업의 종류 및 사업장의 상시근로자 수는 <u>관계수급인에게 고용된 근로자를 포함한 상시근로자가 100명(선박 및 보트 건조업, 1차 금속 제조업 및 토사석 광업의 경우에는 50명) 이상인 사업이나 관계수급인의 공사금액을 포함한 해당 공사의 총공사금액이 20억원 이상인 건설업으로 한다.</u>
>
> **영 제53조(안전보건총괄책임자의 직무 등)** ① 안전보건총괄책임자의 직무는 다음 각 호와 같다.
>   1. 법 제36조에 따른 위험성평가의 실시에 관한 사항
>   2. 법 제51조 및 제54조에 따른 작업의 중지
>   3. 법 제64조에 따른 도급 시 산업재해 예방조치
>   4. 법 제72조제1항에 따른 산업안전보건관리비의 관계수급인 간의 사용에 관한 협의·조정 및 그 집행의 감독

5. 안전인증대상기계등과 자율안전확인대상기계등의 사용 여부 확인

② 안전보건총괄책임자에 대한 지원에 관하여는 제14조제2항을 준용한다. 이 경우 "안전보건관리책임자"는 "안전보건총괄책임자"로, "법 제15조제1항"은 "제1항"으로 본다.

③ 사업주는 안전보건총괄책임자를 선임했을 때에는 그 선임 사실 및 제1항 각 호의 직무의 수행내용을 증명할 수 있는 서류를 갖추어 두어야 한다.

법 제63조(도급인의 안전조치 및 보건조치) 도급인은 관계수급인 근로자가 도급인의 사업장에서 작업을 하는 경우에 자신의 근로자와 관계수급인 근로자의 산업재해를 예방하기 위하여 안전 및 보건 시설의 설치 등 필요한 안전조치 및 보건조치를 하여야 한다. 다만, 보호구 착용의 지시 등 관계수급인 근로자의 작업행동에 관한 직접적인 조치는 제외한다.

법 제64조(도급에 따른 산업재해 예방조치) ① 도급인은 관계수급인 근로자가 도급인의 사업장에서 작업을 하는 경우 다음 각 호의 사항을 이행하여야 한다.

1. 도급인과 수급인을 구성원으로 하는 안전 및 보건에 관한 협의체의 구성 및 운영
2. 작업장 순회점검
3. 관계수급인이 근로자에게 하는 제29조제1항부터 제3항까지의 규정에 따른 안전보건교육을 위한 장소 및 자료의 제공 등 지원
4. 관계수급인이 근로자에게 하는 제29조제3항에 따른 안전보건교육의 실시 확인
5. 다음 각 목의 어느 하나의 경우에 대비한 경보체계 운영과 대피방법 등 훈련
   가. 작업 장소에서 발파작업을 하는 경우
   나. 작업 장소에서 화재·폭발, 토사·구축물 등의 붕괴 또는 지진 등이 발생한 경우
6. 위생시설 등 고용노동부령으로 정하는 시설의 설치 등을 위하여 필요한 장소의 제공 또는 도급인이 설치한 위생시설 이용의 협조
7. 같은 장소에서 이루어지는 도급인과 관계수급인 등의 작업에 있어서 관계수급인 등의 작업시기·내용, 안전조치 및 보건조치 등의 확인
8. 제7호에 따른 확인 결과 관계수급인 등의 작업 혼재로 인하여 화재·폭발 등 대통령령으로 정하는 위험이 발생할 우려가 있는 경우 관계수급인 등의 작업시기·내용 등의 조정

② 제1항에 따른 도급인은 고용노동부령으로 정하는 바에 따라 자신의 근로자 및 관계수급인 근로자와 함께 정기적으로 또는 수시로 작업장의 안전 및 보건에 관한 점검을 하여야 한다.

③ 제1항에 따른 안전 및 보건에 관한 협의체 구성 및 운영, 작업장 순회점검, 안전보건교육 지원, 그 밖에 필요한 사항은 고용노동부령으로 정한다.

시행규칙 제80조(도급사업 시의 안전·보건조치 등) ① 도급인은 법 제64조제1항제2호에 따른 작업장 순회점검을 다음 각 호의 구분에 따라 실시해야 한다.

1. 다음 각 목의 사업: 2일에 1회 이상
   가. 건설업
   나. 제조업
   다. 토사석 광업
   라. 서적, 잡지 및 기타 인쇄물 출판업
   마. 음악 및 기타 오디오물 출판업
   바. 금속 및 비금속 원료 재생업

2. 제1호 각 목의 사업을 제외한 사업: 1주일에 1회 이상
② 관계수급인은 제1항에 따라 도급인이 실시하는 순회점검을 거부·방해 또는 기피해서는 안 되며 점검 결과 도급인의 시정요구가 있으면 이에 따라야 한다.
③ 도급인은 법 제64조제1항제3호에 따라 관계수급인이 실시하는 근로자의 안전·보건교육에 필요한 장소 및 자료의 제공 등을 요청받은 경우 협조해야 한다.

시행규칙 제82조(도급사업의 합동 안전·보건점검) ① 법 제64조제2항에 따라 도급인이 작업장의 안전 및 보건에 관한 점검을 할 때에는 다음 각 호의 사람으로 점검반을 구성해야 한다.
1. 도급인(같은 사업 내에 지역을 달리하는 사업장이 있는 경우에는 그 사업장의 안전보건관리책임자)
2. 관계수급인(같은 사업 내에 지역을 달리하는 사업장이 있는 경우에는 그 사업장의 안전보건관리책임자)
3. 도급인 및 관계수급인의 근로자 각 1명(관계수급인의 근로자의 경우에는 해당 공정만 해당한다)

② 법 제64조제2항에 따른 정기 안전·보건점검의 실시 횟수는 다음 각 호의 구분에 따른다.
1. 다음 각 목의 사업: 2개월에 1회 이상
   가. 건설업
   나. 선박 및 보트 건조업
2. 제1호의 사업을 제외한 사업: 분기에 1회 이상

법 제65조(도급인의 안전 및 보건에 관한 정보 제공 등) ① 다음 각 호의 작업을 도급하는 자는 그 작업을 수행하는 수급인 근로자의 산업재해를 예방하기 위하여 고용노동부령으로 정하는 바에 따라 해당 작업 시작 전에 수급인에게 안전 및 보건에 관한 정보를 문서로 제공하여야 한다.
1. 폭발성·발화성·인화성·독성 등의 유해성·위험성이 있는 화학물질 중 고용노동부령으로 정하는 화학물질 또는 그 화학물질을 포함한 혼합물을 제조·사용·운반 또는 저장하는 반응기·증류탑·배관 또는 저장탱크로서 고용노동부령으로 정하는 설비를 개조·분해·해체 또는 철거하는 작업
2. 제1호에 따른 설비의 내부에서 이루어지는 작업
3. 질식 또는 붕괴의 위험이 있는 작업으로서 대통령령으로 정하는 작업

② 도급인이 제1항에 따라 안전 및 보건에 관한 정보를 해당 작업 시작 전까지 제공하지 아니한 경우에는 수급인이 정보 제공을 요청할 수 있다.
③ 도급인은 수급인이 제1항에 따라 제공받은 안전 및 보건에 관한 정보에 따라 필요한 안전조치 및 보건조치를 하였는지를 확인하여야 한다.
④ 수급인은 제2항에 따른 요청에도 불구하고 도급인이 정보를 제공하지 아니하는 경우에는 해당 도급 작업을 하지 아니할 수 있다. 이 경우 수급인은 계약의 이행 지체에 따른 책임을 지지 아니한다.

정답: ②

02

산업안전보건법령상 '대여자 등이 안전조치 등을 해야 하는 기계·기구·설비 및 건축물 등'에 규정되어 있는 것을 모두 고른 것은? (단, 고용노동부장관이 정하여 고시하는 기계·기구·설비 및 건축물 등은 고려하지 않음)

> ㄱ. 어스오거
> ㄴ. 산업용 로봇
> ㄷ. 클램셸
> ㄹ. 압력용기

① ㄱ, ㄴ
② ㄱ, ㄷ
③ ㄴ, ㄹ
④ ㄱ, ㄷ, ㄹ
⑤ ㄴ, ㄷ, ㄹ

해설

법 제81조(기계·기구 등의 대여자 등의 조치) 대통령령으로 정하는 기계·기구·설비 또는 건축물 등을 타인에게 대여하거나 대여받는 자는 필요한 안전조치 및 보건조치를 하여야 한다.

영 제71조(대여자 등이 안전조치 등을 해야 하는 기계·기구 등) 법 제81조에서 "대통령령으로 정하는 기계·기구·설비 및 건축물 등"이란 별표 21에 따른 기계·기구·설비 및 건축물 등을 말한다.

■ 산업안전보건법 시행령 [별표 21]

> 대여자 등이 안전조치 등을 해야 하는 기계·기구·설비 및 건축물 등(제71조 관련)
> 1. 사무실 및 공장용 건축물
> 2. 이동식 크레인
> 3. 타워크레인
> 4. 불도저
> 5. 모터 그레이더
> 6. 로더
> 7. 스크레이퍼
> 8. 스크레이퍼 도저
> 9. 파워 셔블
> 10. 드래그라인
> 11. 클램셸
> 12. 버킷굴착기
> 13. 트렌치
> 14. 항타기

           15. 항발기
           16. 어스드릴
           17. 천공기
           18. 어스오거
           19. 페이퍼드레인머신
           20. 리프트
           21. 지게차
           22. 롤러기
           23. 콘크리트 펌프
           24. 고소작업대
           25. 그 밖에 산업재해보상보험및예방심의위원회 심의를 거쳐 고용노동부장관이 정하여 고시하는
               기계, 기구, 설비 및 건축물 등 → 산업용 로봇(×), 압력용기(×)
       [암기법] 사이타/도모로스/파워드래그어스/고펌지리/버킷페이퍼/천항트렌치/클롤

정답: ②

03 산업안전보건법령상 유해하거나 위험한 기계·기구에 대한 방호조치 등에 관한 설명으로 옳은 것을 모두 고른 것은?

ㄱ. 래핑기에는 구동부 방호 연동장치를 설치해야 한다.
ㄴ. 원심기에는 압력방출장치를 설치해야 한다.
ㄷ. 작동 부분에 돌기 부분이 있는 기계는 그 돌기 부분에 방호망을 설치하여야 한다.
ㄹ. 동력전달 부분이 있는 기계는 동력전달 부분을 묻힘형으로 하여야 한다.

① ㄱ
② ㄱ, ㄴ
③ ㄴ, ㄷ
④ ㄷ, ㄹ
⑤ ㄱ, ㄷ, ㄹ

해설

법 제80조(유해하거나 위험한 기계·기구에 대한 방호조치) ① 누구든지 동력(動力)으로 작동하는 기계·기구로서 대통령령으로 정하는 것은 고용노동부령으로 정하는 유해·위험 방지를 위한 방호조치를 하지 아니하고는 양도, 대여, 설치 또는 사용에 제공하거나 양도·대여의 목적으로 진열해서는 아니 된다.
② 누구든지 동력으로 작동하는 기계·기구로서 다음 각 호의 어느 하나에 해당하는 것은 고용노동부령으로 정하는 방호조치를 하지 아니하고는 양도, 대여, 설치 또는 사용에 제공하거나 양도·대여의 목적으로 진열해서는 아니 된다.

1. 작동 부분에 돌기 부분이 있는 것
2. 동력전달 부분 또는 속도조절 부분이 있는 것
3. 회전기계에 물체 등이 말려 들어갈 부분이 있는 것

③ 사업주는 제1항 및 제2항에 따른 방호조치가 정상적인 기능을 발휘할 수 있도록 방호조치와 관련되는 장치를 상시적으로 점검하고 정비하여야 한다.

④ 사업주와 근로자는 제1항 및 제2항에 따른 방호조치를 해체하려는 경우 등 고용노동부령으로 정하는 경우에는 필요한 안전조치 및 보건조치를 하여야 한다.

영 제70조(방호조치를 해야 하는 유해하거나 위험한 기계ㆍ기구) 법 제80조제1항에서 "대통령령으로 정하는 것"이란 별표 20에 따른 기계ㆍ기구를 말한다.

■ 산업안전보건법 시행령 [별표 20]

<u>유해ㆍ위험 방지를 위한 방호조치가 필요한 기계ㆍ기구</u>(제70조 관련)

1. 예초기
2. 원심기
3. 공기압축기
4. 금속절단기
5. 지게차
6. 포장기계(진공포장기, 래핑기로 한정한다)

시행규칙 제98조(방호조치) ① 법 제80조제1항에 따라 영 제70조 및 영 별표 20의 기계ㆍ기구에 설치해야 할 방호장치는 다음 각 호와 같다.
1. 영 별표 20 제1호에 따른 예초기: 날접촉 예방장치
2. 영 별표 20 제2호에 따른 <u>원심기: 회전체 접촉 예방장치</u>
3. 영 별표 20 제3호에 따른 <u>공기압축기: 압력방출장치</u>
4. 영 별표 20 제4호에 따른 금속절단기: 날접촉 예방장치
5. 영 별표 20 제5호에 따른 지게차: 헤드 가드, 백레스트(backrest), 전조등, 후미등, 안전벨트
6. 영 별표 20 제6호에 따른 포장기계: 구동부 방호 연동장치

② 법 제80조제2항에서 "고용노동부령으로 정하는 방호조치"란 다음 각 호의 방호조치를 말한다.
1. <u>작동 부분의 **돌기부분**은 **묻힘형**으로 하거나 **덮개**를 부착할 것</u>
2. <u>**동력전달부분 및 속도조절부분**에는 **덮개**를 부착하거나 **방호망**을 설치할 것</u>
3. <u>**회전기계의 물림점**(롤러나 톱니바퀴 등 반대방향의 두 회전체에 물려 들어가는 위험점)에는 **덮개 또는 울**을 설치할 것</u>

③ 제1항 및 제2항에 따른 방호조치에 필요한 사항은 고용노동부장관이 정하여 고시한다.

정답: ①

04 산업안전보건법령상 사업주가 근로자의 작업내용을 변경할 때에 그 근로자에게 하여야 하는 안전보건교육의 내용으로 규정되어 있지 않은 것은?

① 사고 발생 시 긴급조치에 관한 사항
② 기계·기구의 위험성과 작업의 순서 및 동선에 관한 사항
③ 표준안전 작업방법에 관한 사항
④ 직장 내 괴롭힘, 고객의 폭언 등으로 인한 건강장해 예방 및 관리에 관한 사항
⑤ 작업 개시 전 점검에 관한 사항

해설

■ 산업안전보건법 시행규칙 [별표 5]

안전보건교육 교육대상별 교육내용(제26조제1항 등 관련)

1. 근로자 안전보건교육(제26조제1항 관련)
   가. 근로자 정기교육

교육내용
○ 산업안전 및 사고 예방에 관한 사항 ○ 산업보건 및 직업병 예방에 관한 사항 ○ 건강증진 및 질병 예방에 관한 사항 → 근로자 정기교육만 해당 ○ 유해·위험 작업환경 관리에 관한 사항 ○ 산업안전보건법령 및 산업재해보상보험 제도에 관한 사항 ○ 직무스트레스 예방 및 관리에 관한 사항 ○ 직장 내 괴롭힘, 고객의 폭언 등으로 인한 건강장해 예방 및 관리에 관한 사항

   나. 관리감독자 정기교육

교육내용
○ 산업안전 및 사고 예방에 관한 사항 ○ 산업보건 및 직업병 예방에 관한 사항 ○ 유해·위험 작업환경 관리에 관한 사항 ○ 산업안전보건법령 및 산업재해보상보험 제도에 관한 사항 ○ 직무스트레스 예방 및 관리에 관한 사항 ○ 직장 내 괴롭힘, 고객의 폭언 등으로 인한 건강장해 예방 및 관리에 관한 사항 ○ 작업공정의 유해·위험과 재해 예방대책에 관한 사항 ○ 표준안전 작업방법 및 지도 요령에 관한 사항 ○ 관리감독자의 역할과 임무에 관한 사항

○ 안전보건교육 **능력 배양**에 관한 사항
 - 현장근로자와의 의사소통능력 향상, 강의능력 향상 및 그 밖에 안전보건교육 능력 배양 등에 관한 사항. 이 경우 안전보건교육 능력 배양 교육은 별표 4에 따라 관리감독자가 받아야 하는 전체 교육시간의 3분의 1 범위에서 할 수 있다.

다. 채용 시 교육 및 작업내용 변경 시 교육

교육내용
[암기법] 안전/보건/법령/직장 내/ 직무 스트레스/ 작업 개시 전/사고/위험성과/MSDS/정리

○ 산업안전 및 사고 예방에 관한 사항
○ 산업보건 및 직업병 예방에 관한 사항
○ 산업안전보건법령 및 산업재해보상보험 제도에 관한 사항
○ 직무스트레스 예방 및 관리에 관한 사항
○ 직장 내 괴롭힘, 고객의 폭언 등으로 인한 건강장해 예방 및 관리에 관한 사항
○ 기계·기구의 위험성과 작업의 순서 및 동선에 관한 사항
○ 작업 개시 전 점검에 관한 사항
○ 정리정돈 및 청소에 관한 사항
○ 사고 발생 시 긴급조치에 관한 사항
○ 물질안전보건자료에 관한 사항

라. 특별교육 대상 작업별 교육

작업명	교육내용
<공통내용> 제1호부터 제40호까지의 작업	다목과 같은 내용

■ 산업안전보건법 시행규칙 [별표 4]

안전보건교육 교육과정별 교육시간(제26조제1항 등 관련)

1. 근로자 안전보건교육(제26조제1항, 제28조제1항 관련)

교육과정	교육대상		교육시간
가. 정기교육	사무직 종사 근로자		매분기 3시간 이상
	사무직 종사 근로자 외의 근로자	판매업무에 직접 종사하는 근로자	매분기 3시간 이상
		판매업무에 직접 종사하는 근로자 외의 근로자	매분기 6시간 이상
	관리감독자의 지위에 있는 사람		연간 16시간 이상
나. 채용 시 교육	일용근로자		1시간 이상
	일용근로자를 제외한 근로자		8시간 이상
다. 작업내용 변경 시 교육	일용근로자		1시간 이상
	일용근로자를 제외한 근로자		2시간 이상
라. 특별교육	별표 5 제1호라목 각 호(제40호는 제외한다)의 어느 하나에 해당하는 작업에 종사하는 일용근로자		2시간 이상
	별표 5 제1호라목제40호의 타워크레인 신호작업에 종사하는 일용근로자		8시간 이상
	별표 5 제1호라목 각 호의 어느 하나에 해당하는 작업에 종사하는 일용근로자를 제외한 근로자		- 16시간 이상(최초 작업에 종사하기 전 4시간 이상 실시하고 12시간은 3개월 이내에서 분할하여 실시가능) - 단기간 작업 또는 간헐적 작업인 경우에는 2시간 이상
마. 건설업 기초안전·보건교육	건설 일용근로자		4시간 이상

비고
1. 상시근로자 50명 미만의 도매업과 숙박 및 음식점업은 위 표의 가목부터 라목까지의 규정에도 불구하고 해당 교육과정별 교육시간의 2분의 1이상을 실시해야 한다.
2. 근로자(관리감독자의 지위에 있는 사람은 제외한다)가 「화학물질관리법 시행규칙」 제37조제4항에 따른 유해화학물질 안전교육을 받은 경우에는 그 시간만큼 가목에 따른 해당 분기의 정기교육을 받은 것으로 본다.
3. 방사선작업종사자가 「원자력안전법 시행령」 제148조제1항에 따라 방사선작업종사자 정기교육을 받은 때에는 그 해당시간 만큼 가목에 따른 해당 분기의 정기교육을 받은 것으로 본다.
4. 방사선 업무에 관계되는 작업에 종사하는 근로자가 「원자력안전법 시행령」 제148조제1항에 따라 방사선작업종사자 신규교육 중 직장교육을 받은 때에는 그 시간만큼 라목 중 별표 5 제1호라목 33에 따른 해당 근로자에 대한 특별교육을 받은 것으로 본다.

2. 안전보건관리책임자 등에 대한 교육(제29조제2항 관련)

교육대상	교육시간	
	신규교육	보수교육
가. 안전보건관리책임자	6시간 이상	6시간 이상
나. 안전관리자, 안전관리전문기관의 종사자	34시간 이상	24시간 이상
다. 보건관리자, 보건관리전문기관의 종사자	34시간 이상	24시간 이상
라. 건설재해예방전문지도기관의 종사자	34시간 이상	24시간 이상
마. 석면조사기관의 종사자	34시간 이상	24시간 이상
바. 안전보건관리담당자	-	8시간 이상
사. 안전검사기관, 자율안전검사기관의 종사자	34시간 이상	24시간 이상

3. 특수형태근로종사자에 대한 안전보건교육(제95조제1항 관련)

교육과정	교육시간
가. 최초 노무제공 시 교육	2시간 이상(단기간 작업 또는 간헐적 작업에 노무를 제공하는 경우에는 1시간 이상 실시하고, 특별교육을 실시한 경우는 면제)
나. 특별교육	16시간 이상(최초 작업에 종사하기 전 4시간 이상 실시하고 12시간은 3개월 이내에서 분할하여 실시가능)
	단기간 작업 또는 간헐적 작업인 경우에는 2시간 이상

비고: 영 제67조제13호라목에 해당하는 사람이 「화학물질관리법」 제33조제1항에 따른 유해화학물질 안전교육을 받은 경우에는 그 시간만큼 가목에 따른 최초 노무제공 시 교육을 실시하지 않을 수 있다.

4. 검사원 성능검사 교육(제131조제2항 관련)

교육과정	교육대상	교육시간
성능검사 교육	-	28시간 이상

정답: ③

05 산업안전보건법령상 안전검사에 관한 설명으로 옳지 않은 것은?

① 형 체결력(型 締結力) 294킬로뉴턴(KN) 이상의 사출성형기는 안전검사대상기계등에 해당한다.
② 사업주는 자율안전검사를 받은 경우에는 그 결과를 기록하여 보존하여야 한다.
③ 안전검사기관이 안전검사 업무를 게을리하거나 업무에 차질을 일으킨 경우 고용노동부장관은 안전검사기관 지정을 취소하거나 6개월 이내의 기간을 정하여 그 업무의 정지를 명할 수 있다.
④ 곤돌라를 건설현장에서 사용하는 경우 사업장에 최초로 설치한 날부터 6개월 마다 안전검사를 하여야 한다.
⑤ 안전검사대상기계등을 사용하는 사업주와 소유자가 다른 경우에는 사업주가 안전검사를 받아야 한다.

해설

법 제93조(안전검사) ① 유해하거나 위험한 기계·기구·설비로서 대통령령으로 정하는 것(이하 "안전검사대상기계등"이라 한다)을 사용하는 사업주(근로자를 사용하지 아니하고 사업을 하는 자를 포함한다. 이하 이 조, 제94조, 제95조 및 제98조에서 같다)는 안전검사대상기계등의 안전에 관한 성능이 고용노동부장관이 정하여 고시하는 검사기준에 맞는지에 대하여 고용노동부장관이 실시하는 검사(이하 "**안전검사**"라 한다)를 받아야 한다. 이 경우 안전검사대상기계등을 사용하는 **사업주와 소유자가 다른 경우에는 안전검사대상기계등의 소유자가 안전검사를 받아야 한다.**
② 제1항에도 불구하고 안전검사대상기계등이 다른 법령에 따라 안전성에 관한 검사나 인증을 받은 경우로서 고용노동부령으로 정하는 경우에는 안전검사를 면제할 수 있다.
③ 안전검사의 신청, 검사 주기 및 검사합격 표시방법, 그 밖에 필요한 사항은 고용노동부령으로 정한다. 이 경우 검사 주기는 안전검사대상기계등의 종류, 사용연한(使用年限) 및 위험성을 고려하여 정한다.

> **영 제78조(안전검사대상기계등)** ① 법 제93조제1항 전단에서 "대통령령으로 정하는 것"이란 다음 각 호의 어느 하나에 해당하는 것을 말한다. → [**암기법 : 크리곤/전프압사고롤/(컨산원곡)** →**제외 4개(국사롤크), 한정 2개(원고)**
> 1. 프레스
> 2. 전단기
> 3. 크레인(정격 하중이 2톤 미만인 것은 **제외**한다)
> 4. 리프트
> 5. 압력용기
> 6. 곤돌라
> 7. 국소 배기장치(이동식은 **제외**한다)
> 8. 원심기(**산업용만 해당**한다)
> 9. 롤러기(밀폐형 구조는 **제외**한다)
> 10. 사출성형기[형 체결력(型 締結力) 294킬로뉴턴(KN) 미만은 **제외**한다]
> 11. 고소작업대(「자동차관리법」 제3조제3호 또는 제4호에 따른 화물자동차 또는 특수자동차에 탑재한 고소작업대로 **한정**한다)

12. 컨베이어
13. 산업용 로봇

② 법 제93조제1항에 따른 안전검사대상기계등의 세부적인 종류, 규격 및 형식은 고용노동부장관이 정하여 고시한다.

시행규칙 제124조(안전검사의 신청 등) ① 법 제93조제1항에 따라 안전검사를 받아야 하는 자는 별지 제50호서식의 안전검사 신청서를 제126조에 따른 검사 주기 만료일 30일 전에 영 제116조제2항에 따라 안전검사 업무를 위탁받은 기관(이하 "안전검사기관"이라 한다)에 제출(전자문서로 제출하는 것을 포함한다)해야 한다.

② 제1항에 따른 안전검사 신청을 받은 안전검사기관은 검사 주기 만료일 전후 각각 30일 이내에 해당 기계·기구 및 설비별로 안전검사를 해야 한다. 이 경우 해당 검사기간 이내에 검사에 합격한 경우에는 검사 주기 만료일에 안전검사를 받은 것으로 본다.

시행규칙 제126조(안전검사의 주기와 합격표시 및 표시방법) ① 법 제93조제3항에 따른 안전검사대상기계등의 안전검사 주기는 다음 각 호와 같다.

1. 크레인(이동식 크레인은 제외한다), 리프트(이삿짐운반용 리프트는 제외한다) 및 곤돌라: 사업장에 설치가 끝난 날부터 3년 이내에 최초 안전검사를 실시하되, 그 이후부터 2년마다(건설현장에서 사용하는 것은 최초로 설치한 날부터 6개월마다)
2. 이동식 크레인, 이삿짐운반용 리프트 및 고소작업대:「자동차관리법」제8조에 따른 신규등록 이후 3년 이내에 최초 안전검사를 실시하되, 그 이후부터 2년마다
3. 프레스, 전단기, 압력용기, 국소 배기장치, 원심기, 롤러기, 사출성형기, 컨베이어 및 산업용 로봇: 사업장에 설치가 끝난 날부터 3년 이내에 최초 안전검사를 실시하되, 그 이후부터 2년마다(공정안전보고서를 제출하여 확인을 받은 압력용기는 4년마다)

② 법 제93조제3항에 따른 안전검사의 합격표시 및 표시방법은 별표 16과 같다.

법 제96조(안전검사기관) ① 고용노동부장관은 안전검사 업무를 위탁받아 수행하는 기관을 안전검사기관으로 지정할 수 있다.

② 제1항에 따라 안전검사기관으로 지정받으려는 자는 대통령령으로 정하는 인력·시설 및 장비 등의 요건을 갖추어 고용노동부장관에게 신청하여야 한다.

③ 고용노동부장관은 제1항에 따라 지정받은 안전검사기관(이하 "안전검사기관"이라 한다)에 대하여 평가하고 그 결과를 공개할 수 있다. 이 경우 평가의 기준·방법 및 결과의 공개에 필요한 사항은 고용노동부령으로 정한다.

④ 안전검사기관의 지정 신청 절차, 그 밖에 필요한 사항은 고용노동부령으로 정한다.

⑤ 안전검사기관에 관하여는 **제21조제4항 및 제5항을 준용한다**. 이 경우 "안전관리전문기관 또는 보건관리전문기관"은 "안전검사기관"으로 본다.

법 제21조(안전관리전문기관 등)
④ 고용노동부장관은 안전관리전문기관 또는 보건관리전문기관이 다음 각 호의 어느 하나에 해당할 때에는 그 지정을 취소하거나 **6개월** 이내의 기간을 정하여 그 업무의 정지를 명할 수 있다. 다만, **제1호 또는 제2호**에 해당할 때에는 그 지정을 **취소하여야 한다**.

1. 거짓이나 그 밖의 부정한 방법으로 지정을 받은 경우 → **필수취소사유**
2. 업무정지 기간 중에 업무를 수행한 경우 → **필수취소사유**

3. 제1항에 따른 지정 요건을 충족하지 못한 경우
   4. 지정받은 사항을 위반하여 업무를 수행한 경우
   5. 그 밖에 대통령령으로 정하는 사유에 해당하는 경우
  ⑤ 제4항에 따라 지정이 취소된 자는 지정이 취소된 날부터 **2년** 이내에는 각각 해당 안전관리전문기관 또는 보건관리전문기관으로 지정받을 수 없다.

  영 제28조(안전관리전문기관 등의 지정 취소 등의 사유) 법 제21조제4항 제5호에서 "대통령령으로 정하는 사유에 해당하는 경우"란 다음 각 호의 경우를 말한다.
   1. 안전관리 또는 보건관리 업무 관련 서류를 거짓으로 작성한 경우
   2. 정당한 사유 없이 안전관리 또는 보건관리 업무의 수탁을 거부한 경우
   3. 위탁받은 안전관리 또는 보건관리 업무에 차질을 일으키거나 업무를 게을리한 경우
   4. 안전관리 또는 보건관리 업무를 수행하지 않고 위탁 수수료를 받은 경우
   5. 안전관리 또는 보건관리 업무와 관련된 비치서류를 보존하지 않은 경우
   6. 안전관리 또는 보건관리 업무 수행과 관련한 대가 외에 금품을 받은 경우
   7. 법에 따른 관계 공무원의 지도·감독을 거부·방해 또는 기피한 경우

법 제98조(자율검사프로그램에 따른 안전검사) ① 제93조제1항에도 불구하고 같은 항에 따라 안전검사를 받아야 하는 사업주가 근로자대표와 협의(근로자를 사용하지 아니하는 경우는 제외한다)하여 같은 항 전단에 따른 검사기준, 같은 조 제3항에 따른 검사 주기 등을 충족하는 검사프로그램(이하 "자율검사프로그램"이라 한다)을 정하고 고용노동부장관의 인정을 받아 다음 각 호의 어느 하나에 해당하는 사람으로부터 자율검사프로그램에 따라 안전검사대상기계등에 대하여 안전에 관한 성능검사(이하 "자율안전검사"라 한다)를 받으면 안전검사를 받은 것으로 본다.
 1. 고용노동부령으로 정하는 안전에 관한 성능검사와 관련된 자격 및 경험을 가진 사람
 2. 고용노동부령으로 정하는 바에 따라 안전에 관한 성능검사 교육을 이수하고 해당 분야의 실무 경험이 있는 사람
② 자율검사프로그램의 유효기간은 2년으로 한다.
③ 사업주는 자율안전검사를 받은 경우에는 그 결과를 기록하여 보존하여야 한다.
④ 자율안전검사를 받으려는 사업주는 제100조에 따라 지정받은 검사기관(이하 "자율안전검사기관"이라 한다)에 자율안전검사를 위탁할 수 있다.
⑤ 자율검사프로그램에 포함되어야 할 내용, 자율검사프로그램의 인정 요건, 인정 방법 및 절차, 그 밖에 필요한 사항은 고용노동부령으로 정한다.

정답: ⑤

예상 1 산업안전보건법령상 안전검사 주기가 다른 하나는?

① 건설현장에서 사용하는 곤돌라
② 건설현장에서 사용하는 압력용기
③ 건설현장에서 사용하는 이사짐운반용 리프트
④ 건설현장에서 사용하는 이동식 크레인
⑤ 건설현장에서 사용하는 고소작업대

> **해설**
>
> **시행규칙 제126조(안전검사의 주기와 합격표시 및 표시방법)** ① 법 제93조제3항에 따른 안전검사대상기계등의 안전검사 주기는 다음 각 호와 같다.
> 1. 크레인(이동식 크레인은 제외한다), 리프트(이삿짐운반용 리프트는 제외한다) 및 곤돌라: 사업장에 설치가 끝난 날부터 3년 이내에 최초 안전검사를 실시하되, 그 이후부터 2년마다(건설현장에서 사용하는 것은 최초로 설치한 날부터 6개월마다)
> 2. 이동식 크레인, 이삿짐운반용 리프트 및 고소작업대: 「자동차관리법」 제8조에 따른 신규등록 이후 3년 이내에 최초 안전검사를 실시하되, 그 이후부터 2년마다
> 3. 프레스, 전단기, 압력용기, 국소 배기장치, 원심기, 롤러기, 사출성형기, 컨베이어 및 산업용 로봇: 사업장에 설치가 끝난 날부터 3년 이내에 최초 안전검사를 실시하되, 그 이후부터 2년마다(공정안전보고서를 제출하여 확인을 받은 압력용기는 4년마다)

정답: ①

예상 2 산업안전보건법령상 안전검사대상 기계 등에 해당하는 것은?

① 이동식 국소배기장치
② 형 체결력 274KN(킬로뉴튼)인 사출성형기
③ 산업용 원심기
④ 밀폐형 구조의 롤러기
⑤ 정격하중 1.5톤인 크레인

> **해설**
>
> **영 제78조(안전검사대상기계등)** ① 법 제93조제1항 전단에서 "대통령령으로 정하는 것"이란 다음 각 호의 어느 하나에 해당하는 것을 말한다. → [암기법: 크리곤/전프압사고롤/(컨산원국) →제외 4개(국사롤크), 한정 2개(원고)

1. 프레스
2. 전단기
3. 크레인(정격 하중이 2톤 미만인 것은 **제외**한다)
4. 리프트
5. 압력용기
6. 곤돌라
7. 국소 배기장치(이동식은 **제외**한다)
8. 원심기(**산업용만 해당**한다)
9. 롤러기(밀폐형 구조는 **제외**한다)
10. 사출성형기[형 체결력(型 締結力) 294킬로뉴턴(KN) 미만은 **제외**한다]
11. 고소작업대(「자동차관리법」 제3조제3호 또는 제4호에 따른 화물자동차 또는 특수자동차에 탑재한 고소작업대로 **한정**한다)
12. 컨베이어
13. 산업용 로봇

정답: ③

06

산업안전보건법령상 제조 또는 사용허가를 받아야 하는 유해물질을 모두 고른 것은? (단, 고용노동부장관의 승인을 받은 경우는 제외함)

ㄱ. 크롬산 아연
ㄴ. β-나프틸아민과 그 염
ㄷ. o-톨리딘 및 그 염
ㄹ. 폴리클로리네이티드 터페닐
ㅁ. 콜타르피치 휘발물

① ㄱ, ㄴ, ㄷ
② ㄱ, ㄷ, ㅁ
③ ㄱ, ㄹ, ㅁ
④ ㄴ, ㄷ, ㄹ
⑤ ㄴ, ㄹ, ㅁ

해설

법 제117조(유해·위험물질의 제조 등 금지) ① 누구든지 다음 각 호의 어느 하나에 해당하는 물질로서 대통령령으로 정하는 물질(이하 "제조등금지물질"이라 한다)을 제조·수입·양도·제공 또는 사용해서는 아니 된다.

    1. 직업성 암을 유발하는 것으로 확인되어 근로자의 건강에 특히 해롭다고 인정되는 물질
    2. 제105조제1항에 따라 유해성・위험성이 평가된 유해인자나 제109조에 따라 유해성・위험성이 조사된 화학물질 중 근로자에게 중대한 건강장해를 일으킬 우려가 있는 물질
② 제1항에도 불구하고 시험・연구 또는 검사 목적의 경우로서 다음 각 호의 어느 하나에 해당하는 경우에는 제조등금지물질을 제조・수입・양도・제공 또는 사용할 수 있다.
    1. 제조・수입 또는 사용을 위하여 고용노동부령으로 정하는 요건을 갖추어 고용노동부장관의 승인을 받은 경우
    2. 「화학물질관리법」 제18조제1항 단서에 따른 금지물질의 판매 허가를 받은 자가 같은 항 단서에 따라 판매 허가를 받은 자나 제1호에 따라 사용 승인을 받은 자에게 제조등금지물질을 양도 또는 제공하는 경우
③ 고용노동부장관은 제2항제1호에 따른 승인을 받은 자가 같은 호에 따른 승인요건에 적합하지 아니하게 된 경우에는 승인을 취소하여야 한다.
④ 제2항 제1호에 따른 승인 절차, 승인 취소 절차, 그 밖에 필요한 사항은 고용노동부령으로 정한다.

법 제118조(유해・위험물질의 제조 등 허가) ① 제117조제1항 각 호의 어느 하나에 해당하는 물질로서 대체물질이 개발되지 아니한 물질 등 대통령령으로 정하는 물질(이하 "허가대상물질"이라 한다)을 제조하거나 사용하려는 자는 고용노동부장관의 허가를 받아야 한다. 허가받은 사항을 변경할 때에도 또한 같다.
② 허가대상물질의 제조・사용설비, 작업방법, 그 밖의 허가기준은 고용노동부령으로 정한다.
③ 제1항에 따라 허가를 받은 자(이하 "허가대상물질제조・사용자"라 한다)는 그 제조・사용설비를 제2항에 따른 허가기준에 적합하도록 유지하여야 하며, 그 기준에 적합한 작업방법으로 허가대상물질을 제조・사용하여야 한다.
④ 고용노동부장관은 허가대상물질제조・사용자의 제조・사용설비 또는 작업방법이 제2항에 따른 허가기준에 적합하지 아니하다고 인정될 때에는 그 기준에 적합하도록 제조・사용설비를 수리・개조 또는 이전하도록 하거나 그 기준에 적합한 작업방법으로 그 물질을 제조・사용하도록 명할 수 있다.
⑤ 고용노동부장관은 허가대상물질제조・사용자가 다음 각 호의 어느 하나에 해당하면 그 허가를 취소하거나 6개월 이내의 기간을 정하여 영업을 정지하게 할 수 있다. 다만, 제1호에 해당할 때에는 그 허가를 취소하여야 한다.
    1. 거짓이나 그 밖의 부정한 방법으로 허가를 받은 경우
    2. 제2항에 따른 허가기준에 맞지 아니하게 된 경우
    3. 제3항을 위반한 경우
    4. 제4항에 따른 명령을 위반한 경우
    5. 자체검사 결과 이상을 발견하고도 즉시 보수 및 필요한 조치를 하지 아니한 경우
⑥ 제1항에 따른 허가의 신청절차, 그 밖에 필요한 사항은 고용노동부령으로 정한다.

> **영 제87조(제조 등이 금지되는 유해물질)** 법 제117조제1항 각 호 외의 부분에서 "대통령령으로 정하는 물질"이란 다음 각 호의 물질을 말한다. →[암기법: 4/β/백벤/PCT/황린/석면]
>   1. β-나프틸아민[91-59-8]과 그 염(β-Naphthylamine and its salts)
>   2. 4-니트로디페닐[92-93-3]과 그 염(4-Nitrodiphenyl and its salts)
>   3. 백연[1319-46-6]을 포함한 페인트(포함된 중량의 비율이 2퍼센트 이하인 것은 제외한다)
>   4. 벤젠[71-43-2]을 포함하는 고무풀(포함된 중량의 비율이 5퍼센트 이하인 것은 제외한다)
>   5. 석면(Asbestos; 1332-21-4 등)

6. 폴리클로리네이티드 터페닐(Polychlorinated terphenyls; 61788-33-8 등)
7. 황린(黃燐)[12185-10-3] 성냥(Yellow phosphorus match)
8. 제1호, 제2호, 제5호 또는 제6호에 해당하는 물질을 포함한 혼합물(포함된 중량의 비율이 1퍼센트 이하인 것은 제외한다)
9. 「화학물질관리법」 제2조제5호에 따른 금지물질(같은 법 제3조제1항제1호부터 제12호까지의 규정에 해당하는 화학물질은 제외한다)
10. 그 밖에 보건상 해로운 물질로서 산업재해보상보험및예방심의위원회의 심의를 거쳐 고용노동부장관이 정하는 유해물질

영 제88조(허가 대상 유해물질) 법 제118조제1항 전단에서 "대체물질이 개발되지 아니한 물질 등 대통령령으로 정하는 물질"이란 다음 각 호의 물질을 말한다. →**[암기법: α/디아디클/베트비염/콜크O황]**

1. α-나프틸아민[134-32-7] 및 그 염(α-Naphthylamine and its salts)
2. 디아니시딘[119-90-4] 및 그 염(Dianisidine and its salts)
3. 디클로로벤지딘[91-94-1] 및 그 염(Dichlorobenzidine and its salts)
4. 베릴륨(Beryllium; 7440-41-7)
5. 벤조트리클로라이드(Benzotrichloride; 98-07-7)
6. 비소[7440-38-2] 및 그 무기화합물(Arsenic and its inorganic compounds)
7. 염화비닐(Vinyl chloride; 75-01-4)
8. 콜타르피치[65996-93-2] 휘발물(Coal tar pitch volatiles)
9. 크롬광 가공(열을 가하여 소성 처리하는 경우만 해당한다)(Chromite ore processing)
10. 크롬산 아연(Zinc chromates; 13530-65-9 등)
11. o-톨리딘[119-93-7] 및 그 염(o-Tolidine and its salts)
12. 황화니켈류(Nickel sulfides; 12035-72-2, 16812-54-7)
13. 제1호부터 제4호까지 또는 제6호부터 제12호까지의 어느 하나에 해당하는 물질을 포함한 혼합물(포함된 중량의 비율이 1퍼센트 이하인 것은 제외한다)
14. 제5호의 물질을 포함한 혼합물(포함된 중량의 비율이 0.5퍼센트 이하인 것은 제외한다)
15. 그 밖에 보건상 해로운 물질로서 산업재해보상보험및예방심의위원회의 심의를 거쳐 고용노동부장관이 정하는 유해물질

정답: ②

산업안전보건법령상 제조 등 금지물질에 해당하는 것은?

① 황린을 0.5% 포함한 성냥
② 백연을 1% 포함한 페인트
③ 벤젠을 5% 포함한 고무풀
④ β-나프틸아민을 1% 포함한 혼합물
⑤ 4-니트로디페닐을 1% 포함한 혼합물

해설

> 영 제87조(제조 등이 금지되는 유해물질) 법 제117조제1항 각 호 외의 부분에서 "대통령령으로 정하는 물질"이란 다음 각 호의 물질을 말한다. →[암기법: 4/β/백벤/PCT/황린/석면]
> 1. β-나프틸아민[91-59-8]과 그 염(β-Naphthylamine and its salts)
> 2. 4-니트로디페닐[92-93-3]과 그 염(4-Nitrodiphenyl and its salts)
> 3. 백연[1319-46-6]을 포함한 페인트(포함된 중량의 비율이 2퍼센트 이하인 것은 제외한다)
> 4. 벤젠[71-43-2]을 포함하는 고무풀(포함된 중량의 비율이 5퍼센트 이하인 것은 제외한다)
> 5. 석면(Asbestos; 1332-21-4 등)
> 6. 폴리클로리네이티드 터페닐(Polychlorinated terphenyls; 61788-33-8 등)
> 7. 황린(黃燐)[12185-10-3] 성냥(Yellow phosphorus match)
> 8. 제1호, 제2호, 제5호 또는 제6호에 해당하는 물질을 포함한 혼합물(포함된 중량의 비율이 1퍼센트 이하인 것은 제외한다)

정답: ①

07 산업안전보건법령상 중대재해에 속하는 경우를 모두 고른 것은?

> ㄱ. 사망자가 1명 발생한 재해
> ㄴ. 3개월 이상의 요양이 필요한 부상자가 동시에 2명 발생한 재해
> ㄷ. 부상자가 동시에 5명 발생한 재해
> ㄹ. 직업성 질병자가 동시에 10명 발생한 재해

① ㄱ
② ㄴ, ㄷ
③ ㄷ, ㄹ
④ ㄱ, ㄴ, ㄹ
⑤ ㄱ, ㄴ, ㄷ, ㄹ

해설

법 제2조(정의) 이 법에서 사용하는 용어의 뜻은 다음과 같다.
1. "산업재해"란 노무를 제공하는 사람이 업무에 관계되는 건설물·설비·원재료·가스·증기·분진 등에 의하거나 작업 또는 그 밖의 업무로 인하여 사망 또는 부상하거나 질병에 걸리는 것을 말한다.
2. "중대재해"란 산업재해 중 사망 등 재해 정도가 심하거나 다수의 재해자가 발생한 경우로서 고용노동부령으로 정하는 재해를 말한다.

> **시행규칙 제3조(중대재해의 범위)** 법 제2조제2호에서 "고용노동부령으로 정하는 재해"란 다음 각 호의 어느 하나에 해당하는 재해를 말한다.
> 1. 사망자가 **1명** 이상 발생한 재해
> 2. **3개월** 이상의 요양이 필요한 부상자가 동시에 **2명** 이상 발생한 재해
> 3. 부상자 또는 직업성 질병자가 동시에 **10명** 이상 발생한 재해

정답: ④

08 산업안전보건법령상 안전인증에 관한 설명으로 옳은 것은?

① 안전인증 심사 중 유해・위험기계 등이 서면심사 내용과 일치하는지와 유해・위험기계 등의 안전에 관한 성능이 안전인증기준에 적합한지에 대한 심사는 기술능력 및 생산체계 심사에 해당한다.
② 거짓이나 그 밖의 부정한 방법으로 안전인증을 받은 사유로 안전인증이 취소된 자는 안전인증이 취소된 날로부터 3년 이내에는 취소된 유해・위험기계 등에 대하여 안전인증을 신청할 수 없다.
③ 크레인, 리프트, 곤돌라는 설치・이전하는 경우뿐만 아니라 주요 구조 부분을 변경하는 경우에도 안전인증을 받아야 한다.
④ 안전인증기관은 안전인증을 받은 자가 최근 2년 동안 안전인증표시의 사용금지를 받은 사실이 없는 경우에는 안전인증기준을 지키고 있는지를 3년에 1회 이상 확인해야 한다.
⑤ 안전인증대상기계 등이 아닌 유해・위험기계 등을 제조하는 자는 그 유해・위험기계 등의 안전에 관한 성능을 평가받기 위하여 고용노동부장관에게 안전인증을 신청할 수 없다.

해설

법 제84조(안전인증) ① 유해・위험기계등 중 근로자의 안전 및 보건에 위해(危害)를 미칠 수 있다고 인정되어 대통령령으로 정하는 것(이하 "안전인증대상기계등"이라 한다)을 제조하거나 수입하는 자(고용노동부령으로 정하는 안전인증대상기계등을 설치・이전하거나 주요 구조 부분을 변경하는 자를 포함한다. 이하 이 조 및 제85조부터 제87조까지의 규정에서 같다)는 안전인증대상기계등이 안전인증기준에 맞는지에 대하여 고용노동부장관이 실시하는 안전인증을 받아야 한다.
② 고용노동부장관은 다음 각 호의 어느 하나에 해당하는 경우에는 고용노동부령으로 정하는 바에 따라 제1항에 따른 안전인증의 전부 또는 일부를 면제할 수 있다.
  1. 연구・개발을 목적으로 제조・수입하거나 수출을 목적으로 제조하는 경우
  2. 고용노동부장관이 정하여 고시하는 외국의 안전인증기관에서 인증을 받은 경우
  3. 다른 법령에 따라 안전성에 관한 검사나 인증을 받은 경우로서 고용노동부령으로 정하는 경우
③ 안전인증대상기계등이 아닌 유해・위험기계등을 제조하거나 수입하는 자가 그 유해・위험기계등의 안전에 관한 성능 등을 평가받으려면 고용노동부장관에게 안전인증을 신청할 수 있다. 이 경우 고용노동부장관은 안전인증기준에 따라 안전인증을 할 수 있다.
④ 고용노동부장관은 제1항 및 제3항에 따른 안전인증(이하 "안전인증"이라 한다)을 받은 자가 안전인증기준을 지키고 있는지를 3년 이하의 범위에서 고용노동부령으로 정하는 주기마다 확인하여야 한다. 다만, 제2항에 따라 안전인증의 일부를 면제받은 경우에는 고용노동부령으로 정하는 바에 따라 확인의 전부 또는 일부를 생략할 수 있다.
⑤ 제1항에 따라 안전인증을 받은 자는 안전인증을 받은 안전인증대상기계등에 대하여 고용노동부령으로 정하는 바에 따라 제품명・모델명・제조수량・판매수량 및 판매처 현황 등의 사항을 기록하여 보존하여야 한다.
⑥ 고용노동부장관은 근로자의 안전 및 보건에 필요하다고 인정하는 경우 안전인증대상기계등을 제조・수입 또는 판매하는 자에게 고용노동부령으로 정하는 바에 따라 해당 안전인증대상기계등의 제조・수입 또는 판매에 관한 자료를 공단에 제출하게 할 수 있다.
⑦ 안전인증의 신청 방법・절차, 제4항에 따른 확인의 방법・절차, 그 밖에 필요한 사항은 고용노동부령으로 정한다.

법 제86조(안전인증의 취소 등) ① 고용노동부장관은 안전인증을 받은 자가 다음 각 호의 어느 하나에 해당하면 안전인증을 취소하거나 6개월 이내의 기간을 정하여 안전인증표시의 사용을 금지하거나 안전인증기준에 맞게 시정하도록 명할 수 있다. 다만, 제1호의 경우에는 안전인증을 취소하여야 한다.
  1. 거짓이나 그 밖의 부정한 방법으로 안전인증을 받은 경우
  2. 안전인증을 받은 유해·위험기계등의 안전에 관한 성능 등이 안전인증기준에 맞지 아니하게 된 경우
  3. 정당한 사유 없이 제84조제4항에 따른 확인을 거부, 방해 또는 기피하는 경우
② 고용노동부장관은 제1항에 따라 안전인증을 취소한 경우에는 고용노동부령으로 정하는 바에 따라 그 사실을 관보 등에 공고하여야 한다.
③ 제1항에 따라 안전인증이 취소된 자는 안전인증이 취소된 날부터 1년 이내에는 취소된 유해·위험기계등에 대하여 안전인증을 신청할 수 없다.

법 제88조(안전인증기관) ① 고용노동부장관은 제84조에 따른 안전인증 업무 및 확인 업무를 위탁받아 수행할 기관을 안전인증기관으로 지정할 수 있다.
② 제1항에 따라 안전인증기관으로 지정받으려는 자는 대통령령으로 정하는 인력·시설 및 장비 등의 요건을 갖추어 고용노동부장관에게 신청하여야 한다.
③ 고용노동부장관은 제1항에 따라 지정받은 안전인증기관(이하 "안전인증기관"이라 한다)에 대하여 평가하고 그 결과를 공개할 수 있다. 이 경우 평가의 기준·방법 및 결과의 공개에 필요한 사항은 고용노동부령으로 정한다.
④ 안전인증기관의 지정 신청 절차, 그 밖에 필요한 사항은 고용노동부령으로 정한다.
⑤ 안전인증기관에 관하여는 제21조제4항 및 제5항을 준용한다. 이 경우 "안전관리전문기관 또는 보건관리전문기관"은 "안전인증기관"으로 본다.

시행규칙 제107조(안전인증대상기계등) 법 제84조제1항에서 "고용노동부령으로 정하는 안전인증대상기계등"이란 다음 각 호의 기계 및 설비를 말한다.
  1. 설치·이전하는 경우 안전인증을 받아야 하는 기계
      가. 크레인
      나. 리프트
      다. 곤돌라
  2. 주요 구조 부분을 변경하는 경우 안전인증을 받아야 하는 기계 및 설비
      가. 프레스
      나. 전단기 및 절곡기(折曲機)
      다. 크레인
      라. 리프트
      마. 압력용기
      바. 롤러기
      사. 사출성형기(射出成形機)
      아. 고소(高所)작업대
      자. 곤돌라

시행규칙 제110조(안전인증 심사의 종류 및 방법) ① 유해·위험기계등이 안전인증기준에 적합한지를 확인하기 위하여 안전인증기관이 하는 심사는 다음 각 호와 같다.
  1. 예비심사: 기계 및 방호장치·보호구가 유해·위험기계등 인지를 확인하는 심사(법 제84조제3항에 따라 안전인증을 신청한 경우만 해당한다)

2. 서면심사: 유해·위험기계등의 종류별 또는 형식별로 설계도면 등 유해·위험기계등의 제품기술과 관련된 문서가 안전인증기준에 적합한지에 대한 심사
3. 기술능력 및 생산체계 심사: 유해·위험기계등의 안전성능을 지속적으로 유지·보증하기 위하여 사업장에서 갖추어야 할 기술능력과 생산체계가 안전인증기준에 적합한지에 대한 심사. 다만, 다음 각 목의 어느 하나에 해당하는 경우에는 기술능력 및 생산체계 심사를 생략한다.
    가. 영 제74조제1항제2호 및 제3호에 따른 방호장치 및 보호구를 고용노동부장관이 정하여 고시하는 수량 이하로 수입하는 경우
    나. <u>제4호가목의 개별 제품심사를 하는 경우</u>
    다. 안전인증(제4호나목의 형식별 제품심사를 하여 안전인증을 받은 경우로 한정한다)을 받은 후 같은 공정에서 제조되는 같은 종류의 안전인증대상기계등에 대하여 안전인증을 하는 경우
4. 제품심사: <u>유해·위험기계등이 서면심사 내용과 일치하는지와 유해·위험기계등의 안전에 관한 성능이 안전인증기준에 적합한지에 대한 심사</u>. 다만, 다음 각 목의 심사는 유해·위험기계등별로 고용노동부장관이 정하여 고시하는 기준에 따라 어느 하나만을 받는다.
    가. 개별 제품심사: **서면심사 결과가 안전인증기준에 적합할 경우에 유해·위험기계등 모두에 대하여 하는 심사**(안전인증을 받으려는 자가 서면심사와 개별 제품심사를 동시에 할 것을 요청하는 경우 병행할 수 있다)
    나. 형식별 제품심사: **서면심사와 기술능력 및 생산체계 심사 결과가 안전인증기준에 적합할 경우에 유해·위험기계등의 형식별로 표본을 추출하여 하는 심사**(안전인증을 받으려는 자가 서면심사, 기술능력 및 생산체계 심사와 형식별 제품심사를 동시에 할 것을 요청하는 경우 병행할 수 있다)
② 제1항에 따른 유해·위험기계등의 종류별 또는 형식별 심사의 절차 및 방법은 고용노동부장관이 정하여 고시한다.
③ <u>안전인증기관은 제108조제1항에 따라 안전인증 신청서를 제출받으면 다음 각 호의 구분에 따른 심사 종류별 기간 내에 심사해야 한다. 다만, 제품심사의 경우 처리기간 내에 심사를 끝낼 수 없는 부득이한 사유가 있을 때에는 15일의 범위에서 심사기간을 연장할 수 있다.</u>
1. 예비심사: 7일
2. 서면심사: 15일(외국에서 제조한 경우는 30일)
3. 기술능력 및 생산체계 심사: 30일(외국에서 제조한 경우는 45일)
4. 제품심사
    가. 개별 제품심사: 15일
    나. 형식별 제품심사: 30일(영 제74조제1항제2호사목의 방호장치와 같은 항 제3호가목부터 아목까지의 보호구는 60일)
④ 안전인증기관은 제3항에 따른 심사가 끝나면 안전인증을 신청한 자에게 별지 제45호서식의 심사결과 통지서를 발급해야 한다. 이 경우 해당 심사 결과가 모두 적합한 경우에는 별지 제46호서식의 안전인증서를 함께 발급해야 한다.
⑤ 안전인증기관은 안전인증대상기계등이 특수한 구조 또는 재료로 제조되어 안전인증기준의 일부를 적용하기 곤란할 경우 해당 제품이 안전인증기준과 같은 수준 이상의 안전에 관한 성능을 보유한 것으로 인정(안전인증을 신청한 자의 요청이 있거나 필요하다고 판단되는 경우를 포함한다)되면 「산업표준화법」 제12조에 따른 한국산업표준 또는 관련 국제규격 등을 참고하여 안전인증기준의 일부를 생략하거나 추가하여 제1항제2호 또는 제4호에 따른 심사를 할 수 있다.

⑥ 안전인증기관은 제5항에 따라 안전인증대상기계등이 안전인증기준과 같은 수준 이상의 안전에 관한 성능을 보유한 것으로 인정되는지와 해당 안전인증대상기계등에 생략하거나 추가하여 적용할 안전인증기준을 심의·의결하기 위하여 안전인증심의위원회를 설치·운영해야 한다. 이 경우 안전인증심의위원회의 구성·개최에 걸리는 기간은 제3항에 따른 심사기간에 산입하지 않는다.

⑦ 제6항에 따른 안전인증심의위원회의 구성·기능 및 운영 등에 필요한 사항은 고용노동부장관이 정하여 고시한다.

시행규칙 제111조(확인의 방법 및 주기 등) ① 안전인증기관은 법 제84조제4항에 따라 안전인증을 받은 자에 대하여 다음 각 호의 사항을 확인해야 한다.

1. 안전인증서에 적힌 제조 사업장에서 해당 유해·위험기계등을 생산하고 있는지 여부
2. 안전인증을 받은 유해·위험기계등이 안전인증기준에 적합한지 여부(심사의 종류 및 방법은 제110조 제1항 제4호를 준용한다)
3. 제조자가 안전인증을 받을 당시의 기술능력·생산체계를 지속적으로 유지하고 있는지 여부
4. 유해·위험기계등이 서면심사 내용과 같은 수준 이상의 재료 및 부품을 사용하고 있는지 여부

② 법 제84조제4항에 따라 안전인증기관은 안전인증을 받은 자가 안전인증기준을 지키고 있는지를 2년에 1회 이상 확인해야 한다. 다만, 다음 각 호의 모두에 해당하는 경우에는 3년에 1회 이상 확인할 수 있다.

1. 최근 3년 동안 법 제86조제1항에 따라 안전인증이 취소되거나 안전인증표시의 사용금지 또는 시정명령을 받은 사실이 없는 경우
2. 최근 2회의 확인 결과 기술능력 및 생산체계가 고용노동부장관이 정하는 기준 이상인 경우

③ 안전인증기관은 제1항 및 제2항에 따라 확인한 경우에는 별지 제47호서식의 안전인증확인 통지서를 제조자에게 발급해야 한다.

④ 안전인증기관은 제1항 및 제2항에 따라 확인한 결과 법 제87조제1항 각 호의 어느 하나에 해당하는 사실을 확인한 경우에는 그 사실을 증명할 수 있는 서류를 첨부하여 유해·위험기계등을 제조하는 사업장의 소재지(제품의 제조자가 외국에 있는 경우에는 그 대리인의 소재지로 하되, 대리인이 없는 경우에는 그 안전인증기관의 소재지로 한다)를 관할하는 지방고용노동관서의 장에게 지체 없이 알려야 한다.

⑤ 안전인증기관은 제109조제2항제1호에 따라 일부 항목에 한정하여 안전인증을 면제한 경우에는 외국의 해당 안전인증기관에서 실시한 안전인증 확인의 결과를 제출받아 고용노동부장관이 정하는 바에 따라 법 제84조제4항에 따른 확인의 전부 또는 일부를 생략할 수 있다.

정답: ③

시행규칙 제111조(확인의 방법 및 주기 등) ① 안전인증기관은 법 제84조제4항에 따라 안전인증을 받은 자에 대하여 다음 각 호의 사항을 확인해야 한다.
1. 안전인증서에 적힌 제조 사업장에서 해당 유해·위험기계등을 생산하고 있는지 여부
2. 안전인증을 받은 유해·위험기계등이 안전인증기준에 적합한지 여부(심사의 종류 및 방법은 제110조제1항제4호를 준용한다)
3. 제조자가 안전인증을 받을 당시의 기술능력·생산체계를 지속적으로 유지하고 있는지 여부
4. 유해·위험기계등이 서면심사 내용과 같은 수준 이상의 재료 및 부품을 사용하고 있는지 여부

② 법 제84조제4항에 따라 안전인증기관은 안전인증을 받은 자가 안전인증기준을 지키고 있는지를 (　)년에 1회 이상 확인해야 한다. **다만, 다음 각 호의 (　)에 해당하는 경우에는 (　) 년에 1회 이상 확인할 수 있다.**
1. 최근 (　)년 동안 법 제86조제1항에 따라 안전인증이 취소되거나 안전인증표시의 사용금지 또는 시정명령을 받은 사실이 없는 경우
2. 최근 (　)회의 확인 결과 기술능력 및 생산체계가 고용노동부장관이 정하는 기준 이상인 경우

③ 안전인증기관은 제1항 및 제2항에 따라 확인한 경우에는 별지 제47호서식의 안전인증확인 통지서를 제조자에게 발급해야 한다.

④ 안전인증기관은 제1항 및 제2항에 따라 확인한 결과 법 제87조제1항 각 호의 어느 하나에 해당하는 사실을 확인한 경우에는 그 사실을 증명할 수 있는 서류를 첨부하여 유해·위험기계등을 제조하는 사업장의 소재지(제품의 제조자가 외국에 있는 경우에는 그 대리인의 소재지로 하되, 대리인이 없는 경우에는 그 안전인증기관의 소재지로 한다)를 관할하는 지방고용노동관서의 장에게 지체 없이 알려야 한다.

⑤ 안전인증기관은 제109조제2항제1호에 따라 일부 항목에 한정하여 안전인증을 면제한 경우에는 외국의 해당 안전인증기관에서 실시한 안전인증 확인의 결과를 제출받아 고용노동부장관이 정하는 바에 따라 법 제84조 제4항에 따른 확인의 전부 또는 일부를 생략할 수 있다.

09

산업안전보건법령상 상시근로자 1,000명인 A회사(「상법」제170조에 따른 주식회사)의 대표이사 甲이 수립해야 하는 회사의 안전 및 보건에 관한 계획에 포함되어야 하는 내용이 아닌 것은?

① 안전 및 보건에 관한 경영방침
② 안전·보건관리 업무 위탁에 관한 사항
③ 안전·보건관리 조직의 구성·인원 및 역할
④ 안전·보건 관련 예산 및 시설 현황
⑤ 안전 및 보건에 관한 전년도 활동실적 및 다음 연도 활동계획

해설

법 제14조(이사회 보고 및 승인 등) ① 「상법」 제170조에 따른 주식회사 중 대통령령으로 정하는 회사의 대표이사는 대통령령으로 정하는 바에 따라 매년 회사의 안전 및 보건에 관한 계획을 수립하여 이사회에 보고하고 승인을 받아야 한다.
② 제1항에 따른 대표이사는 제1항에 따른 안전 및 보건에 관한 계획을 성실하게 이행하여야 한다.
③ 제1항에 따른 안전 및 보건에 관한 계획에는 안전 및 보건에 관한 비용, 시설, 인원 등의 사항을 포함하여야 한다.

영 제13조(이사회 보고·승인 대상 회사 등) ① 법 제14조제1항에서 "대통령령으로 정하는 회사"란 다음 각 호의 어느 하나에 해당하는 회사를 말한다.
 1. 상시근로자 500명 이상을 사용하는 회사
 2. 「건설산업기본법」 제23조에 따라 평가하여 공시된 시공능력(같은 법 시행령 별표 1의 종합공사를 시공하는 업종의 건설업종란 제3호에 따른 토목건축공사업에 대한 평가 및 공시로 한정한다)의 순위 상위 1천위 이내의 건설회사
② 법 제14조제1항에 따른 회사의 대표이사(「상법」 제408조의2제1항 후단에 따라 대표이사를 두지 못하는 회사의 경우에는 같은 법 제408조의5에 따른 대표집행임원을 말한다)는 회사의 정관에서 정하는 바에 따라 다음 각 호의 내용을 포함한 회사의 안전 및 보건에 관한 계획을 수립해야 한다.
 1. 안전 및 보건에 관한 경영방침
 2. 안전·보건관리 조직의 구성·인원 및 역할
 3. 안전·보건 관련 예산 및 시설 현황
 4. 안전 및 보건에 관한 전년도 활동실적 및 다음 연도 활동계획

정답: ②

10 산업안전보건법령상 안전관리전문기관에 대해 그 지정을 취소하여야 하는 경우는?

① 업무정지 기간 중에 업무를 수행한 경우
② 안전관리 업무 관련 서류를 거짓으로 작성한 경우
③ 정당한 사유 없이 안전관리 업무의 수탁을 거부한 경우
④ 안전관리 업무 수행과 관련한 대가 외에 금품을 받은 경우
⑤ 법에 따른 관계 공무원의 지도·감독을 거부·방해 또는 기피한 경우

> **해설**

법 제21조(안전관리전문기관 등) ① 안전관리전문기관 또는 보건관리전문기관이 되려는 자는 대통령령으로 정하는 인력·시설 및 장비 등의 요건을 갖추어 고용노동부장관의 지정을 받아야 한다.
② 고용노동부장관은 안전관리전문기관 또는 보건관리전문기관에 대하여 평가하고 그 결과를 공개할 수 있다. 이 경우 평가의 기준·방법 및 결과의 공개에 필요한 사항은 고용노동부령으로 정한다.
③ 안전관리전문기관 또는 보건관리전문기관의 지정 절차, 업무 수행에 관한 사항, 위탁받은 업무를 수행할 수 있는 지역, 그 밖에 필요한 사항은 고용노동부령으로 정한다.
④ **고용노동부장관은 안전관리전문기관 또는 보건관리전문기관이 다음 각 호의 어느 하나에 해당할 때에는 그 지정을 취소하거나 6개월 이내의 기간을 정하여 그 업무의 정지를 명할 수 있다. 다만, 제1호 또는 제2호에 해당할 때에는 그 지정을 취소하여야 한다.**
<u>1. 거짓이나 그 밖의 부정한 방법으로 지정을 받은 경우</u>
<u>2. 업무정지 기간 중에 업무를 수행한 경우</u>
3. 제1항에 따른 지정 요건을 충족하지 못한 경우
4. 지정받은 사항을 위반하여 업무를 수행한 경우
5. 그 밖에 대통령령으로 정하는 사유에 해당하는 경우
⑤ 제4항에 따라 지정이 취소된 자는 지정이 취소된 날부터 2년 이내에는 각각 해당 안전관리전문기관 또는 보건관리전문기관으로 지정받을 수 없다.

영 제28조(안전관리전문기관 등의 지정 취소 등의 사유) 법 제21조제4항제5호에서 "대통령령으로 정하는 사유에 해당하는 경우"란 다음 각 호의 경우를 말한다.
1. 안전관리 또는 보건관리 업무 관련 서류를 거짓으로 작성한 경우
2. 정당한 사유 없이 안전관리 또는 보건관리 업무의 수탁을 거부한 경우
3. 위탁받은 안전관리 또는 보건관리 업무에 차질을 일으키거나 업무를 게을리한 경우
4. 안전관리 또는 보건관리 업무를 수행하지 않고 위탁 수수료를 받은 경우
5. 안전관리 또는 보건관리 업무와 관련된 비치서류를 보존하지 않은 경우
6. 안전관리 또는 보건관리 업무 수행과 관련한 대가 외에 금품을 받은 경우
7. 법에 따른 관계 공무원의 지도·감독을 거부·방해 또는 기피한 경우

법 제21조(안전관리전문기관 등) ① 안전관리전문기관 또는 보건관리전문기관이 되려는 자는 대통령령으로 정하는 인력·시설 및 장비 등의 요건을 갖추어 고용노동부장관의 지정을 받아야 한다.
② 고용노동부장관은 안전관리전문기관 또는 보건관리전문기관에 대하여 평가하고 그 결과를 공개할 수 있다. 이 경우 평가의 기준·방법 및 결과의 공개에 필요한 사항은 고용노동부령으로 정한다.

③ 안전관리전문기관 또는 보건관리전문기관의 지정 절차, 업무 수행에 관한 사항, 위탁받은 업무를 수행할 수 있는 지역, 그 밖에 필요한 사항은 고용노동부령으로 정한다.

④ 고용노동부장관은 안전관리전문기관 또는 보건관리전문기관이 다음 각 호의 어느 하나에 해당할 때에는 그 지정을 취소하거나 6개월 이내의 기간을 정하여 그 업무의 정지를 명할 수 있다. 다만, 제1호 또는 제2호에 해당할 때에는 그 지정을 취소하여야 한다.
 1. 거짓이나 그 밖의 부정한 방법으로 지정을 받은 경우
 2. 업무정지 기간 중에 업무를 수행한 경우
 3. 제1항에 따른 지정 요건을 충족하지 못한 경우
 4. 지정받은 사항을 위반하여 업무를 수행한 경우
 5. 그 밖에 대통령령으로 정하는 사유에 해당하는 경우

⑤ 제4항에 따라 지정이 취소된 자는 지정이 취소된 날부터 2년 이내에는 각각 해당 안전관리전문기관 또는 보건관리전문기관으로 지정받을 수 없다.

법 제58조(유해한 작업의 도급금지) ① 사업주는 근로자의 안전 및 보건에 유해하거나 위험한 작업으로서 다음 각 호의 어느 하나에 해당하는 작업을 도급하여 자신의 사업장에서 수급인의 근로자가 그 작업을 하도록 해서는 아니 된다.
 1. 도금작업
 2. 수은, 납 또는 카드뮴을 제련, 주입, 가공 및 가열하는 작업
 3. 제118조제1항에 따른 허가대상물질을 제조하거나 사용하는 작업

② 사업주는 제1항에도 불구하고 다음 각 호의 어느 하나에 해당하는 경우에는 제1항 각 호에 따른 작업을 도급하여 자신의 사업장에서 수급인의 근로자가 그 작업을 하도록 할 수 있다.
 1. 일시·간헐적으로 하는 작업을 도급하는 경우
 2. 수급인이 보유한 기술이 전문적이고 사업주(수급인에게 도급을 한 도급인으로서의 사업주를 말한다)의 사업 운영에 필수 불가결한 경우로서 고용노동부장관의 승인을 받은 경우

③ 사업주는 제2항제2호에 따라 고용노동부장관의 승인을 받으려는 경우에는 고용노동부령으로 정하는 바에 따라 고용노동부장관이 실시하는 안전 및 보건에 관한 평가를 받아야 한다.

④ 제2항제2호에 따른 승인의 유효기간은 3년의 범위에서 정한다.

⑤ 고용노동부장관은 제4항에 따른 유효기간이 만료되는 경우에 사업주가 유효기간의 연장을 신청하면 승인의 유효기간이 만료되는 날의 다음 날부터 3년의 범위에서 고용노동부령으로 정하는 바에 따라 그 기간의 연장을 승인할 수 있다. 이 경우 사업주는 제3항에 따른 안전 및 보건에 관한 평가를 받아야 한다.

⑥ 사업주는 제2항제2호 또는 제5항에 따라 승인을 받은 사항 중 고용노동부령으로 정하는 사항을 변경하려는 경우에는 고용노동부령으로 정하는 바에 따라 변경에 대한 승인을 받아야 한다.

⑦ 고용노동부장관은 제2항제2호, 제5항 또는 제6항에 따라 승인, 연장승인 또는 변경승인을 받은 자가 제8항에 따른 기준에 미달하게 된 경우에는 승인, 연장승인 또는 변경승인을 취소하여야 한다.

⑧ 제2항제2호, 제5항 또는 제6항에 따른 승인, 연장승인 또는 변경승인의 기준·절차 및 방법, 그 밖에 필요한 사항은 고용노동부령으로 정한다.

법 제86조(안전인증의 취소 등) ① 고용노동부장관은 안전인증을 받은 자가 다음 각 호의 어느 하나에 해당하면 안전인증을 취소하거나 6개월 이내의 기간을 정하여 안전인증표시의 사용을 금지하거나 안전인증기준에 맞게 시정하도록 명할 수 있다. 다만, 제1호의 경우에는 안전인증을 취소하여야 한다.

1. 거짓이나 그 밖의 부정한 방법으로 안전인증을 받은 경우
2. 안전인증을 받은 유해·위험기계등의 안전에 관한 성능 등이 안전인증기준에 맞지 아니하게 된 경우
3. 정당한 사유 없이 제84조제4항에 따른 확인을 거부, 방해 또는 기피하는 경우

② 고용노동부장관은 제1항에 따라 안전인증을 취소한 경우에는 고용노동부령으로 정하는 바에 따라 그 사실을 관보 등에 공고하여야 한다.

③ 제1항에 따라 안전인증이 취소된 자는 안전인증이 취소된 날부터 1년 이내에는 취소된 유해·위험기계등에 대하여 안전인증을 신청할 수 없다.

법 제99조(자율검사프로그램 인정의 취소 등) ① 고용노동부장관은 자율검사프로그램의 인정을 받은 자가 다음 각 호의 어느 하나에 해당하는 경우에는 자율검사프로그램의 인정을 취소하거나 인정받은 자율검사프로그램의 내용에 따라 검사를 하도록 하는 등 시정을 명할 수 있다. 다만, 제1호의 경우에는 인정을 취소하여야 한다.

1. 거짓이나 그 밖의 부정한 방법으로 자율검사프로그램을 인정받은 경우
2. 자율검사프로그램을 인정받고도 검사를 하지 아니한 경우
3. 인정받은 자율검사프로그램의 내용에 따라 검사를 하지 아니한 경우
4. 제98조제1항 각 호의 어느 하나에 해당하는 사람 또는 자율안전검사기관이 검사를 하지 아니한 경우

② 사업주는 제1항에 따라 자율검사프로그램의 인정이 취소된 안전검사대상기계등을 사용해서는 아니 된다.

법 제102조(유해·위험기계등 제조사업 등의 지원) ① 고용노동부장관은 다음 각 호의 어느 하나에 해당하는 자에게 유해·위험기계등의 품질·안전성 또는 설계·시공 능력 등의 향상을 위하여 예산의 범위에서 필요한 지원을 할 수 있다.

1. 다음 각 목의 어느 하나에 해당하는 것의 안전성 향상을 위하여 지원이 필요하다고 인정되는 것을 제조하는 자
   가. 안전인증대상기계등
   나. 자율안전확인대상기계등
   다. 그 밖에 산업재해가 많이 발생하는 유해·위험기계등
2. 작업환경 개선시설을 설계·시공하는 자

② 제1항에 따른 지원을 받으려는 자는 고용노동부령으로 정하는 인력·시설 및 장비 등의 요건을 갖추어 고용노동부장관에게 등록하여야 한다.

③ 고용노동부장관은 제2항에 따라 등록한 자가 다음 각 호의 어느 하나에 해당하는 경우에는 그 등록을 취소하거나 **1년의 범위에서** 제1항에 따른 지원을 제한할 수 있다. 다만, 제1호의 경우에는 등록을 취소하여야 한다.

1. 거짓이나 그 밖의 부정한 방법으로 등록한 경우
2. 제2항에 따른 등록 요건에 적합하지 아니하게 된 경우
3. 제86조제1항 제1호에 따라 안전인증이 취소된 경우

④ 고용노동부장관은 제1항에 따라 지원받은 자가 다음 각 호의 어느 하나에 해당하는 경우에는 지원한 금액 또는 지원에 상응하는 금액을 환수하여야 한다. 이 경우 제1호에 해당하면 지원한 금액에 상당하는 액수 이하의 금액을 추가로 환수할 수 있다.

1. 거짓이나 그 밖의 부정한 방법으로 지원받은 경우

2. 제1항에 따른 지원 목적과 다른 용도로 지원금을 사용한 경우
  3. 제3항제1호에 해당하여 등록이 취소된 경우
⑤ 고용노동부장관은 제3항에 따라 등록을 취소한 자에 대하여 등록을 취소한 날부터 2년 이내의 기간을 정하여 제2항에 따른 등록을 제한할 수 있다.
⑥ 제1항부터 제5항까지의 규정에 따른 지원내용, 등록 및 등록 취소, 환수 절차, 등록 제한 기준, 그 밖에 필요한 사항은 고용노동부령으로 정한다.

법 제112조(물질안전보건자료의 일부 비공개 승인 등) ① 제110조제1항에도 불구하고 영업비밀과 관련되어 같은 항 제2호에 따른 화학물질의 명칭 및 함유량을 물질안전보건자료에 적지 아니하려는 자는 고용노동부령으로 정하는 바에 따라 고용노동부장관에게 신청하여 승인을 받아 해당 화학물질의 명칭 및 함유량을 대체할 수 있는 명칭 및 함유량(이하 "대체자료"라 한다)으로 적을 수 있다. 다만, 근로자에게 중대한 건강장해를 초래할 우려가 있는 화학물질로서「산업재해보상보험법」제8조제1항에 따른 산업재해보상보험및예방심의위원회의 심의를 거쳐 고용노동부장관이 고시하는 것은 그러하지 아니하다.
② 고용노동부장관은 제1항 본문에 따른 승인 신청을 받은 경우 고용노동부령으로 정하는 바에 따라 화학물질의 명칭 및 함유량의 대체 필요성, 대체자료의 적합성 및 물질안전보건자료의 적정성 등을 검토하여 승인 여부를 결정하고 신청인에게 그 결과를 통보하여야 한다.
③ 고용노동부장관은 제2항에 따른 승인에 관한 기준을「산업재해보상보험법」제8조제1항에 따른 산업재해보상보험및예방심의위원회의 심의를 거쳐 정한다.
④ 제1항에 따른 승인의 유효기간은 승인을 받은 날부터 5년으로 한다.
⑤ 고용노동부장관은 제4항에 따른 유효기간이 만료되는 경우에도 계속하여 대체자료로 적으려는 자가 그 유효기간의 연장승인을 신청하면 유효기간이 만료되는 다음 날부터 5년 단위로 그 기간을 계속하여 연장승인할 수 있다.
⑥ 신청인은 제1항 또는 제5항에 따른 승인 또는 연장승인에 관한 결과에 대하여 고용노동부령으로 정하는 바에 따라 고용노동부장관에게 이의신청을 할 수 있다.
⑦ 고용노동부장관은 제6항에 따른 이의신청에 대하여 고용노동부령으로 정하는 바에 따라 승인 또는 연장승인 여부를 결정하고 그 결과를 신청인에게 통보하여야 한다.
⑧ 고용노동부장관은 다음 각 호의 어느 하나에 해당하는 경우에는 제1항, 제5항 또는 제7항에 따른 승인 또는 연장승인을 취소할 수 있다. 다만, 제1호의 경우에는 그 승인 또는 연장승인을 취소하여야 한다.
  1. 거짓이나 그 밖의 부정한 방법으로 제1항, 제5항 또는 제7항에 따른 승인 또는 연장승인을 받은 경우
  2. 제1항, 제5항 또는 제7항에 따른 승인 또는 연장승인을 받은 화학물질이 제1항 단서에 따른 화학물질에 해당하게 된 경우
⑨ 제5항에 따른 연장승인과 제8항에 따른 승인 또는 연장승인의 취소 절차 및 방법, 그 밖에 필요한 사항은 고용노동부령으로 정한다.
⑩ 다음 각 호의 어느 하나에 해당하는 자는 근로자의 안전 및 보건을 유지하거나 직업성 질환 발생 원인을 규명하기 위하여 근로자에게 중대한 건강장해가 발생하는 등 고용노동부령으로 정하는 경우에는 물질안전보건자료대상물질을 제조하거나 수입한 자에게 제1항에 따라 대체자료로 적힌 화학물질의 명칭 및 함유량 정보를 제공할 것을 요구할 수 있다. 이 경우 정보 제공을 요구받은 자는 고용노동부장관이 정하여 고시하는 바에 따라 정보를 제공하여야 한다.
  1. 근로자를 진료하는「의료법」제2조에 따른 의사

2. 보건관리자 및 보건관리전문기관
3. 산업보건의
4. 근로자대표
5. 제165조제2항제38호에 따라 제141조제1항에 따른 역학조사(疫學調査) 실시 업무를 위탁받은 기관
6. 「산업재해보상보험법」 제38조에 따른 업무상질병판정위원회

법 제117조(유해·위험물질의 제조 등 금지) ① 누구든지 다음 각 호의 어느 하나에 해당하는 물질로서 대통령령으로 정하는 물질(이하 "제조등금지물질"이라 한다)을 제조·수입·양도·제공 또는 사용해서는 아니 된다.
  1. 직업성 암을 유발하는 것으로 확인되어 근로자의 건강에 특히 해롭다고 인정되는 물질
  2. 제105조제1항에 따라 유해성·위험성이 평가된 유해인자나 제109조에 따라 유해성·위험성이 조사된 화학물질 중 근로자에게 중대한 건강장해를 일으킬 우려가 있는 물질
② 제1항에도 불구하고 시험·연구 또는 검사 목적의 경우로서 다음 각 호의 어느 하나에 해당하는 경우에는 제조등금지물질을 제조·수입·양도·제공 또는 사용할 수 있다.
  1. 제조·수입 또는 사용을 위하여 고용노동부령으로 정하는 요건을 갖추어 고용노동부장관의 승인을 받은 경우
  2. 「화학물질관리법」 제18조제1항 단서에 따른 금지물질의 판매 허가를 받은 자가 같은 항 단서에 따라 판매 허가를 받은 자나 제1호에 따라 사용 승인을 받은 자에게 제조등금지물질을 양도 또는 제공하는 경우
③ 고용노동부장관은 제2항제1호에 따른 승인을 받은 자가 같은 호에 따른 승인요건에 적합하지 아니하게 된 경우에는 승인을 취소하여야 한다.
④ 제2항제1호에 따른 승인 절차, 승인 취소 절차, 그 밖에 필요한 사항은 고용노동부령으로 정한다.

법 제118조(유해·위험물질의 제조 등 허가) ① 제117조제1항 각 호의 어느 하나에 해당하는 물질로서 대체물질이 개발되지 아니한 물질 등 대통령령으로 정하는 물질(이하 "허가대상물질"이라 한다)을 제조하거나 사용하려는 자는 고용노동부장관의 허가를 받아야 한다. 허가받은 사항을 변경할 때에도 또한 같다.
② 허가대상물질의 제조·사용설비, 작업방법, 그 밖의 허가기준은 고용노동부령으로 정한다.
③ 제1항에 따라 허가를 받은 자(이하 "허가대상물질제조·사용자"라 한다)는 그 제조·사용설비를 제2항에 따른 허가기준에 적합하도록 유지하여야 하며, 그 기준에 적합한 작업방법으로 허가대상물질을 제조·사용하여야 한다.
④ 고용노동부장관은 허가대상물질제조·사용자의 제조·사용설비 또는 작업방법이 제2항에 따른 허가기준에 적합하지 아니하다고 인정될 때에는 그 기준에 적합하도록 제조·사용설비를 수리·개조 또는 이전하도록 하거나 그 기준에 적합한 작업방법으로 그 물질을 제조·사용하도록 명할 수 있다.
⑤ 고용노동부장관은 허가대상물질제조·사용자가 다음 각 호의 어느 하나에 해당하면 그 허가를 취소하거나 6개월 이내의 기간을 정하여 영업을 정지하게 할 수 있다. 다만, 제1호에 해당할 때에는 그 허가를 취소하여야 한다.
  1. 거짓이나 그 밖의 부정한 방법으로 허가를 받은 경우
  2. 제2항에 따른 허가기준에 맞지 아니하게 된 경우
  3. 제3항을 위반한 경우

4. 제4항에 따른 명령을 위반한 경우
   5. 자체검사 결과 이상을 발견하고도 즉시 보수 및 필요한 조치를 하지 아니한 경우
⑥ 제1항에 따른 허가의 신청절차, 그 밖에 필요한 사항은 고용노동부령으로 정한다.

법 제154조(등록의 취소 등) 고용노동부장관은 지도사가 다음 각 호의 어느 하나에 해당하는 경우에는 그 등록을 취소하거나 2년 이내의 기간을 정하여 그 업무의 정지를 명할 수 있다. 다만, 제1호부터 제3호까지의 규정에 해당할 때에는 그 등록을 취소하여야 한다.
   1. 거짓이나 그 밖의 부정한 방법으로 등록 또는 갱신등록을 한 경우
   2. 업무정지 기간 중에 업무를 수행한 경우
   3. 업무 관련 서류를 거짓으로 작성한 경우
   4. 제142조에 따른 직무의 수행과정에서 고의 또는 과실로 인하여 중대재해가 발생한 경우
   5. 제145조제3항제1호부터 제5호까지의 규정 중 어느 하나에 해당하게 된 경우
   6. 제148조제2항에 따른 보증보험에 가입하지 아니하거나 그 밖에 필요한 조치를 하지 아니한 경우
   7. 제150조제1항을 위반하거나 같은 조 제2항에 따른 기명·날인 또는 서명을 하지 아니한 경우
   8. 제151조, 제153조제1항 또는 제162조를 위반한 경우

법 제158조(산업재해 예방활동의 보조·지원) ① 정부는 사업주, 사업주단체, 근로자단체, 산업재해 예방 관련 전문단체, 연구기관 등이 하는 산업재해 예방사업 중 대통령령으로 정하는 사업에 드는 경비의 전부 또는 일부를 예산의 범위에서 보조하거나 그 밖에 필요한 지원(이하 "보조·지원"이라 한다)을 할 수 있다. 이 경우 고용노동부장관은 보조·지원이 산업재해 예방사업의 목적에 맞게 효율적으로 사용되도록 관리·감독하여야 한다.
② 고용노동부장관은 보조·지원을 받은 자가 다음 각 호의 어느 하나에 해당하는 경우 보조·지원의 전부 또는 일부를 취소하여야 한다. 다만, 제1호 및 제2호의 경우에는 보조·지원의 전부를 취소하여야 한다.
   1. 거짓이나 그 밖의 부정한 방법으로 보조·지원을 받은 경우
   2. 보조·지원 대상자가 폐업하거나 파산한 경우
   3. 보조·지원 대상을 임의매각·훼손·분실하는 등 지원 목적에 적합하게 유지·관리·사용하지 아니한 경우
   4. 제1항에 따른 산업재해 예방사업의 목적에 맞게 사용되지 아니한 경우
   5. 보조·지원 대상 기간이 끝나기 전에 보조·지원 대상 시설 및 장비를 국외로 이전한 경우
   6. 보조·지원을 받은 사업주가 필요한 안전조치 및 보건조치 의무를 위반하여 산업재해를 발생시킨 경우로서 고용노동부령으로 정하는 경우
③ 고용노동부장관은 제2항에 따라 보조·지원의 전부 또는 일부를 취소한 경우, 같은 항 제1호 또는 제3호부터 제5호까지의 어느 하나에 해당하는 경우에는 해당 금액 또는 지원에 상응하는 금액을 환수하되 대통령령으로 정하는 바에 따라 지급받은 금액의 5배 이하의 금액을 추가로 환수할 수 있고, 같은 항 제2호(파산한 경우에는 환수하지 아니한다) 또는 제6호에 해당하는 경우에는 해당 금액 또는 지원에 상응하는 금액을 환수한다.
④ 제2항에 따라 보조·지원의 전부 또는 일부가 취소된 자에 대해서는 고용노동부령으로 정하는 바에 따라 취소된 날부터 5년 이내의 기간을 정하여 보조·지원을 하지 아니할 수 있다.
⑤ 보조·지원의 대상·방법·절차, 관리 및 감독, 제2항 및 제3항에 따른 취소 및 환수 방법, 그 밖에 필요한 사항은 고용노동부장관이 정하여 고시한다.

○ **산업안전보건법 제21조 제4항 및 5항 준용 조문**

제33조(안전보건교육기관) ① 제29조제1항부터 제3항까지의 규정에 따른 안전보건교육, 제31조제1항 본문에 따른 안전보건교육 또는 제32조제1항 각 호 외의 부분 본문에 따른 안전보건교육을 하려는 자는 대통령령으로 정하는 인력·시설 및 장비 등의 요건을 갖추어 고용노동부장관에게 등록하여야 한다. 등록한 사항 중 대통령령으로 정하는 중요한 사항을 변경할 때에도 또한 같다.

② 고용노동부장관은 제1항에 따라 등록한 자(이하 "안전보건교육기관"이라 한다)에 대하여 평가하고 그 결과를 공개할 수 있다. 이 경우 평가의 기준·방법 및 결과의 공개에 필요한 사항은 고용노동부령으로 정한다.

③ 제1항에 따른 등록 절차 및 업무 수행에 관한 사항, 그 밖에 필요한 사항은 고용노동부령으로 정한다.

④ 안전보건교육기관에 대해서는 제21조제4항 및 제5항을 준용한다. 이 경우 "안전관리전문기관 또는 보건관리전문기관"은 "안전보건교육기관"으로, "지정"은 "등록"으로 본다.

제48조(안전보건진단기관) ① 안전보건진단기관이 되려는 자는 대통령령으로 정하는 인력·시설 및 장비 등의 요건을 갖추어 고용노동부장관의 지정을 받아야 한다.

② 고용노동부장관은 안전보건진단기관에 대하여 평가하고 그 결과를 공개할 수 있다. 이 경우 평가의 기준·방법 및 결과의 공개에 필요한 사항은 고용노동부령으로 정한다.

③ 안전보건진단기관의 지정 절차, 그 밖에 필요한 사항은 고용노동부령으로 정한다.

④ 안전보건진단기관에 관하여는 제21조제4항 및 제5항을 준용한다. 이 경우 "안전관리전문기관 또는 보건관리전문기관"은 "안전보건진단기관"으로 본다.

제74조(건설재해예방전문지도기관) ① 건설재해예방전문지도기관이 되려는 자는 대통령령으로 정하는 인력·시설 및 장비 등의 요건을 갖추어 고용노동부장관의 지정을 받아야 한다.

② 제1항에 따른 건설재해예방전문지도기관의 지정 절차, 그 밖에 필요한 사항은 대통령령으로 정한다.

③ 고용노동부장관은 건설재해예방전문지도기관에 대하여 평가하고 그 결과를 공개할 수 있다. 이 경우 평가의 기준·방법, 결과의 공개에 필요한 사항은 고용노동부령으로 정한다.

④ 건설재해예방전문지도기관에 관하여는 제21조제4항 및 제5항을 준용한다. 이 경우 "안전관리전문기관 또는 보건관리전문기관"은 "건설재해예방전문지도기관"으로 본다.

제82조(타워크레인 설치·해체업의 등록 등) ① 타워크레인을 설치하거나 해체를 하려는 자는 대통령령으로 정하는 바에 따라 인력·시설 및 장비 등의 요건을 갖추어 고용노동부장관에게 등록하여야 한다. 등록한 사항 중 대통령령으로 정하는 중요한 사항을 변경할 때에도 또한 같다.

② 사업주는 제1항에 따라 등록한 자로 하여금 타워크레인을 설치하거나 해체하는 작업을 하도록 하여야 한다.

③ 제1항에 따른 등록 절차, 그 밖에 필요한 사항은 고용노동부령으로 정한다.

④ 제1항에 따라 등록한 자에 대해서는 제21조제4항 및 제5항을 준용한다. 이 경우 "안전관리전문기관 또는 보건관리전문기관"은 "제1항에 따라 등록한 자"로, "지정"은 "등록"으로 본다.

제88조(안전인증기관) ① 고용노동부장관은 제84조에 따른 안전인증 업무 및 확인 업무를 위탁받아 수행할 기관을 안전인증기관으로 지정할 수 있다.

② 제1항에 따라 안전인증기관으로 지정받으려는 자는 대통령령으로 정하는 인력·시설 및 장비 등의 요건을 갖추어 고용노동부장관에게 신청하여야 한다.

③ 고용노동부장관은 제1항에 따라 지정받은 안전인증기관(이하 "안전인증기관"이라 한다)에 대하여 평가하고 그 결과를 공개할 수 있다. 이 경우 평가의 기준·방법 및 결과의 공개에 필요한 사항은 고용노동부령으로 정한다.
④ 안전인증기관의 지정 신청 절차, 그 밖에 필요한 사항은 고용노동부령으로 정한다.
⑤ 안전인증기관에 관하여는 제21조제4항 및 제5항을 준용한다. 이 경우 "안전관리전문기관 또는 보건관리전문기관"은 "안전인증기관"으로 본다.

제96조(안전검사기관) ① 고용노동부장관은 안전검사 업무를 위탁받아 수행하는 기관을 안전검사기관으로 지정할 수 있다.
② 제1항에 따라 안전검사기관으로 지정받으려는 자는 대통령령으로 정하는 인력·시설 및 장비 등의 요건을 갖추어 고용노동부장관에게 신청하여야 한다.
③ 고용노동부장관은 제1항에 따라 지정받은 안전검사기관(이하 "안전검사기관"이라 한다)에 대하여 평가하고 그 결과를 공개할 수 있다. 이 경우 평가의 기준·방법 및 결과의 공개에 필요한 사항은 고용노동부령으로 정한다.
④ 안전검사기관의 지정 신청 절차, 그 밖에 필요한 사항은 고용노동부령으로 정한다.
⑤ 안전검사기관에 관하여는 제21조제4항 및 제5항을 준용한다. 이 경우 "안전관리전문기관 또는 보건관리전문기관"은 "안전검사기관"으로 본다.

제100조(자율안전검사기관) ① 자율안전검사기관이 되려는 자는 대통령령으로 정하는 인력·시설 및 장비 등의 요건을 갖추어 고용노동부장관의 지정을 받아야 한다.
② 고용노동부장관은 자율안전검사기관에 대하여 평가하고 그 결과를 공개할 수 있다. 이 경우 평가의 기준·방법 및 결과의 공개에 필요한 사항은 고용노동부령으로 정한다.
③ 자율안전검사기관의 지정 절차, 그 밖에 필요한 사항은 고용노동부령으로 정한다.
④ 자율안전검사기관에 관하여는 제21조제4항 및 제5항을 준용한다. 이 경우 "안전관리전문기관 또는 보건관리전문기관"은 "자율안전검사기관"으로 본다.

제120조(석면조사기관) ① 석면조사기관이 되려는 자는 대통령령으로 정하는 인력·시설 및 장비 등의 요건을 갖추어 고용노동부장관의 지정을 받아야 한다.
② 고용노동부장관은 기관석면조사의 결과에 대한 정확성과 정밀도를 확보하기 위하여 석면조사기관의 석면조사 능력을 확인하고, 석면조사기관을 지도하거나 교육할 수 있다. 이 경우 석면조사 능력의 확인, 석면조사기관에 대한 지도 및 교육의 방법, 절차, 그 밖에 필요한 사항은 고용노동부장관이 정하여 고시한다.
③ 고용노동부장관은 석면조사기관에 대하여 평가하고 그 결과를 공개(제2항에 따른 석면조사 능력의 확인 결과를 포함한다)할 수 있다. 이 경우 평가의 기준·방법 및 결과의 공개에 필요한 사항은 고용노동부령으로 정한다.
④ 석면조사기관의 지정 절차, 그 밖에 필요한 사항은 고용노동부령으로 정한다.
⑤ 석면조사기관에 관하여는 제21조제4항 및 제5항을 준용한다. 이 경우 "안전관리전문기관 또는 보건관리전문기관"은 "석면조사기관"으로 본다.

제121조(석면해체·제거업의 등록 등) ① 석면해체·제거를 업으로 하려는 자는 대통령령으로 정하는 인력·시설 및 장비를 갖추어 고용노동부장관에게 등록하여야 한다.
② 고용노동부장관은 제1항에 따라 등록한 자(이하 "석면해체·제거업자"라 한다)의 석면해체·제거 작업의 안전성을 고용노동부령으로 정하는 바에 따라 평가하고 그 결과를 공개할 수 있다. 이 경우 평가의 기준·방법 및 결과의 공개에 필요한 사항은 고용노동부령으로 정한다.
③ 제1항에 따른 등록 절차, 그 밖에 필요한 사항은 고용노동부령으로 정한다.

④ 석면해체·제거업자에 관하여는 제21조제4항 및 제5항을 준용한다. 이 경우 "안전관리전문기관 또는 보건관리전문기관"은 "석면해체·제거업자"로, "지정"은 "등록"으로 본다.

제126조(작업환경측정기관) ① 작업환경측정기관이 되려는 자는 대통령령으로 정하는 인력·시설 및 장비 등의 요건을 갖추어 고용노동부장관의 지정을 받아야 한다.

② 고용노동부장관은 작업환경측정기관의 측정·분석 결과에 대한 정확성과 정밀도를 확보하기 위하여 작업환경측정기관의 측정·분석능력을 확인하고, 작업환경측정기관을 지도하거나 교육할 수 있다. 이 경우 측정·분석능력의 확인, 작업환경측정기관에 대한 교육의 방법·절차, 그 밖에 필요한 사항은 고용노동부장관이 정하여 고시한다.

③ 고용노동부장관은 작업환경측정의 수준을 향상시키기 위하여 필요한 경우 작업환경측정기관을 평가하고 그 결과(제2항에 따른 측정·분석능력의 확인 결과를 포함한다)를 공개할 수 있다. 이 경우 평가기준·방법 및 결과의 공개, 그 밖에 필요한 사항은 고용노동부령으로 정한다.

④ 작업환경측정기관의 유형, 업무 범위 및 지정 절차, 그 밖에 필요한 사항은 고용노동부령으로 정한다.

⑤ 작업환경측정기관에 관하여는 제21조제4항 및 제5항을 준용한다. 이 경우 "안전관리전문기관 또는 보건관리전문기관"은 "작업환경측정기관"으로 본다.

제135조(특수건강진단기관) ① 「의료법」 제3조에 따른 의료기관이 특수건강진단, 배치전건강진단 또는 수시건강진단을 수행하려는 경우에는 고용노동부장관으로부터 건강진단을 할 수 있는 기관(이하 "특수건강진단기관"이라 한다)으로 지정받아야 한다.

② 특수건강진단기관으로 지정받으려는 자는 대통령령으로 정하는 요건을 갖추어 고용노동부장관에게 신청하여야 한다.

③ 고용노동부장관은 제1항에 따른 특수건강진단기관의 진단·분석 결과에 대한 정확성과 정밀도를 확보하기 위하여 특수건강진단기관의 진단·분석능력을 확인하고, 특수건강진단기관을 지도하거나 교육할 수 있다. 이 경우 진단·분석능력의 확인, 특수건강진단기관에 대한 지도 및 교육의 방법, 절차, 그 밖에 필요한 사항은 고용노동부장관이 정하여 고시한다.

④ 고용노동부장관은 특수건강진단기관을 평가하고 그 결과(제3항에 따른 진단·분석능력의 확인 결과를 포함한다)를 공개할 수 있다. 이 경우 평가 기준·방법 및 결과의 공개, 그 밖에 필요한 사항은 고용노동부령으로 정한다.

⑤ 특수건강진단기관의 지정 신청 절차, 업무 수행에 관한 사항, 업무를 수행할 수 있는 지역, 그 밖에 필요한 사항은 고용노동부령으로 정한다.

⑥ 특수건강진단기관에 관하여는 제21조제4항 및 제5항을 준용한다. 이 경우 "안전관리전문기관 또는 보건관리전문기관"은 "특수건강진단기관"으로 본다.

제140조(자격 등에 의한 취업 제한 등) ① 사업주는 유해하거나 위험한 작업으로서 상당한 지식이나 숙련도가 요구되는 고용노동부령으로 정하는 작업의 경우 그 작업에 필요한 자격·면허·경험 또는 기능을 가진 근로자가 아닌 사람에게 그 작업을 하게 해서는 아니 된다.

② 고용노동부장관은 제1항에 따른 자격·면허의 취득 또는 근로자의 기능 습득을 위하여 교육기관을 지정할 수 있다.

③ 제1항에 따른 자격·면허·경험·기능, 제2항에 따른 교육기관의 지정 요건 및 지정 절차, 그 밖에 필요한 사항은 고용노동부령으로 정한다.

④ 제2항에 따른 교육기관에 관하여는 제21조제4항 및 제5항을 준용한다. 이 경우 "안전관리전문기관 또는 보건관리전문기관"은 "제2항에 따른 교육기관"으로 본다.

정답: ①

예상 1 산업안전보건법령상 내용으로 옳지 않은 것은?

① 석면해체·제거를 업으로 하려는 자는 대통령령으로 정하는 인력·시설 및 장비를 갖추어 고용노동부장관에게 등록하여야 한다.
② 사업주는 유해하거나 위험한 작업으로서 상당한 지식이나 숙련도가 요구되는 고용노동부령으로 정하는 작업의 경우 그 작업에 필요한 자격·면허·경험 또는 기능을 가진 근로자가 아닌 사람에게 그 작업을 하게 해서는 아니 되며, 고용노동부장관은 자격·면허의 취득 또는 근로자의 기능 습득을 위하여 교육기관을 지정할 수 있다.
③ 고용노동부장관은 안전검사 업무를 위탁받아 수행하는 기관을 안전검사기관으로 지정할 수 있다.
④ 고용노동부장관은 특수건강진단기관이 업무정지기간 중에 업무를 수행하는 경우 그 등록을 취소해야 한다.
⑤ 고용노동부장관은 작업환경측정기관이 지정 받은 사항을 위반하여 업무를 수행하는 경우 그 지정을 취소하거나 6개월 이내의 기간을 정하여 그 업무의 정지를 명할 수 있다.

해설

법 제21조(안전관리전문기관 등) ① 안전관리전문기관 또는 보건관리전문기관이 되려는 자는 대통령령으로 정하는 인력·시설 및 장비 등의 요건을 갖추어 고용노동부장관의 지정을 받아야 한다.
② 고용노동부장관은 안전관리전문기관 또는 보건관리전문기관에 대하여 평가하고 그 결과를 공개할 수 있다. 이 경우 평가의 기준·방법 및 결과의 공개에 필요한 사항은 고용노동부령으로 정한다.
③ 안전관리전문기관 또는 보건관리전문기관의 지정 절차, 업무 수행에 관한 사항, 위탁받은 업무를 수행할 수 있는 지역, 그 밖에 필요한 사항은 고용노동부령으로 정한다.
④ 고용노동부장관은 안전관리전문기관 또는 보건관리전문기관이 다음 각 호의 어느 하나에 해당할 때에는 그 지정을 취소하거나 6개월 이내의 기간을 정하여 그 업무의 정지를 명할 수 있다. 다만, 제1호 또는 제2호에 해당할 때에는 그 지정을 취소하여야 한다.
  1. 거짓이나 그 밖의 부정한 방법으로 지정을 받은 경우
  2. 업무정지 기간 중에 업무를 수행한 경우
  3. 제1항에 따른 지정 요건을 충족하지 못한 경우
  4. 지정받은 사항을 위반하여 업무를 수행한 경우
  5. 그 밖에 대통령령으로 정하는 사유에 해당하는 경우
⑤ 제4항에 따라 지정이 취소된 자는 지정이 취소된 날부터 2년 이내에는 각각 해당 안전관리전문기관 또는 보건관리전문기관으로 지정받을 수 없다.

정답: ④

고용노동부장관은 안전인증대상기계 등의 안전성 향상을 위하여 필요하다고 인정되는 것을 제조하는 자에 대하여 유해·위험기계등의 품질·안전성 또는 설계·시공 능력 등의 향상을 위하여 예산의 범위에서 필요한 지원을 할 수 있다. 지원 환수에 관한 다음의 내용 중 ( ) 안에 들어갈 숫자는?

> 고용노동부장관은 지원한 금액 또는 지원에 상응하는 금액을 환수하는 경우에는 지원받은 자에게 반환기한과 반환금액을 명시하여 통보해야 한다. 이 경우 반환기한은 반환통보일부터 ( )개월 이내로 한다.

① 1
② 2
③ 3
④ 6
⑤ 9

해설

법 제102조(유해·위험기계등 제조사업 등의 지원) ① 고용노동부장관은 다음 각 호의 어느 하나에 해당하는 자에게 유해·위험기계등의 품질·안전성 또는 설계·시공 능력 등의 향상을 위하여 예산의 범위에서 필요한 지원을 할 수 있다.
 1. 다음 각 목의 어느 하나에 해당하는 것의 안전성 향상을 위하여 지원이 필요하다고 인정되는 것을 제조하는 자
   가. 안전인증대상기계등
   나. 자율안전확인대상기계등
   다. 그 밖에 산업재해가 많이 발생하는 유해·위험기계등
 2. 작업환경 개선시설을 설계·시공하는 자
② 제1항에 따른 지원을 받으려는 자는 고용노동부령으로 정하는 인력·시설 및 장비 등의 요건을 갖추어 고용노동부장관에게 등록하여야 한다.
③ <u>고용노동부장관은 제2항에 따라 등록한 자가 다음 각 호의 어느 하나에 해당하는 경우에는 그 등록을 취소하거나 1년의 범위에서 제1항에 따른 지원을 제한할 수 있다. 다만, 제1호의 경우에는 등록을 취소하여야 한다.</u>
 1. 거짓이나 그 밖의 부정한 방법으로 등록한 경우
 2. 제2항에 따른 등록 요건에 적합하지 아니하게 된 경우
 3. 제86조제1항제1호에 따라 안전인증이 취소된 경우
④ 고용노동부장관은 제1항에 따라 지원받은 자가 다음 각 호의 어느 하나에 해당하는 경우에는 지원한 금액 또는 지원에 상응하는 금액을 환수하여야 한다. 이 경우 제1호에 해당하면 지원한 금액에 상당하는 액수 이하의 금액을 추가로 환수할 수 있다.
 1. 거짓이나 그 밖의 부정한 방법으로 지원받은 경우
 2. 제1항에 따른 지원 목적과 다른 용도로 지원금을 사용한 경우

3. 제3항제1호에 해당하여 등록이 취소된 경우

⑤ 고용노동부장관은 제3항에 따라 등록을 취소한 자에 대하여 등록을 취소한 날부터 2년 이내의 기간을 정하여 제2항에 따른 등록을 제한할 수 있다.

⑥ 제1항부터 제5항까지의 규정에 따른 지원내용, 등록 및 등록 취소, 환수 절차, 등록 제한 기준, 그 밖에 필요한 사항은 고용노동부령으로 정한다.

시행규칙 제140조(등록취소 등) ① 공단은 법 제102조제3항에 따른 취소사유에 해당하는 사실을 확인하였을 때에는 그 사실을 증명할 수 있는 서류를 첨부하여 해당 등록업체 소재지를 관할하는 지방고용노동관서의 장에게 보고해야 한다.

② 지방고용노동관서의 장은 법 제102조제3항에 따라 등록을 취소하였을 때에는 그 사실을 공단에 통보해야 한다.

③ 법 제102조제3항에 따라 등록이 취소된 자는 즉시 제138조제3항에 따른 등록증을 공단에 반납해야 한다.

④ 고용노동부장관은 법 제102조제4항에 따라 지원한 금액 또는 지원에 상응하는 금액을 환수하는 경우에는 지원받은 자에게 반환기한과 반환금액을 명시하여 통보해야 한다. 이 경우 반환기한은 반환통보일부터 1개월 이내로 한다.

정답: ①

11 산업안전보건법령상 통합공표 대상 사업장 등에 관한 내용이다. (   )에 들어갈 사업으로 옳지 않은 것은?

> 고용노동부장관이 도급인의 사업장에서 관계수급인 근로자가 작업을 하는 경우에 도급인의 산업재해발생건수 등에 관계수급인의 산업재해발생건수 등을 포함하여 공표하여야 하는 사업장이란 (   )에 해당하는 사업이 이루어지는 사업장으로서 도급인이 사용하는 상시근로자 수가 500명 이상이고 도급인 사업장의 사고사망만인율보다 관계수급인의 근로자를 포함하여 산출한 사고사망만인율이 높은 사업장을 말한다. 단, 여기서 사고사망만인율은 질병으로 인한 사망재해자를 제외하고 산출한 사망만인율을 말한다.

① 제조업
② 철도운송업
③ 도시철도운송업
④ 도시가스업
⑤ 전기업

> 해설

법 제10조(산업재해 발생건수 등의 공표) ① 고용노동부장관은 산업재해를 예방하기 위하여 대통령령으로 정하는 사업장의 근로자 산업재해 발생건수, 재해율 또는 그 순위 등(이하 "산업재해발생건수등"이라 한다)을 공표하여야 한다.
② 고용노동부장관은 도급인의 사업장(도급인이 제공하거나 지정한 경우로서 도급인이 지배·관리하는 대통령령으로 정하는 장소를 포함한다. 이하 같다) 중 대통령령으로 정하는 사업장에서 관계수급인 근로자가 작업을 하는 경우에 도급인의 산업재해발생건수등에 관계수급인의 산업재해발생건수등을 포함하여 제1항에 따라 공표하여야 한다.
③ 고용노동부장관은 제2항에 따라 산업재해발생건수등을 공표하기 위하여 도급인에게 관계수급인에 관한 자료의 제출을 요청할 수 있다. 이 경우 요청을 받은 자는 정당한 사유가 없으면 이에 따라야 한다.
④ 제1항 및 제2항에 따른 공표의 절차 및 방법, 그 밖에 필요한 사항은 고용노동부령으로 정한다.

영 제10조(공표대상 사업장) ① 법 제10조제1항에서 "대통령령으로 정하는 사업장"이란 다음 각 호의 어느 하나에 해당하는 사업장을 말한다.
1. 산업재해로 인한 사망자(이하 "사망재해자"라 한다)가 연간 2명 이상 발생한 사업장
2. 사망만인율(死亡萬人率: 연간 상시근로자 1만명당 발생하는 사망재해자 수의 비율을 말한다)이 규모별 같은 업종의 평균 사망만인율 이상인 사업장
3. 법 제44조제1항 전단에 따른 중대산업사고가 발생한 사업장
4. 법 제57조제1항을 위반하여 산업재해 발생 사실을 은폐한 사업장
5. 법 제57조제3항에 따른 산업재해의 발생에 관한 보고를 최근 3년 이내 2회 이상 하지 않은 사업장

② 제1항제1호부터 제3호까지의 규정에 해당하는 사업장은 해당 사업장이 관계수급인의 사업장으로서 법 제63조에 따른 도급인이 관계수급인 근로자의 산업재해 예방을 위한 조치의무를 위반하여 관계수급인 근로자가 산업재해를 입은 경우에는 도급인의 사업장(도급인이 제공하거나 지정한 경우로서 도급인이 지배·관리하는 제11조 각 호에 해당하는 장소를 포함한다. 이하 같다)의 법 제10조제1항에 따른 산업재해발생건수등을 함께 공표한다.

영 제12조(통합공표 대상 사업장 등) 법 제10조제2항에서 "대통령령으로 정하는 사업장"이란 다음 각 호의 어느 하나에 해당하는 사업이 이루어지는 사업장으로서 도급인이 사용하는 상시근로자 수가 500명 이상이고 도급인 사업장의 사고사망만인율(질병으로 인한 사망재해자를 제외하고 산출한 사망만인율을 말한다. 이하 같다)보다 관계수급인의 근로자를 포함하여 산출한 사고사망만인율이 높은 사업장을 말한다.
1. 제조업
2. 철도운송업
3. 도시철도운송업
4. 전기업

정답: ④

12 산업안전보건법령상 자율안전확인의 신고에 관한 설명으로 옳지 않은 것은?

① 자율안전확인대상기계등을 제조하는 자가「산업표준화법」제15조에 따른 인증을 받은 경우 고용노동부장관은 자율안전확인신고를 면제할 수 있다.
② 산업용 로봇, 혼합기, 파쇄기, 컨베이어는 자율안전확인대상기계등에 해당한다.
③ 자율안전확인대상기계등을 수입하는 자로서 자율안전확인신고를 하여야 하는 자는 수입하기 전에 신고서에 제품의 설명서, 자율안전확인대상기계등의 자율안전기준을 충족함을 증명하는 서류를 첨부하여 한국산업안전보건공단에 제출해야 한다.
④ 자율안전확인의 표시를 하는 경우 인체에 상해를 입힐 우려가 있는 재질이나 표면이 거친 재질을 사용해서는 안 된다.
⑤ 고용노동부장관은 신고된 자율안전확인대상기계등의 안전에 관한 성능이 자율안전기준에 맞지 아니하게 된 경우 신고한 자에게 1년 이내의 기간을 정하여 자율안전기준에 맞게 시정하도록 명할 수 있다.

해설

법 제89조(자율안전확인의 신고) ① 안전인증대상기계등이 아닌 유해·위험기계등으로서 대통령령으로 정하는 것(이하 "자율안전확인대상기계등"이라 한다)을 제조하거나 수입하는 자는 자율안전확인대상기계등의 안전에 관한 성능이 고용노동부장관이 정하여 고시하는 안전기준(이하 "자율안전기준"이라 한다)에 맞는지 확인(이하 "자율안전확인"이라 한다)하여 고용노동부장관에게 신고(신고한 사항을 변경하는 경우를 포함한다)하여야 한다. 다만, 다음 각 호의 어느 하나에 해당하는 경우에는 신고를 면제할 수 있다.
1. 연구·개발을 목적으로 제조·수입하거나 수출을 목적으로 제조하는 경우
2. 제84조제3항에 따른 안전인증을 받은 경우(제86조제1항에 따라 안전인증이 취소되거나 안전인증표시의 사용 금지 명령을 받은 경우는 제외한다)
3. 다른 법령에 따라 안전성에 관한 검사나 인증을 받은 경우로서 고용노동부령으로 정하는 경우
② 고용노동부장관은 제1항 각 호 외의 부분 본문에 따른 신고를 받은 경우 그 내용을 검토하여 이 법에 적합하면 신고를 수리하여야 한다.
③ 제1항 각 호 외의 부분 본문에 따라 신고를 한 자는 자율안전확인대상기계등이 자율안전기준에 맞는 것임을 증명하는 서류를 보존하여야 한다.
④ 제1항 각 호 외의 부분 본문에 따른 신고의 방법 및 절차, 그 밖에 필요한 사항은 고용노동부령으로 정한다.

법 제90조(자율안전확인의 표시 등) ① 제89조제1항 각 호 외의 부분 본문에 따라 신고를 한 자는 자율안전확인대상기계등이나 이를 담은 용기 또는 포장에 고용노동부령으로 정하는 바에 따라 자율안전확인의 표시(이하 "자율안전확인표시"라 한다)를 하여야 한다.
② 제89조제1항 각 호 외의 부분 본문에 따라 신고된 자율안전확인대상기계등이 아닌 것은 자율안전확인표시 또는 이와 유사한 표시를 하거나 자율안전확인에 관한 광고를 해서는 아니 된다.
③ 제89조제1항 각 호 외의 부분 본문에 따라 신고된 자율안전확인대상기계등을 제조·수입·양도·대여하는 자는 자율안전확인표시를 임의로 변경하거나 제거해서는 아니 된다.

④ 고용노동부장관은 다음 각 호의 어느 하나에 해당하는 경우에는 자율안전확인표시나 이와 유사한 표시를 제거할 것을 명하여야 한다.
  1. 제2항을 위반하여 자율안전확인표시나 이와 유사한 표시를 한 경우
  2. 거짓이나 그 밖의 부정한 방법으로 제89조제1항 각 호 외의 부분 본문에 따른 신고를 한 경우
  3. 제91조제1항에 따라 자율안전확인표시의 사용 금지 명령을 받은 경우

법 제91조(자율안전확인표시의 사용 금지 등) ① 고용노동부장관은 제89조제1항 각 호 외의 부분 본문에 따라 신고된 자율안전확인대상기계등의 안전에 관한 성능이 자율안전기준에 맞지 아니하게 된 경우에는 같은 항 각 호 외의 부분 본문에 따라 신고한 자에게 6개월 이내의 기간을 정하여 자율안전확인표시의 사용을 금지하거나 자율안전기준에 맞게 시정하도록 명할 수 있다.
② 고용노동부장관은 제1항에 따라 자율안전확인표시의 사용을 금지하였을 때에는 그 사실을 관보 등에 공고하여야 한다.
③ 제2항에 따른 공고의 내용, 방법 및 절차, 그 밖에 필요한 사항은 고용노동부령으로 정한다.

영 제77조(자율안전확인대상기계등) ① 법 제89조제1항 각 호 외의 부분 본문에서 "대통령령으로 정하는 것"이란 다음 각 호의 어느 하나에 해당하는 것을 말한다.
  1. 다음 각 목의 어느 하나에 해당하는 **기계 또는 설비**→[암기법: 공고자식/컨산인연/파혼]
     가. 연삭기(硏削機) 또는 연마기. 이 경우 휴대형은 제외한다.
     나. 산업용 로봇
     다. 혼합기
     라. 파쇄기 또는 분쇄기
     마. 식품가공용 기계(파쇄·절단·혼합·제면기만 해당한다)
     바. 컨베이어
     사. 자동차정비용 리프트
     아. 공작기계(선반, 드릴기, 평삭·형삭기, 밀링만 해당한다)
     자. 고정형 목재가공용 기계(둥근톱, 대패, 루타기, 띠톱, 모떼기 기계만 해당한다)
     차. 인쇄기
  2. 다음 각 목의 어느 하나에 해당하는 **방호장치**→[암기법: 목동아가교가/연롤]
     가. 아세틸렌 용접장치용 또는 가스집합 용접장치용 안전기
     나. 교류 아크용접기용 자동전격방지기
     다. 롤러기 급정지장치
     라. 연삭기 덮개
     마. 목재 가공용 둥근톱 반발 예방장치와 날 접촉 예방장치
     바. 동력식 수동대패용 칼날 접촉 방지장치
     사. 추락·낙하 및 붕괴 등의 위험 방지 및 보호에 필요한 가설기자재(제74조제1항제2호아목의 가설기자재는 제외한다)로서 고용노동부장관이 정하여 고시하는 것
  3. 다음 각 목의 어느 하나에 해당하는 **보호구**→[암기법: 모자/안경/면]
     가. 안전모(제74조제1항제3호가목의 안전모는 제외한다)
     나. 보안경(제74조제1항제3호차목의 보안경은 제외한다)
     다. 보안면(제74조제1항제3호카목의 보안면은 제외한다)
② 자율안전확인대상기계등의 세부적인 종류, 규격 및 형식은 고용노동부장관이 정하여 고시한다.

시행규칙 제119조(신고의 면제) 법 제89조제1항제3호에서 "고용노동부령으로 정하는 경우"란 다음 각 호의 어느 하나에 해당하는 경우를 말한다.
1. 「농업기계화촉진법」 제9조에 따른 검정을 받은 경우
2. 「산업표준화법」 제15조에 따른 인증을 받은 경우
3. 「전기용품 및 생활용품 안전관리법」 제5조 및 제8조에 따른 안전인증 및 안전검사를 받은 경우
4. 국제전기기술위원회의 국제방폭전기기계·기구 상호인정제도에 따라 인증을 받은 경우

시행규칙 제120조(자율안전확인대상기계등의 신고방법) ① 법 제89조제1항 본문에 따라 신고해야 하는 자는 같은 규정에 따른 자율안전확인대상기계등(이하 "자율안전확인대상기계등"이라 한다)을 출고하거나 수입하기 전에 별지 제48호서식의 자율안전확인 신고서에 다음 각 호의 서류를 첨부하여 공단에 제출(전자문서로 제출하는 것을 포함한다)해야 한다.
1. 제품의 설명서
2. 자율안전확인대상기계등의 자율안전기준을 충족함을 증명하는 서류

② 공단은 제1항에 따른 신고서를 제출받은 경우 「전자정부법」 제36조제1항에 따른 행정정보의 공동이용을 통하여 다음 각 호의 어느 하나에 해당하는 서류를 확인해야 한다. 다만, 제2호의 서류에 대해서는 신청인이 확인에 동의하지 않는 경우에는 그 사본을 첨부하도록 해야 한다.
1. 법인: 법인등기사항증명서
2. 개인: 사업자등록증

③ 공단은 제1항에 따라 자율안전확인의 신고를 받은 날부터 15일 이내에 별지 제49호서식의 자율안전확인 신고증명서를 신고인에게 발급해야 한다.

■ 산업안전보건법 시행규칙 [별표 14]

안전인증 및 자율안전확인의 표시 및 표시방법
(제114조제1항 및 제121조 관련)

1. 표시

 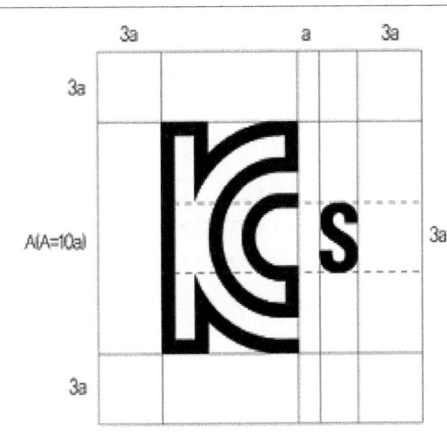

2. 표시방법
가. 표시는 「국가표준기본법 시행령」 제15조의7제1항에 따른 표시기준 및 방법에 따른다.
나. 표시를 하는 경우 인체에 상해를 입힐 우려가 있는 재질이나 표면이 거친 재질을 사용해서는 안 된다.

■ 산업안전보건법 시행규칙 [별표 15]

안전인증대상기계등이 아닌 유해·위험기계등의 안전인증의 표시 및 표시방법
(제114조제2항 관련)

1. 표시

 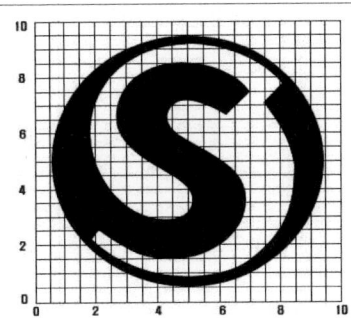

2. 표시방법
  가. 표시의 크기는 유해·위험기계등의 크기에 따라 조정할 수 있다.
  나. 표시의 표상을 명백히 하기 위하여 필요한 경우에는 표시 주위에 한글·영문 등의 글자로 필요한 사항을 덧붙여 적을 수 있다.
  다. 표시는 유해·위험기계등이나 이를 담은 용기 또는 포장지의 적당한 곳에 붙이거나 인쇄하거나 새기는 등의 방법으로 해야 한다.
  라. 표시는 테두리와 문자를 파란색, 그 밖의 부분을 흰색으로 표현하는 것을 원칙으로 하되, 안전인

증표시의 바탕색 등을 고려하여 테두리와 문자를 흰색, 그 밖의 부분을 파란색으로 표현할 수 있다. 이 경우 파란색의 색도는 2.5PB 4/10으로, 흰색의 색도는 N9.5로 한다[색도기준은 한국산업표준(KS)에 따른 색의 3속성에 의한 표시방법(KS A 0062)에 따른다].

마. 표시를 하는 경우에 인체에 상해를 입힐 우려가 있는 재질이나 표면이 거친 재질을 사용해서는 안 된다.

시행규칙 제114조(안전인증의 표시) ① 법 제85조제1항에 따른 안전인증의 표시 중 안전인증대상기계등의 안전인증의 표시 및 표시방법은 별표 14와 같다.

② 법 제85조제1항에 따른 안전인증의 표시 중 법 제84조제3항에 따른 안전인증대상기계등이 아닌 유해·위험기계등의 안전인증 표시 및 표시방법은 별표 15와 같다.

시행규칙 제121조(자율안전확인의 표시) 법 제90조제1항에 따른 자율안전확인의 표시 및 표시방법은 별표 14와 같다.

법 제84조(안전인증) ① 유해·위험기계등 중 근로자의 안전 및 보건에 위해(危害)를 미칠 수 있다고 인정되어 대통령령으로 정하는 것(이하 "안전인증대상기계등"이라 한다)을 제조하거나 수입하는 자(고용노동부령으로 정하는 안전인증대상기계등을 설치·이전하거나 주요 구조 부분을 변경하는 자를 포함한다. 이하 이 조 및 제85조부터 제87조까지의 규정에서 같다)는 안전인증대상기계등이 안전인증기준에 맞는지에 대하여 고용노동부장관이 실시하는 안전인증을 받아야 한다.

② 고용노동부장관은 다음 각 호의 어느 하나에 해당하는 경우에는 고용노동부령으로 정하는 바에 따라 제1항에 따른 안전인증의 전부 또는 일부를 면제할 수 있다.
 1. 연구·개발을 목적으로 제조·수입하거나 수출을 목적으로 제조하는 경우
 2. 고용노동부장관이 정하여 고시하는 외국의 안전인증기관에서 인증을 받은 경우
 3. 다른 법령에 따라 안전성에 관한 검사나 인증을 받은 경우로서 고용노동부령으로 정하는 경우

③ 안전인증대상기계등이 아닌 유해·위험기계등을 제조하거나 수입하는 자가 그 유해·위험기계등의 안전에 관한 성능 등을 평가받으려면 고용노동부장관에게 안전인증을 신청할 수 있다. 이 경우 고용노동부장관은 안전인증기준에 따라 안전인증을 할 수 있다.

④ 고용노동부장관은 제1항 및 제3항에 따른 안전인증(이하 "안전인증"이라 한다)을 받은 자가 안전인증기준을 지키고 있는지를 3년 이하의 범위에서 고용노동부령으로 정하는 주기마다 확인하여야 한다. 다만, 제2항에 따라 안전인증의 일부를 면제받은 경우에는 고용노동부령으로 정하는 바에 따라 확인의 전부 또는 일부를 생략할 수 있다.

⑤ 제1항에 따라 안전인증을 받은 자는 안전인증을 받은 안전인증대상기계등에 대하여 고용노동부령으로 정하는 바에 따라 제품명·모델명·제조수량·판매수량 및 판매처 현황 등의 사항을 기록하여 보존하여야 한다.

⑥ 고용노동부장관은 근로자의 안전 및 보건에 필요하다고 인정하는 경우 안전인증대상기계등을 제조·수입 또는 판매하는 자에게 고용노동부령으로 정하는 바에 따라 해당 안전인증대상기계등의 제조·수입 또는 판매에 관한 자료를 공단에 제출하게 할 수 있다.

⑦ 안전인증의 신청 방법·절차, 제4항에 따른 확인의 방법·절차, 그 밖에 필요한 사항은 고용노동부령으로 정한다.

법 제85조(안전인증의 표시 등) ① 안전인증을 받은 자는 안전인증을 받은 유해·위험기계등이나 이를 담은 용기 또는 포장에 고용노동부령으로 정하는 바에 따라 안전인증의 표시(이하 "안전인증표시"라 한다)를 하여야 한다.

② 안전인증을 받은 유해·위험기계등이 아닌 것은 안전인증표시 또는 이와 유사한 표시를 하거나 안전인증에 관한 광고를 해서는 아니 된다.

③ 안전인증을 받은 유해·위험기계등을 제조·수입·양도·대여하는 자는 안전인증표시를 임의로 변경하거나 제거해서는 아니 된다.
④ 고용노동부장관은 다음 각 호의 어느 하나에 해당하는 경우에는 안전인증표시나 이와 유사한 표시를 제거할 것을 명하여야 한다.
  1. 제2항을 위반하여 안전인증표시나 이와 유사한 표시를 한 경우
  2. 제86조제1항에 따라 안전인증이 취소되거나 안전인증표시의 사용 금지 명령을 받은 경우

정답: ⑤

 산업안전보건법령상 기간에 관한 설명으로 옳지 않은 것은?

① 공정안전보고서를 제출하여 심사를 받은 사업주는 기존에 설치되어 사용 중인 유해하거나 위험한 설비에 대해서는 심사 완료 후 3개월 이내 공단의 확인을 받아야 한다.
② 공정안전보고서를 제출하여 심사를 받은 사업주는 유해하거나 위험한 설비 또는 이와 관련된 공정에 중대한 사고 또는 결함이 발생한 경우에는 1개월 이내 공단의 확인을 받아야 한다.
③ 공정안전보고서를 제출하여 심사를 받은 사업주는 유해하거나 위험한 설비와 관련한 공정의 중대한 변경이 있는 경우에는 변경 완료 후 1개월 이내 공단의 확인을 받아야 한다.
④ 고용노동부장관은 안전인증을 받은 자가 안전인증을 받은 유해·위험기계 등의 안전에 관한 성능 등이 안전인증기준에 맞지 아니하게 된 경우 안전인증을 취소하거나 6개월 이내의 기간을 정하여 안전인증표시의 사용을 금지하거나 안전인증기준에 맞게 시정하도록 명할 수 있다.
⑤ 안전인증이 취소된 자는 안전인증이 취소된 날부터 2년 이내에는 취소된 유해·위험기계등에 대하여 안전인증을 신청할 수 없다.

해설

정답: ⑤

산업안전보건법령상 안전관리자 등의 증원·교체임명 명령 사유에 해당하는 것은?

① 해당 사업장의 사망만인율이 같은 업종의 평균사망만인율의 2배 이상인 경우
② 중대재해가 연간 2건 이상 발생한 경우. 다만, 해당 사업장의 전년도 연간재해율이 같은 업종의 평균 연간재해율 이하인 경우는 제외한다.
③ 관리자가 질병이나 그 밖의 사유로 3개월 이상 직무를 수행할 수 없게 된 경우
④ 초음파작업으로 인한 직업성 질병자가 연간 3명 이상 발생한 경우
⑤ 소음작업으로 인한 직업성 질병자가 연간 3명 이상 발생한 경우

> **해설**
>
> **시행규칙 제12조(안전관리자 등의 증원·교체임명 명령)** ① 지방고용노동관서의 장은 다음 각 호의 어느 하나에 해당하는 사유가 발생한 경우에는 법 제17조제4항·제18조제4항 또는 제19조제3항에 따라 사업주에게 안전관리자·보건관리자 또는 안전보건관리담당자(이하 이 조에서 "관리자"라 한다)를 정수 이상으로 증원하게 하거나 교체하여 임명할 것을 명할 수 있다. 다만, 제4호에 해당하는 경우로서 직업성 질병자 발생 당시 사업장에서 해당 화학적 인자(因子)를 사용하지 않은 경우에는 그렇지 아니하다. →[**암기법: 재해2질병3**]
> 1. 해당 사업장의 연간재해율이 같은 업종의 평균재해율의 2배 이상인 경우
> 2. 중대재해가 연간 2건 이상 발생한 경우. 다만, 해당 사업장의 전년도 사망만인율이 같은 업종의 평균 사망만인율 이하인 경우는 제외한다.
> 3. 관리자가 질병이나 그 밖의 사유로 3개월 이상 직무를 수행할 수 없게 된 경우
> 4. **별표 22 제1호에 따른 화학적 인자로 인한 직업성 질병자가 연간 3명 이상 발생한 경우.** 이 경우 직업성 질병자의 발생일은 「산업재해보상보험법 시행규칙」 제21조제1항에 따른 요양급여의 결정일로 한다.

■ 산업안전보건법 시행규칙 [별표 22]

특수건강진단 대상 유해인자(제201조 관련)

1. 화학적 인자
   가. 유기화합물(109종)
      1) 가솔린(Gasoline; 8006-61-9)
      <이하 중략>
      109) 히드라진(Hydrazine; 302-01-2)
      110) 1)부터 109)까지의 물질을 용량비율 1퍼센트 이상 함유한 혼합물
   나. 금속류(20종)→[**암기법: 구납니망사/알오요인주/산(산)삼수안/지카코크텅**]
      1) 구리(Copper; 7440-50-8)(분진, 미스트, 흄)
      2) 납[7439-92-1] 및 그 무기화합물(Lead and its inorganic compounds)
      3) 니켈[7440-02-0] 및 그 무기화합물, 니켈 카르보닐[13463-39-3](Nickel and its inorganic compounds, Nickel carbonyl)

4) 망간[7439-96-5] 및 그 무기화합물(Manganese and its inorganic compounds)
  5) 사알킬납(Tetraalkyl lead; 78-00-2 등)
  6) 산화아연(Zinc oxide; 1314-13-2)(분진, 흄)
  7) 산화철(Iron oxide; 1309-37-1 등)(분진, 흄)
  8) 삼산화비소(Arsenic trioxide; 1327-53-3)
  9) 수은[7439-97-6] 및 그 화합물(Mercury and its compounds)
  10) 안티몬[7440-36-0] 및 그 화합물(Antimony and its compounds)
  11) 알루미늄[7429-90-5] 및 그 화합물(Aluminum and its compounds)
  12) 오산화바나듐(Vanadium pentoxide; 1314-62-1)(분진, 흄)
  13) 요오드[7553-56-2] 및 요오드화물(Iodine and iodides)
  14) 인듐[7440-74-6] 및 그 화합물(Indium and its compounds)
  15) 주석[7440-31-5] 및 그 화합물(Tin and its compounds)
  16) 지르코늄[7440-67-7] 및 그 화합물(Zirconium and its compounds)
  17) 카드뮴[7440-43-9] 및 그 화합물(Cadmium and its compounds)
  18) 코발트(Cobalt; 7440-48-4)(분진, 흄)
  19) 크롬[7440-47-3] 및 그 화합물(Chromium and its compounds)
  20) 텅스텐[7440-33-7] 및 그 화합물(Tungsten and its compounds)
  21) 1)부터 20)까지의 물질을 중량비율 1퍼센트 이상 함유한 혼합물
다. 산 및 알카리류(8종)
  1) 무수 초산(Acetic anhydride; 108-24-7)
  2) 불화수소(Hydrogen fluoride; 7664-39-3)
  3) 시안화 나트륨(Sodium cyanide; 143-33-9)
  4) 시안화 칼륨(Potassium cyanide; 151-50-8)
  5) 염화수소(Hydrogen chloride; 7647-01-0)
  6) 질산(Nitric acid; 7697-37-2)
  7) 트리클로로아세트산(Trichloroacetic acid; 76-03-9)
  8) 황산(Sulfuric acid; 7664-93-9)
  9) 1)부터 8)까지의 물질을 중량비율 1퍼센트 이상 함유한 혼합물
라. 가스 상태 물질류(14종)
  1) 불소(Fluorine; 7782-41-4)
  2) 브롬(Bromine; 7726-95-6)
  3) 산화에틸렌(Ethylene oxide; 75-21-8)
  4) 삼수소화 비소(Arsine; 7784-42-1)
  5) 시안화 수소(Hydrogen cyanide; 74-90-8)
  6) 염소(Chlorine; 7782-50-5)
  7) 오존(Ozone; 10028-15-6)
  8) 이산화질소(nitrogen dioxide; 10102-44-0)
  9) 이산화황(Sulfur dioxide; 7446-09-5)
  10) 일산화질소(Nitric oxide; 10102-43-9)
  11) 일산화탄소(Carbon monoxide; 630-08-0)
  12) 포스겐(Phosgene; 75-44-5)
  13) 포스핀(Phosphine; 7803-51-2)
  14) 황화수소(Hydrogen sulfide; 7783-06-4)
  15) 1)부터 14)까지의 규정에 따른 물질을 용량비율 1퍼센트 이상 함유한 혼합물

마. 영 제88조에 따른 허가 대상 유해물질(12종)
  1) α-나프틸아민[134-32-7] 및 그 염(α-naphthylamine and its salts)
  2) 디아니시딘[119-90-4] 및 그 염(Dianisidine and its salts)
  3) 디클로로벤지딘[91-94-1] 및 그 염(Dichlorobenzidine and its salts)
  4) 베릴륨[7440-41-7] 및 그 화합물(Beryllium and its compounds)
  5) 벤조트리클로라이드(Benzotrichloride; 98-07-7)
  6) 비소[7440-38-2] 및 그 무기화합물(Arsenic and its inorganic compounds)
  7) 염화비닐(Vinyl chloride; 75-01-4)
  8) 콜타르피치[65996-93-2] 휘발물(코크스 제조 또는 취급업무)(Coal tar pitch volatiles)
  9) 크롬광 가공[열을 가하여 소성(변형된 형태 유지) 처리하는 경우만 해당한다](Chromite ore processing)
  10) 크롬산 아연(Zinc chromates; 13530-65-9 등)
  11) o-톨리딘[119-93-7] 및 그 염(o-Tolidine and its salts)
  12) 황화니켈류(Nickel sulfides; 12035-72-2, 16812-54-7)
  13) 1)부터 4)까지 및 6)부터 11)까지의 물질을 중량비율 1퍼센트 이상 함유한 혼합물
  14) 5)의 물질을 중량비율 0.5퍼센트 이상 함유한 혼합물
바. 금속가공유(Metal working fluids); 미네랄 오일 미스트(광물성 오일, Oil mist, mineral)

2. 분진(7종)
가. 곡물 분진(Grain dusts)
나. 광물성 분진(Mineral dusts)
다. 면 분진(Cotton dusts)
라. 목재 분진(Wood dusts)
마. 용접 흄(Welding fume)
바. 유리 섬유(Glass fiber dusts)
사. 석면 분진(Asbestos dusts; 1332-21-4 등)

3. 물리적 인자(8종)
가. 안전보건규칙 제512조제1호부터 제3호까지의 규정의 소음작업, 강렬한 소음작업 및 충격소음작업에서 발생하는 소음
나. 안전보건규칙 제512조제4호의 진동작업에서 발생하는 진동
다. 안전보건규칙 제573조제1호의 방사선
라. 고기압
마. 저기압
바. 유해광선
  1) 자외선
  2) 적외선
  3) 마이크로파 및 라디오파

4. 야간작업(2종)
가. 6개월간 밤 12시부터 오전 5시까지의 시간을 포함하여 계속되는 8시간 작업을 월 평균 4회 이상 수행하는 경우
나. 6개월간 오후 10시부터 다음날 오전 6시 사이의 시간 중 작업을 월 평균 60시간 이상 수행하는 경우

※ 비고: "등"이란 해당 화학물질에 이성질체 등 동일 속성을 가지는 2개 이상의 화합물이 존재할 수 있는 경우를 말한다.

■ 산업안전보건기준에 관한 규칙 [별표 12]

관리대상 유해물질의 종류(제420조, 제439조 및 제440조 관련)

1. 유기화합물(117종)
1) 글루타르알데히드(Glutaraldehyde; 111-30-8)
44) 벤젠(Benzene; 71-43-2)(특별관리물질)
56) 사염화탄소(Carbon tetrachloride; 56-23-5)(특별관리물질)
102) 트리클로로메탄(Trichloromethane; 67-66-3)
104) 트리클로로에틸렌(Trichloroethylene; 79-01-6)(특별관리물질)
107) 페놀(Phenol; 108-95-2)(특별관리물질)
109) 포름알데히드(Formaldehyde; 50-00-0)(특별관리물질)
114) n-헥산(n-Hexane; 110-54-3)
117) 히드라진[302-01-2] 및 그 수화물(Hydrazine and its hydrates)(특별관리물질)
118) 1)부터 117)까지의 물질을 중량비율 1%[N,N-디메틸아세트아미드(특별관리물질), 디메틸포름아미드(특별관리물질), 2-메톡시에탄올(특별관리물질), 2-메톡시에틸 아세테이트(특별관리물질), 1-브로모프로판(특별관리물질), 2-브로모프로판(특별관리물질), 2-에톡시에탄올(특별관리물질), 2-에톡시에틸 아세테이트(특별관리물질) 및 페놀(특별관리물질)은 0.3%, 그 밖의 특별관리물질은 0.1%] 이상 함유한 혼합물

2. 금속류(24종)
1) 구리[7440-50-8] 및 그 화합물(Copper and its compounds)
2) 납[7439-92-1] 및 그 무기화합물(Lead and its inorganic compounds)(특별관리물질)
3) 니켈[7440-02-0] 및 그 무기화합물, 니켈 카르보닐(Nickel and its inorganic compounds, Nickel carbonyl)(불용성화합물만 특별관리물질)
4) 망간[7439-96-5] 및 그 무기화합물(Manganese and its inorganic compounds)
5) 바륨[7440-39-3] 및 그 가용성 화합물(Barium and its soluble compounds)
6) 백금[7440-06-4] 및 그 화합물(Platinum and its compounds)
7) 산화마그네슘(Magnesium oxide; 1309-48-4)
8) 셀레늄[7782-49-2] 및 그 화합물(Selenium and its compounds)
9) 수은[7439-97-6] 및 그 화합물(Mercury and its compounds)(특별관리물질. 다만, 아릴화합물 및 알킬화합물은 특별관리물질에서 제외한다)
10) 아연[7440-66-6] 및 그 화합물(Zinc and its compounds)
11) 안티몬[7440-36-0] 및 그 화합물(Antimony and its compounds)
 (삼산화안티몬만 특별관리물질)
12) 알루미늄[7429-90-5] 및 그 화합물(Aluminum and its compounds)
13) 오산화바나듐(Vanadium pentoxide; 1314-62-1)
14) 요오드[7553-56-2] 및 요오드화물(Iodine and iodides)
15) 은[7440-22-4] 및 그 화합물(Silver and its compounds)
16) 이산화티타늄(Titanium dioxide; 13463-67-7)
17) 인듐[7440-74-6] 및 그 화합물(Indium and its compounds)
18) 주석[7440-31-5] 및 그 화합물(Tin and its compounds)
19) 지르코늄[7440-67-7] 및 그 화합물(Zirconium and its compounds)
20) 철[7439-89-6] 및 그 화합물(Iron and its compounds)
21) 카드뮴[7440-43-9] 및 그 화합물(Cadmium and its compounds)(특별관리물질)

22) 코발트[7440-48-4] 및 그 무기화합물(Cobalt and its inorganic compounds)
23) 크롬[7440-47-3] 및 그 화합물(Chromium and its compounds)(6가크롬 화합물만 특별관리물질)
24) 텅스텐[7440-33-7] 및 그 화합물(Tungsten and its compounds)
25) 1)부터 24)까지의 물질을 중량비율 1%[납 및 그 무기화합물(특별관리물질), 수은 및 그 화합물(특별관리물질. 다만, 아릴화합물 및 알킬화합물은 특별관리물질에서 제외한다)은 0.3%, 그 밖의 특별관리물질은 0.1%] 이상 함유한 혼합물

3. 산·알칼리류(17종)
1) 개미산(Formic acid; 64-18-6)
2) 과산화수소(Hydrogen peroxide; 7722-84-1)
3) 무수 초산(Acetic anhydride; 108-24-7)
4) 불화수소(Hydrogen fluoride; 7664-39-3)
5) 브롬화수소(Hydrogen bromide; 10035-10-6)
6) 수산화 나트륨(Sodium hydroxide; 1310-73-2)
7) 수산화 칼륨(Potassium hydroxide; 1310-58-3)
8) 시안화 나트륨(Sodium cyanide; 143-33-9)
9) 시안화 칼륨(Potassium cyanide; 151-50-8)
10) 시안화 칼슘(Calcium cyanide; 592-01-8)
11) 아크릴산(Acrylic acid; 79-10-7)
12) 염화수소(Hydrogen chloride; 7647-01-0)
13) 인산(Phosphoric acid; 7664-38-2)
14) 질산(Nitric acid; 7697-37-2)
15) 초산(Acetic acid; 64-19-7)
16) 트리클로로아세트산(Trichloroacetic acid; 76-03-9)
17) 황산(Sulfuric acid; 7664-93-9)(pH 2.0 이하인 강산은 특별관리물질)
18) 1)부터 17)까지의 물질을 중량비율 1%(특별관리물질은 0.1%) 이상 함유한 혼합물

4. 가스 상태 물질류(15종)
1) 불소(Fluorine; 7782-41-4)
2) 브롬(Bromine; 7726-95-6)
3) 산화에틸렌(Ethylene oxide; 75-21-8)(특별관리물질)
4) 삼수소화 비소(Arsine; 7784-42-1)
5) 시안화 수소(Hydrogen cyanide; 74-90-8)
6) 암모니아(Ammonia; 7664-41-7 등)
7) 염소(Chlorine; 7782-50-5)
8) 오존(Ozone; 10028-15-6)
9) 이산화질소(nitrogen dioxide; 10102-44-0)
10) 이산화황(Sulfur dioxide; 7446-09-5)
11) 일산화질소(Nitric oxide; 10102-43-9)
12) 일산화탄소(Carbon monoxide; 630-08-0)
13) 포스겐(Phosgene; 75-44-5)
14) 포스핀(Phosphine; 7803-51-2)
15) 황화수소(Hydrogen sulfide; 7783-06-4)
16) 1)부터 15)까지의 물질을 중량비율 1%(특별관리물질은 0.1%) 이상 함유한 혼합물

비고: '등'이란 해당 화학물질에 이성질체 등 동일 속성을 가지는 2개 이상의 화합물이 존재할 수 있는 경우를 말한다.

○ **산업안전보건법 기간 문제(6개월)**

제21조(안전관리전문기관 등) ① 안전관리전문기관 또는 보건관리전문기관이 되려는 자는 대통령령으로 정하는 인력·시설 및 장비 등의 요건을 갖추어 고용노동부장관의 지정을 받아야 한다.

② 고용노동부장관은 안전관리전문기관 또는 보건관리전문기관에 대하여 평가하고 그 결과를 공개할 수 있다. 이 경우 평가의 기준·방법 및 결과의 공개에 필요한 사항은 고용노동부령으로 정한다.

③ 안전관리전문기관 또는 보건관리전문기관의 지정 절차, 업무 수행에 관한 사항, 위탁받은 업무를 수행할 수 있는 지역, 그 밖에 필요한 사항은 고용노동부령으로 정한다.

④ <u>고용노동부장관은 안전관리전문기관 또는 보건관리전문기관이 다음 각 호의 어느 하나에 해당할 때에는 그 지정을 취소하거나 6개월 이내의 기간을 정하여 그 업무의 정지를 명할 수 있다. 다만, 제1호 또는 제2호에 해당할 때에는 그 지정을 취소하여야 한다.</u>

1. 거짓이나 그 밖의 부정한 방법으로 지정을 받은 경우
2. 업무정지 기간 중에 업무를 수행한 경우
3. 제1항에 따른 지정 요건을 충족하지 못한 경우
4. 지정받은 사항을 위반하여 업무를 수행한 경우
5. 그 밖에 대통령령으로 정하는 사유에 해당하는 경우

⑤ 제4항에 따라 지정이 취소된 자는 지정이 취소된 날부터 2년 이내에는 각각 해당 안전관리전문기관 또는 보건관리전문기관으로 지정받을 수 없다.

제86조(안전인증의 취소 등) ① <u>고용노동부장관은 안전인증을 받은 자가 다음 각 호의 어느 하나에 해당하면 안전인증을 취소하거나 6개월 이내의 기간을 정하여 안전인증표시의 사용을 금지하거나 안전인증기준에 맞게 시정하도록 명할 수 있다. 다만, 제1호의 경우에는 안전인증을 취소하여야 한다.</u>

1. 거짓이나 그 밖의 부정한 방법으로 안전인증을 받은 경우
2. 안전인증을 받은 유해·위험기계등의 안전에 관한 성능 등이 안전인증기준에 맞지 아니하게 된 경우
3. 정당한 사유 없이 제84조제4항에 따른 확인을 거부, 방해 또는 기피하는 경우

② 고용노동부장관은 제1항에 따라 안전인증을 취소한 경우에는 고용노동부령으로 정하는 바에 따라 그 사실을 관보 등에 공고하여야 한다.

③ 제1항에 따라 안전인증이 취소된 자는 안전인증이 취소된 날부터 1년 이내에는 취소된 유해·위험기계등에 대하여 안전인증을 신청할 수 없다.

제91조(자율안전확인표시의 사용 금지 등) ① <u>고용노동부장관은 제89조제1항 각 호 외의 부분 본문에 따라 신고된 자율안전확인대상기계등의 안전에 관한 성능이 자율안전기준에 맞지 아니하게 된 경우에는 같은 항 각 호 외의 부분 본문에 따라 신고한 자에게 6개월 이내의 기간을 정하여 자율안전확인표시의 사용을 금지하거나 자율안전기준에 맞게 시정하도록 명할 수 있다.</u>

② 고용노동부장관은 제1항에 따라 자율안전확인표시의 사용을 금지하였을 때에는 그 사실을 관보 등에 공고하여야 한다.

③ 제2항에 따른 공고의 내용, 방법 및 절차, 그 밖에 필요한 사항은 고용노동부령으로 정한다.

제118조(유해·위험물질의 제조 등 허가) ① 제117조제1항 각 호의 어느 하나에 해당하는 물질로서 대체물질이 개발되지 아니한 물질 등 대통령령으로 정하는 물질(이하 "허가대상물질"이라 한다)을 제조하거나 사용하려는 자는 고용노동부장관의 허가를 받아야 한다. 허가받은 사항을 변경할 때에도 또한 같다.

② 허가대상물질의 제조·사용설비, 작업방법, 그 밖의 허가기준은 고용노동부령으로 정한다.
③ 제1항에 따라 허가를 받은 자(이하 "허가대상물질제조·사용자"라 한다)는 그 제조·사용설비를 제2항에 따른 허가기준에 적합하도록 유지하여야 하며, 그 기준에 적합한 작업방법으로 허가대상물질을 제조·사용하여야 한다.
④ 고용노동부장관은 허가대상물질제조·사용자의 제조·사용설비 또는 작업방법이 제2항에 따른 허가기준에 적합하지 아니하다고 인정될 때에는 그 기준에 적합하도록 제조·사용설비를 수리·개조 또는 이전하도록 하거나 그 기준에 적합한 작업방법으로 그 물질을 제조·사용하도록 명할 수 있다.
⑤ 고용노동부장관은 허가대상물질제조·사용자가 다음 각 호의 어느 하나에 해당하면 그 허가를 취소하거나 6개월 이내의 기간을 정하여 영업을 정지하게 할 수 있다. 다만, 제1호에 해당할 때에는 그 허가를 취소하여야 한다.
  1. 거짓이나 그 밖의 부정한 방법으로 허가를 받은 경우
  2. 제2항에 따른 허가기준에 맞지 아니하게 된 경우
  3. 제3항을 위반한 경우
  4. 제4항에 따른 명령을 위반한 경우
  5. 자체검사 결과 이상을 발견하고도 즉시 보수 및 필요한 조치를 하지 아니한 경우
⑥ 제1항에 따른 허가의 신청절차, 그 밖에 필요한 사항은 고용노동부령으로 정한다.

○ **산업안전보건법 기간 문제(1년)**

제86조(안전인증의 취소 등) ① 고용노동부장관은 안전인증을 받은 자가 다음 각 호의 어느 하나에 해당하면 안전인증을 취소하거나 6개월 이내의 기간을 정하여 안전인증표시의 사용을 금지하거나 안전인증기준에 맞게 시정하도록 명할 수 있다. 다만, 제1호의 경우에는 안전인증을 취소하여야 한다.
  1. 거짓이나 그 밖의 부정한 방법으로 안전인증을 받은 경우
  2. 안전인증을 받은 유해·위험기계등의 안전에 관한 성능 등이 안전인증기준에 맞지 아니하게 된 경우
  3. 정당한 사유 없이 제84조제4항에 따른 확인을 거부, 방해 또는 기피하는 경우
② 고용노동부장관은 제1항에 따라 안전인증을 취소한 경우에는 고용노동부령으로 정하는 바에 따라 그 사실을 관보 등에 공고하여야 한다.
③ 제1항에 따라 안전인증이 취소된 자는 안전인증이 취소된 날부터 1년 이내에는 취소된 유해·위험기계등에 대하여 안전인증을 신청할 수 없다.

제102조(유해·위험기계등 제조사업 등의 지원) ① 고용노동부장관은 다음 각 호의 어느 하나에 해당하는 자에게 유해·위험기계등의 품질·안전성 또는 설계·시공 능력 등의 향상을 위하여 예산의 범위에서 필요한 지원을 할 수 있다.
  1. 다음 각 목의 어느 하나에 해당하는 것의 안전성 향상을 위하여 지원이 필요하다고 인정되는 것을 제조하는 자
    가. 안전인증대상기계등
    나. 자율안전확인대상기계등
    다. 그 밖에 산업재해가 많이 발생하는 유해·위험기계등
  2. 작업환경 개선시설을 설계·시공하는 자

② 제1항에 따른 지원을 받으려는 자는 고용노동부령으로 정하는 인력·시설 및 장비 등의 요건을 갖추어 고용노동부장관에게 등록하여야 한다.

③ <u>고용노동부장관은 제2항에 따라 등록한 자가 다음 각 호의 어느 하나에 해당하는 경우에는 그 등록을 취소하거나 1년의 범위에서 제1항에 따른 지원을 제한할 수 있다.</u> 다만, 제1호의 경우에는 등록을 취소하여야 한다.

  1. 거짓이나 그 밖의 부정한 방법으로 등록한 경우

  2. 제2항에 따른 등록 요건에 적합하지 아니하게 된 경우

  3. 제86조제1항제1호에 따라 안전인증이 취소된 경우

④ 고용노동부장관은 제1항에 따라 지원받은 자가 다음 각 호의 어느 하나에 해당하는 경우에는 지원한 금액 또는 지원에 상응하는 금액을 환수하여야 한다. 이 경우 제1호에 해당하면 지원한 금액에 상당하는 액수 이하의 금액을 추가로 환수할 수 있다.

  1. 거짓이나 그 밖의 부정한 방법으로 지원받은 경우

  2. 제1항에 따른 지원 목적과 다른 용도로 지원금을 사용한 경우

  3. 제3항제1호에 해당하여 등록이 취소된 경우

⑤ 고용노동부장관은 제3항에 따라 등록을 취소한 자에 대하여 등록을 취소한 날부터 2년 이내의 기간을 정하여 제2항에 따른 등록을 제한할 수 있다.

⑥ 제1항부터 제5항까지의 규정에 따른 지원내용, 등록 및 등록 취소, 환수 절차, 등록 제한 기준, 그 밖에 필요한 사항은 고용노동부령으로 정한다.

○ **산업안전보건법 기간 문제(2년)**

제21조(안전관리전문기관 등) ① 안전관리전문기관 또는 보건관리전문기관이 되려는 자는 대통령령으로 정하는 인력·시설 및 장비 등의 요건을 갖추어 고용노동부장관의 지정을 받아야 한다.

② 고용노동부장관은 안전관리전문기관 또는 보건관리전문기관에 대하여 평가하고 그 결과를 공개할 수 있다. 이 경우 평가의 기준·방법 및 결과의 공개에 필요한 사항은 고용노동부령으로 정한다.

③ 안전관리전문기관 또는 보건관리전문기관의 지정 절차, 업무 수행에 관한 사항, 위탁받은 업무를 수행할 수 있는 지역, 그 밖에 필요한 사항은 고용노동부령으로 정한다.

④ 고용노동부장관은 안전관리전문기관 또는 보건관리전문기관이 다음 각 호의 어느 하나에 해당할 때에는 그 지정을 취소하거나 6개월 이내의 기간을 정하여 그 업무의 정지를 명할 수 있다. 다만, 제1호 또는 제2호에 해당할 때에는 그 지정을 취소하여야 한다.

  1. 거짓이나 그 밖의 부정한 방법으로 지정을 받은 경우

  2. 업무정지 기간 중에 업무를 수행한 경우

  3. 제1항에 따른 지정 요건을 충족하지 못한 경우

  4. 지정받은 사항을 위반하여 업무를 수행한 경우

  5. 그 밖에 대통령령으로 정하는 사유에 해당하는 경우

⑤ 제4항에 따라 지정이 취소된 자는 지정이 취소된 날부터 2년 이내에는 각각 해당 안전관리전문기관 또는 보건관리전문기관으로 지정받을 수 없다.

제98조(자율검사프로그램에 따른 안전검사) ① 제93조제1항에도 불구하고 같은 항에 따라 안전검사를 받아야 하는 사업주가 근로자대표와 협의(근로자를 사용하지 아니하는 경우는 제외한다)하여 같은 항 전단에 따른 검사기준, 같은 조 제3항에 따른 검사 주기 등을 충족하는 검사프로그램(이하 "자율검사프로그램"이라 한다)을 정하고 고용노동부장관의 인정을 받아 다음 각 호의 어느

하나에 해당하는 사람으로부터 자율검사프로그램에 따라 안전검사대상기계등에 대하여 안전에 관한 성능검사(이하 "자율안전검사"라 한다)를 받으면 안전검사를 받은 것으로 본다.
1. 고용노동부령으로 정하는 안전에 관한 성능검사와 관련된 자격 및 경험을 가진 사람
2. 고용노동부령으로 정하는 바에 따라 안전에 관한 성능검사 교육을 이수하고 해당 분야의 실무 경험이 있는 사람

② 자율검사프로그램의 유효기간은 2년으로 한다.
③ 사업주는 자율안전검사를 받은 경우에는 그 결과를 기록하여 보존하여야 한다.
④ 자율안전검사를 받으려는 사업주는 제100조에 따라 지정받은 검사기관(이하 "자율안전검사기관"이라 한다)에 자율안전검사를 위탁할 수 있다.
⑤ 자율검사프로그램에 포함되어야 할 내용, 자율검사프로그램의 인정 요건, 인정 방법 및 절차, 그 밖에 필요한 사항은 고용노동부령으로 정한다.

제102조(유해·위험기계등 제조사업 등의 지원) ① 고용노동부장관은 다음 각 호의 어느 하나에 해당하는 자에게 유해·위험기계등의 품질·안전성 또는 설계·시공 능력 등의 향상을 위하여 예산의 범위에서 필요한 지원을 할 수 있다.
1. 다음 각 목의 어느 하나에 해당하는 것의 안전성 향상을 위하여 지원이 필요하다고 인정되는 것을 제조하는 자
   가. 안전인증대상기계등
   나. 자율안전확인대상기계등
   다. 그 밖에 산업재해가 많이 발생하는 유해·위험기계등
2. 작업환경 개선시설을 설계·시공하는 자

② 제1항에 따른 지원을 받으려는 자는 고용노동부령으로 정하는 인력·시설 및 장비 등의 요건을 갖추어 고용노동부장관에게 등록하여야 한다.
③ 고용노동부장관은 제2항에 따라 등록한 자가 다음 각 호의 어느 하나에 해당하는 경우에는 그 등록을 취소하거나 1년의 범위에서 제1항에 따른 지원을 제한할 수 있다. 다만, 제1호의 경우에는 등록을 취소하여야 한다.
1. 거짓이나 그 밖의 부정한 방법으로 등록한 경우
2. 제2항에 따른 등록 요건에 적합하지 아니하게 된 경우
3. 제86조제1항제1호에 따라 안전인증이 취소된 경우

④ 고용노동부장관은 제1항에 따라 지원받은 자가 다음 각 호의 어느 하나에 해당하는 경우에는 지원한 금액 또는 지원에 상응하는 금액을 환수하여야 한다. 이 경우 제1호에 해당하면 지원한 금액에 상당하는 액수 이하의 금액을 추가로 환수할 수 있다.
1. 거짓이나 그 밖의 부정한 방법으로 지원받은 경우
2. 제1항에 따른 지원 목적과 다른 용도로 지원금을 사용한 경우
3. 제3항제1호에 해당하여 등록이 취소된 경우

⑤ 고용노동부장관은 제3항에 따라 등록을 취소한 자에 대하여 등록을 취소한 날부터 2년 이내의 기간을 정하여 제2항에 따른 등록을 제한할 수 있다.
⑥ 제1항부터 제5항까지의 규정에 따른 지원내용, 등록 및 등록 취소, 환수 절차, 등록 제한 기준, 그 밖에 필요한 사항은 고용노동부령으로 정한다.

제145조(지도사의 등록) ① 지도사가 그 직무를 수행하려는 경우에는 고용노동부령으로 정하는 바에 따라 고용노동부장관에게 등록하여야 한다.

② 제1항에 따라 등록한 지도사는 그 직무를 조직적·전문적으로 수행하기 위하여 법인을 설립할 수 있다.
③ 다음 각 호의 어느 하나에 해당하는 사람은 제1항에 따른 등록을 할 수 없다.
  1. 피성년후견인 또는 피한정후견인
  2. 파산선고를 받고 복권되지 아니한 사람
  3. 금고 이상의 실형을 선고받고 그 집행이 끝나거나(집행이 끝난 것으로 보는 경우를 포함한다) 집행이 면제된 날부터 2년이 지나지 아니한 사람
  4. 금고 이상의 형의 집행유예를 선고받고 그 유예기간 중에 있는 사람
  5. 이 법을 위반하여 벌금형을 선고받고 1년이 지나지 아니한 사람
  6. 제154조에 따라 등록이 취소(이 항 제1호 또는 제2호에 해당하여 등록이 취소된 경우는 제외한다)된 후 2년이 지나지 아니한 사람
④ 제1항에 따라 등록을 한 지도사는 고용노동부령으로 정하는 바에 따라 5년마다 등록을 갱신하여야 한다.
⑤ 고용노동부령으로 정하는 지도실적이 있는 지도사만이 제4항에 따른 갱신등록을 할 수 있다. 다만, 지도실적이 기준에 못 미치는 지도사는 고용노동부령으로 정하는 보수교육을 받은 경우 갱신등록을 할 수 있다.
⑥ 제2항에 따른 법인에 관하여는 「상법」 중 합명회사에 관한 규정을 적용한다.

○ **산업안전보건법 기간 문제(3년)**

제58조(유해한 작업의 도급금지) ① 사업주는 근로자의 안전 및 보건에 유해하거나 위험한 작업으로서 다음 각 호의 어느 하나에 해당하는 작업을 도급하여 자신의 사업장에서 수급인의 근로자가 그 작업을 하도록 해서는 아니 된다.
  1. 도금작업
  2. 수은, 납 또는 카드뮴을 제련, 주입, 가공 및 가열하는 작업
  3. 제118조제1항에 따른 허가대상물질을 제조하거나 사용하는 작업
② 사업주는 제1항에도 불구하고 다음 각 호의 어느 하나에 해당하는 경우에는 제1항 각 호에 따른 작업을 도급하여 자신의 사업장에서 수급인의 근로자가 그 작업을 하도록 할 수 있다.
  1. 일시·간헐적으로 하는 작업을 도급하는 경우
  2. 수급인이 보유한 기술이 전문적이고 사업주(수급인에게 도급을 한 도급인으로서의 사업주를 말한다)의 사업 운영에 필수 불가결한 경우로서 고용노동부장관의 승인을 받은 경우
③ 사업주는 제2항제2호에 따라 고용노동부장관의 승인을 받으려는 경우에는 고용노동부령으로 정하는 바에 따라 고용노동부장관이 실시하는 안전 및 보건에 관한 평가를 받아야 한다.
④ 제2항제2호에 따른 승인의 유효기간은 3년의 범위에서 정한다.
⑤ 고용노동부장관은 제4항에 따른 유효기간이 만료되는 경우에 사업주가 유효기간의 연장을 신청하면 승인의 유효기간이 만료되는 날의 다음 날부터 3년의 범위에서 고용노동부령으로 정하는 바에 따라 그 기간의 연장을 승인할 수 있다. 이 경우 사업주는 제3항에 따른 안전 및 보건에 관한 평가를 받아야 한다.
⑥ 사업주는 제2항제2호 또는 제5항에 따라 승인을 받은 사항 중 고용노동부령으로 정하는 사항을 변경하려는 경우에는 고용노동부령으로 정하는 바에 따라 변경에 대한 승인을 받아야 한다.
⑦ 고용노동부장관은 제2항제2호, 제5항 또는 제6항에 따라 승인, 연장승인 또는 변경승인을 받은 자가 제8항에 따른 기준에 미달하게 된 경우에는 승인, 연장승인 또는 변경승인을 취소하여야 한다.

⑧ 제2항제2호, 제5항 또는 제6항에 따른 승인, 연장승인 또는 변경승인의 기준·절차 및 방법, 그 밖에 필요한 사항은 고용노동부령으로 정한다.

제164조(서류의 보존) ① 사업주는 다음 각 호의 서류를 3년(제2호의 경우 2년을 말한다) 동안 보존하여야 한다. 다만, 고용노동부령으로 정하는 바에 따라 보존기간을 연장할 수 있다.
   1. 안전보건관리책임자·안전관리자·보건관리자·안전보건관리담당자 및 산업보건의의 선임에 관한 서류
   2. 제24조제3항 및 제75조제4항에 따른 회의록
   3. 안전조치 및 보건조치에 관한 사항으로서 고용노동부령으로 정하는 사항을 적은 서류
   4. 제57조제2항에 따른 산업재해의 발생 원인 등 기록
   5. 제108조제1항 본문 및 제109조제1항에 따른 화학물질의 유해성·위험성 조사에 관한 서류
   6. 제125조에 따른 작업환경측정에 관한 서류
   7. 제129조부터 제131조까지의 규정에 따른 건강진단에 관한 서류
② 안전인증 또는 안전검사의 업무를 위탁받은 안전인증기관 또는 안전검사기관은 안전인증·안전검사에 관한 사항으로서 고용노동부령으로 정하는 서류를 3년 동안 보존하여야 하고, 안전인증을 받은 자는 제84조제5항에 따라 안전인증대상기계등에 대하여 기록한 서류를 3년 동안 보존하여야 하며, 자율안전확인대상기계등을 제조하거나 수입하는 자는 자율안전기준에 맞는 것임을 증명하는 서류를 2년 동안 보존하여야 하고, 제98조제1항에 따라 자율안전검사를 받은 자는 자율검사프로그램에 따라 실시한 검사 결과에 대한 서류를 2년 동안 보존하여야 한다.
③ 일반석면조사를 한 건축물·설비소유주등은 그 결과에 관한 서류를 그 건축물이나 설비에 대한 해체·제거작업이 종료될 때까지 보존하여야 하고, 기관석면조사를 한 건축물·설비소유주등과 석면조사기관은 그 결과에 관한 서류를 3년 동안 보존하여야 한다.
④ 작업환경측정기관은 작업환경측정에 관한 사항으로서 고용노동부령으로 정하는 사항을 적은 서류를 3년 동안 보존하여야 한다.
⑤ 지도사는 그 업무에 관한 사항으로서 고용노동부령으로 정하는 사항을 적은 서류를 5년 동안 보존하여야 한다.
⑥ 석면해체·제거업자는 제122조제3항에 따른 석면해체·제거작업에 관한 서류 중 고용노동부령으로 정하는 서류를 30년 동안 보존하여야 한다.
⑦ 제1항부터 제6항까지의 경우 전산입력자료가 있을 때에는 그 서류를 대신하여 전산입력자료를 보존할 수 있다.

○ 산업안전보건법 기간 문제(5년)

제112조(물질안전보건자료의 일부 비공개 승인 등) ① 제110조제1항에도 불구하고 영업비밀과 관련되어 같은 항 제2호에 따른 화학물질의 명칭 및 함유량을 물질안전보건자료에 적지 아니하려는 자는 고용노동부령으로 정하는 바에 따라 고용노동부장관에게 신청하여 승인을 받아 해당 화학물질의 명칭 및 함유량을 대체할 수 있는 명칭 및 함유량(이하 "대체자료"라 한다)으로 적을 수 있다. 다만, 근로자에게 중대한 건강장해를 초래할 우려가 있는 화학물질로서 「산업재해보상보험법」 제8조제1항에 따른 산업재해보상보험및예방심의위원회의 심의를 거쳐 고용노동부장관이 고시하는 것은 그러하지 아니하다.
② 고용노동부장관은 제1항 본문에 따른 승인 신청을 받은 경우 고용노동부령으로 정하는 바에 따라 화학물질의 명칭 및 함유량의 대체 필요성, 대체자료의 적합성 및 물질안전보건자료의 적정성 등을 검토하여 승인 여부를 결정하고 신청인에게 그 결과를 통보하여야 한다.

③ 고용노동부장관은 제2항에 따른 승인에 관한 기준을 「산업재해보상보험법」 제8조제1항에 따른 산업재해보상보험및예방심의위원회의 심의를 거쳐 정한다.

④ 제1항에 따른 승인의 유효기간은 승인을 받은 날부터 5년으로 한다.

⑤ 고용노동부장관은 제4항에 따른 유효기간이 만료되는 경우에도 계속하여 대체자료로 적으려는 자가 그 유효기간의 연장승인을 신청하면 유효기간이 만료되는 다음 날부터 5년 단위로 그 기간을 계속하여 연장승인할 수 있다.

⑥ 신청인은 제1항 또는 제5항에 따른 승인 또는 연장승인에 관한 결과에 대하여 고용노동부령으로 정하는 바에 따라 고용노동부장관에게 이의신청을 할 수 있다.

⑦ 고용노동부장관은 제6항에 따른 이의신청에 대하여 고용노동부령으로 정하는 바에 따라 승인 또는 연장승인 여부를 결정하고 그 결과를 신청인에게 통보하여야 한다.

⑧ 고용노동부장관은 다음 각 호의 어느 하나에 해당하는 경우에는 제1항, 제5항 또는 제7항에 따른 승인 또는 연장승인을 취소할 수 있다. 다만, 제1호의 경우에는 그 승인 또는 연장승인을 취소하여야 한다.

1. 거짓이나 그 밖의 부정한 방법으로 제1항, 제5항 또는 제7항에 따른 승인 또는 연장승인을 받은 경우
2. 제1항, 제5항 또는 제7항에 따른 승인 또는 연장승인을 받은 화학물질이 제1항 단서에 따른 화학물질에 해당하게 된 경우

⑨ 제5항에 따른 연장승인과 제8항에 따른 승인 또는 연장승인의 취소 절차 및 방법, 그 밖에 필요한 사항은 고용노동부령으로 정한다.

⑩ 다음 각 호의 어느 하나에 해당하는 자는 근로자의 안전 및 보건을 유지하거나 직업성 질환 발생 원인을 규명하기 위하여 근로자에게 중대한 건강장해가 발생하는 등 고용노동부령으로 정하는 경우에는 물질안전보건자료대상물질을 제조하거나 수입한 자에게 제1항에 따라 대체자료로 적힌 화학물질의 명칭 및 함유량 정보를 제공할 것을 요구할 수 있다. 이 경우 정보 제공을 요구받은 자는 고용노동부장관이 정하여 고시하는 바에 따라 정보를 제공하여야 한다.

1. 근로자를 진료하는 「의료법」 제2조에 따른 의사
2. 보건관리자 및 보건관리전문기관
3. 산업보건의
4. 근로자대표
5. 제165조제2항제38호에 따라 제141조제1항에 따른 역학조사(疫學調査) 실시 업무를 위탁받은 기관
6. 「산업재해보상보험법」 제38조에 따른 업무상질병판정위원회

제144조(부정행위자에 대한 제재) 고용노동부장관은 지도사 자격시험에서 부정한 행위를 한 응시자에 대해서는 그 시험을 무효로 하고, 그 처분을 한 날부터 5년간 시험응시자격을 정지한다.

제145조(지도사의 등록) ① 지도사가 그 직무를 수행하려는 경우에는 고용노동부령으로 정하는 바에 따라 고용노동부장관에게 등록하여야 한다.

② 제1항에 따라 등록한 지도사는 그 직무를 조직적·전문적으로 수행하기 위하여 법인을 설립할 수 있다.

③ 다음 각 호의 어느 하나에 해당하는 사람은 제1항에 따른 등록을 할 수 없다.

1. 피성년후견인 또는 피한정후견인
2. 파산선고를 받고 복권되지 아니한 사람

3. 금고 이상의 실형을 선고받고 그 집행이 끝나거나(집행이 끝난 것으로 보는 경우를 포함한다) 집행이 면제된 날부터 2년이 지나지 아니한 사람
4. 금고 이상의 형의 집행유예를 선고받고 그 유예기간 중에 있는 사람
5. 이 법을 위반하여 벌금형을 선고받고 1년이 지나지 아니한 사람
6. 제154조에 따라 등록이 취소(이 항 제1호 또는 제2호에 해당하여 등록이 취소된 경우는 제외한다)된 후 2년이 지나지 아니한 사람

④ 제1항에 따라 등록을 한 지도사는 고용노동부령으로 정하는 바에 따라 5년마다 등록을 갱신하여야 한다.
⑤ 고용노동부령으로 정하는 지도실적이 있는 지도사만이 제4항에 따른 갱신등록을 할 수 있다. 다만, 지도실적이 기준에 못 미치는 지도사는 고용노동부령으로 정하는 보수교육을 받은 경우 갱신등록을 할 수 있다.
⑥ 제2항에 따른 법인에 관하여는 「상법」 중 합명회사에 관한 규정을 적용한다.

제164조(서류의 보존) ① 사업주는 다음 각 호의 서류를 3년(제2호의 경우 2년을 말한다) 동안 보존하여야 한다. 다만, 고용노동부령으로 정하는 바에 따라 보존기간을 연장할 수 있다.
1. 안전보건관리책임자·안전관리자·보건관리자·안전보건관리담당자 및 산업보건의의 선임에 관한 서류
2. 제24조제3항 및 제75조제4항에 따른 회의록
3. 안전조치 및 보건조치에 관한 사항으로서 고용노동부령으로 정하는 사항을 적은 서류
4. 제57조제2항에 따른 산업재해의 발생 원인 등 기록
5. 제108조제1항 본문 및 제109조제1항에 따른 화학물질의 유해성·위험성 조사에 관한 서류
6. 제125조에 따른 작업환경측정에 관한 서류
7. 제129조부터 제131조까지의 규정에 따른 건강진단에 관한 서류

② 안전인증 또는 안전검사의 업무를 위탁받은 안전인증기관 또는 안전검사기관은 안전인증·안전검사에 관한 사항으로서 고용노동부령으로 정하는 서류를 3년 동안 보존하여야 하고, 안전인증을 받은 자는 제84조제5항에 따라 안전인증대상기계등에 대하여 기록한 서류를 3년 동안 보존하여야 하며, 자율안전확인대상기계등을 제조하거나 수입하는 자는 자율안전기준에 맞는 것임을 증명하는 서류를 2년 동안 보존하여야 하고, 제98조제1항에 따라 자율안전검사를 받은 자는 자율검사프로그램에 따라 실시한 검사 결과에 대한 서류를 2년 동안 보존하여야 한다.
③ 일반석면조사를 한 건축물·설비소유주등은 그 결과에 관한 서류를 그 건축물이나 설비에 대한 해체·제거작업이 종료될 때까지 보존하여야 하고, 기관석면조사를 한 건축물·설비소유주등과 석면조사기관은 그 결과에 관한 서류를 3년 동안 보존하여야 한다.
④ 작업환경측정기관은 작업환경측정에 관한 사항으로서 고용노동부령으로 정하는 사항을 적은 서류를 3년 동안 보존하여야 한다.
⑤ 지도사는 그 업무에 관한 사항으로서 고용노동부령으로 정하는 사항을 적은 서류를 5년 동안 보존하여야 한다.
⑥ 석면해체·제거업자는 제122조제3항에 따른 석면해체·제거작업에 관한 서류 중 고용노동부령으로 정하는 서류를 30년 동안 보존하여야 한다.
⑦ 제1항부터 제6항까지의 경우 전산입력자료가 있을 때에는 그 서류를 대신하여 전산입력자료를 보존할 수 있다.

제167조(벌칙) ① 제38조제1항부터 제3항까지(제166조의2에서 준용하는 경우를 포함한다), 제39조

제1항(제166조의2에서 준용하는 경우를 포함한다) 또는 제63조(제166조의2에서 준용하는 경우를 포함한다)를 위반하여 근로자를 사망에 이르게 한 자는 7년 이하의 징역 또는 1억원 이하의 벌금에 처한다.

② 제1항의 죄로 형을 선고받고 그 형이 확정된 후 5년 이내에 다시 제1항의 죄를 저지른 자는 그 형의 2분의 1까지 가중한다.

○ **시행령 및 시행규칙 주요 기간 문제**

영 제65조(노사협의체의 운영 등) ① 노사협의체의 회의는 정기회의와 임시회의로 구분하여 개최하되, 정기회의는 2개월마다 노사협의체의 위원장이 소집하며, 임시회의는 위원장이 필요하다고 인정할 때에 소집한다.
② 노사협의체 위원장의 선출, 노사협의체의 회의, 노사협의체에서 의결되지 않은 사항에 대한 처리방법 및 회의 결과 등의 공지에 관하여는 각각 제36조, 제37조제2항부터 제4항까지, 제38조 및 제39조를 준용한다. 이 경우 "산업안전보건위원회"는 "노사협의체"로 본다.

시행규칙 제3조(중대재해의 범위) 법 제2조제2호에서 "고용노동부령으로 정하는 재해"란 다음 각 호의 어느 하나에 해당하는 재해를 말한다.
1. 사망자가 1명 이상 발생한 재해
2. 3개월 이상의 요양이 필요한 부상자가 동시에 2명 이상 발생한 재해
3. 부상자 또는 직업성 질병자가 동시에 10명 이상 발생한 재해

시행규칙 제12조(안전관리자 등의 증원·교체임명 명령) ① 지방고용노동관서의 장은 다음 각 호의 어느 하나에 해당하는 사유가 발생한 경우에는 법 제17조제4항·제18조제4항 또는 제19조제3항에 따라 사업주에게 안전관리자·보건관리자 또는 안전보건관리담당자(이하 이 조에서 "관리자"라 한다)를 정수 이상으로 증원하게 하거나 교체하여 임명할 것을 명할 수 있다. 다만, 제4호에 해당하는 경우로서 직업성 질병자 발생 당시 사업장에서 해당 화학적 인자(因子)를 사용하지 않은 경우에는 그렇지 않다. →[암기법: 재해2질병3]
1. 해당 사업장의 연간재해율이 같은 업종의 평균재해율의 2배 이상인 경우
2. 중대재해가 연간 2건 이상 발생한 경우. 다만, 해당 사업장의 전년도 사망만인율이 같은 업종의 평균 사망만인율 이하인 경우는 제외한다.
3. 관리자가 질병이나 그 밖의 사유로 3개월 이상 직무를 수행할 수 없게 된 경우
4. 별표 22 제1호에 따른 화학적 인자로 인한 직업성 질병자가 연간 3명 이상 발생한 경우. 이 경우 직업성 질병자의 발생일은 「산업재해보상보험법 시행규칙」 제21조제1항에 따른 요양급여의 결정일로 한다.
② 제1항에 따라 관리자를 정수 이상으로 증원하게 하거나 교체하여 임명할 것을 명하는 경우에는 미리 사업주 및 해당 관리자의 의견을 듣거나 소명자료를 제출받아야 한다. 다만, 정당한 사유 없이 의견진술 또는 소명자료의 제출을 게을리한 경우에는 그렇지 않다.
③ 제1항에 따른 관리자의 정수 이상 증원 및 교체임명 명령은 별지 제4호서식에 따른다.

시행규칙 제29조(안전보건관리책임자 등에 대한 직무교육) ① 법 제32조제1항 각 호 외의 부분 본문에 따라 다음 각 호의 어느 하나에 해당하는 사람은 해당 직위에 선임(위촉의 경우를 포함한다. 이하 같다)되거나 채용된 후 3개월(보건관리자가 의사인 경우는 1년을 말한다) 이내에 직무를 수행하는 데 필요한 신규교육을 받아야 하며, 신규교육을 이수한 후 매 2년이 되는 날을 기준으로 전후 3개월 사이에 고용노동부장관이 실시하는 안전보건에 관한 보수교육을 받아야 한다.

1. 법 제15조제1항에 따른 안전보건관리책임자
2. 법 제17조제1항에 따른 안전관리자(「기업활동 규제완화에 관한 특별조치법」 제30조제3항에 따라 안전관리자로 채용된 것으로 보는 사람을 포함한다)
3. 법 제18조제1항에 따른 보건관리자
4. 법 제19조제1항에 따른 안전보건관리담당자
5. 법 제21조제1항에 따른 안전관리전문기관 또는 보건관리전문기관에서 안전관리자 또는 보건관리자의 위탁 업무를 수행하는 사람
6. 법 제74조제1항에 따른 건설재해예방전문지도기관에서 지도업무를 수행하는 사람
7. 법 제96조제1항에 따라 지정받은 안전검사기관에서 검사업무를 수행하는 사람
8. 법 제100조제1항에 따라 지정받은 자율안전검사기관에서 검사업무를 수행하는 사람
9. 법 제120조제1항에 따른 석면조사기관에서 석면조사 업무를 수행하는 사람

② 제1항에 따른 신규교육 및 보수교육(이하 "직무교육"이라 한다)의 교육시간은 별표 4와 같고, 교육내용은 별표 5와 같다.

③ 직무교육을 실시하기 위한 집체교육, 현장교육, 인터넷원격교육 등의 교육 방법, 직무교육 기관의 관리, 그 밖에 교육에 필요한 사항은 고용노동부장관이 정하여 고시한다.

시행규칙 제37조(위험성평가 실시내용 및 결과의 기록·보존) ① 사업주가 법 제36조제3항에 따라 위험성평가의 결과와 조치사항을 기록·보존할 때에는 다음 각 호의 사항이 포함되어야 한다.

1. 위험성평가 대상의 유해·위험요인
2. 위험성 결정의 내용
3. 위험성 결정에 따른 조치의 내용
4. 그 밖에 위험성평가의 실시내용을 확인하기 위하여 필요한 사항으로서 고용노동부장관이 정하여 고시하는 사항

② 사업주는 제1항에 따른 자료를 3년간 보존해야 한다.

시행규칙 제53조(공정안전보고서의 확인 등) ① 공정안전보고서를 제출하여 심사를 받은 사업주는 법 제46조제2항에 따라 다음 각 호의 시기별로 공단의 확인을 받아야 한다. 다만, 화공안전 분야 산업안전지도사, 대학에서 조교수 이상으로 재직하고 있는 사람으로서 화공 관련 교과를 담당하고 있는 사람, 그 밖에 자격 및 관련 업무 경력 등을 고려하여 고용노동부장관이 정하여 고시하는 요건을 갖춘 사람에게 제50조제3호아목에 따른 자체감사를 하게 하고 그 결과를 공단에 제출한 경우에는 공단의 확인을 생략할 수 있다.

1. 신규로 설치될 유해하거나 위험한 설비에 대해서는 설치 과정 및 설치 완료 후 시운전단계에서 각 1회
2. <u>기존에 설치되어 사용 중인 유해하거나 위험한 설비에 대해서는 심사 완료 후 3개월 이내</u>
3. 유해하거나 위험한 설비와 관련한 공정의 중대한 변경이 있는 경우에는 변경 완료 후 1개월 이내
4. 유해하거나 위험한 설비 또는 이와 관련된 공정에 중대한 사고 또는 결함이 발생한 경우에는 1개월 이내. 다만, 법 제47조에 따른 안전보건진단을 받은 사업장 등 고용노동부장관이 정하여 고시하는 사업장의 경우에는 공단의 확인을 생략할 수 있다.

② 공단은 사업주로부터 확인요청을 받은 날부터 1개월 이내에 제50조제1호부터 제4호까지의 내용이 현장과 일치하는지 여부를 확인하고, 확인한 날부터 15일 이내에 그 결과를 사업주에게 통보하고 지방고용노동관서의 장에게 보고해야 한다.

③ 제1항 및 제2항에 따른 확인의 절차 등에 관하여 필요한 사항은 고용노동부장관이 정하여 고시한다.

시행규칙 제190조(작업환경측정 주기 및 횟수) ① 사업주는 작업장 또는 작업공정이 신규로 가동되거나 변경되는 등으로 제186조에 따른 작업환경측정 대상 작업장이 된 경우에는 그 날부터 30일 이내에 작업환경측정을 하고, 그 후 반기(半期)에 1회 이상 정기적으로 작업환경을 측정해야 한다. 다만, 작업환경측정 결과가 다음 각 호의 어느 하나에 해당하는 작업장 또는 작업공정은 해당 유해인자에 대하여 그 측정일부터 3개월에 1회 이상 작업환경측정을 해야 한다.
  1. 별표 21 제1호에 해당하는 화학적 인자(고용노동부장관이 정하여 고시하는 물질만 해당한다)의 측정치가 노출기준을 초과하는 경우
  2. 별표 21 제1호에 해당하는 화학적 인자(고용노동부장관이 정하여 고시하는 물질은 제외한다)의 측정치가 노출기준을 2배 이상 초과하는 경우
② 제1항에도 불구하고 사업주는 최근 1년간 작업공정에서 공정 설비의 변경, 작업방법의 변경, 설비의 이전, 사용 화학물질의 변경 등으로 작업환경측정 결과에 영향을 주는 변화가 없는 경우로서 다음 각 호의 어느 하나에 해당하는 경우에는 해당 유해인자에 대한 작업환경측정을 연(年) 1회 이상 할 수 있다. 다만, 고용노동부장관이 정하여 고시하는 물질을 취급하는 작업공정은 그렇지 않다.
  1. 작업공정 내 소음의 작업환경측정 결과가 최근 2회 연속 85데시벨(dB) 미만인 경우
  2. 작업공정 내 소음 외의 다른 모든 인자의 작업환경측정 결과가 최근 2회 연속 노출기준 미만인 경우

시행규칙 제231조(지도사 보수교육) ① 법 제145조제5항 단서에서 "고용노동부령으로 정하는 보수교육"이란 업무교육과 직업윤리교육을 말한다.
② 제1항에 따른 보수교육의 시간은 업무교육 및 직업윤리교육의 교육시간을 합산하여 총 20시간 이상으로 한다. 다만, 법 제145조제4항에 따른 지도사 등록의 갱신기간 동안 제230조제1항에 따른 지도실적이 2년 이상인 지도사의 교육시간은 10시간 이상으로 한다.
③ 공단이 보수교육을 실시하였을 때에는 그 결과를 보수교육이 끝난 날부터 10일 이내에 고용노동부장관에게 보고해야 하며, 다음 각 호의 서류를 5년간 보존해야 한다.
  1. 보수교육 이수자 명단
  2. 이수자의 교육 이수를 확인할 수 있는 서류
④ 공단은 보수교육을 받은 지도사에게 별지 제96호서식의 지도사 보수교육 이수증을 발급해야 한다.
⑤ 보수교육의 절차·방법 및 비용 등 보수교육에 필요한 사항은 고용노동부장관의 승인을 거쳐 공단이 정한다.

시행규칙 제232조(지도사 연수교육) ① 법 제146조에 따른 "고용노동부령으로 정하는 연수교육"이란 업무교육과 실무수습을 말한다.
② 제1항에 따른 연수교육의 기간은 업무교육 및 실무수습 기간을 합산하여 3개월 이상으로 한다.
③ 공단이 연수교육을 실시하였을 때에는 그 결과를 연수교육이 끝난 날부터 10일 이내에 고용노동부장관에게 보고해야 하며, 다음 각 호의 서류를 3년간 보존해야 한다.
  1. 연수교육 이수자 명단
  2. 이수자의 교육 이수를 확인할 수 있는 서류
④ 공단은 연수교육을 받은 지도사에게 별지 제96호서식의 지도사 연수교육 이수증을 발급해야 한다.

⑤ 연수교육의 절차·방법 및 비용 등 연수교육에 필요한 사항은 고용노동부장관의 승인을 거쳐 공단이 정한다.

○ **협의체와 노사협의체 비교 조문**

제24조(산업안전보건위원회) ① 사업주는 사업장의 안전 및 보건에 관한 중요 사항을 심의·의결하기 위하여 사업장에 근로자위원과 사용자위원이 같은 수로 구성되는 산업안전보건위원회를 구성·운영하여야 한다.
② 사업주는 다음 각 호의 사항에 대해서는 제1항에 따른 산업안전보건위원회(이하 "산업안전보건위원회"라 한다)의 심의·의결을 거쳐야 한다.
  1. 제15조제1항제1호부터 제5호까지 및 제7호에 관한 사항
  2. 제15조제1항제6호에 따른 사항 중 중대재해에 관한 사항
  3. 유해하거나 위험한 기계·기구·설비를 도입한 경우 안전 및 보건 관련 조치에 관한 사항
  4. 그 밖에 해당 사업장 근로자의 안전 및 보건을 유지·증진시키기 위하여 필요한 사항
③ 산업안전보건위원회는 대통령령으로 정하는 바에 따라 회의를 개최하고 그 결과를 회의록으로 작성하여 보존하여야 한다.
④ 사업주와 근로자는 제2항에 따라 산업안전보건위원회가 심의·의결한 사항을 성실하게 이행하여야 한다.
⑤ 산업안전보건위원회는 이 법, 이 법에 따른 명령, 단체협약, 취업규칙 및 제25조에 따른 안전보건관리규정에 반하는 내용으로 심의·의결해서는 아니 된다.
⑥ 사업주는 산업안전보건위원회의 위원에게 직무 수행과 관련한 사유로 불리한 처우를 해서는 아니 된다.
⑦ 산업안전보건위원회를 구성하여야 할 사업의 종류 및 사업장의 상시근로자 수, 산업안전보건위원회의 구성·운영 및 의결되지 아니한 경우의 처리방법, 그 밖에 필요한 사항은 대통령령으로 정한다.

제15조(안전보건관리책임자) ① 사업주는 사업장을 실질적으로 총괄하여 관리하는 사람에게 해당 사업장의 다음 각 호의 업무를 총괄하여 관리하도록 하여야 한다.
  1. 사업장의 산업재해 예방계획의 수립에 관한 사항
  2. 제25조 및 제26조에 따른 안전보건관리규정의 작성 및 변경에 관한 사항
  3. 제29조에 따른 안전보건교육에 관한 사항
  4. 작업환경측정 등 작업환경의 점검 및 개선에 관한 사항
  5. 제129조부터 제132조까지에 따른 근로자의 건강진단 등 건강관리에 관한 사항
  6. 산업재해의 원인 조사 및 재발 방지대책 수립에 관한 사항
  7. 산업재해에 관한 통계의 기록 및 유지에 관한 사항
  8. 안전장치 및 보호구 구입 시 적격품 여부 확인에 관한 사항
  9. 그 밖에 근로자의 유해·위험 방지조치에 관한 사항으로서 고용노동부령으로 정하는 사항
② 제1항 각 호의 업무를 총괄하여 관리하는 사람(이하 "안전보건관리책임자"라 한다)은 제17조에 따른 안전관리자와 제18조에 따른 보건관리자를 지휘·감독한다.
③ 안전보건관리책임자를 두어야 하는 사업의 종류와 사업장의 상시근로자 수, 그 밖에 필요한 사항은 대통령령으로 정한다.

제64조(도급에 따른 산업재해 예방조치) ① 도급인은 관계수급인 근로자가 도급인의 사업장에서 작업을 하는 경우 다음 각 호의 사항을 이행하여야 한다.
 1. 도급인과 수급인을 구성원으로 하는 안전 및 보건에 관한 협의체의 구성 및 운영
 2. 작업장 순회점검
 3. 관계수급인이 근로자에게 하는 제29조제1항부터 제3항까지의 규정에 따른 안전보건교육을 위한 장소 및 자료의 제공 등 지원
 4. 관계수급인이 근로자에게 하는 제29조제3항에 따른 안전보건교육의 실시 확인
 5. 다음 각 목의 어느 하나의 경우에 대비한 경보체계 운영과 대피방법 등 훈련
   가. 작업 장소에서 발파작업을 하는 경우
   나. 작업 장소에서 화재·폭발, 토사·구축물 등의 붕괴 또는 지진 등이 발생한 경우
 6. 위생시설 등 고용노동부령으로 정하는 시설의 설치 등을 위하여 필요한 장소의 제공 또는 도급인이 설치한 위생시설 이용의 협조
 7. 같은 장소에서 이루어지는 도급인과 관계수급인 등의 작업에 있어서 관계수급인 등의 작업시기·내용, 안전조치 및 보건조치 등의 확인
 8. 제7호에 따른 확인 결과 관계수급인 등의 작업 혼재로 인하여 화재·폭발 등 대통령령으로 정하는 위험이 발생할 우려가 있는 경우 관계수급인 등의 작업시기·내용 등의 조정
② 제1항에 따른 도급인은 고용노동부령으로 정하는 바에 따라 자신의 근로자 및 관계수급인 근로자와 함께 정기적으로 또는 수시로 작업장의 안전 및 보건에 관한 점검을 하여야 한다.
③ 제1항에 따른 안전 및 보건에 관한 협의체 구성 및 운영, 작업장 순회점검, 안전보건교육 지원, 그 밖에 필요한 사항은 고용노동부령으로 정한다.

제75조(안전 및 보건에 관한 협의체 등의 구성·운영에 관한 특례) ① 대통령령으로 정하는 규모의 건설공사의 건설공사도급인은 해당 건설공사 현장에 근로자위원과 사용자위원이 같은 수로 구성되는 안전 및 보건에 관한 협의체(이하 "노사협의체"라 한다)를 대통령령으로 정하는 바에 따라 구성·운영할 수 있다.
② 건설공사도급인이 제1항에 따라 노사협의체를 구성·운영하는 경우에는 산업안전보건위원회 및 제64조제1항제1호에 따른 안전 및 보건에 관한 협의체를 각각 구성·운영하는 것으로 본다.
③ 제1항에 따라 노사협의체를 구성·운영하는 건설공사도급인은 제24조제2항 각 호의 사항에 대하여 노사협의체의 심의·의결을 거쳐야 한다. 이 경우 노사협의체에서 의결되지 아니한 사항의 처리방법은 대통령령으로 정한다.
④ 노사협의체는 대통령령으로 정하는 바에 따라 회의를 개최하고 그 결과를 회의록으로 작성하여 보존하여야 한다.
⑤ 노사협의체는 산업재해 예방 및 산업재해가 발생한 경우의 대피방법 등 고용노동부령으로 정하는 사항에 대하여 협의하여야 한다.
⑥ 노사협의체를 구성·운영하는 건설공사도급인·근로자 및 관계수급인·근로자는 제3항에 따라 노사협의체가 심의·의결한 사항을 성실하게 이행하여야 한다.
⑦ 노사협의체에 관하여는 제24조제5항 및 제6항을 준용한다. 이 경우 "산업안전보건위원회"는 "노사협의체"로 본다.

영 제63조(노사협의체의 설치 대상) 법 제75조제1항에서 "대통령령으로 정하는 규모의 건설공사"란 공사금액이 120억원(「건설산업기본법 시행령」 별표 1의 종합공사를 시공하는 업종의 건설업종란 제1호에 따른 토목공사업은 150억원) 이상인 건설공사를 말한다.

영 제64조(노사협의체의 구성) ① 노사협의체는 다음 각 호에 따라 근로자위원과 사용자위원으로 구성한다.
  1. 근로자위원
     가. 도급 또는 하도급 사업을 포함한 전체 사업의 근로자대표
     나. 근로자대표가 지명하는 명예산업안전감독관 1명. 다만, 명예산업안전감독관이 위촉되어 있지 않은 경우에는 근로자대표가 지명하는 해당 사업장 근로자 1명
     다. 공사금액이 20억원 이상인 공사의 관계수급인의 각 근로자대표
  2. 사용자위원
     가. 도급 또는 하도급 사업을 포함한 전체 사업의 대표자
     나. 안전관리자 1명
     다. 보건관리자 1명(별표 5 제44호에 따른 보건관리자 선임대상 건설업으로 한정한다)
     라. 공사금액이 20억원 이상인 공사의 관계수급인의 각 대표자

② 노사협의체의 근로자위원과 사용자위원은 합의하여 노사협의체에 공사금액이 20억원 미만인 공사의 관계수급인 및 관계수급인 근로자대표를 위원으로 위촉할 수 있다.

③ 노사협의체의 근로자위원과 사용자위원은 합의하여 제67조제2호에 따른 사람을 노사협의체에 참여하도록 할 수 있다.

영 제65조(노사협의체의 운영 등) ① 노사협의체의 회의는 정기회의와 임시회의로 구분하여 개최하되, 정기회의는 2개월마다 노사협의체의 위원장이 소집하며, 임시회의는 위원장이 필요하다고 인정할 때에 소집한다.

② 노사협의체 위원장의 선출, 노사협의체의 회의, 노사협의체에서 의결되지 않은 사항에 대한 처리 방법 및 회의 결과 등의 공지에 관하여는 각각 제36조, 제37조제2항부터 제4항까지, 제38조 및 제39조를 준용한다. 이 경우 "산업안전보건위원회"는 "노사협의체"로 본다.

정답: ③

13 산업안전보건법령상 공정안전보고서에 포함되어야 하는 사항을 모두 고른 것은?

> ㄱ. 공정위험성 평가서 ㄴ. 안전운전계획
> ㄷ. 비상조치계획 ㄹ. 공정안전자료

① ㄱ
② ㄴ, ㄹ
③ ㄷ, ㄹ
④ ㄱ, ㄴ, ㄷ
⑤ ㄱ, ㄴ, ㄷ, ㄹ

해설

법 제44조(공정안전보고서의 작성·제출) ① 사업주는 사업장에 대통령령으로 정하는 유해하거나 위험한 설비가 있는 경우 그 설비로부터의 위험물질 누출, 화재 및 폭발 등으로 인하여 사업장 내의 근로자에게 즉시 피해를 주거나 사업장 인근 지역에 피해를 줄 수 있는 사고로서 대통령령으로 정하는 사고(이하 "중대산업사고"라 한다)를 예방하기 위하여 대통령령으로 정하는 바에 따라 공정안전보고서를 작성하고 고용노동부장관에게 제출하여 심사를 받아야 한다. 이 경우 공정안전보고서의 내용이 중대산업사고를 예방하기 위하여 적합하다고 통보받기 전에는 관련된 유해하거나 위험한 설비를 가동해서는 아니 된다.
② 사업주는 제1항에 따라 공정안전보고서를 작성할 때 산업안전보건위원회의 심의를 거쳐야 한다. 다만, 산업안전보건위원회가 설치되어 있지 아니한 사업장의 경우에는 근로자대표의 의견을 들어야 한다.

영 제44조(공정안전보고서의 내용) ① 법 제44조제1항 전단에 따른 공정안전보고서에는 다음 각 호의 사항이 포함되어야 한다.
 1. 공정안전자료
 2. 공정위험성 평가서
 3. 안전운전계획
 4. 비상조치계획
 5. 그 밖에 공정상의 안전과 관련하여 고용노동부장관이 필요하다고 인정하여 고시하는 사항
② 제1항제1호부터 제4호까지의 규정에 따른 사항에 관한 세부 내용은 고용노동부령으로 정한다.

정답: ⑤

14

산업안전보건법령상 사업장의 상시근로자 수가 50명인 경우에 산업안전보건위원회를 구성해야 할 사업은?

① 컴퓨터 프로그래밍, 시스템 통합 및 관리업
② 소프트웨어 개발 및 공급업
③ 비금속 광물제품 제조업
④ 정보서비스업
⑤ 금융 및 보험업

해설

■ 산업안전보건법 시행령 [별표 9]

산업안전보건위원회를 구성해야 할 사업의 종류 및 사업장의 상시근로자 수(제34조 관련)

사업의 종류	사업장의 상시근로자 수
1. 토사석 광업 2. 목재 및 나무제품 제조업; 가구제외 3. 화학물질 및 화학제품 제조업; 의약품 제외(세제, 화장품 및 광택제 제조업과 화학섬유 제조업은 제외한다) 4. 비금속 광물제품 제조업 5. 1차 금속 제조업 6. 금속가공제품 제조업; 기계 및 가구 제외 7. 자동차 및 트레일러 제조업 8. 기타 기계 및 장비 제조업(사무용 기계 및 장비 제조업은 제외한다) 9. 기타 운송장비 제조업(전투용 차량 제조업은 제외한다)	상시근로자 50명 이상
10. 농업 11. 어업 12. 소프트웨어 개발 및 공급업 13. 컴퓨터 프로그래밍, 시스템 통합 및 관리업 14. 정보서비스업 15. 금융 및 보험업 16. 임대업; 부동산 제외 17. 전문, 과학 및 기술 서비스업(연구개발업은 제외한다) 18. 사업지원 서비스업 19. 사회복지 서비스업	상시근로자 300명 이상

사업의 종류	
20. 건설업	공사금액 120억원 이상(「건설산업기본법 시행령」 별표 1의 종합공사를 시공하는 업종의 건설업종란 제1호에 따른 토목공사업의 경우에는 150억원 이상)
21. 제1호부터 제20호까지의 사업을 제외한 사업	상시근로자 100명 이상

■ 산업안전보건법 시행규칙 [별표 2]

<u>안전보건관리규정을 작성해야 할 사업의 종류 및 상시근로자 수</u>(제25조제1항 관련)

사업의 종류	상시근로자 수
1. 농업 2. 어업 3. 소프트웨어 개발 및 공급업 4. 컴퓨터 프로그래밍, 시스템 통합 및 관리업 5. 정보서비스업 6. 금융 및 보험업 7. 임대업; 부동산 제외 8. 전문, 과학 및 기술 서비스업(연구개발업은 제외한다) 9. 사업지원 서비스업 10. 사회복지 서비스업	300명 이상
11. 제1호부터 제10호까지의 사업을 제외한 사업	100명 이상

■ 산업안전보건법 시행규칙 [별표 3]

<u>안전보건관리규정의 세부 내용</u>(제25조제2항 관련)

1. 총칙
   가. 안전보건관리규정 작성의 목적 및 적용 범위에 관한 사항
   나. 사업주 및 근로자의 재해 예방 책임 및 의무 등에 관한 사항
   다. 하도급 사업장에 대한 안전·보건관리에 관한 사항
2. 안전·보건 관리조직과 그 직무
   가. 안전·보건 관리조직의 구성방법, 소속, 업무 분장 등에 관한 사항
   나. 안전보건관리책임자(안전보건총괄책임자), 안전관리자, 보건관리자, 관리감독자의 직무 및 선임에 관한 사항
   다. 산업안전보건위원회의 설치·운영에 관한 사항
   라. 명예산업안전감독관의 직무 및 활동에 관한 사항

마. 작업지휘자 배치 등에 관한 사항
　3. 안전·보건교육
　　　가. 근로자 및 관리감독자의 안전·보건교육에 관한 사항
　　　나. 교육계획의 수립 및 기록 등에 관한 사항
　4. 작업장 안전관리
　　　가. 안전·보건관리에 관한 계획의 수립 및 시행에 관한 사항
　　　나. 기계·기구 및 설비의 방호조치에 관한 사항
　　　다. 유해·위험기계등에 대한 자율검사프로그램에 의한 검사 또는 안전검사에 관한 사항
　　　라. 근로자의 안전수칙 준수에 관한 사항
　　　마. 위험물질의 보관 및 출입 제한에 관한 사항
　　　바. 중대재해 및 중대산업사고 발생, 급박한 산업재해 발생의 위험이 있는 경우 작업중지에 관한 사항
　　　사. 안전표지·안전수칙의 종류 및 게시에 관한 사항과 그 밖에 안전관리에 관한 사항
　5. 작업장 보건관리
　　　가. 근로자 건강진단, 작업환경측정의 실시 및 조치절차 등에 관한 사항
　　　나. 유해물질의 취급에 관한 사항
　　　다. 보호구의 지급 등에 관한 사항
　　　라. 질병자의 근로 금지 및 취업 제한 등에 관한 사항
　　　마. 보건표지·보건수칙의 종류 및 게시에 관한 사항과 그 밖에 보건관리에 관한 사항
　6. 사고 조사 및 대책 수립
　　　가. 산업재해 및 중대산업사고의 발생 시 처리 절차 및 긴급조치에 관한 사항
　　　나. 산업재해 및 중대산업사고의 발생원인에 대한 조사 및 분석, 대책 수립에 관한 사항
　　　다. 산업재해 및 중대산업사고 발생의 기록·관리 등에 관한 사항
　7. 위험성평가에 관한 사항
　　　가. 위험성평가의 실시 시기 및 방법, 절차에 관한 사항
　　　나. 위험성 감소대책 수립 및 시행에 관한 사항
　8. 보칙
　　　가. 무재해운동 참여, 안전·보건 관련 제안 및 포상·징계 등 산업재해 예방을 위하여 필요하다고
판단하는 사항
　　　나. 안전·보건 관련 문서의 보존에 관한 사항
　　　다. 그 밖의 사항
　　　　사업장의 규모·업종 등에 적합하게 작성하며, 필요한 사항을 추가하거나 그 사업장에 관련되지
　　　　않는 사항은 제외할 수 있다.

정답: ③

예상 1 산업안전보건법령상 산업안전보건위원회를 구성해야 할 사업의 종류와 사업장의 상시근로자 수가 올바르게 짝지어진 것은?

① 화학물질 및 화학제품 제조업(의약품 포함): 상시근로자 50명 이상
② 1차 금속 제조업: 100명 이상
③ 금속가공제품 제조업(기계 및 가구 포함): 50명 이상
④ 사무용 기계 및 장비 제조업: 100명 이상
⑤ 전투용 차량 제조업: 50명 이상

해설

정답: ④

15 산업안전보건법령상 사업주가 관리감독자에게 수행하게 하여야 하는 산업안전 및 보건에 관한 업무로 명시되지 않은 것은?

① 산업재해에 관한 통계의 기록 및 유지에 관한 사항
② 사업장 내 관리감독자가 지휘·감독하는 작업과 관련된 기계·기구 또는 설비의 안전·보건 점검 및 이상 유무의 확인
③ 관리감독자에게 소속된 근로자의 작업복·보호구 및 방호장치의 점검과 그 착용·사용에 관한 교육·지도
④ 해당작업에서 발생한 산업재해에 관한 보고 및 이에 대한 응급조치
⑤ 해당작업의 작업장 정리·정돈 및 통로 확보에 대한 확인·감독

해설

법 제16조(관리감독자) ① 사업주는 사업장의 생산과 관련되는 업무와 그 소속 직원을 직접 지휘·감독하는 직위에 있는 사람(이하 "관리감독자"라 한다)에게 산업 안전 및 보건에 관한 업무로서 대통령령으로 정하는 업무를 수행하도록 하여야 한다.
② 관리감독자가 있는 경우에는 「건설기술 진흥법」 제64조제1항제2호에 따른 안전관리책임자 및 같은 항 제3호에 따른 안전관리담당자를 각각 둔 것으로 본다.

영 제15조(관리감독자의 업무 등) ① 법 제16조제1항에서 "대통령령으로 정하는 업무"란 다음 각 호의 업무를 말한다. →[암기법: 기계점검/보호구/정리/협조/위험성평가]
 1. 사업장 내 법 제16조제1항에 따른 관리감독자(이하 "관리감독자"라 한다)가 지휘·감독하는 작업(이하 이 조에서 "해당작업"이라 한다)과 관련된 기계·기구 또는 설비의 안전·보건 점검 및 이상 유무의 확인

2. 관리감독자에게 소속된 근로자의 작업복·보호구 및 방호장치의 점검과 그 착용·사용에 관한 교육·지도
3. 해당작업에서 발생한 산업재해에 관한 보고 및 이에 대한 응급조치
4. 해당작업의 작업장 정리·정돈 및 통로 확보에 대한 확인·감독
5. 사업장의 다음 각 목의 어느 하나에 해당하는 사람의 지도·조언에 대한 협조
    가. 법 제17조제1항에 따른 안전관리자(이하 "안전관리자"라 한다) 또는 같은 조 제5항에 따라 안전관리자의 업무를 같은 항에 따른 안전관리전문기관(이하 "안전관리전문기관"이라 한다)에 위탁한 사업장의 경우에는 그 안전관리전문기관의 해당 사업장 담당자
    나. 법 제18조제1항에 따른 보건관리자(이하 "보건관리자"라 한다) 또는 같은 조 제5항에 따라 보건관리자의 업무를 같은 항에 따른 보건관리전문기관(이하 "보건관리전문기관"이라 한다)에 위탁한 사업장의 경우에는 그 보건관리전문기관의 해당 사업장 담당자
    다. 법 제19조제1항에 따른 안전보건관리담당자(이하 "안전보건관리담당자"라 한다) 또는 같은 조 제4항에 따라 안전보건관리담당자의 업무를 안전관리전문기관 또는 보건관리전문기관에 위탁한 사업장의 경우에는 그 안전관리전문기관 또는 보건관리전문기관의 해당 사업장 담당자
    라. 법 제22조제1항에 따른 산업보건의(이하 "산업보건의"라 한다)
6. 법 제36조에 따라 실시되는 위험성평가에 관한 다음 각 목의 업무
    가. 유해·위험요인의 파악에 대한 참여
    나. 개선조치의 시행에 대한 참여
7. 그 밖에 해당작업의 안전 및 보건에 관한 사항으로서 고용노동부령으로 정하는 사항
② 관리감독자에 대한 지원에 관하여는 제14조제2항을 준용한다. 이 경우 "안전보건관리책임자"는 "관리감독자"로, "법 제15조제1항"은 "제1항"으로 본다.

제36조(위험성평가의 실시) ① 사업주는 건설물, 기계·기구·설비, 원재료, 가스, 증기, 분진, 근로자의 작업행동 또는 그 밖의 업무로 인한 유해·위험 요인을 찾아내어 부상 및 질병으로 이어질 수 있는 위험성의 크기가 허용 가능한 범위인지를 평가하여야 하고, 그 결과에 따라 이 법과 이 법에 따른 명령에 따른 조치를 하여야 하며, 근로자에 대한 위험 또는 건강장해를 방지하기 위하여 필요한 경우에는 추가적인 조치를 하여야 한다.
② 사업주는 제1항에 따른 평가 시 고용노동부장관이 정하여 고시하는 바에 따라 해당 작업장의 근로자를 참여시켜야 한다.
③ 사업주는 제1항에 따른 평가의 결과와 조치사항을 고용노동부령으로 정하는 바에 따라 기록하여 보존하여야 한다.
④ 제1항에 따른 평가의 방법, 절차 및 시기, 그 밖에 필요한 사항은 고용노동부장관이 정하여 고시한다.

○ 사업장 위험성평가에 관한 지침

제1장 총칙

제1조(목적) 이 고시는 「산업안전보건법」제36조에 따라 사업주가 스스로 사업장의 유해·위험요인에 대한 실태를 파악하고 이를 평가하여 관리·개선하는 등 필요한 조치를 할 수 있도록 지원하기 위하여 위험성평가 방법, 절차, 시기 등에 대한 기준을 제시하고, 위험성평가 활성화를 위한 시책의 운영 및 지원사업 등 그 밖에 필요한 사항을 규정함을 목적으로 한다.
제2조(적용범위) 이 고시는 위험성평가를 실시하는 모든 사업장에 적용한다.

제3조(정의) ① 이 고시에서 사용하는 용어의 뜻은 다음과 같다.
1. "위험성평가"란 유해·위험요인을 파악하고 해당 유해·위험요인에 의한 부상 또는 질병의 발생 가능성(빈도)과 중대성(강도)을 추정·결정하고 감소대책을 수립하여 실행하는 일련의 과정을 말한다.
2. "유해·위험요인"이란 유해·위험을 일으킬 잠재적 가능성이 있는 것의 고유한 특징이나 속성을 말한다.
3. "유해·위험요인 파악"이란 유해요인과 위험요인을 찾아내는 과정을 말한다.
4. "위험성"이란 유해·위험요인이 부상 또는 질병으로 이어질 수 있는 가능성(빈도)과 중대성(강도)을 조합한 것을 의미한다.
5. "위험성 추정"이란 유해·위험요인별로 부상 또는 질병으로 이어질 수 있는 가능성과 중대성의 크기를 각각 추정하여 위험성의 크기를 산출하는 것을 말한다.
6. "위험성 결정"이란 유해·위험요인별로 추정한 위험성의 크기가 허용 가능한 범위인지 여부를 판단하는 것을 말한다.
7. "위험성 감소대책 수립 및 실행"이란 위험성 결정 결과 허용 불가능한 위험성을 합리적으로 실천 가능한 범위에서 가능한 한 낮은 수준으로 감소시키기 위한 대책을 수립하고 실행하는 것을 말한다.
8. "기록"이란 사업장에서 위험성평가 활동을 수행한 근거와 그 결과를 문서로 작성하여 보존하는 것을 말한다.

② 그 밖에 이 고시에서 사용하는 용어의 뜻은 이 고시에 특별히 정한 것이 없으면 「산업안전보건법」(이하 "법"이라 한다), 같은 법 시행령(이하 "영"이라 한다), 같은 법 시행규칙(이하 "규칙"이라 한다) 및 「산업안전보건기준에 관한 규칙」(이하 "안전보건규칙"이라 한다)에서 정하는 바에 따른다.

제4조(정부의 책무) ① 고용노동부장관(이하 "장관"이라 한다)은 사업장 위험성평가가 효과적으로 추진되도록 하기 위하여 다음 각 호의 사항을 강구하여야 한다.
1. 정책의 수립·집행·조정·홍보
2. 위험성평가 기법의 연구·개발 및 보급
3. 사업장 위험성평가 활성화 시책의 운영
4. 위험성평가 실시의 지원
5. 조사 및 통계의 유지·관리
6. 그 밖에 위험성평가에 관한 정책의 수립 및 추진

② 장관은 제1항 각 호의 사항 중 필요한 사항을 한국산업안전보건공단(이하 "공단"이라 한다)으로 하여금 수행하게 할 수 있다.

제2장 사업장 위험성평가

제5조(위험성평가 실시주체) ① 사업주는 스스로 사업장의 유해·위험요인을 파악하기 위해 근로자를 참여시켜 실태를 파악하고 이를 평가하여 관리 개선하는 등 위험성평가를 실시하여야 한다.
② 법 제63조에 따른 작업의 일부 또는 전부를 도급에 의하여 행하는 사업의 경우는 도급을 준 도급인(이하 "도급사업주"라 한다)과 도급을 받은 수급인(이하 "수급사업주"라 한다)은 각각 제1항에 따른 위험성평가를 실시하여야 한다.
③ 제2항에 따른 도급사업주는 수급사업주가 실시한 위험성평가 결과를 검토하여 도급사업주가 개선할 사항이 있는 경우 이를 개선하여야 한다.

제6조(근로자 참여) 사업주는 위험성평가를 실시할 때, 다음 각 호의 어느 하나에 해당하는 경우 법 제36조제2항에 따라 해당 작업에 종사하는 근로자를 참여시켜야 한다.
1. 관리감독자가 해당 작업의 유해·위험요인을 파악하는 경우
2. 사업주가 위험성 감소대책을 수립하는 경우
3. 위험성평가 결과 위험성 감소대책 이행여부를 확인하는 경우

제7조(위험성평가의 방법) ① 사업주는 다음과 같은 방법으로 위험성평가를 실시하여야 한다.
 1. 안전보건관리책임자 등 해당 사업장에서 사업의 실시를 총괄 관리하는 사람에게 위험성평가의 실시를 총괄 관리하게 할 것
 2. 사업장의 안전관리자, 보건관리자 등이 위험성평가의 실시에 관하여 안전보건관리책임자를 보좌하고 지도·조언하게 할 것
 3. 관리감독자가 유해·위험요인을 파악하고 그 결과에 따라 개선조치를 시행하게 할 것
 4. 기계·기구, 설비 등과 관련된 위험성평가에는 해당 기계·기구, 설비 등에 전문 지식을 갖춘 사람을 참여하게 할 것
 5. 안전·보건관리자의 선임의무가 없는 경우에는 제2호에 따른 업무를 수행할 사람을 지정하는 등 그 밖에 위험성평가를 위한 체제를 구축할 것

② 사업주는 제1항에서 정하고 있는 자에 대해 위험성평가를 실시하기 위한 필요한 교육을 실시하여야 한다. 이 경우 위험성평가에 대해 외부에서 교육을 받았거나, 관련학문을 전공하여 관련 지식이 풍부한 경우에는 필요한 부분만 교육을 실시하거나 교육을 생략할 수 있다.
③ 사업주가 위험성평가를 실시하는 경우에는 산업안전·보건 전문가 또는 전문기관의 컨설팅을 받을 수 있다.
④ 사업주가 다음 각 호의 어느 하나에 해당하는 제도를 이행한 경우에는 그 부분에 대하여 이 고시에 따른 위험성평가를 실시한 것으로 본다.
 1. 위험성평가 방법을 적용한 안전·보건진단(법 제47조)
 2. 공정안전보고서(법 제44조). 다만, 공정안전보고서의 내용 중 공정위험성 평가서가 최대 4년 범위 이내에서 정기적으로 작성된 경우에 한한다.
 3. 근골격계부담작업 유해요인조사(안전보건규칙 제657조부터 제662조까지)
 4. 그 밖에 법과 이 법에 따른 명령에서 정하는 위험성평가 관련 제도

제8조(위험성평가의 절차) 사업주는 위험성평가를 다음의 절차에 따라 실시하여야 한다. 다만, 상시근로자수 20명 미만 사업장(총 공사금액 20억원 미만의 건설공사)의 경우에는 다음 각 호중 제3호를 생략할 수 있다.
 1. 평가대상의 선정 등 사전준비
 2. 근로자의 작업과 관계되는 유해·위험요인의 파악
 3. 파악된 유해·위험요인별 위험성의 추정
 4. 추정한 위험성이 허용 가능한 위험성인지 여부의 결정
 5. 위험성 감소대책의 수립 및 실행
 6. 위험성평가 실시내용 및 결과에 관한 기록

제9조(사전준비) ① 사업주는 위험성평가를 효과적으로 실시하기 위하여 최초 위험성평가시 다음 각 호의 사항이 포함된 위험성평가 실시규정을 작성하고, 지속적으로 관리하여야 한다.
 1. 평가의 목적 및 방법
 2. 평가담당자 및 책임자의 역할
 3. 평가시기 및 절차
 4. 주지방법 및 유의사항
 5. 결과의 기록·보존

② 위험성평가는 과거에 산업재해가 발생한 작업, 위험한 일이 발생한 작업 등 근로자의 근로에 관계되는 유해·위험요인에 의한 부상 또는 질병의 발생이 합리적으로 예견 가능한 것은 모두 위험성평가의 대상으로 한다. 다만, 매우 경미한 부상 또는 질병만을 초래할 것으로 명백히 예상되는 것에 대해서는 대상에서 제외할 수 있다.
③ 사업주는 다음 각 호의 사업장 안전보건정보를 사전에 조사하여 위험성평가에 활용하여야 한다.

1. 작업표준, 작업절차 등에 관한 정보
2. 기계·기구, 설비 등의 사양서, 물질안전보건자료(MSDS) 등의 유해·위험요인에 관한 정보
3. 기계·기구, 설비 등의 공정 흐름과 작업 주변의 환경에 관한 정보
4. 법 제63조에 따른 작업을 하는 경우로서 같은 장소에서 사업의 일부 또는 전부를 도급을 주어 행하는 작업이 있는 경우 혼재 작업의 위험성 및 작업 상황 등에 관한 정보
5. 재해사례, 재해통계 등에 관한 정보
6. 작업환경측정결과, 근로자 건강진단결과에 관한 정보
7. 그 밖에 위험성평가에 참고가 되는 자료 등

제10조(유해·위험요인 파악) 사업주는 유해·위험요인을 파악할 때 업종, 규모 등 사업장 실정에 따라 다음 각 호의 방법 중 어느 하나 이상의 방법을 사용하여야 한다. 이 경우 특별한 사정이 없으면 제1호에 의한 방법을 포함하여야 한다.
1. 사업장 순회점검에 의한 방법
2. 청취조사에 의한 방법
3. 안전보건 자료에 의한 방법
4. 안전보건 체크리스트에 의한 방법
5. 그 밖에 사업장의 특성에 적합한 방법

제11조(위험성 추정) ① 사업주는 유해·위험요인을 파악하여 사업장 특성에 따라 부상 또는 질병으로 이어질 수 있는 가능성 및 중대성의 크기를 추정하고 다음 각 호의 어느 하나의 방법으로 위험성을 추정하여야 한다.
1. 가능성과 중대성을 행렬을 이용하여 조합하는 방법
2. 가능성과 중대성을 곱하는 방법
3. 가능성과 중대성을 더하는 방법
4. 그 밖에 사업장의 특성에 적합한 방법

② 제1항에 따라 위험성을 추정할 경우에는 다음에서 정하는 사항을 유의하여야 한다.
1. 예상되는 부상 또는 질병의 대상자 및 내용을 명확하게 예측할 것
2. 최악의 상황에서 가장 큰 부상 또는 질병의 중대성을 추정할 것
3. 부상 또는 질병의 중대성은 부상이나 질병 등의 종류에 관계없이 공통의 척도를 사용하는 것이 바람직하며, 기본적으로 부상 또는 질병에 의한 요양기간 또는 근로손실 일수 등을 척도로 사용할 것
4. 유해성이 입증되어 있지 않은 경우에도 일정한 근거가 있는 경우에는 그 근거를 기초로 하여 유해성이 존재하는 것으로 추정할 것
5. 기계·기구, 설비, 작업 등의 특성과 부상 또는 질병의 유형을 고려할 것

제12조(위험성 결정) ① 사업주는 제11조에 따른 유해·위험요인별 위험성 추정 결과(제8조 단서에 따라 같은 조 제3호를 생략한 경우에는 제10조에 따른 유해·위험요인 파악결과를 말한다)와 사업장 자체적으로 설정한 허용 가능한 위험성 기준(「산업안전보건법」에서 정한 기준 이상으로 정하여야 한다)을 비교하여 해당 유해·위험요인별 위험성의 크기가 허용 가능한지 여부를 판단하여야 한다.

② 제1항에 따른 허용 가능한 위험성의 기준은 위험성 결정을 하기 전에 사업장 자체적으로 설정해 두어야 한다.

제13조(위험성 감소대책 수립 및 실행) ① 사업주는 제12조에 따라 위험성을 결정한 결과 허용 가능한 위험성이 아니라고 판단되는 경우에는 위험성의 크기, 영향을 받는 근로자 수 및 다음 각 호의 순서를 고려하여 위험성 감소를 위한 대책을 수립하여 실행하여야 한다. 이 경우 법령에서 정하는 사항과 그 밖에 근로자의 위험 또는 건강장해를 방지하기 위하여 필요한 조치를 반영하여야 한다.

1. 위험한 작업의 폐지·변경, 유해·위험물질 대체 등의 조치 또는 설계나 계획 단계에서 위험성을 제거 또는 저감하는 조치
2. 연동장치, 환기장치 설치 등의 공학적 대책
3. 사업장 작업절차서 정비 등의 관리적 대책
4. 개인용 보호구의 사용

② 사업주는 위험성 감소대책을 실행한 후 해당 공정 또는 작업의 위험성의 크기가 사전에 자체 설정한 허용 가능한 위험성의 범위인지를 확인하여야 한다.

③ 제2항에 따른 확인 결과, 위험성이 자체 설정한 허용 가능한 위험성 수준으로 내려오지 않는 경우에는 허용 가능한 위험성 수준이 될 때까지 추가의 감소대책을 수립·실행하여야 한다.

④ 사업주는 중대재해, 중대산업사고 또는 심각한 질병이 발생할 우려가 있는 위험성으로서 제1항에 따라 수립한 위험성 감소대책의 실행에 많은 시간이 필요한 경우에는 즉시 잠정적인 조치를 강구하여야 한다.

⑤ 사업주는 위험성평가를 종료한 후 남아 있는 유해·위험요인에 대해서는 게시, 주지 등의 방법으로 근로자에게 알려야 한다.

제14조(기록 및 보존) ① 규칙 제37조제1항제4호에 따른 "그 밖에 위험성평가의 실시내용을 확인하기 위하여 필요한 사항으로서 고용노동부장관이 정하여 고시하는 사항"이란 다음 각 호에 관한 사항을 말한다.
1. 위험성평가를 위해 사전조사 한 안전보건정보
2. 그 밖에 사업장에서 필요하다고 정한 사항

② 시행규칙 제37조제2항의 기록의 최소 보존기한은 제15조에 따른 실시 시기별 위험성평가를 완료한 날부터 기산한다.

제15조(위험성평가의 실시 시기) ① 위험성평가는 최초평가 및 수시평가, 정기평가로 구분하여 실시하여야 한다. 이 경우 최초평가 및 정기평가는 전체 작업을 대상으로 한다.

② 수시평가는 다음 각 호의 어느 하나에 해당하는 계획이 있는 경우에는 해당 계획의 실행을 착수하기 전에 실시하여야 한다. 다만, 제5호에 해당하는 경우에는 재해발생 작업을 대상으로 작업을 재개하기 전에 실시하여야 한다.
1. 사업장 건설물의 설치·이전·변경 또는 해체
2. 기계·기구, 설비, 원재료 등의 신규 도입 또는 변경
3. 건설물, 기계·기구, 설비 등의 정비 또는 보수(주기적·반복적 작업으로서 정기평가를 실시한 경우에는 제외)
4. 작업방법 또는 작업절차의 신규 도입 또는 변경
5. 중대산업사고 또는 산업재해(휴업 이상의 요양을 요하는 경우에 한정한다) 발생
6. 그 밖에 사업주가 필요하다고 판단한 경우

③ 정기평가는 최초평가 후 매년 정기적으로 실시한다. 이 경우 다음의 사항을 고려하여야 한다.
1. 기계·기구, 설비 등의 기간 경과에 의한 성능 저하
2. 근로자의 교체 등에 수반하는 안전·보건과 관련되는 지식 또는 경험의 변화
3. 안전·보건과 관련되는 새로운 지식의 습득
4. 현재 수립되어 있는 위험성 감소대책의 유효성 등

> **제15조(안전보건관리책임자)** ① 사업주는 사업장을 실질적으로 총괄하여 관리하는 사람에게 해당 사업장의 다음 각 호의 업무를 총괄하여 관리하도록 하여야 한다.
> → [암기법: 산재/교규/측정진단/통계조사/적격품]
> 1. 사업장의 산업재해 예방계획의 수립에 관한 사항

2. 제25조 및 제26조에 따른 안전보건관리규정의 작성 및 변경에 관한 사항
3. 제29조에 따른 안전보건교육에 관한 사항
4. 작업환경측정 등 작업환경의 점검 및 개선에 관한 사항
5. 제129조부터 제132조까지에 따른 근로자의 건강진단 등 건강관리에 관한 사항
6. 산업재해의 원인 조사 및 재발 방지대책 수립에 관한 사항
7. 산업재해에 관한 통계의 기록 및 유지에 관한 사항
8. 안전장치 및 보호구 구입 시 적격품 여부 확인에 관한 사항
9. 그 밖에 근로자의 유해·위험 방지조치에 관한 사항으로서 고용노동부령으로 정하는 사항
② 제1항 각 호의 업무를 총괄하여 관리하는 사람(이하 "안전보건관리책임자"라 한다)은 제17조에 따른 안전관리자와 제18조에 따른 보건관리자를 지휘·감독한다.
③ 안전보건관리책임자를 두어야 하는 사업의 종류와 사업장의 상시근로자 수, 그 밖에 필요한 사항은 대통령령으로 정한다.

정답: ①

16 산업안전보건법령상 도급승인 대상 작업에 관한 것으로 "급성 독성, 피부 부식성 등이 있는 물질의 취급 등 대통령령으로 정하는 작업"에 관한 내용이다. ( )에 들어갈 내용을 순서대로 옳게 나열한 것은?

○ 중량비율 (ㄱ)퍼센트 이상의 황산, 불화수소, 질산 또는 염화수소를 취급하는 설비를 개조·분해·해체·철거하는 작업 또는 해당 설비의 내부에서 이루어지는 작업. 다만, 도급인이 해당 화학물질을 모두 제거한 후 증명자료를 첨부하여 (ㄴ)에게 신고한 경우는 제외한다.
○ 그 밖에 「산업재해보상보험법」 제8조제1항에 따른 (ㄷ)의 심의를 거쳐 고용노동부장관이 정하는 작업

① ㄱ: 1, ㄴ: 고용노동부장관, ㄷ: 산업재해보상보험및예방심의위원회
② ㄱ: 1, ㄴ: 한국산업안전보건공단 이사장, ㄷ: 산업재해보상보험및예방심의위원회
③ ㄱ: 2, ㄴ: 고용노동부장관, ㄷ: 산업재해보상보험및예방심의위원회
④ ㄱ: 2, ㄴ: 지방고용노동관서의 장, ㄷ: 산업안전보건심의위원회
⑤ ㄱ: 3, ㄴ: 고용노동부장관, ㄷ: 산업안전보건심의위원회

해설

법 제59조(도급의 승인) ① 사업주는 자신의 사업장에서 안전 및 보건에 유해하거나 위험한 작업 중 급성 독성, 피부 부식성 등이 있는 물질의 취급 등 대통령령으로 정하는 작업을 도급하려는 경우에는 고용노동부장관의 승인을 받아야 한다. 이 경우 사업주는 고용노동부령으로 정하는 바에 따라 안전 및 보건에 관한 평가를 받아야 한다.

② 제1항에 따른 승인에 관하여는 제58조제4항부터 제8항까지의 규정을 준용한다.

영 제51조(도급승인 대상 작업) 법 제59조제1항 전단에서 "급성 독성, 피부 부식성 등이 있는 물질의 취급 등 대통령령으로 정하는 작업"이란 다음 각 호의 어느 하나에 해당하는 작업을 말한다.

1. 중량비율 1퍼센트 이상의 황산, 불화수소, 질산 또는 염화수소를 취급하는 설비를 개조·분해·해체·철거하는 작업 또는 해당 설비의 내부에서 이루어지는 작업. 다만, 도급인이 해당 화학물질을 모두 제거한 후 증명자료를 첨부하여 고용노동부장관에게 신고한 경우는 제외한다.

2. 그 밖에 「산업재해보상보험법」 제8조제1항에 따른 산업재해보상보험및예방심의위원회(이하 "산업재해보상보험및예방심의위원회"라 한다)의 심의를 거쳐 고용노동부장관이 정하는 작업

정답: ①

17. 산업안전보건법령상 보건관리자에 관한 설명으로 옳지 않은 것은?

① 상시근로자 300명 이상을 사용하는 사업장의 사업주는 보건관리자에게 그 업무만을 전담하도록 하여야 한다.
② 안전인증대상기계등과 자율안전확인대상기계등 중 보건과 관련된 보호구(保護具) 구입 시 적격품 선정에 관한 보좌 및 지도·조언은 보건관리자의 업무에 해당한다.
③ 외딴곳으로서 고용노동부장관이 정하는 지역에 있는 사업장의 사업주는 보건관리전문기관에 보건관리자의 업무를 위탁할 수 있다.
④ 보건관리자의 업무를 위탁할 수 있는 보건관리전문기관은 지역별 보건관리전문기관과 업종별·유해인자별 보건관리전문기관으로 구분한다.
⑤ 「의료법」에 따른 간호사는 보건관리자가 될 수 없다.

해설

법 제18조(보건관리자) ① 사업주는 사업장에 제15조제1항 각 호의 사항 중 보건에 관한 기술적인 사항에 관하여 사업주 또는 안전보건관리책임자를 보좌하고 관리감독자에게 지도·조언하는 업무를 수행하는 사람(이하 "보건관리자"라 한다)을 두어야 한다.
② 보건관리자를 두어야 하는 사업의 종류와 사업장의 상시근로자 수, 보건관리자의 수·자격·업무·권한·선임방법, 그 밖에 필요한 사항은 대통령령으로 정한다.
③ 대통령령으로 정하는 사업의 종류 및 사업장의 상시근로자 수에 해당하는 사업장의 사업주는 보건관리자에게 그 업무만을 전담하도록 하여야 한다.
④ 고용노동부장관은 산업재해 예방을 위하여 필요한 경우로서 고용노동부령으로 정하는 사유에 해당하는 경우에는 사업주에게 보건관리자를 제2항에 따라 대통령령으로 정하는 수 이상으로 늘리거나 교체할 것을 명할 수 있다.
⑤ 대통령령으로 정하는 사업의 종류 및 사업장의 상시근로자 수에 해당하는 사업장의 사업주는 제21조에 따라 지정받은 보건관리 업무를 전문적으로 수행하는 기관(이하 "보건관리전문기관"이라 한다)에 보건관리자의 업무를 위탁할 수 있다.

영 제23조(보건관리자 업무의 위탁 등) ① 법 제18조제5항에 따라 보건관리자의 업무를 위탁할 수 있는 보건관리전문기관은 지역별 보건관리전문기관과 업종별·유해인자별 보건관리전문기관으로 구분한다.
② 법 제18조제5항에서 "대통령령으로 정하는 사업의 종류 및 사업장의 상시근로자 수에 해당하는 사업장"이란 다음 각 호의 어느 하나에 해당하는 사업장을 말한다.
  1. 건설업을 **제외**한 사업(업종별·유해인자별 보건관리전문기관의 경우에는 고용노동부령으로 정하는 사업을 말한다)으로서 상시근로자 300명 미만을 사용하는 사업장
  2. 외딴곳으로서 고용노동부장관이 정하는 지역에 있는 사업장
③ 보건관리자 업무의 위탁에 관하여는 제19조제2항을 준용한다. 이 경우 "법 제17조제5항 및 이 조 제1항"은 "법 제18조제5항 및 이 조 제2항"으로, "안전관리자"는 "보건관리자"로, "안전관리전문기관"은 "보건관리전문기관"으로 본다.

시행규칙 제12조(안전관리자 등의 증원·교체임명 명령) ① 지방고용노동관서의 장은 다음 각 호의 어느 하나에 해당하는 사유가 발생한 경우에는 법 제17조제4항·제18조제4항 또는 제19조제3항에 따라 사업주에게 안전관리자·보건관리자 또는 안전보건관리담당자(이하 이 조에서 "관리자"라 한다)를 정수 이상으로 증원하게 하거나 교체하여 임명할 것을 명할 수 있다. 다만, 제4호에 해당하는 경우로서 직업성 질병자 발생 당시 사업장에서 해당 화학적 인자(因子)를 사용하지 않은 경우에는 그렇지 않다.

1. 해당 사업장의 연간재해율이 같은 업종의 평균재해율의 2배 이상인 경우
2. 중대재해가 연간 2건 이상 발생한 경우. 다만, 해당 사업장의 전년도 사망만인율이 같은 업종의 평균 사망만인율 이하인 경우는 제외한다.
3. 관리자가 질병이나 그 밖의 사유로 3개월 이상 직무를 수행할 수 없게 된 경우
4. 별표 22 제1호에 따른 화학적 인자로 인한 직업성 질병자가 연간 3명 이상 발생한 경우. 이 경우 직업성 질병자의 발생일은 「산업재해보상보험법 시행규칙」 제21조제1항에 따른 요양급여의 결정일로 한다.

② 제1항에 따라 관리자를 정수 이상으로 증원하게 하거나 교체하여 임명할 것을 명하는 경우에는 미리 사업주 및 해당 관리자의 의견을 듣거나 소명자료를 제출받아야 한다. 다만, 정당한 사유 없이 의견진술 또는 소명자료의 제출을 게을리한 경우에는 그렇지 않다.

③ 제1항에 따른 관리자의 정수 이상 증원 및 교체임명 명령은 별지 제4호서식에 따른다.

영 제20조(보건관리자의 선임 등) ① 법 제18조제1항에 따라 보건관리자를 두어야 하는 사업의 종류와 사업장의 상시근로자 수, 보건관리자의 수 및 선임방법은 별표 5와 같다.

② 법 제18조제3항에서 "대통령령으로 정하는 사업의 종류 및 사업장의 상시근로자 수에 해당하는 사업장"이란 상시근로자 300명 이상을 사용하는 사업장을 말한다.

③ 보건관리자의 선임 등에 관하여는 제16조제3항부터 제6항까지의 규정을 준용한다. 이 경우 "별표 3"은 "별표 5"로, "안전관리자"는 "보건관리자"로, "안전관리"는 "보건관리"로, "법 제17조제5항"은 "법 제18조제5항"으로, "안전관리전문기관"은 "보건관리전문기관"으로 본다.

영 제22조(보건관리자의 업무 등) ① 보건관리자의 업무는 다음 각 호와 같다.

1. 산업안전보건위원회 또는 노사협의체에서 심의·의결한 업무와 안전보건관리규정 및 취업규칙에서 정한 업무
2. 안전인증대상기계등과 자율안전확인대상기계등 중 보건과 관련된 보호구(保護具) 구입 시 적격품 선정에 관한 보좌 및 지도·조언
3. 법 제36조에 따른 위험성평가에 관한 보좌 및 지도·조언
4. 법 제110조에 따라 작성된 물질안전보건자료의 게시 또는 비치에 관한 보좌 및 지도·조언
5. 제31조제1항에 따른 산업보건의 직무(보건관리자가 별표 6 제2호에 해당하는 사람인 경우로 한정한다)
6. 해당 사업장 보건교육계획의 수립 및 보건교육 실시에 관한 보좌 및 지도·조언
7. 해당 사업장의 근로자를 보호하기 위한 다음 각 목의 조치에 해당하는 의료행위(보건관리자가 별표 6 제2호 또는 제3호에 해당하는 경우로 한정한다)
   가. 자주 발생하는 가벼운 부상에 대한 치료
   나. 응급처치가 필요한 사람에 대한 처치
   다. 부상·질병의 악화를 방지하기 위한 처치
   라. 건강진단 결과 발견된 질병자의 요양 지도 및 관리

마. 가목부터 라목까지의 의료행위에 따르는 의약품의 투여
8. 작업장 내에서 사용되는 전체 환기장치 및 국소 배기장치 등에 관한 설비의 점검과 작업방법의 공학적 개선에 관한 보좌 및 지도·조언
9. 사업장 순회점검, 지도 및 조치 건의
10. 산업재해 발생의 원인 조사·분석 및 재발 방지를 위한 기술적 보좌 및 지도·조언
11. 산업재해에 관한 통계의 유지·관리·분석을 위한 보좌 및 지도·조언
12. 법 또는 법에 따른 명령으로 정한 보건에 관한 사항의 이행에 관한 보좌 및 지도·조언
13. 업무 수행 내용의 기록·유지
14. 그 밖에 보건과 관련된 작업관리 및 작업환경관리에 관한 사항으로서 고용노동부장관이 정하는 사항

② 보건관리자는 제1항 각 호에 따른 업무를 수행할 때에는 안전관리자와 협력해야 한다.
③ 사업주는 보건관리자가 제1항에 따른 업무를 원활하게 수행할 수 있도록 권한·시설·장비·예산, 그 밖의 업무 수행에 필요한 지원을 해야 한다. 이 경우 보건관리자가 별표 6 제2호 또는 제3호에 해당하는 경우에는 고용노동부령으로 정하는 시설 및 장비를 지원해야 한다.
④ 보건관리자의 배치 및 평가·지도에 관하여는 제18조제2항 및 제3항을 준용한다. 이 경우 "안전관리자"는 "보건관리자"로, "안전관리"는 "보건관리"로 본다.

영 제23조(보건관리자 업무의 위탁 등) ① 법 제18조제5항에 따라 보건관리자의 업무를 위탁할 수 있는 보건관리전문기관은 지역별 보건관리전문기관과 업종별·유해인자별 보건관리전문기관으로 구분한다.
② 법 제18조제5항에서 "대통령령으로 정하는 사업의 종류 및 사업장의 상시근로자 수에 해당하는 사업장"이란 다음 각 호의 어느 하나에 해당하는 사업장을 말한다.
  1. 건설업을 제외한 사업(업종별·유해인자별 보건관리전문기관의 경우에는 고용노동부령으로 정하는 사업을 말한다)으로서 상시근로자 300명 미만을 사용하는 사업장
  2. 외딴곳으로서 고용노동부장관이 정하는 지역에 있는 사업장
③ 보건관리자 업무의 위탁에 관하여는 제19조제2항을 준용한다. 이 경우 "법 제17조제5항 및 이 조 제1항"은 "법 제18조제5항 및 이 조 제2항"으로, "안전관리자"는 "보건관리자"로, "안전관리전문기관"은 "보건관리전문기관"으로 본다.

■ 산업안전보건법 시행령 [별표 6]

보건관리자의 자격(제21조 관련)

보건관리자는 다음 각 호의 어느 하나에 해당하는 사람으로 한다.
1. 법 제143조제1항에 따른 산업보건지도사 자격을 가진 사람
2. 「의료법」에 따른 의사
3. 「의료법」에 따른 간호사
4. 「국가기술자격법」에 따른 산업위생관리산업기사 또는 대기환경산업기사 이상의 자격을 취득한 사람
5. 「국가기술자격법」에 따른 인간공학기사 이상의 자격을 취득한 사람
6. 「고등교육법」에 따른 전문대학 이상의 학교에서 산업보건 또는 산업위생 분야의 학위를 취득한 사람(법령에 따라 이와 같은 수준 이상의 학력이 있다고 인정되는 사람을 포함한다)

정답: ⑤

예상 1 산업안전보건법령상 보건관리자의 자격요건에 관한 설명으로 옳지 않은 것은?

① 「의료법」에 따른 의사
② 「의료법」에 따른 간호사
③ 「국가기술자격법」에 따른 산업위생관리산업기사 이상의 자격을 취득한 사람
④ 「국가기술자격법」에 따른 대기환경기사 이상의 자격을 취득한 사람
⑤ 「국가기술자격법」에 따른 인간공학기사 이상의 자격을 취득한 사람

해설

정답: ④

18 산업안전보건법령상 안전보건관리규정(이하 "규정"이라 함)에 관한 설명으로 옳은 것은?

① 안전 및 보건에 관한 관리조직은 규정에 포함되어야 하는 사항이 아니다.
② 규정 중 취업규칙에 반하는 부분에 관하여는 규정으로 정한 기준이 취업규칙에 우선하여 적용된다.
③ 산업안전보건위원회가 설치되어 있지 아니한 사업장의 사업주가 규정을 작성할 때에는 지방고용노동관서의 장의 승인을 받아야 한다.
④ 사업주가 규정을 작성할 때에는 산업안전보건위원회의 심의·의결을 거쳐야 하나, 변경할 때에는 심의만 거치면 된다.
⑤ 규정을 작성해야 하는 사업의 사업주는 규정을 작성해야 할 사유가 발생한 날부터 30일 이내에 작성해야 한다.

해설

법 제25조(안전보건관리규정의 작성) ① 사업주는 사업장의 안전 및 보건을 유지하기 위하여 다음 각 호의 사항이 포함된 안전보건관리규정을 작성하여야 한다.
 1. 안전 및 보건에 관한 관리조직과 그 직무에 관한 사항
 2. 안전보건교육에 관한 사항
 3. 작업장의 안전 및 보건 관리에 관한 사항
 4. 사고 조사 및 대책 수립에 관한 사항
 5. 그 밖에 안전 및 보건에 관한 사항
② 제1항에 따른 안전보건관리규정(이하 "안전보건관리규정"이라 한다)은 단체협약 또는 취업규칙에 반할 수 없다. 이 경우 안전보건관리규정 중 단체협약 또는 취업규칙에 반하는 부분에 관하여는 그 단체협약 또는 취업규칙으로 정한 기준에 따른다.
③ 안전보건관리규정을 작성하여야 할 사업의 종류, 사업장의 상시근로자 수 및 안전보건관리규정에 포함되어야 할 세부적인 내용, 그 밖에 필요한 사항은 고용노동부령으로 정한다.

법 제26조(안전보건관리규정의 작성·변경 절차) 사업주는 안전보건관리규정을 작성하거나 변경할 때에는 산업안전보건위원회의 심의·의결을 거쳐야 한다. 다만, 산업안전보건위원회가 설치되어 있지 아니한 사업장의 경우에는 근로자대표의 동의를 받아야 한다.

법 제28조(다른 법률의 준용) 안전보건관리규정에 관하여 이 법에서 규정한 것을 제외하고는 그 성질에 반하지 아니하는 범위에서 「근로기준법」 중 취업규칙에 관한 규정을 준용한다.

시행규칙 제25조(안전보건관리규정의 작성) ① 법 제25조제3항에 따라 안전보건관리규정을 작성해야 할 사업의 종류 및 상시근로자 수는 별표 2와 같다.

② 제1항에 따른 사업의 사업주는 안전보건관리규정을 작성해야 할 사유가 발생한 날부터 30일 이내에 별표 3의 내용을 포함한 안전보건관리규정을 작성해야 한다. 이를 변경할 사유가 발생한 경우에도 또한 같다.

③ 사업주가 제2항에 따라 안전보건관리규정을 작성할 때에는 소방·가스·전기·교통 분야 등의 다른 법령에서 정하는 안전관리에 관한 규정과 통합하여 작성할 수 있다.

○ 비교 조문(동의와 의견, 심의·의결과 심의)

제26조(안전보건관리규정의 작성·변경 절차) 사업주는 안전보건관리규정을 작성하거나 변경할 때에는 산업안전보건위원회의 심의·의결을 거쳐야 한다. 다만, 산업안전보건위원회가 설치되어 있지 아니한 사업장의 경우에는 근로자대표의 동의를 받아야 한다.

제42조(유해위험방지계획서의 작성·제출 등) ① 사업주는 다음 각 호의 어느 하나에 해당하는 경우에는 이 법 또는 이 법에 따른 명령에서 정하는 유해·위험 방지에 관한 사항을 적은 계획서(이하 "유해위험방지계획서"라 한다)를 작성하여 고용노동부령으로 정하는 바에 따라 고용노동부장관에게 제출하고 심사를 받아야 한다. 다만, 제3호에 해당하는 사업주 중 산업재해발생률 등을 고려하여 고용노동부령으로 정하는 기준에 해당하는 사업주는 유해위험방지계획서를 스스로 심사하고, 그 심사결과서를 작성하여 고용노동부장관에게 제출하여야 한다.

1. 대통령령으로 정하는 사업의 종류 및 규모에 해당하는 사업으로서 해당 제품의 생산 공정과 직접적으로 관련된 건설물·기계·기구 및 설비 등 전부를 설치·이전하거나 그 주요 구조부분을 변경하려는 경우
2. 유해하거나 위험한 작업 또는 장소에서 사용하거나 건강장해를 방지하기 위하여 사용하는 기계·기구 및 설비로서 대통령령으로 정하는 기계·기구 및 설비를 설치·이전하거나 그 주요 구조부분을 변경하려는 경우
3. 대통령령으로 정하는 크기, 높이 등에 해당하는 건설공사를 착공하려는 경우

② 제1항 제3호에 따른 건설공사를 착공하려는 사업주(제1항 각 호 외의 부분 단서에 따른 사업주는 제외한다)는 유해위험방지계획서를 작성할 때 건설안전 분야의 자격 등 고용노동부령으로 정하는 자격을 갖춘 자의 의견을 들어야 한다.

③ 제1항에도 불구하고 사업주가 제44조제1항에 따라 공정안전보고서를 고용노동부장관에게 제출한 경우에는 해당 유해·위험설비에 대해서는 유해위험방지계획서를 제출한 것으로 본다.

④ 고용노동부장관은 제1항 각 호 외의 부분 본문에 따라 제출된 유해위험방지계획서를 고용노동부령으로 정하는 바에 따라 심사하여 그 결과를 사업주에게 서면으로 알려 주어야 한다. 이 경우 근로자의 안전 및 보건의 유지·증진을 위하여 필요하다고 인정하는 경우에는 해당 작업 또는 건설공사를 중지하거나 유해위험방지계획서를 변경할 것을 명할 수 있다.

⑤ 제1항에 따른 사업주는 같은 항 각 호 외의 부분 단서에 따라 스스로 심사하거나 제4항에 따라 고용노동부장관이 심사한 유해위험방지계획서와 그 심사결과서를 사업장에 갖추어 두어야 한다.

⑥ 제1항제3호에 따른 건설공사를 착공하려는 사업주로서 제5항에 따라 유해위험방지계획서 및 그 심사결과서를 사업장에 갖추어 둔 사업주는 해당 건설공사의 공법의 변경 등으로 인하여 그 유해위험방지계획서를 변경할 필요가 있는 경우에는 이를 변경하여 갖추어 두어야 한다.

제44조(공정안전보고서의 작성·제출) ① 사업주는 사업장에 대통령령으로 정하는 유해하거나 위험한 설비가 있는 경우 그 설비로부터의 위험물질 누출, 화재 및 폭발 등으로 인하여 사업장 내의 근로자에게 즉시 피해를 주거나 사업장 인근 지역에 피해를 줄 수 있는 사고로서 대통령령으로 정하는 사고(이하 "중대산업사고"라 한다)를 예방하기 위하여 대통령령으로 정하는 바에 따라 공정안전보고서를 작성하고 고용노동부장관에게 제출하여 심사를 받아야 한다. 이 경우 공정안전보고서의 내용이 중대산업사고를 예방하기 위하여 적합하다고 통보받기 전에는 관련된 유해하거나 위험한 설비를 가동해서는 아니 된다.

② 사업주는 제1항에 따라 공정안전보고서를 작성할 때 산업안전보건위원회의 심의를 거쳐야 한다. 다만, 산업안전보건위원회가 설치되어 있지 아니한 사업장의 경우에는 근로자대표의 의견을 들어야 한다.

제49조(안전보건개선계획의 수립·시행 명령) ① 고용노동부장관은 다음 각 호의 어느 하나에 해당하는 사업장으로서 산업재해 예방을 위하여 종합적인 개선조치를 할 필요가 있다고 인정되는 사업장의 사업주에게 **고용노동부령**으로 정하는 바에 따라 그 사업장, 시설, 그 밖의 사항에 관한 안전 및 보건에 관한 개선계획(이하 "안전보건개선계획"이라 한다)을 수립하여 시행할 것을 명할 수 있다. 이 경우 **대통령령으로 정하는 사업장**의 사업주에게는 제47조에 따라 안전보건진단을 받아 안전보건개선계획을 수립하여 시행할 것을 명할 수 있다. → **[암기법: 산재/중대재해/직업성질병/노출기준초과]**

1. 산업재해율이 같은 업종의 규모별 평균 산업재해율보다 높은 사업장
2. 사업주가 필요한 안전조치 또는 보건조치를 이행하지 아니하여 중대재해가 발생한 사업장
3. 대통령령으로 정하는 수 이상의 직업성 질병자가 발생한 사업장
4. 제106조에 따른 유해인자의 노출기준을 초과한 사업장

② 사업주는 안전보건개선계획을 수립할 때에는 산업안전보건위원회의 심의를 거쳐야 한다. 다만, 산업안전보건위원회가 설치되어 있지 아니한 사업장의 경우에는 근로자대표의 의견을 들어야 한다.

영 제49조(안전보건진단을 받아 안전보건개선계획을 수립할 대상) 법 제49조제1항 각 호 외의 부분 후단에서 "대통령령으로 정하는 사업장"이란 다음 각 호의 사업장을 말한다. → **[암기법: 2/산재/중대재해/직업성질병/확산]**

1. 산업재해율이 같은 업종 평균 산업재해율의 2배 이상인 사업장
2. 법 제49조제1항제2호에 해당하는 사업장
3. 직업성 질병자가 연간 2명 이상(상시근로자 1천명 이상 사업장의 경우 3명 이상) 발생한 사업장
4. 그 밖에 작업환경 불량, 화재·폭발 또는 누출 사고 등으로 사업장 주변까지 피해가 확산된 사업장으로서 고용노동부령으로 정하는 사업장

시행규칙 제61조(안전보건개선계획의 제출 등) ① 법 제50조제1항에 따라 안전보건개선계획서를 제출해야 하는 사업주는 법 제49조제1항에 따른 안전보건개선계획서 수립·시행 명령을 받은 날부터 60일 이내에 관할 지방고용노동관서의 장에게 해당 계획서를 제출(전자문서로 제출하는 것을 포함한다)해야 한다.

② 제1항에 따른 안전보건개선계획서에는 시설, 안전보건관리체제, 안전보건교육, 산업재해 예방 및 작업환경의 개선을 위하여 필요한 사항이 포함되어야 한다.

시행규칙 제62조(안전보건개선계획서의 검토 등) ① 지방고용노동관서의 장이 제61조에 따른 안전보건개선계획서를 접수한 경우에는 접수일부터 15일 이내에 심사하여 사업주에게 그 결과를 알려야 한다.
② 법 제50조제2항에 따라 지방고용노동관서의 장은 안전보건개선계획서에 제61조제2항에서 정한 사항이 적정하게 포함되어 있는지 검토해야 한다. 이 경우 지방고용노동관서의 장은 안전보건개선계획서의 적정 여부 확인을 공단 또는 지도사에게 요청할 수 있다.

제132조(건강진단에 관한 사업주의 의무) ① 사업주는 제129조부터 제131조까지의 규정에 따른 건강진단을 실시하는 경우 근로자대표가 요구하면 근로자대표를 참석시켜야 한다.
② 사업주는 산업안전보건위원회 또는 근로자대표가 요구할 때에는 직접 또는 제129조부터 제131조까지의 규정에 따른 건강진단을 한 건강진단기관에 건강진단 결과에 대하여 설명하도록 하여야 한다. 다만, 개별 근로자의 건강진단 결과는 본인의 동의 없이 공개해서는 아니 된다.
③ 사업주는 제129조부터 제131조까지의 규정에 따른 건강진단의 결과를 근로자의 건강 보호 및 유지 외의 목적으로 사용해서는 아니 된다.
④ 사업주는 제129조부터 제131조까지의 규정 또는 다른 법령에 따른 건강진단의 결과 근로자의 건강을 유지하기 위하여 필요하다고 인정할 때에는 작업장소 변경, 작업 전환, 근로시간 단축, 야간근로(오후 10시부터 다음 날 오전 6시까지 사이의 근로를 말한다)의 제한, 작업환경측정 또는 시설·설비의 설치·개선 등 고용노동부령으로 정하는 바에 따라 적절한 조치를 하여야 한다.
⑤ 제4항에 따라 적절한 조치를 하여야 하는 사업주로서 고용노동부령으로 정하는 사업주는 그 조치 결과를 고용노동부령으로 정하는 바에 따라 고용노동부장관에게 제출하여야 한다.

정답: ⑤

19 산업안전보건법령상 고용노동부장관이 안전관리전문기관 또는 보건관리전문기관의 지정을 취소하거나 6개월 이내의 기간을 정하여 그 업무의 정지를 명할 수 있도록 하는 규정이 준용되는 기관이 아닌 것은?

① 안전보건교육기관
② 안전보건진단기관
③ 건설재해예방전문지도기관
④ 역학조사 실시 업무를 위탁받은 기관
⑤ 석면조사기관

> **해설**

법 제21조(안전관리전문기관 등) ① 안전관리전문기관 또는 보건관리전문기관이 되려는 자는 대통령령으로 정하는 인력·시설 및 장비 등의 요건을 갖추어 고용노동부장관의 지정을 받아야 한다.
② 고용노동부장관은 안전관리전문기관 또는 보건관리전문기관에 대하여 평가하고 그 결과를 공개할 수 있다. 이 경우 평가의 기준·방법 및 결과의 공개에 필요한 사항은 고용노동부령으로 정한다.
③ 안전관리전문기관 또는 보건관리전문기관의 지정 절차, 업무 수행에 관한 사항, 위탁받은 업무를 수행할 수 있는 지역, 그 밖에 필요한 사항은 고용노동부령으로 정한다.
④ 고용노동부장관은 안전관리전문기관 또는 보건관리전문기관이 다음 각 호의 어느 하나에 해당할 때에는 그 지정을 취소하거나 6개월 이내의 기간을 정하여 그 업무의 정지를 명할 수 있다. 다만, 제1호 또는 제2호에 해당할 때에는 그 지정을 취소하여야 한다.
  1. 거짓이나 그 밖의 부정한 방법으로 지정을 받은 경우
  2. 업무정지 기간 중에 업무를 수행한 경우
  3. 제1항에 따른 지정 요건을 충족하지 못한 경우
  4. 지정받은 사항을 위반하여 업무를 수행한 경우
  5. 그 밖에 대통령령으로 정하는 사유에 해당하는 경우
⑤ 제4항에 따라 지정이 취소된 자는 지정이 취소된 날부터 2년 이내에는 각각 해당 안전관리전문기관 또는 보건관리전문기관으로 지정받을 수 없다.

법 제33조(안전보건교육기관) ① 제29조제1항부터 제3항까지의 규정에 따른 안전보건교육, 제31조제1항 본문에 따른 안전보건교육 또는 제32조제1항 각 호 외의 부분 본문에 따른 안전보건교육을 하려는 자는 대통령령으로 정하는 인력·시설 및 장비 등의 요건을 갖추어 고용노동부장관에게 등록하여야 한다. 등록한 사항 중 대통령령으로 정하는 중요한 사항을 변경할 때에도 또한 같다.
② 고용노동부장관은 제1항에 따라 등록한 자(이하 "안전보건교육기관"이라 한다)에 대하여 평가하고 그 결과를 공개할 수 있다. 이 경우 평가의 기준·방법 및 결과의 공개에 필요한 사항은 고용노동부령으로 정한다.
③ 제1항에 따른 등록 절차 및 업무 수행에 관한 사항, 그 밖에 필요한 사항은 고용노동부령으로 정한다.
④ 안전보건교육기관에 대해서는 제21조제4항 및 제5항을 준용한다. 이 경우 "안전관리전문기관 또는 보건관리전문기관"은 "안전보건교육기관"으로, "지정"은 "등록"으로 본다.

법 제48조(안전보건진단기관) ① 안전보건진단기관이 되려는 자는 대통령령으로 정하는 인력·시설 및 장비 등의 요건을 갖추어 고용노동부장관의 지정을 받아야 한다.

② 고용노동부장관은 안전보건진단기관에 대하여 평가하고 그 결과를 공개할 수 있다. 이 경우 평가의 기준·방법 및 결과의 공개에 필요한 사항은 고용노동부령으로 정한다.

③ 안전보건진단기관의 지정 절차, 그 밖에 필요한 사항은 고용노동부령으로 정한다.

④ 안전보건진단기관에 관하여는 제21조제4항 및 제5항을 준용한다. 이 경우 "안전관리전문기관 또는 보건관리전문기관"은 "안전보건진단기관"으로 본다.

법 제74조(건설재해예방전문지도기관) ① 건설재해예방전문지도기관이 되려는 자는 대통령령으로 정하는 인력·시설 및 장비 등의 요건을 갖추어 고용노동부장관의 지정을 받아야 한다.

② 제1항에 따른 건설재해예방전문지도기관의 지정 절차, 그 밖에 필요한 사항은 대통령령으로 정한다.

③ 고용노동부장관은 건설재해예방전문지도기관에 대하여 평가하고 그 결과를 공개할 수 있다. 이 경우 평가의 기준·방법, 결과의 공개에 필요한 사항은 고용노동부령으로 정한다.

④ 건설재해예방전문지도기관에 관하여는 제21조제4항 및 제5항을 준용한다. 이 경우 "안전관리전문기관 또는 보건관리전문기관"은 "건설재해예방전문지도기관"으로 본다.

법 제120조(석면조사기관) ① 석면조사기관이 되려는 자는 대통령령으로 정하는 인력·시설 및 장비 등의 요건을 갖추어 고용노동부장관의 지정을 받아야 한다.

② 고용노동부장관은 기관석면조사의 결과에 대한 정확성과 정밀도를 확보하기 위하여 석면조사기관의 석면조사 능력을 확인하고, 석면조사기관을 지도하거나 교육할 수 있다. 이 경우 석면조사 능력의 확인, 석면조사기관에 대한 지도 및 교육의 방법, 절차, 그 밖에 필요한 사항은 고용노동부장관이 정하여 고시한다.

③ 고용노동부장관은 석면조사기관에 대하여 평가하고 그 결과를 공개(제2항에 따른 석면조사 능력의 확인 결과를 포함한다)할 수 있다. 이 경우 평가의 기준·방법 및 결과의 공개에 필요한 사항은 고용노동부령으로 정한다.

④ 석면조사기관의 지정 절차, 그 밖에 필요한 사항은 고용노동부령으로 정한다.

⑤ 석면조사기관에 관하여는 제21조제4항 및 제5항을 준용한다. 이 경우 "안전관리전문기관 또는 보건관리전문기관"은 "석면조사기관"으로 본다.

제104조(유해인자의 분류기준) 고용노동부장관은 고용노동부령으로 정하는 바에 따라 근로자에게 건강장해를 일으키는 화학물질 및 물리적 인자 등(이하 "유해인자"라 한다)의 유해성·위험성 분류기준을 마련하여야 한다.

제110조(물질안전보건자료의 작성 및 제출) ① 화학물질 또는 이를 포함한 혼합물로서 제104조에 따른 분류기준에 해당하는 것(대통령령으로 정하는 것은 제외한다. 이하 "물질안전보건자료대상물질"이라 한다)을 제조하거나 수입하려는 자는 다음 각 호의 사항을 적은 자료(이하 "물질안전보건자료"라 한다)를 고용노동부령으로 정하는 바에 따라 작성하여 고용노동부장관에게 제출하여야 한다. 이 경우 고용노동부장관은 고용노동부령으로 물질안전보건자료의 기재 사항이나 작성 방법을 정할 때 「화학물질관리법」 및 「화학물질의 등록 및 평가 등에 관한 법률」과 관련된 사항에 대해서는 환경부장관과 협의하여야 한다.

1. 제품명
2. 물질안전보건자료대상물질을 구성하는 화학물질 중 제104조에 따른 분류기준에 해당하는 화학물질의 명칭 및 함유량
3. 안전 및 보건상의 취급 주의 사항
4. 건강 및 환경에 대한 유해성, 물리적 위험성

5. 물리·화학적 특성 등 고용노동부령으로 정하는 사항

② 물질안전보건자료대상물질을 제조하거나 수입하려는 자는 물질안전보건자료대상물질을 구성하는 화학물질 중 제104조에 따른 분류기준에 해당하지 아니하는 화학물질의 명칭 및 함유량을 고용노동부장관에게 별도로 제출하여야 한다. 다만, 다음 각 호의 어느 하나에 해당하는 경우는 그러하지 아니하다.

1. 제1항에 따라 제출된 물질안전보건자료에 이 항 각 호 외의 부분 본문에 따른 화학물질의 명칭 및 함유량이 전부 포함된 경우
2. 물질안전보건자료대상물질을 수입하려는 자가 물질안전보건자료대상물질을 국외에서 제조하여 우리나라로 수출하려는 자(이하 "국외제조자"라 한다)로부터 물질안전보건자료에 적힌 화학물질 외에는 제104조에 따른 분류기준에 해당하는 화학물질이 없음을 확인하는 내용의 서류를 받아 제출한 경우

③ 물질안전보건자료대상물질을 제조하거나 수입한 자는 제1항 각 호에 따른 사항 중 고용노동부령으로 정하는 사항이 변경된 경우 그 변경 사항을 반영한 물질안전보건자료를 고용노동부장관에게 제출하여야 한다.

④ 제1항부터 제3항까지의 규정에 따른 물질안전보건자료 등의 제출 방법·시기, 그 밖에 필요한 사항은 고용노동부령으로 정한다.

제112조(물질안전보건자료의 일부 비공개 승인 등) ① 제110조제1항에도 불구하고 영업비밀과 관련되어 같은 항 제2호에 따른 화학물질의 명칭 및 함유량을 물질안전보건자료에 적지 아니하려는 자는 고용노동부령으로 정하는 바에 따라 고용노동부장관에게 신청하여 승인을 받아 해당 화학물질의 명칭 및 함유량을 대체할 수 있는 명칭 및 함유량(이하 "대체자료"라 한다)으로 적을 수 있다. 다만, 근로자에게 중대한 건강장해를 초래할 우려가 있는 화학물질로서 「산업재해보상보험법」 제8조제1항에 따른 산업재해보상보험및예방심의위원회의 심의를 거쳐 고용노동부장관이 고시하는 것은 그러하지 아니하다.

② 고용노동부장관은 제1항 본문에 따른 승인 신청을 받은 경우 고용노동부령으로 정하는 바에 따라 화학물질의 명칭 및 함유량의 대체 필요성, 대체자료의 적합성 및 물질안전보건자료의 적정성 등을 검토하여 승인 여부를 결정하고 신청인에게 그 결과를 통보하여야 한다.

③ 고용노동부장관은 제2항에 따른 승인에 관한 기준을 「산업재해보상보험법」 제8조제1항에 따른 산업재해보상보험및예방심의위원회의 심의를 거쳐 정한다.

④ 제1항에 따른 승인의 유효기간은 승인을 받은 날부터 5년으로 한다.

⑤ 고용노동부장관은 제4항에 따른 유효기간이 만료되는 경우에도 계속하여 대체자료로 적으려는 자가 그 유효기간의 연장승인을 신청하면 유효기간이 만료되는 다음 날부터 5년 단위로 그 기간을 계속하여 연장승인할 수 있다.

⑥ 신청인은 제1항 또는 제5항에 따른 승인 또는 연장승인에 관한 결과에 대하여 고용노동부령으로 정하는 바에 따라 고용노동부장관에게 이의신청을 할 수 있다.

⑦ 고용노동부장관은 제6항에 따른 이의신청에 대하여 고용노동부령으로 정하는 바에 따라 승인 또는 연장승인 여부를 결정하고 그 결과를 신청인에게 통보하여야 한다.

⑧ 고용노동부장관은 다음 각 호의 어느 하나에 해당하는 경우에는 제1항, 제5항 또는 제7항에 따른 승인 또는 연장승인을 취소할 수 있다. 다만, 제1호의 경우에는 그 승인 또는 연장승인을 취소하여야 한다.

1. 거짓이나 그 밖의 부정한 방법으로 제1항, 제5항 또는 제7항에 따른 승인 또는 연장승인을 받은 경우

2. 제1항, 제5항 또는 제7항에 따른 승인 또는 연장승인을 받은 화학물질이 제1항 단서에 따른 화학물질에 해당하게 된 경우

⑨ 제5항에 따른 연장승인과 제8항에 따른 승인 또는 연장승인의 취소 절차 및 방법, 그 밖에 필요한 사항은 고용노동부령으로 정한다.

⑩ 다음 각 호의 어느 하나에 해당하는 자는 근로자의 안전 및 보건을 유지하거나 직업성 질환 발생 원인을 규명하기 위하여 근로자에게 중대한 건강장해가 발생하는 등 고용노동부령으로 정하는 경우에는 물질안전보건자료대상물질을 제조하거나 수입한 자에게 제1항에 따라 대체자료로 적힌 화학물질의 명칭 및 함유량 정보를 제공할 것을 요구할 수 있다. 이 경우 정보 제공을 요구받은 자는 고용노동부장관이 정하여 고시하는 바에 따라 정보를 제공하여야 한다.

1. 근로자를 진료하는 「의료법」 제2조에 따른 의사
2. 보건관리자 및 보건관리전문기관
3. 산업보건의
4. 근로자대표
5. 제165조제2항제38호에 따라 제141조제1항에 따른 역학조사(疫學調査) 실시 업무를 위탁받은 기관
6. 「산업재해보상보험법」 제38조에 따른 업무상질병판정위원회

제141조(역학조사) ① 고용노동부장관은 직업성 질환의 진단 및 예방, 발생 원인의 규명을 위하여 필요하다고 인정할 때에는 근로자의 질환과 작업장의 유해요인의 상관관계에 관한 역학조사(이하 "역학조사"라 한다)를 할 수 있다. 이 경우 사업주 또는 근로자대표, 그 밖에 고용노동부령으로 정하는 사람이 요구할 때 고용노동부령으로 정하는 바에 따라 역학조사에 참석하게 할 수 있다.

② 사업주 및 근로자는 고용노동부장관이 역학조사를 실시하는 경우 적극 협조하여야 하며, 정당한 사유 없이 역학조사를 거부·방해하거나 기피해서는 아니 된다.

③ 누구든지 제1항 후단에 따라 역학조사 참석이 허용된 사람의 역학조사 참석을 거부하거나 방해해서는 아니 된다.

④ 제1항 후단에 따라 역학조사에 참석하는 사람은 역학조사 참석과정에서 알게 된 비밀을 누설하거나 도용해서는 아니 된다.

⑤ 고용노동부장관은 역학조사를 위하여 필요하면 제129조부터 제131조까지의 규정에 따른 근로자의 건강진단 결과, 「국민건강보험법」에 따른 요양급여기록 및 건강검진 결과, 「고용보험법」에 따른 고용정보, 「암관리법」에 따른 질병정보 및 사망원인 정보 등을 관련 기관에 요청할 수 있다. 이 경우 자료의 제출을 요청받은 기관은 특별한 사유가 없으면 이에 따라야 한다.

⑥ 역학조사의 방법·대상·절차, 그 밖에 필요한 사항은 고용노동부령으로 정한다.

시행규칙 제161조(비공개 승인 또는 연장승인을 위한 제출서류 및 제출시기) ① 법 제112조제1항 본문에 따라 물질안전보건자료에 화학물질의 명칭 및 함유량을 대체할 수 있는 명칭 및 함유량(이하 "대체자료"라 한다)으로 적기 위하여 승인을 신청하려는 자는 물질안전보건자료대상물질을 제조하거나 수입하기 전에 물질안전보건자료시스템을 통하여 별지 제63호서식에 따른 물질안전보건자료 비공개 승인신청서에 다음 각 호의 정보를 기재하거나 첨부하여 공단에 제출해야 한다.

1. 대체자료로 적으려는 화학물질의 명칭 및 함유량이 「부정경쟁방지 및 영업비밀 보호에 관한 법률」 제2조제2호에 따른 영업비밀에 해당함을 입증하는 자료로서 고용노동부장관이 정하여 고시하는 자료
2. 대체자료

3. 대체자료로 적으려는 화학물질의 명칭 및 함유량, 건강 및 환경에 대한 유해성, 물리적 위험성 정보
4. 물질안전보건자료
5. 법 제104조에 따른 분류기준에 해당하지 않는 화학물질의 명칭 및 함유량. 다만, 법 제110조 제2항 각 호의 어느 하나에 해당하는 경우는 제외한다.
6. 그 밖에 화학물질의 명칭 및 함유량을 대체자료로 적도록 승인하기 위해 필요한 정보로서 고용노동부장관이 정하여 고시하는 서류

② 제1항에도 불구하고 고용노동부장관이 정하여 고시하는 연구·개발용 화학물질 또는 화학제품에 대한 물질안전보건자료에 화학물질의 명칭 및 함유량을 대체자료로 적기 위해 승인을 신청하려는 자는 제1항제1호 및 제6호의 자료를 생략하여 제출할 수 있다.

③ 법 제112조제5항에 따른 연장승인 신청을 하려는 자는 유효기간이 만료되기 30일 전까지 물질안전보건자료시스템을 통하여 별지 제63호서식에 따른 물질안전보건자료 비공개 연장승인 신청서에 제1항 각 호에 따른 서류를 첨부하여 공단에 제출해야 한다.

■ 산업안전보건법 시행규칙 [별표 18]

유해인자의 유해성·위험성 분류기준(제141조 관련)

1. 화학물질의 분류기준
   가. 물리적 위험성 분류기준
      1) 폭발성 물질: 자체의 화학반응에 따라 주위환경에 손상을 줄 수 있는 정도의 온도·압력 및 속도를 가진 가스를 발생시키는 고체·액체 또는 혼합물
      2) 인화성 가스: 20℃, 표준압력(101.3kPa)에서 공기와 혼합하여 인화되는 범위에 있는 가스와 54℃ 이하 공기 중에서 자연발화하는 가스를 말한다.(혼합물을 포함한다)
      3) 인화성 액체: 표준압력(101.3kPa)에서 인화점이 93℃ 이하인 액체
      4) 인화성 고체: 쉽게 연소되거나 마찰에 의하여 화재를 일으키거나 촉진할 수 있는 물질
      5) 에어로졸: 재충전이 불가능한 금속·유리 또는 플라스틱 용기에 압축가스·액화가스 또는 용해가스를 충전하고 내용물을 가스에 현탁시킨 고체나 액상입자로, 액상 또는 가스상에서 폼·페이스트·분말상으로 배출되는 분사장치를 갖춘 것
      6) 물반응성 물질: 물과 상호작용을 하여 자연발화되거나 인화성 가스를 발생시키는 고체·액체 또는 혼합물
      7) 산화성 가스: 일반적으로 산소를 공급함으로써 공기보다 다른 물질의 연소를 더 잘 일으키거나 촉진하는 가스
      8) 산화성 액체: 그 자체로는 연소하지 않더라도, 일반적으로 산소를 발생시켜 다른 물질을 연소시키거나 연소를 촉진하는 액체
      9) 산화성 고체: 그 자체로는 연소하지 않더라도 일반적으로 산소를 발생시켜 다른 물질을 연소시키거나 연소를 촉진하는 고체
      10) 고압가스: 20℃, 200킬로파스칼(kpa) 이상의 압력 하에서 용기에 충전되어 있는 가스 또는 냉동액화가스 형태로 용기에 충전되어 있는 가스(압축가스, 액화가스, 냉동액화가스, 용해가스로 구분한다)
      11) 자기반응성 물질: 열적(熱的)인 면에서 불안정하여 산소가 공급되지 않아도 강렬하게 발열·분해하기 쉬운 액체·고체 또는 혼합물
      12) 자연발화성 액체: 적은 양으로도 공기와 접촉하여 5분 안에 발화할 수 있는 액체
      13) 자연발화성 고체 : 적은 양으로도 공기와 접촉하여 5분 안에 발화할 수 있는 고체
      14) 자기발열성 물질: 주위의 에너지 공급 없이 공기와 반응하여 스스로 발열하는 물질(자기발화성 물질은 제외한다)
      15) 유기과산화물: 2가의 -O-O-구조를 가지고 1개 또는 2개의 수소 원자가 유기라디칼에 의하여 치환된 과산화수소의 유도체를 포함한 액체 또는 고체 유기물질
      16) 금속 부식성 물질: 화학적인 작용으로 금속에 손상 또는 부식을 일으키는 물질
   나. 건강 및 환경 유해성 분류기준
      1) 급성 독성 물질: <u>입 또는 피부를 통하여</u> 1회 투여 또는 24시간 이내에 여러 차례로 나누어 투여하거나 <u>호흡기를 통하여</u> 4시간 동안 흡입하는 경우 유해한 영향을 일으키는 물질
      2) 피부 부식성 또는 자극성 물질: 접촉 시 피부조직을 파괴하거나 자극을 일으키는 물질(피부 부식성 물질 및 피부 자극성 물질로 구분한다)
      3) 심한 눈 손상성 또는 자극성 물질: 접촉 시 눈 조직의 손상 또는 시력의 저하 등을 일으키는 물질(눈 손상성 물질 및 눈 자극성 물질로 구분한다)
      4) 호흡기 과민성 물질: 호흡기를 통하여 흡입되는 경우 기도에 과민반응을 일으키는 물질

5) 피부 과민성 물질: 피부에 접촉되는 경우 피부 알레르기 반응을 일으키는 물질
6) 발암성 물질: 암을 일으키거나 그 발생을 증가시키는 물질
7) 생식세포 변이원성 물질: 자손에게 유전될 수 있는 사람의 생식세포에 돌연변이를 일으킬 수 있는 물질
8) 생식독성 물질: 생식기능, 생식능력 또는 태아의 발생·발육에 유해한 영향을 주는 물질
9) 특정 표적장기 독성 물질(1회 노출): 1회 노출로 특정 표적장기 또는 전신에 독성을 일으키는 물질
10) 특정 표적장기 독성 물질(반복 노출): 반복적인 노출로 특정 표적장기 또는 전신에 독성을 일으키는 물질
11) 흡인 유해성 물질: 액체 또는 고체 화학물질이 입이나 코를 통하여 직접적으로 또는 구토로 인하여 간접적으로, 기관 및 더 깊은 호흡기관으로 유입되어 화학적 폐렴, 다양한 폐 손상이나 사망과 같은 심각한 급성 영향을 일으키는 물질
12) 수생 환경 유해성 물질: 단기간 또는 장기간의 노출로 수생생물에 유해한 영향을 일으키는 물질
13) 오존층 유해성 물질: 「오존층 보호를 위한 특정물질의 제조규제 등에 관한 법률」 제2조제1호에 따른 특정물질

2. 물리적 인자의 분류기준
    가. 소음: 소음성난청을 유발할 수 있는 85데시벨(A) 이상의 시끄러운 소리
    나. 진동: 착암기, 손망치 등의 공구를 사용함으로써 발생되는 백랍병·레이노 현상·말초순환장애 등의 국소 진동 및 차량 등을 이용함으로써 발생되는 관절통·디스크·소화장애 등의 전신 진동
    다. 방사선: 직접·간접으로 공기 또는 세포를 전리하는 능력을 가진 알파선·베타선·감마선·엑스선·중성자선 등의 전자선
    라. 이상기압: 게이지 압력이 제곱센티미터당 1킬로그램 초과 또는 미만인 기압
    마. 이상기온: 고열·한랭·다습으로 인하여 열사병·동상·피부질환 등을 일으킬 수 있는 기온

3. 생물학적 인자의 분류기준
    가. 혈액매개 감염인자: 인간면역결핍바이러스, B형·C형간염바이러스, 매독바이러스 등 혈액을 매개로 다른 사람에게 전염되어 질병을 유발하는 인자
    나. 공기매개 감염인자: 결핵·수두·홍역 등 공기 또는 비말감염 등을 매개로 호흡기를 통하여 전염되는 인자
    다. 곤충 및 동물매개 감염인자: 쯔쯔가무시증, 렙토스피라증, 유행성출혈열 등 동물의 배설물 등에 의하여 전염되는 인자 및 탄저병, 브루셀라병 등 가축 또는 야생동물로부터 사람에게 감염되는 인자

※ 비고
제1호에 따른 화학물질의 분류기준 중 가목에 따른 물리적 위험성 분류기준별 세부 구분기준과 나목에 따른 건강 및 환경 유해성 분류기준의 단일물질 분류기준별 세부 구분기준 및 혼합물질의 분류기준은 고용노동부장관이 정하여 고시한다.

정답: ④

20 산업안전보건법령상 사업주가 작업환경측정을 할 때 지켜야 할 사항으로 옳은 것을 모두 고른 것은?

> ㄱ. 작업환경측정을 하기 전에 예비조사를 할 것
> ㄴ. 일출 후 일몰 전에 실시할 것
> ㄷ. 모든 측정은 지역 시료채취방법으로 하되, 지역 시료채취방법이 곤란한 경우에는 개인 시료채취방법으로 실시할 것
> ㄹ. 작업환경측정기관에 위탁하여 실시하는 경우에는 해당 작업환경측정기관에 공정별 작업내용, 화학물질의 사용실태 및 물질안전보건자료 등 작업환경측정에 필요한 정보를 제공할 것

① ㄱ, ㄹ
② ㄴ, ㄷ
③ ㄷ, ㄹ
④ ㄱ, ㄴ, ㄹ
⑤ ㄱ, ㄴ, ㄷ, ㄹ

해설

법 제125조(작업환경측정) ① 사업주는 유해인자로부터 근로자의 건강을 보호하고 쾌적한 작업환경을 조성하기 위하여 인체에 해로운 작업을 하는 작업장으로서 고용노동부령으로 정하는 작업장에 대하여 고용노동부령으로 정하는 자격을 가진 자로 하여금 작업환경측정을 하도록 하여야 한다.
② 제1항에도 불구하고 도급인의 사업장에서 관계수급인 또는 관계수급인의 근로자가 작업을 하는 경우에는 도급인이 제1항에 따른 자격을 가진 자로 하여금 작업환경측정을 하도록 하여야 한다.
③ 사업주(제2항에 따른 도급인을 포함한다. 이하 이 조 및 제127조에서 같다)는 제1항에 따른 작업환경측정을 제126조에 따라 지정받은 기관(이하 "작업환경측정기관"이라 한다)에 위탁할 수 있다. 이 경우 필요한 때에는 작업환경측정 중 시료의 분석만을 위탁할 수 있다.
④ 사업주는 근로자대표(관계수급인의 근로자대표를 포함한다. 이하 이 조에서 같다)가 요구하면 작업환경측정 시 근로자대표를 참석시켜야 한다.
⑤ 사업주는 작업환경측정 결과를 기록하여 보존하고 고용노동부령으로 정하는 바에 따라 고용노동부장관에게 보고하여야 한다. 다만, 제3항에 따라 사업주로부터 작업환경측정을 위탁받은 작업환경측정기관이 작업환경측정을 한 후 그 결과를 고용노동부령으로 정하는 바에 따라 고용노동부장관에게 제출한 경우에는 작업환경측정 결과를 보고한 것으로 본다.
⑥ 사업주는 작업환경측정 결과를 해당 작업장의 근로자(관계수급인 및 관계수급인 근로자를 포함한다. 이하 이 항, 제127조 및 제175조제5항제15호에서 같다)에게 알려야 하며, 그 결과에 따라 근로자의 건강을 보호하기 위하여 해당 시설·설비의 설치·개선 또는 건강진단의 실시 등의 조치를 하여야 한다.
⑦ 사업주는 산업안전보건위원회 또는 근로자대표가 요구하면 작업환경측정 결과에 대한 설명회 등을 개최하여야 한다. 이 경우 제3항에 따라 작업환경측정을 위탁하여 실시한 경우에는 작업환경측정기관에 작업환경측정 결과에 대하여 설명하도록 할 수 있다.

⑧ 제1항 및 제2항에 따른 작업환경측정의 방법·횟수, 그 밖에 필요한 사항은 고용노동부령으로 정한다.

시행규칙 제189조(작업환경측정방법) ① 사업주는 법 제125조제1항에 따른 작업환경측정을 할 때에는 다음 각 호의 사항을 지켜야 한다.
1. 작업환경측정을 하기 전에 예비조사를 할 것
2. 작업이 정상적으로 이루어져 작업시간과 유해인자에 대한 근로자의 노출 정도를 정확히 평가할 수 있을 때 실시할 것
3. 모든 측정은 개인 시료채취방법으로 하되, 개인 시료채취방법이 곤란한 경우에는 지역 시료채취방법으로 실시할 것. 이 경우 그 사유를 별지 제83호서식의 작업환경측정 결과표에 분명하게 밝혀야 한다.
4. 법 제125조제3항에 따라 작업환경측정기관에 위탁하여 실시하는 경우에는 해당 작업환경측정기관에 공정별 작업내용, 화학물질의 사용실태 및 물질안전보건자료 등 작업환경측정에 필요한 정보를 제공할 것

② 사업주는 근로자대표 또는 해당 작업공정을 수행하는 근로자가 요구하면 제1항 제1호에 따른 예비조사에 참석시켜야 한다.
③ 제1항에 따른 측정방법 외에 유해인자별 세부 측정방법 등에 관하여 필요한 사항은 고용노동부장관이 정한다.

정답: ①

21 산업안전보건법령상 같은 유해인자에 노출되는 근로자들에게 유사한 질병의 증상이 발생한 경우에 고용노동부장관은 근로자의 건강을 보호하기 위하여 사업주에게 특정 근로자에 대해 건강진단을 실시할 것을 명할 수 있다. 이에 해당하는 건강진단은?

① 일반건강진단
② 특수건강진단
③ 배치전건강진단
④ 임시건강진단
⑤ 수시건강진단

해설

법 제129조(일반건강진단) ① 사업주는 상시 사용하는 근로자의 건강관리를 위하여 건강진단(이하 "일반건강진단"이라 한다)을 실시하여야 한다. 다만, 사업주가 고용노동부령으로 정하는 건강진단을 실시한 경우에는 그 건강진단을 받은 근로자에 대하여 일반건강진단을 실시한 것으로 본다.
② 사업주는 제135조제1항에 따른 특수건강진단기관 또는 「건강검진기본법」 제3조제2호에 따른 건강검진기관(이하 "건강진단기관"이라 한다)에서 일반건강진단을 실시하여야 한다.
③ 일반건강진단의 주기·항목·방법 및 비용, 그 밖에 필요한 사항은 고용노동부령으로 정한다.

법 제130조(특수건강진단 등) ① 사업주는 다음 각 호의 어느 하나에 해당하는 근로자의 건강관리를 위하여 건강진단(이하 "특수건강진단"이라 한다)을 실시하여야 한다. 다만, 사업주가 고용노동부령으로 정하는 건강진단을 실시한 경우에는 그 건강진단을 받은 근로자에 대하여 해당 유해인자에 대한 특수건강진단을 실시한 것으로 본다.
　1. 고용노동부령으로 정하는 유해인자에 노출되는 업무(이하 "특수건강진단대상업무"라 한다)에 종사하는 근로자
　2. 제1호, 제3항 및 제131조에 따른 건강진단 실시 결과 직업병 소견이 있는 근로자로 판정받아 작업 전환을 하거나 작업 장소를 변경하여 해당 판정의 원인이 된 특수건강진단대상업무에 종사하지 아니하는 사람으로서 해당 유해인자에 대한 건강진단이 필요하다는 「의료법」 제2조에 따른 의사의 소견이 있는 근로자
② 사업주는 특수건강진단대상업무에 종사할 근로자의 배치 예정 업무에 대한 적합성 평가를 위하여 건강진단(이하 "배치전건강진단"이라 한다)을 실시하여야 한다. 다만, 고용노동부령으로 정하는 근로자에 대해서는 배치전건강진단을 실시하지 아니할 수 있다.
③ 사업주는 특수건강진단대상업무에 따른 유해인자로 인한 것이라고 의심되는 건강장해 증상을 보이거나 의학적 소견이 있는 근로자 중 보건관리자 등이 사업주에게 건강진단 실시를 건의하는 등 고용노동부령으로 정하는 근로자에 대하여 건강진단(이하 "수시건강진단"이라 한다)을 실시하여야 한다.
④ 사업주는 제135조제1항에 따른 특수건강진단기관에서 제1항부터 제3항까지의 규정에 따른 건강진단을 실시하여야 한다.
⑤ 제1항부터 제3항까지의 규정에 따른 건강진단의 시기·주기·항목·방법 및 비용, 그 밖에 필요한 사항은 고용노동부령으로 정한다.

법 제131조(임시건강진단 명령 등) ① 고용노동부장관은 같은 유해인자에 노출되는 근로자들에게 유사한 질병의 증상이 발생한 경우 등 고용노동부령으로 정하는 경우에는 근로자의 건강을 보호하기 위하여

사업주에게 특정 근로자에 대한 건강진단(이하 "임시건강진단"이라 한다)의 실시나 작업전환, 그 밖에 필요한 조치를 명할 수 있다.
② 임시건강진단의 항목, 그 밖에 필요한 사항은 고용노동부령으로 정한다.

> **시행규칙 제207조(임시건강진단 명령 등)** ① 법 제131조제1항에서 "고용노동부령으로 정하는 경우"란 특수건강진단 대상 유해인자 또는 그 밖의 유해인자에 의한 중독 여부, 질병에 걸렸는지 여부 또는 질병의 발생 원인 등을 확인하기 위하여 필요하다고 인정되는 경우로서 다음 각 호에 어느 하나에 해당하는 경우를 말한다.
> 1. 같은 부서에 근무하는 근로자 또는 같은 유해인자에 노출되는 근로자에게 유사한 질병의 자각·타각 증상이 발생한 경우
> 2. 직업병 유소견자가 발생하거나 여러 명이 발생할 우려가 있는 경우
> 3. 그 밖에 지방고용노동관서의 장이 필요하다고 판단하는 경우
> ② 임시건강진단의 검사항목은 별표 24에 따른 특수건강진단의 검사항목 중 전부 또는 일부와 건강진단 담당 의사가 필요하다고 인정하는 검사항목으로 한다.
> ③ 제2항에서 정한 사항 외에 임시건강진단의 검사방법, 실시방법, 그 밖에 필요한 사항은 고용노동부장관이 정한다.

정답: ④

22

산업안전보건법령상 유해성·위험성 조사 제외 화학물질로 규정되어 있지 않은 것은? (단, 고용노동부장관이 공표하거나 고시하는 물질은 고려하지 않음)

① 「의료기기법」제2조제1항에 따른 의료기기
② 「약사법」제2조제4호 및 제7호에 따른 의약품 및 의약외품(醫藥外品)
③ 「건강기능식품에 관한 법률」제3조제1호에 따른 건강기능식품
④ 「첨단재생의료 및 첨단바이오의약품 안전 및 지원에 관한 법률」제2조제5호에 따른 첨단바이오의약품
⑤ 천연으로 산출된 화학물질

해설

법 제108조(신규화학물질의 유해성·위험성 조사) ① 대통령령으로 정하는 화학물질 외의 화학물질(이하 "신규화학물질"이라 한다)을 제조하거나 수입하려는 자(이하 "신규화학물질제조자등"이라 한다)는 신규화학물질에 의한 근로자의 건강장해를 예방하기 위하여 고용노동부령으로 정하는 바에 따라 그 신규화학물질의 유해성·위험성을 조사하고 그 조사보고서를 고용노동부장관에게 제출하여야 한다. 다만, 다음 각 호의 어느 하나에 해당하는 경우에는 그러하지 아니하다.
1. 일반 소비자의 생활용으로 제공하기 위하여 신규화학물질을 수입하는 경우로서 고용노동부령으로 정하는 경우
2. 신규화학물질의 수입량이 소량이거나 그 밖에 위해의 정도가 적다고 인정되는 경우로서 고용노동부령으로 정하는 경우

② 신규화학물질제조자등은 제1항 각 호 외의 부분 본문에 따라 유해성·위험성을 조사한 결과 해당 신규화학물질에 의한 근로자의 건강장해를 예방하기 위하여 필요한 조치를 하여야 하는 경우 이를 즉시 시행하여야 한다.

③ 고용노동부장관은 제1항에 따라 신규화학물질의 유해성·위험성 조사보고서가 제출되면 고용노동부령으로 정하는 바에 따라 그 신규화학물질의 명칭, 유해성·위험성, 근로자의 건강장해 예방을 위한 조치 사항 등을 공표하고 관계 부처에 통보하여야 한다.

④ 고용노동부장관은 제1항에 따라 제출된 신규화학물질의 유해성·위험성 조사보고서를 검토한 결과 근로자의 건강장해 예방을 위하여 필요하다고 인정할 때에는 신규화학물질제조자등에게 시설·설비를 설치·정비하고 보호구를 갖추어 두는 등의 조치를 하도록 명할 수 있다.

⑤ 신규화학물질제조자등이 신규화학물질을 양도하거나 제공하는 경우에는 제4항에 따른 근로자의 건강장해 예방을 위하여 조치하여야 할 사항을 기록한 서류를 함께 제공하여야 한다.

영 제85조(유해성·위험성 조사 제외 화학물질) 법 제108조제1항 각 호 외의 부분 본문에서 "대통령령으로 정하는 화학물질"이란 다음 각 호의 어느 하나에 해당하는 화학물질을 말한다. → **[암기법: 원/천/군]**

1. 원소
2. 천연으로 산출된 화학물질
3. 「건강기능식품에 관한 법률」 제3조제1호에 따른 건강기능식품
4. 「군수품관리법」 제2조 및 「방위사업법」 제3조제2호에 따른 군수품[「군수품관리법」 제3조에 따른 통상품(痛常品)은 제외한다]
5. 「농약관리법」 제2조제1호 및 제3호에 따른 농약 및 원제
6. 「마약류 관리에 관한 법률」 제2조제1호에 따른 마약류
7. 「비료관리법」 제2조제1호에 따른 비료
8. 「사료관리법」 제2조제1호에 따른 사료
9. 「생활화학제품 및 살생물제의 안전관리에 관한 법률」 제3조제7호 및 제8호에 따른 살생물질 및 살생물제품
10. 「식품위생법」 제2조제1호 및 제2호에 따른 식품 및 식품첨가물
11. 「약사법」 제2조제4호 및 제7호에 따른 의약품 및 의약외품(醫藥外品)
12. 「원자력안전법」 제2조제5호에 따른 방사성물질
13. 「위생용품 관리법」 제2조제1호에 따른 위생용품
14. 「의료기기법」 제2조제1항에 따른 의료기기
15. 「총포·도검·화약류 등의 안전관리에 관한 법률」 제2조제3항에 따른 화약류
16. 「화장품법」 제2조제1호에 따른 화장품과 화장품에 사용하는 원료
17. 법 제108조제3항에 따라 고용노동부장관이 명칭, 유해성·위험성, 근로자의 건강장해 예방을 위한 조치 사항 및 연간 제조량·수입량을 공표한 물질로서 공표된 연간 제조량·수입량 이하로 제조하거나 수입한 물질
18. 고용노동부장관이 환경부장관과 협의하여 고시하는 화학물질 목록에 기록되어 있는 물질

영 제86조(물질안전보건자료의 작성·제출 제외 대상 화학물질 등) 법 제110조제1항 각 호 외의 부분 전단에서 "대통령령으로 정하는 것"이란 다음 각 호의 어느 하나에 해당하는 것을 말한다. → **[암기법: 첨단바이오, 폐기물]**

1. 「건강기능식품에 관한 법률」 제3조제1호에 따른 건강기능식품
2. 「농약관리법」 제2조제1호에 따른 농약
3. 「마약류 관리에 관한 법률」 제2조제2호 및 제3호에 따른 마약 및 향정신성의약품
4. 「비료관리법」 제2조제1호에 따른 비료
5. 「사료관리법」 제2조제1호에 따른 사료
6. 「생활주변방사선 안전관리법」 제2조제2호에 따른 원료물질
7. 「생활화학제품 및 살생물제의 안전관리에 관한 법률」 제3조제4호 및 제8호에 따른 안전확인대상생활화학제품 및 살생물제품 중 일반소비자의 생활용으로 제공되는 제품
8. 「식품위생법」 제2조제1호 및 제2호에 따른 식품 및 식품첨가물
9. 「약사법」 제2조제4호 및 제7호에 따른 의약품 및 의약외품
10. 「원자력안전법」 제2조제5호에 따른 방사성물질
11. 「위생용품 관리법」 제2조제1호에 따른 위생용품
12. 「의료기기법」 제2조제1항에 따른 의료기기
12의2. 「첨단재생의료 및 첨단바이오의약품 안전 및 지원에 관한 법률」 제2조제5호에 따른 첨단바이오의약품
13. 「총포·도검·화약류 등의 안전관리에 관한 법률」 제2조제3항에 따른 화약류
14. 「폐기물관리법」 제2조제1호에 따른 폐기물
15. 「화장품법」 제2조제1호에 따른 화장품
16. 제1호부터 제15호까지의 규정 외의 화학물질 또는 혼합물로서 일반소비자의 생활용으로 제공되는 것(일반소비자의 생활용으로 제공되는 화학물질 또는 혼합물이 사업장 내에서 취급되는 경우를 포함한다)
17. 고용노동부장관이 정하여 고시하는 연구·개발용 화학물질 또는 화학제품. 이 경우 법 제110조제1항부터 제3항까지의 규정에 따른 자료의 제출만 제외된다.
18. 그 밖에 고용노동부장관이 독성·폭발성 등으로 인한 위해의 정도가 적다고 인정하여 고시하는 화학물질

정답: ④

23 산업안전보건법령상 작업환경측정 또는 건강진단의 실시 결과만으로 직업성 질환에 걸렸는지를 판단하기 곤란한 근로자의 질병에 대하여 한국산업안전보건공단에 역학조사를 요청할 수 있는 자로 규정되어 있지 않은 자는?

① 사업주
② 근로자대표
③ 보건관리자
④ 건강진단기관의 의사
⑤ 산업안전보건위원회의 위원장

해설

법 제141조(역학조사) ① 고용노동부장관은 직업성 질환의 진단 및 예방, 발생 원인의 규명을 위하여 필요하다고 인정할 때에는 근로자의 질병과 작업장의 유해요인의 상관관계에 관한 역학조사(이하 "역학조사"라 한다)를 할 수 있다. 이 경우 사업주 또는 근로자대표, 그 밖에 고용노동부령으로 정하는 사람이 요구할 때 고용노동부령으로 정하는 바에 따라 역학조사에 참석하게 할 수 있다.
② 사업주 및 근로자는 고용노동부장관이 역학조사를 실시하는 경우 적극 협조하여야 하며, 정당한 사유 없이 역학조사를 거부·방해하거나 기피해서는 아니 된다.
③ 누구든지 제1항 후단에 따라 역학조사 참석이 허용된 사람의 역학조사 참석을 거부하거나 방해해서는 아니 된다.
④ 제1항 후단에 따라 역학조사에 참석하는 사람은 역학조사 참석과정에서 알게 된 비밀을 누설하거나 도용해서는 아니 된다.
⑤ 고용노동부장관은 역학조사를 위하여 필요하면 제129조부터 제131조까지의 규정에 따른 근로자의 건강진단 결과, 「국민건강보험법」에 따른 요양급여기록 및 건강검진 결과, 「고용보험법」에 따른 고용정보, 「암관리법」에 따른 질병정보 및 사망원인 정보 등을 관련 기관에 요청할 수 있다. 이 경우 자료의 제출을 요청받은 기관은 특별한 사유가 없으면 이에 따라야 한다.
⑥ 역학조사의 방법·대상·절차, 그 밖에 필요한 사항은 고용노동부령으로 정한다.

시행규칙 제222조(역학조사의 대상 및 절차 등) ① 공단은 법 제141조제1항에 따라 다음 각 호의 어느 하나에 해당하는 경우에는 역학조사를 할 수 있다.

1. 법 제125조에 따른 작업환경측정 또는 법 제129조부터 제131조에 따른 건강진단의 실시 결과만으로 직업성 질환에 걸렸는지를 판단하기 곤란한 근로자의 질병에 대하여 사업주·근로자대표·보건관리자(보건관리전문기관을 포함한다) 또는 건강진단기관의 의사가 역학조사를 **요청**하는 경우
2. 「산업재해보상보험법」 제10조에 따른 근로복지공단이 고용노동부장관이 정하는 바에 따라 업무상 질병 여부의 결정을 위하여 역학조사를 **요청**하는 경우
3. 공단이 직업성 질환의 예방을 위하여 **필요하다고 판단**하여 제224조제1항에 따른 역학조사평가위원회의 심의를 거친 경우
4. 그 밖에 직업성 질환에 걸렸는지 여부로 사회적 물의를 일으킨 질병에 대하여 작업장 내 유해요인과의 연관성 규명이 필요한 경우 등으로서 지방고용노동관서의 장이 **요청**하는 경우

② 제1항제1호에 따라 사업주 또는 근로자대표가 역학조사를 요청하는 경우에는 산업안전보건위원회의 의결을 거치거나 각각 상대방의 동의를 받아야 한다. 다만, 관할 지방고용노동관서의 장이 역학조사의 필요성을 인정하는 경우에는 그렇지 않다.
③ 제1항에서 정한 사항 외에 역학조사의 방법 등에 필요한 사항은 고용노동부장관이 정하여 고시한다.

정답: ⑤

24 산업안전보건법령상 징역 또는 벌금에 처해질 수 있는 자는?

① 작업환경측정 결과를 해당 작업장 근로자에게 알리지 아니한 사업주
② 등록하지 아니하고 타워크레인을 설치·해체한 자
③ 석면이 포함된 건축물이나 설비를 철거하거나 해체하면서 고용노동부령으로 정하는 석면해체·제거의 작업기준을 준수하지 아니한 자
④ 역학조사 참석이 허용된 사람의 역학조사 참석을 방해한 자
⑤ 물질안전보건자료대상물질을 양도하면서 이를 양도받는 자에게 물질안전보건자료를 제공하지 아니한 자

해설

법 제123조(석면해체·제거 작업기준의 준수) ① 석면이 포함된 건축물이나 설비를 철거하거나 해체하는 자는 고용노동부령으로 정하는 석면해체·제거의 작업기준을 준수하여야 한다. ② 근로자는 석면이 포함된 건축물이나 설비를 철거하거나 해체하는 자가 제1항의 작업기준에 따라 근로자에게 한 조치로서 고용노동부령으로 정하는 조치 사항을 준수하여야 한다.

법 제169조(벌칙) 다음 각 호의 어느 하나에 해당하는 자는 3년 이하의 징역 또는 3천만원 이하의 벌금에 처한다.

1. 제44조제1항 후단, 제63조(제166조의2에서 준용하는 경우를 포함한다), 제76조, 제81조, 제82조제2항, 제84조제1항, 제87조제1항, 제118조제3항, 제123조제1항, 제139조제1항 또는 제140조제1항(제166조의2에서 준용하는 경우를 포함한다)을 위반한 자
2. 제45조제1항 후단, 제46조제5항, 제53조제1항(제166조의2에서 준용하는 경우를 포함한다), 제87조제2항, 제118조제4항, 제119조제4항 또는 제131조제1항(제166조의2에서 준용하는 경우를 포함한다)에 따른 명령을 위반한 자
3. 제58조제3항 또는 같은 조 제5항 후단(제59조제2항에 따라 준용되는 경우를 포함한다)에 따른 안전 및 보건에 관한 평가 업무를 제165조제2항에 따라 위탁받은 자로서 그 업무를 거짓이나 그 밖의 부정한 방법으로 수행한 자
4. 제84조제1항 및 제3항에 따른 안전인증 업무를 제165조제2항에 따라 위탁받은 자로서 그 업무를 거짓이나 그 밖의 부정한 방법으로 수행한 자
5. 제93조제1항에 따른 안전검사 업무를 제165조제2항에 따라 위탁받은 자로서 그 업무를 거짓이나 그 밖의 부정한 방법으로 수행한 자
6. 제98조에 따른 자율검사프로그램에 따른 안전검사 업무를 거짓이나 그 밖의 부정한 방법으로 수행한 자

제82조(타워크레인 설치·해체업의 등록 등) ① 타워크레인을 설치하거나 해체를 하려는 자는 대통령령으로 정하는 바에 따라 인력·시설 및 장비 등의 요건을 갖추어 고용노동부장관에게 등록하여야 한다. 등록한 사항 중 대통령령으로 정하는 중요한 사항을 변경할 때에도 또한 같다.
② 사업주는 제1항에 따라 등록한 자로 하여금 타워크레인을 설치하거나 해체하는 작업을 하도록 하여야 한다.
③ 제1항에 따른 등록 절차, 그 밖에 필요한 사항은 고용노동부령으로 정한다.
④ 제1항에 따라 등록한 자에 대해서는 제21조제4항 및 제5항을 준용한다. 이 경우 "안전관리전문기관 또는 보건관리전문기관"은 "제1항에 따라 등록한 자"로, "지정"은 "등록"으로 본다.

제111조(물질안전보건자료의 제공) ① 물질안전보건자료대상물질을 양도하거나 제공하는 자는 이를 양도받거나 제공받는 자에게 물질안전보건자료를 제공하여야 한다.
② 물질안전보건자료대상물질을 제조하거나 수입한 자는 이를 양도받거나 제공받은 자에게 제110조제3항에 따라 변경된 물질안전보건자료를 제공하여야 한다.
③ 물질안전보건자료대상물질을 양도하거나 제공한 자(물질안전보건자료대상물질을 제조하거나 수입한 자는 제외한다)는 제110조제3항에 따른 물질안전보건자료를 제공받은 경우 이를 물질안전보건자료대상물질을 양도받거나 제공받은 자에게 제공하여야 한다.
④ 제1항부터 제3항까지의 규정에 따른 물질안전보건자료 또는 변경된 물질안전보건자료의 제공방법 및 내용, 그 밖에 필요한 사항은 고용노동부령으로 정한다.

제125조(작업환경측정) ① 사업주는 유해인자로부터 근로자의 건강을 보호하고 쾌적한 작업환경을 조성하기 위하여 인체에 해로운 작업을 하는 작업장으로서 고용노동부령으로 정하는 작업장에 대하여 고용노동부령으로 정하는 자격을 가진 자로 하여금 작업환경측정을 하도록 하여야 한다.
② 제1항에도 불구하고 도급인의 사업장에서 관계수급인 또는 관계수급인의 근로자가 작업을 하는 경우에는 도급인이 제1항에 따른 자격을 가진 자로 하여금 작업환경측정을 하도록 하여야 한다.
③ 사업주(제2항에 따른 도급인을 포함한다. 이하 이 조 및 제127조에서 같다)는 제1항에 따른 작업환경측정을 제126조에 따라 지정받은 기관(이하 "작업환경측정기관"이라 한다)에 위탁할 수 있다. 이 경우 필요한 때에는 작업환경측정 중 시료의 분석만을 위탁할 수 있다.
④ 사업주는 근로자대표(관계수급인의 근로자대표를 포함한다. 이하 이 조에서 같다)가 요구하면 작업환경측정 시 근로자대표를 참석시켜야 한다.
⑤ 사업주는 작업환경측정 결과를 기록하여 보존하고 고용노동부령으로 정하는 바에 따라 고용노동부장관에게 보고하여야 한다. 다만, 제3항에 따라 사업주로부터 작업환경측정을 위탁받은 작업환경측정기관이 작업환경측정을 한 후 그 결과를 고용노동부령으로 정하는 바에 따라 고용노동부장관에게 제출한 경우에는 작업환경측정 결과를 보고한 것으로 본다.
⑥ 사업주는 작업환경측정 결과를 해당 작업장의 근로자(관계수급인 및 관계수급인 근로자를 포함한다. 이하 이 항, 제127조 및 제175조제5항제15호에서 같다)에게 알려야 하며, 그 결과에 따라 근로자의 건강을 보호하기 위하여 해당 시설·설비의 설치·개선 또는 건강진단의 실시 등의 조치를 하여야 한다.
⑦ 사업주는 산업안전보건위원회 또는 근로자대표가 요구하면 작업환경측정 결과에 대한 설명회 등을 개최하여야 한다. 이 경우 제3항에 따라 작업환경측정을 위탁하여 실시한 경우에는 작업환경측정기관에 작업환경측정 결과에 대하여 설명하도록 할 수 있다.
⑧ 제1항 및 제2항에 따른 작업환경측정의 방법·횟수, 그 밖에 필요한 사항은 고용노동부령으로 정한다.

제141조(역학조사) ① 고용노동부장관은 직업성 질환의 진단 및 예방, 발생 원인의 규명을 위하여 필요하다고 인정할 때에는 근로자의 질환과 작업장의 유해요인의 상관관계에 관한 역학조사(이하 "역학조사"라 한다)를 할 수 있다. 이 경우 사업주 또는 근로자대표, 그 밖에 고용노동부령으로 정하는 사람이 요구할 때 고용노동부령으로 정하는 바에 따라 역학조사에 참석하게 할 수 있다.

② 사업주 및 근로자는 고용노동부장관이 역학조사를 실시하는 경우 적극 협조하여야 하며, 정당한 사유 없이 역학조사를 거부·방해하거나 기피해서는 아니 된다.

③ 누구든지 제1항 후단에 따라 역학조사 참석이 허용된 사람의 역학조사 참석을 거부하거나 방해해서는 아니 된다.

④ 제1항 후단에 따라 역학조사에 참석하는 사람은 역학조사 참석과정에서 알게 된 비밀을 누설하거나 도용해서는 아니 된다.

⑤ 고용노동부장관은 역학조사를 위하여 필요하면 제129조부터 제131조까지의 규정에 따른 근로자의 건강진단 결과, 「국민건강보험법」에 따른 요양급여기록 및 건강검진 결과, 「고용보험법」에 따른 고용정보, 「암관리법」에 따른 질병정보 및 사망원인 정보 등을 관련 기관에 요청할 수 있다. 이 경우 자료의 제출을 요청받은 기관은 특별한 사유가 없으면 이에 따라야 한다.

⑥ 역학조사의 방법·대상·절차, 그 밖에 필요한 사항은 고용노동부령으로 정한다.

제175조(과태료) ① 다음 각 호의 어느 하나에 해당하는 자에게는 5천만원 이하의 과태료를 부과한다.

1. 제119조제2항에 따라 기관석면조사를 하지 아니하고 건축물 또는 설비를 철거하거나 해체한 자
2. 제124조제3항을 위반하여 건축물 또는 설비를 철거하거나 해체한 자

② 다음 각 호의 어느 하나에 해당하는 자에게는 3천만원 이하의 과태료를 부과한다.

1. 제29조제3항(제166조의2에서 준용하는 경우를 포함한다) 또는 제79조제1항을 위반한 자
2. 제54조제2항(제166조의2에서 준용하는 경우를 포함한다)을 위반하여 중대재해 발생 사실을 보고하지 아니하거나 거짓으로 보고한 자

③ 다음 각 호의 어느 하나에 해당하는 자에게는 1천500만원 이하의 과태료를 부과한다.

1. 제47조제3항 전단을 위반하여 안전보건진단을 거부·방해하거나 기피한 자 또는 같은 항 후단을 위반하여 안전보건진단에 근로자대표를 참여시키지 아니한 자
2. 제57조제3항(제166조의2에서 준용하는 경우를 포함한다)에 따른 보고를 하지 아니하거나 거짓으로 보고한 자

2의2. 제64조제1항제6호를 위반하여 위생시설 등 고용노동부령으로 정하는 시설의 설치 등을 위하여 필요한 장소의 제공을 하지 아니하거나 도급인이 설치한 위생시설 이용에 협조하지 아니한 자

2의3. 제128조의2제1항을 위반하여 휴게시설을 갖추지 아니한 자(같은 조 제2항에 따른 대통령령으로 정하는 기준에 해당하는 사업장의 사업주로 한정한다)

3. <u>제141조제2항을 위반하여 정당한 사유 없이 역학조사를 거부·방해하거나 기피한 자</u>
4. <u>제141조제3항을 위반하여 역학조사 참석이 허용된 사람의 역학조사 참석을 거부하거나 방해한 자</u>

④ 다음 각 호의 어느 하나에 해당하는 자에게는 1천만원 이하의 과태료를 부과한다.

1. 제10조제3항 후단을 위반하여 관계수급인에 관한 자료를 제출하지 아니하거나 거짓으로 제출한 자

2. 제14조제1항을 위반하여 안전 및 보건에 관한 계획을 이사회에 보고하지 아니하거나 승인을 받지 아니한 자
3. 제41조제2항(제166조의2에서 준용하는 경우를 포함한다), 제42조제1항·제5항·제6항, 제44조제1항 전단, 제45조제2항, 제46조제1항, 제67조제1항·제2항, 제70조제1항, 제70조제2항 후단, 제71조제3항 후단, 제71조제4항, 제72조제1항·제3항·제5항(건설공사도급인만 해당한다), 제77조제1항, 제78조, 제85조제1항, 제93조제1항 전단, 제95조, 제99조제2항 또는 제107조제1항 각 호 외의 부분 본문을 위반한 자
4. 제47조제1항 또는 제49조제1항에 따른 명령을 위반한 자
5. 제82조제1항 전단을 위반하여 등록하지 아니하고 타워크레인을 설치·해체하는 자
6. 제125조제1항·2항에 따라 작업환경측정을 하지 아니한 자
6의2. 제128조의2제2항을 위반하여 휴게시설의 설치·관리기준을 준수하지 아니한 자
7. 제129조제1항 또는 제130조제1항부터 제3항까지의 규정에 따른 근로자 건강진단을 하지 아니한 자
8. 제155조제1항(제166조의2에서 준용하는 경우를 포함한다) 또는 제2항(제166조의2에서 준용하는 경우를 포함한다)에 따른 근로감독관의 검사·점검 또는 수거를 거부·방해 또는 기피한 자

⑤ 다음 각 호의 어느 하나에 해당하는 자에게는 500만원 이하의 과태료를 부과한다.
1. 제15조제1항, 제16조제1항, 제17조제1항·제3항, 제18조제1항·제3항, 제19조제1항 본문, 제22조제1항 본문, 제24조제1항·제4항, 제25조제1항, 제26조, 제29조제1항·제2항(제166조의2에서 준용하는 경우를 포함한다), 제31조제1항, 제32조제1항(제1호부터 제4호까지의 경우만 해당한다), 제37조제1항, 제44조제2항, 제49조제2항, 제50조제3항, 제62조제1항, 제66조, 제68조제1항, 제75조제6항, 제77조제2항, 제90조제1항, 제94조제2항, 제122조제2항, 제124조제1항(증명자료의 제출은 제외한다), 제125조제7항, 제132조제2항, 제137조제3항 또는 제145조제1항을 위반한 자
2. 제17조제4항, 제18조제4항 또는 제19조제3항에 따른 명령을 위반한 자
3. 제34조 또는 제114조제1항을 위반하여 이 법 및 이 법에 따른 명령의 요지, 안전보건관리규정 또는 물질안전보건자료를 게시하지 아니하거나 갖추어 두지 아니한 자
4. 제53조제2항(제166조의2에서 준용하는 경우를 포함한다)을 위반하여 고용노동부장관으로부터 명령받은 사항을 게시하지 아니한 자
4의2. 제108조제1항에 따른 유해성·위험성 조사보고서를 제출하지 아니하거나 제109조제1항에 따른 유해성·위험성 조사 결과 또는 유해성·위험성 평가에 필요한 자료를 제출하지 아니한 자
5. 제110조제1항부터 제3항까지의 규정을 위반하여 물질안전보건자료, 화학물질의 명칭·함유량 또는 변경된 물질안전보건자료를 제출하지 아니한 자
6. 제110조제2항제2호를 위반하여 국외제조자로부터 물질안전보건자료에 적힌 화학물질 외에는 제104조에 따른 분류기준에 해당하는 화학물질이 없음을 확인하는 내용의 서류를 거짓으로 제출한 자
7. 제111조제1항을 위반하여 물질안전보건자료를 제공하지 아니한 자
8. 제112조제1항 본문을 위반하여 승인을 받지 아니하고 화학물질의 명칭 및 함유량을 대체자료로 적은 자

9. 제112조제1항 또는 제5항에 따른 비공개 승인 또는 연장승인 신청 시 영업비밀과 관련되어 보호사유를 거짓으로 작성하여 신청한 자
10. 제112조제10항 각 호 외의 부분 후단을 위반하여 대체자료로 적힌 화학물질의 명칭 및 함유량 정보를 제공하지 아니한 자
11. 제113조제1항에 따라 선임된 자로서 같은 항 각 호의 업무를 거짓으로 수행한 자
12. 제113조제1항에 따라 선임된 자로서 같은 조 제2항에 따라 고용노동부장관에게 제출한 물질안전보건자료를 해당 물질안전보건자료대상물질을 수입하는 자에게 제공하지 아니한 자
13. 제125조제1항 및 제2항에 따른 작업환경측정 시 고용노동부령으로 정하는 작업환경측정의 방법을 준수하지 아니한 사업주(같은 조 제3항에 따라 작업환경측정기관에 위탁한 경우는 제외한다)
14. 제125조제4항 또는 제132조제1항을 위반하여 근로자대표가 요구하였는데도 근로자대표를 참석시키지 아니한 자
15. 제125조제6항을 위반하여 작업환경측정 결과를 해당 작업장 근로자에게 알리지 아니한 자
16. 제155조제3항(제166조의2에서 준용하는 경우를 포함한다)에 따른 명령을 위반하여 보고 또는 출석을 하지 아니하거나 거짓으로 보고한 자

⑥ 다음 각 호의 어느 하나에 해당하는 자에게는 300만원 이하의 과태료를 부과한다.
1. 제32조제1항(제5호의 경우만 해당한다)을 위반하여 소속 근로자로 하여금 같은 항 각 호 외의 부분 본문에 따른 안전보건교육을 이수하도록 하지 아니한 자
2. 제35조를 위반하여 근로자대표에게 통지하지 아니한 자
3. 제40조(제166조의2에서 준용하는 경우를 포함한다), 제108조제5항, 제123조제2항, 제132조제3항, 제133조 또는 제149조를 위반한 자
4. 제42조제2항을 위반하여 자격이 있는 자의 의견을 듣지 아니하고 유해위험방지계획서를 작성·제출한 자
5. 제43조제1항 또는 제46조제2항을 위반하여 확인을 받지 아니한 자
6. 제73조제1항을 위반하여 지도계약을 체결하지 아니한 자
6의2. 제73조제2항을 위반하여 지도를 실시하지 아니한 자 또는 지도에 따라 적절한 조치를 하지 아니한 자
7. 제84조제6항에 따른 자료 제출 명령을 따르지 아니한 자
8. 삭제
9. 제111조제2항 또는 제3항을 위반하여 물질안전보건자료의 변경 내용을 반영하여 제공하지 아니한 자
10. 제114조제3항(제166조의2에서 준용하는 경우를 포함한다)을 위반하여 해당 근로자를 교육하는 등 적절한 조치를 하지 아니한 자
11. 제115조제1항 또는 같은 조 제2항 본문을 위반하여 경고표시를 하지 아니한 자
12. 제119조제1항에 따라 일반석면조사를 하지 아니하고 건축물이나 설비를 철거하거나 해체한 자
13. 제122조제3항을 위반하여 고용노동부장관에게 신고하지 아니한 자
14. 제124조제1항에 따른 증명자료를 제출하지 아니한 자
15. 제125조제5항, 제132조제5항 또는 제134조제1항·제2항에 따른 보고, 제출 또는 통보를 하지 아니하거나 거짓으로 보고, 제출 또는 통보한 자
16. 제155조제1항(제166조의2에서 준용하는 경우를 포함한다)에 따른 질문에 대하여 답변을 거부·방해 또는 기피하거나 거짓으로 답변한 자

17. 제156조제1항(제166조의2에서 준용하는 경우를 포함한다)에 따른 검사·지도 등을 거부·방해 또는 기피한 자
18. 제164조제1항부터 제6항까지의 규정을 위반하여 서류를 보존하지 아니한 자
⑦ 제1항부터 제6항까지의 규정에 따른 과태료는 대통령령으로 정하는 바에 따라 고용노동부장관이 부과·징수한다.

정답: ③

25. 산업안전보건법령상 근로의 금지 및 제한에 관한 설명으로 옳은 것은?

① 사업주가 잠수 작업에 종사하는 근로자에게 1일 6시간, 1주 36시간 근로하게 하는 것은 허용된다.
② 사업주는 알코올중독의 질병이 있는 근로자를 고기압 업무에 종사하도록 해서는 안 된다.
③ 사업주가 조현병에 걸린 사람에 대해 근로를 금지하는 경우에는 미리 보건관리자(의사가 아닌 보건관리자 포함), 산업보건의 또는 건강검진을 실시한 의사의 의견을 들어야 한다.
④ 사업주는 마비성 치매에 걸릴 우려가 있는 사람에 대해 근로를 금지해야 한다.
⑤ 사업주는 전염될 우려가 있는 질병에 걸린 사람이 있는 경우 전염을 예방하기 위한 조치를 한 후에도 그 사람의 근로를 금지해야 한다.

해설

법 제138조(질병자의 근로 금지·제한) ① 사업주는 감염병, 정신질환 또는 근로로 인하여 병세가 크게 악화될 우려가 있는 질병으로서 고용노동부령으로 정하는 질병에 걸린 사람에게는 「의료법」 제2조에 따른 의사의 진단에 따라 근로를 금지하거나 제한하여야 한다.
② 사업주는 제1항에 따라 근로가 금지되거나 제한된 근로자가 건강을 회복하였을 때에는 지체 없이 근로를 할 수 있도록 하여야 한다.

법 제139조(유해·위험작업에 대한 근로시간 제한 등) ① 사업주는 유해하거나 위험한 작업으로서 **높은 기압**에서 하는 작업 등 대통령령으로 정하는 작업에 종사하는 근로자에게는 1일 6시간, 1주 34시간을 초과하여 근로하게 해서는 아니 된다.
② 사업주는 대통령령으로 정하는 **유해하거나 위험한 작업**에 종사하는 근로자에게 필요한 안전조치 및 보건조치 외에 작업과 휴식의 적정한 배분 및 근로시간과 관련된 근로조건의 개선을 통하여 근로자의 건강 보호를 위한 조치를 하여야 한다.

영 제99조(유해·위험작업에 대한 근로시간 제한 등) ① 법 제139조제1항에서 "높은 기압에서 하는 작업 등 대통령령으로 정하는 작업"이란 잠함(潛函) 또는 잠수 작업 등 높은 기압에서 하는 작업을 말한다.
② 제1항에 따른 작업에서 잠함·잠수 작업시간, 가압·감압방법 등 해당 근로자의 안전과 보건을 유지하기 위하여 필요한 사항은 고용노동부령으로 정한다.
③ 법 제139조제2항에서 "대통령령으로 정하는 유해하거나 위험한 작업"이란 다음 각 호의 어느 하나에 해당하는 작업을 말한다.

1. 갱(坑) 내에서 하는 작업
2. 다량의 고열물체를 취급하는 작업과 현저히 덥고 뜨거운 장소에서 하는 작업
3. 다량의 저온물체를 취급하는 작업과 현저히 춥고 차가운 장소에서 하는 작업
4. 라듐방사선이나 엑스선, 그 밖의 유해 방사선을 취급하는 작업
5. 유리·흙·돌·광물의 먼지가 심하게 날리는 장소에서 하는 작업
6. 강렬한 소음이 발생하는 장소에서 하는 작업
7. 착암기(바위에 구멍을 뚫는 기계) 등에 의하여 신체에 강렬한 진동을 주는 작업
8. 인력(人力)으로 중량물을 취급하는 작업
9. 납·수은·크롬·망간·카드뮴 등의 중금속 또는 이황화탄소·유기용제, 그 밖에 고용노동부령으로 정하는 특정 화학물질의 먼지·증기 또는 가스가 많이 발생하는 장소에서 하는 작업

시행규칙 제220조(질병자의 근로금지) ① 법 제138조제1항에 따라 사업주는 다음 각 호의 어느 하나에 해당하는 사람에 대해서는 근로를 금지해야 한다.
1. 전염될 우려가 있는 질병에 걸린 사람. 다만, 전염을 예방하기 위한 조치를 한 경우는 제외한다.
2. 조현병, 마비성 치매에 걸린 사람
3. 심장·신장·폐 등의 질환이 있는 사람으로서 근로에 의하여 병세가 악화될 우려가 있는 사람
4. 제1호부터 제3호까지의 규정에 준하는 질병으로서 고용노동부장관이 정하는 질병에 걸린 사람

② 사업주는 제1항에 따라 근로를 금지하거나 근로를 다시 시작하도록 하는 경우에는 미리 보건관리자(의사인 보건관리자만 해당한다), 산업보건의 또는 건강진단을 실시한 의사의 의견을 들어야 한다.

시행규칙 제221조(질병자 등의 근로 제한) ① 사업주는 법 제129조부터 제130조에 따른 건강진단 결과 유기화합물·금속류 등의 유해물질에 중독된 사람, 해당 유해물질에 중독될 우려가 있다고 의사가 인정하는 사람, 진폐의 소견이 있는 사람 또는 방사선에 피폭된 사람을 해당 유해물질 또는 방사선을 취급하거나 해당 유해물질의 분진·증기 또는 가스가 발산되는 업무 또는 해당 업무로 인하여 근로자의 건강을 악화시킬 우려가 있는 업무에 종사하도록 해서는 안 된다.

② 사업주는 다음 각 호의 어느 하나에 해당하는 질병이 있는 근로자를 **고기압 업무에 종사하도록 해서는 안 된다**.
1. 감압증이나 그 밖에 고기압에 의한 장해 또는 그 후유증
2. 결핵, 급성상기도감염, 진폐, 폐기종, 그 밖의 호흡기계의 질병
3. 빈혈증, 심장판막증, 관상동맥경화증, 고혈압증, 그 밖의 혈액 또는 순환기계의 질병
4. 정신신경증, 알코올중독, 신경통, 그 밖의 정신신경계의 질병
5. 메니에르씨병, 중이염, 그 밖의 이관(耳管)협착을 수반하는 귀 질환
6. 관절염, 류마티스, 그 밖의 운동기계의 질병
7. 천식, 비만증, 바세도우씨병, 그 밖에 알레르기성·내분비계·물질대사 또는 영양장해 등과 관련된 질병

정답: ②

제2과목 산업안전일반

26 리스크 관리의 용어 정의에 관한 지침에서 "가능성과 결과에 대한 범위를 구분하여 리스크 등급을 표시하고, 리스크 우선순위를 정하기 위한 도구"로 정의되는 용어는?

① 리스크 통합(Risk aggregation)
② 리스크 프로파일(Risk profile)
③ 리스크 수준 판정(Risk evaluation)
④ 리스크 기준(Risk criteria)
⑤ 리스크 매트릭스(Risk matrix)

해설

○ Kosha Guide X-1-2014 리스크 관리의 용어 정의에 관한 지침
- 리스크(Risk): 특정 목적에 영향을 주는 긍정 또는 부정적인 상황의 발생 기회에 대한 불확실성
- 리스크 통합(Risk aggregation): 전체 리스크 수준을 이해하기 위해 다수의 리스크를 하나의 리스크로 통합시키는 것
- 리스크 프로파일(Risk profile): 조직 또는 단체에서 관리 대상이 되는 리스크의 우선순위 및 그에 관한 설명
- 리스크 수준 판정(Risk evaluation): 리스크 또는 리스크 경감이 수용할만한 수준인지 결정하기 위하여 주어진 리스크 기준과 리스크 분석의 결과를 비교하는 과정. 리스크 수준 판정은 리스크 처리 결정을 위해 보조적으로 활용
- 리스크 기준(Risk criteria): 리스크의 유의성(Significance)을 판단하기 위한 기준 항목
- 리스크 매트릭스(Risk matrix): 가능성과 결과에 대한 범위를 구분하여 리스크 등급을 표시하고, 리스크 우선순위를 정하기 위한 도구

정답: ⑤

27. 안전교육의 단계별 과정 중 태도교육의 내용이 아닌 것은?

① 작업동작 및 표준작업방법의 습관화
② 공구·보호구 등의 관리 및 취급태도의 확립
③ 작업 전후 점검 및 검사요령의 정확화 및 습관화
④ 작업지시·전달 등의 언어·태도의 정확화 및 습관화
⑤ 작업에 필요한 안전규정 숙지

해설

○ 교육의 3단계
1단계: 지식교육(지식의 습득과 전달) - 강의 및 시청 교육을 통해 지식을 전달
2단계: 기능교육(경험과 적응) - 현장실습 교육 등을 통해 경험을 체득하는 단계
3단계: 태도교육(습관과 형성) - 안전행동을 습관화하는 단계

○ 안전교육 단계별 교육내용
1. 지식교육: 안전의식 향상, 안전의 책임감 주입, 기능·태도 교육에 필요한 기초지식 주입, 작업에 필요한 <u>안전규정의 숙지</u>, 공정 속에 잠재된 위험요소 이해
2. 기능교육: 전문적 기술 기능, 안전기술 기능, 방호장치 관리 기능 등
3. 태도교육: 표준작업방법의 <u>습관화</u>, 공구·보호구의 관리 및 취급태도의 확립, 작업 전후 점검 및 검사요령의 <u>정확화 및 습관화</u>, 안전작업의 지시·전달·확인 등 언어태도의 습관화 및 정확화

정답: ⑤

28. 학습지도원리에 해당하지 않는 것은?

① 자발성의 원리
② 개별화의 원리
③ 사회화의 원리
④ 도미노 이론의 원리
⑤ 직관의 원리

해설

○ 학습지도의 원리 → [암기법: 연사자개/통과목직]
1. 자기 활동의 원리(자발성의 원리): 학습자 스스로 능동적으로 학습 활동에 의욕을 가지고 참여하도록 하는 원리. 즉, 내적 동기가 유발된 학습을 시켜야 한다는 원리
2. 개별화의 원리: 학습지도를 할 때, 개인차를 감안하여 학습의 내용과 진도 등을 학습자의 능력, 수준, 개성 등에 맞추어서 진행해야 한다는 원리
3. 사회화의 원리: 학생이 하나의 독립된 인간으로서 그들이 소속한 각종 사회에 참여하여 원만한 사회관계를 맺어 가고, 개인적으로 만족하고, 사회적으로 유용한 일원이 되도록 학습을 지도해야 한다.
4. 통합의 원리: 학습을 통해 지적능력만 향상시키는 것이 아니라, 정의적, 기능적 분야로 확대하여 학습자를 전인적으로 성장하도록 하는 것에 중점을 둔다.
5. 직관의 원리(직접 경험의 원리): 언어 위주의 설명보다 구체적 사물을 제시하거나 학습자가 직접 경험해보는 교육을 통해 학습의 효과를 높일 수 있다는 원리
6. 목적의 원리: 학습자는 학습목표가 분명하게 인식되었을 때, 자발적이고 학습활동을 하게 된다는 원리
7. 과학성의 원리: 자연이나, 사회에 관한 기초적인 지식, 법칙 등을 적절하게 지도하여 학습자의 논리적 사고력을 충분히 발달시키는 것을 목표로 하는 원리
8. 자연성의 원리: 학습지도에서는 자유로운 분위기를 존중하고 학습자에게 어떤 압박감과 구속감을 주지 않도록 애써야 하는 원리

정답: ④

29

산업안전보건법령상 안전보건교육에서 다음 작업의 특별교육 교육내용이 아닌 것은? (단, 그 밖에 안전·보건관리에 필요한 사항은 고려하지 않는다.)

작업명: 동력에 의하여 작동되는 프레스기계를 5대 이상 보유한 사업장에서 해당 기계로 하는 작업

① 프레스의 특성과 위험성에 관한 사항
② 방호장치 종류와 취급에 관한 사항
③ 안전작업방법에 관한 사항
④ 국소배기장치 및 안전설비에 관한 사항
⑤ 프레스 안전기준에 관한 사항

해설

■ 산업안전보건법 시행규칙 [별표 5]

안전보건교육 교육대상별 교육내용(제26조제1항 등 관련)

라. 특별교육 대상 작업별 교육

작업명	교육내용
11. 동력에 의하여 작동되는 프레스기계를 5대 이상 보유한 사업장에서 해당 기계로 하는 작업	○ 프레스의 특성과 위험성에 관한 사항 ○ 방호장치 종류와 취급에 관한 사항 ○ 안전작업방법에 관한 사항 ○ 프레스 안전기준에 관한 사항 ○ 그 밖에 안전·보건관리에 필요한 사항
35. 허가 및 관리 대상 유해물질의 제조 또는 취급작업	○ 취급물질의 성질 및 상태에 관한 사항 ○ 유해물질이 인체에 미치는 영향 ○ 국소배기장치 및 안전설비에 관한 사항 ○ 안전작업방법 및 보호구 사용에 관한 사항 ○ 그 밖에 안전·보건관리에 필요한 사항
36. 로봇작업	○ 로봇의 기본원리·구조 및 작업방법에 관한 사항 ○ 이상 발생 시 응급조치에 관한 사항 ○ 안전시설 및 안전기준에 관한 사항 ○ 조작방법 및 작업순서에 관한 사항
37. 석면해체·제거작업	○ 석면의 특성과 위험성 ○ 석면해체·제거의 작업방법에 관한 사항 ○ 장비 및 보호구 사용에 관한 사항 ○ 그 밖에 안전·보건관리에 필요한 사항
38. 가연물이 있는 장소에서 하는 화재위험작업	○ 작업준비 및 작업절차에 관한 사항 ○ 작업장 내 위험물, 가연물의 사용·보관·설치 현황에 관한 사항 ○ 화재위험작업에 따른 인근 인화성 액체에 대한 방호조치에 관한 사항 ○ 화재위험작업으로 인한 불꽃, 불티 등의 흩날림 방지 조치에 관한 사항 ○ 인화성 액체의 증기가 남아 있지 않도록 환기 등의 조치에 관한 사항 ○ 화재감시자의 직무 및 피난교육 등 비상조치에 관한 사항 ○ 그 밖에 안전·보건관리에 필요한 사항
39. 타워크레인을 사용하는 작업 시 신호업무를 하는 작업	○ 타워크레인의 기계적 특성 및 방호장치 등에 관한 사항 ○ 화물의 취급 및 안전작업방법에 관한 사항

○ 신호방법 및 요령에 관한 사항
○ 인양 물건의 위험성 및 낙하·비래·충돌재해 예방에 관한 사항
○ 인양물이 적재될 지반의 조건, 인양하중, 풍압 등이 인양물과 타워크레인에 미치는 영향
○ 그 밖에 안전·보건관리에 필요한 사항

정답: ④

30

OJT(on the job training)에 비하여 Off JT(off the job training)의 장점으로 옳은 것을 모두 고른 것은?

ㄱ. 다수의 근로자에게 조직적 훈련이 가능하다.
ㄴ. 개개인에 적합한 지도훈련이 가능하다.
ㄷ. 훈련에만 전념할 수 있다.
ㄹ. 전문가를 강사로 초청할 수 있다.

① ㄱ, ㄴ
② ㄴ, ㄷ
③ ㄱ, ㄷ, ㄹ
④ ㄴ, ㄷ, ㄹ
⑤ ㄱ, ㄴ, ㄷ, ㄹ

해설

○ OJT(on the job training): 직장 내 교육훈련. 직무를 수행하는 과정에서 부서 내 직속 상사나 선임에게 직접적으로 직무교육을 받는 방식.
○ Off JT(off the job training): 직장 외 교육훈련(외부 강사, 연수원, 전문교육기관 등)

구분	장점	단점
OJT	• 훈련이 실제적이고 구체적이다. (전문성, 업무능력 향상) • 실시가 Off JT보다 용이하다. • 훈련으로 학습 및 기술진보를 알 수 있어 구성원의 동기를 유발할 수 있다. • 상사나 동료간의 이해와 협조정신을 강화, 촉진시킨다. • 저비용으로 할 수 있다.	• 우수한 상사가 반드시 우수한 교사는 아니다. • 일과 훈련 모두를 소홀히 할 가능성이 있다. • 다수의 종업원을 한꺼번에 훈련할 수 없다. • 통일된 내용·정도의 훈련을 할 수 없다.(객관적이고 표준화 된 교육이 어려움)

	• 훈련을 하면서 일을 할 수 있다. • 종업원의 습득도와 능력에 따라 훈련을 할 수 있다.	• 전문적인 고도의 지식과 기능을 가르칠 수 없다. • 원재료의 낭비를 초래할 수 있다.
Off JT	• 현장작업과는 관계없이 예정된 계획에 따라 실시할 수 있다. • 다수의 종업원을 동시에 교육시킬 수 있다. • 전문적인 지도자가 실시하므로 교육의 질이 높고 체계적이다. • 수강자는 업무부담에서 벗어나 훈련에만 전념하므로 훈련효과가 높다.	• 교육훈련결과를 바로 현장직무에 활용하기가 어렵다. • 교육훈련기간동안 자신의 업무를 하지 않음으로써 기회비용이 발생한다.(교육을 위한 업무 중단, 인력 부족 현상 등) • 실시하는데 많은 교육 비용이 든다. • 일방적 커뮤니케이션이 주로 이루어진다.

정답: ③

31 사업장 위험성평가에 관한 지침에서 사업주는 위험성평가를 효과적으로 실시하기 위하여 위험성평가 실시규정을 작성하고 관리하여야 한다. 이 때, 실시규정에 포함되어야 할 사항이 아닌 것은?

① 평가의 목적 및 방법
② 인정심사위원회의 구성·운영
③ 평가담당자 및 책임자의 역할
④ 평가시기 및 절차
⑤ 주지방법 및 유의사항

해설

○ 사업장 위험성평가에 관한 지침
제9조(사전준비) ① 사업주는 위험성평가를 효과적으로 실시하기 위하여 최초 위험성평가시 다음 각 호의 사항이 포함된 위험성평가 실시규정을 작성하고, 지속적으로 관리하여야 한다.
  1. 평가의 목적 및 방법
  2. 평가담당자 및 책임자의 역할
  3. 평가시기 및 절차
  4. 주지방법 및 유의사항
  5. 결과의 기록·보존
② 위험성평가는 과거에 산업재해가 발생한 작업, 위험한 일이 발생한 작업 등 근로자의 근로에 관계되는 유해·위험요인에 의한 부상 또는 질병의 발생이 합리적으로 예견 가능한 것은 모두 위험성평가의 대상으로 한다. 다만, 매우 경미한 부상 또는 질병만을 초래할 것으로 명백히 예상되는 것에 대해서는 대상에서 제외할 수 있다.

③ 사업주는 다음 각 호의 사업장 안전보건정보를 사전에 조사하여 위험성평가에 활용하여야 한다.
   1. 작업표준, 작업절차 등에 관한 정보
   2. 기계·기구, 설비 등의 사양서, 물질안전보건자료(MSDS) 등의 유해·위험요인에 관한 정보
   3. 기계·기구, 설비 등의 공정 흐름과 작업 주변의 환경에 관한 정보
   4. 법 제63조에 따른 작업을 하는 경우로서 같은 장소에서 사업의 일부 또는 전부를 도급을 주어 행하는 작업이 있는 경우 혼재 작업의 위험성 및 작업 상황 등에 관한 정보
   5. 재해사례, 재해통계 등에 관한 정보
   6. 작업환경측정결과, 근로자 건강진단결과에 관한 정보
   7. 그 밖에 위험성평가에 참고가 되는 자료 등

제3장 위험성평가 인정

제16조(인정의 신청) ① 장관은 소규모 사업장의 위험성평가를 활성화하기 위하여 위험성평가 우수사업장에 대해 인정해 주는 제도를 운영할 수 있다. 이 경우 인정을 신청할 수 있는 사업장은 다음 각 호와 같다.
   1. 상시 근로자 수 100명 미만 사업장(건설공사를 제외한다). 이 경우 법 제63조에 따른 작업의 일부 또는 전부를 도급에 의하여 행하는 사업의 경우는 도급사업주의 사업장(이하 "도급사업장"이라 한다)과 수급사업주의 사업장(이하 "수급사업장"이라 한다) 각각의 근로자수를 이 규정에 의한 상시 근로자 수로 본다.
   2. 총 공사금액 120억원(토목공사는 150억원) 미만의 건설공사
② 제2장에 따른 위험성평가를 실시한 사업장으로서 해당 사업장을 제1항의 위험성평가 우수사업장으로 인정을 받고자 하는 사업주는 별지 제1호서식의 위험성평가 인정신청서를 해당 사업장을 관할하는 공단 광역본부장·지역본부장·지사장에게 제출하여야 한다.
③ 제2항에 따른 인정신청은 위험성평가 인정을 받고자 하는 단위 사업장(또는 건설공사)으로 한다. 다만, 다음 각 호의 어느 하나에 해당하는 사업장은 인정신청을 할 수 없다.
   1. 제22조에 따라 인정이 취소된 날부터 1년이 경과하지 아니한 사업장
   2. 최근 1년 이내에 제22조제1항 각 호(제1호 및 제5호를 제외한다)의 어느 하나에 해당하는 사유가 있는 사업장
④ 법 제63조에 따른 작업의 일부 또는 전부를 도급에 의하여 행하는 사업장의 경우에는 도급사업장의 사업주가 수급사업장을 일괄하여 인정을 신청하여야 한다. 이 경우 인정신청에 포함하는 해당 수급사업장 명단을 신청서에 기재(건설공사를 제외한다)하여야 한다.
⑤ 제4항에도 불구하고 수급사업장이 제19조에 따른 인정을 별도로 받았거나, 법 제17조에 따른 안전관리자 또는 같은 법 제18조에 따른 보건관리자 선임대상인 경우에는 제4항에 따른 인정신청에서 해당 수급사업장을 제외할 수 있다.

제17조(인정심사) ① 공단은 위험성평가 인정신청서를 제출한 사업장에 대하여는 다음에서 정하는 항목을 심사(이하 "인정심사"라 한다)하여야 한다.
   1. 사업주의 관심도
   2. 위험성평가 실행수준
   3. 구성원의 참여 및 이해 수준
   4. 재해발생 수준

② 공단 광역본부장·지역본부장·지사장은 소속 직원으로 하여금 사업장을 방문하여 제1항의 인정심사(이하 "현장심사"라 한다)를 하도록 하여야 한다. 이 경우 현장심사는 현장심사 전일을 기준으로 최초인정은 최근 1년, 최초인정 후 다시 인정(이하 "재인정"이라 한다)하는 것은 최근 3년 이내에 실시한 위험성평가를 대상으로 한다. 다만, 인정사업장 사후심사를 위하여 제21조제3항에 따른 현장심사를 실시한 것은 제외할 수 있다.

③ 제2항에 따른 현장심사 결과는 제18조에 따른 인정심사위원회에 보고하여야 하며, 인정심사위원회는 현장심사 결과 등으로 인정심사를 하여야 한다.

④ 제16조제4항에 따른 도급사업장의 인정심사는 도급사업장과 인정을 신청한 수급사업장(건설공사의 수급사업장은 제외한다)에 대하여 각각 실시하여야 한다. 이 경우 도급사업장의 인정심사는 사업장 내의 모든 수급사업장을 포함한 사업장 전체를 종합적으로 실시하여야 한다.

⑤ 인정심사의 세부항목 및 배점 등 인정심사에 관하여 필요한 사항은 공단 이사장이 정한다. 이 경우 사업장의 업종별, 규모별 특성 등을 고려하여 심사기준을 달리 정할 수 있다.

제18조(인정심사위원회의 구성·운영) ① 공단은 위험성평가 인정과 관련한 다음 각 호의 사항을 심의·의결하기 위하여 각 광역본부·지역본부·지사에 위험성평가 인정심사위원회를 두어야 한다.
  1. 인정 여부의 결정
  2. 인정취소 여부의 결정
  3. 인정과 관련한 이의신청에 대한 심사 및 결정
  4. 심사항목 및 심사기준의 개정 건의
  5. 그 밖에 인정 업무와 관련하여 위원장이 회의에 부치는 사항

② 인정심사위원회는 공단 광역본부장·지역본부장·지사장을 위원장으로 하고, 관할 지방고용노동관서 산재예방지도과장(산재예방지도과가 설치되지 않은 관서는 근로개선지도과장)을 당연직 위원으로 하여 10명 이내의 내·외부 위원으로 구성하여야 한다.

③ 그 밖에 인정심사위원회의 구성 및 운영에 관하여 필요한 사항은 공단 이사장이 정한다.

제19조(위험성평가의 인정) ① 공단은 인정신청 사업장에 대한 현장심사를 완료한 날부터 1개월 이내에 인정심사위원회의 심의·의결을 거쳐 인정 여부를 결정하여야 한다. 이 경우 다음의 기준을 충족하는 경우에만 인정을 결정하여야 한다.
  1. 제2장에서 정한 방법, 절차 등에 따라 위험성평가 업무를 수행한 사업장
  2. 현장심사 결과 제17조제1항 각 호의 평가점수가 100점 만점에 50점을 미달하는 항목이 없고 종합점수가 100점 만점에 70점 이상인 사업장

② 인정심사위원회는 제1항의 인정 기준을 충족하는 사업장의 경우에도 인정심사위원회를 개최하는 날을 기준으로 최근 1년 이내에 제22조제1항 각 호에 해당하는 사유가 있는 사업장에 대하여는 인정하지 아니 한다.

③ 공단은 제1항에 따라 인정을 결정한 사업장에 대해서는 별지 제2호서식의 인정서를 발급하여야 한다. 이 경우 제17조제4항에 따른 인정심사를 한 경우에는 인정심사 기준을 만족하는 도급사업장과 수급사업장에 대해 각각 인정서를 발급하여야 한다.

④ 위험성평가 인정 사업장의 유효기간은 제1항에 따른 인정이 결정된 날부터 3년으로 한다. 다만, 제22조에 따라 인정이 취소된 경우에는 인정취소 사유 발생일 전날까지로 한다.

⑤ 위험성평가 인정을 받은 사업장 중 사업이 법인격을 갖추어 사업장관리번호가 변경되었으나 다음 각 호의 사항을 증명하는 서류를 공단에 제출하여 동일 사업장임을 인정받을 경우 변경 후 사업장을 위험성평가 인정 사업장으로 한다. 이 경우 인정기간의 만료일은 변경 전 사업장의 인정기간 만료일로 한다.

1. 변경 전·후 사업장의 소재지가 동일할 것
2. 변경 전 사업의 사업주가 변경 후 사업의 대표이사가 되었을 것
3. 변경 전 사업과 변경 후 사업간 시설·인력·자금 등에 대한 권리·의무의 전부를 포괄적으로 양도·양수하였을 것

제20조(재인정) ① 사업주는 제19조제4항 본문에 따른 인정 유효기간이 만료되어 재인정을 받으려는 경우에는 제16조제2항에 따른 인정신청서를 제출하여야 한다. 이 경우 인정신청서 제출은 유효기간 만료일 3개월 전부터 할 수 있다.
② 제1항에 따른 재인정을 신청한 사업장에 대한 심사 등은 제16조부터 제19조까지의 규정에 따라 처리한다.
③ 재인정 심사의 범위는 직전 인정 또는 사후심사와 관련한 현장심사 다음 날부터 재인정신청에 따른 현장심사 전일까지 실시한 정기평가 및 수시평가를 그 대상으로 한다.
④ 재인정 사업장의 인정 유효기간은 제19조제4항에 따른다. 이 경우, 재인정 사업장의 인정 유효기간은 이전 위험성평가 인정 유효기간의 만료일 다음날부터 새로 계산한다.

제21조(인정사업장 사후심사) ① 공단은 제19조제3항 및 제20조에 따라 인정을 받은 사업장이 위험성평가를 효과적으로 유지하고 있는지 확인하기 위하여 매년 인정사업장의 20퍼센트 범위에서 사후심사를 할 수 있다.
② 제1항에 따른 사후심사는 다음 각 호의 어느 하나에 해당하는 사업장으로 인정심사위원회에서 사후심사가 필요하다고 결정한 사업장을 대상으로 한다. 이 경우 제1호에 해당하는 사업장은 특별한 사정이 없는 한 대상에 포함하여야 한다.
1. 공사가 진행 중인 건설공사. 다만, 사후심사일 현재 잔여공사기간이 3개월 미만인 건설공사는 제외할 수 있다.
2. 제19조제1항제2호 및 제20조제2항에 따른 종합점수가 100점 만점에 80점 미만인 사업장으로 사후심사가 필요하다고 판단되는 사업장
3. 그 밖에 무작위 추출 방식에 의하여 선정한 사업장(건설공사를 제외한 연간 사후심사 사업장의 50퍼센트 이상을 선정한다)
③ 사후심사는 직전 현장심사를 받은 이후에 사업장에서 실시한 위험성평가에 대해 현장심사를 하는 것으로 하며, 해당 사업장이 제19조에 따른 인정 기준을 유지하는지 여부를 심사하여야 한다.

제22조(인정의 취소) ① 위험성평가 인정사업장에서 인정 유효기간 중에 다음 각 호의 어느 하나에 해당하는 사업장은 인정을 취소하여야 한다.
1. 거짓 또는 부정한 방법으로 인정을 받은 사업장
2. 직·간접적인 법령 위반에 기인하여 다음의 중대재해가 발생한 사업장(규칙 제2조)
   가. 사망재해
   나. 3개월 이상 요양을 요하는 부상자가 동시에 2명 이상 발생
   다. 부상자 또는 직업성질병자가 동시에 10명 이상 발생
3. 근로자의 부상(3일 이상의 휴업)을 동반한 중대산업사고 발생사업장
4. 법 제10조에 따른 산업재해 발생건수, 재해율 또는 그 순위 등이 공표된 사업장(영 제10조제1항제1호 및 제5호에 한정한다)
5. 제21조에 따른 사후심사 결과, 제19조에 의한 인정기준을 충족하지 못한 사업장
6. 사업주가 자진하여 인정 취소를 요청한 사업장
7. 그 밖에 인정취소가 필요하다고 공단 광역본부장·지역본부장 또는 지사장이 인정한 사업장

② 공단은 제1항에 해당하는 사업장에 대해서는 인정심사위원회에 상정하여 인정취소 여부를 결정하여야 한다. 이 경우 해당 사업장에는 소명의 기회를 부여하여야 한다.
③ 제2항에 따라 인정취소 사유가 발생한 날을 인정취소일로 본다.

제23조(위험성평가 지원사업) ① 장관은 사업장의 위험성평가를 지원하기 위하여 공단 이사장으로 하여금 다음 각 호의 위험성평가 사업을 추진하게 할 수 있다.
1. 추진기법 및 모델, 기술자료 등의 개발·보급
2. 우수 사업장 발굴 및 홍보
3. 사업장 관계자에 대한 교육
4. 사업장 컨설팅
5. 전문가 양성
6. 지원시스템 구축·운영
7. 인정제도의 운영
8. 그 밖에 위험성평가 추진에 관한 사항

② 공단 이사장은 제1항에 따른 사업을 추진하는 경우 고용노동부와 협의하여 추진하고 추진결과 및 성과를 분석하여 매년 1회 이상 장관에게 보고하여야 한다.

제24조(위험성평가 교육지원) ① 공단은 제21조제1항에 따라 사업장의 위험성평가를 지원하기 위하여 다음 각 호의 교육과정을 개설하여 운영할 수 있다.
1. 사업주 교육
2. 평가담당자 교육
3. 전문가 양성 교육

② 공단은 제1항에 따른 교육과정을 광역본부·지역본부·지사 또는 산업안전보건교육원(이하 "교육원"이라 한다)에 개설하여 운영하여야 한다.
③ 제1항제2호 및 제3호에 따른 평가담당자 교육을 수료한 근로자에 대해서는 해당 시기에 사업주가 실시해야 하는 관리감독자 교육을 수료한 시간만큼 실시한 것으로 본다.

제25조(위험성평가 컨설팅지원) ① 공단은 근로자 수 50명 미만 소규모 사업장(건설업의 경우 전년도에 공시한 시공능력 평가액 순위가 200위 초과인 종합건설업체 본사 또는 총 공사금액 120억원(토목공사는 150억원)미만인 건설공사를 말한다)의 사업주로부터 제5조제3항에 따른 컨설팅지원을 요청 받은 경우에 위험성평가 실시에 대한 컨설팅지원을 할 수 있다.
② 제1항에 따른 공단의 컨설팅지원을 받으려는 사업주는 사업장 관할의 공단 광역본부장·지역본부장·지사장에게 지원 신청을 하여야 한다.
③ 제2항에도 불구하고 공단 광역본부장·지역본부·지사장은 재해예방을 위하여 필요하다고 판단되는 사업장을 직접 선정하여 컨설팅을 지원할 수 있다.

정답: ②

32 산업안전보건법령상 고용노동부장관이 사업주에게 안전보건진단을 받아 안전보건개선계획을 수립하여 시행할 것을 명할 수 있는 사업장으로 옳지 않은 것은?

① 산업재해율이 같은 업종 평균 산업재해율의 1.5배인 사업장
② 사업주가 필요한 안전조치를 이행하지 아니하여 중대재해가 발생한 사업장
③ 직업성 질병자가 연간 2명 발생한 상시근로자 900명인 사업장
④ 직업성 질병자가 연간 3명 발생한 상시근로자 1,500명인 사업장
⑤ 작업환경 불량, 화재·폭발 또는 누출 사고 등으로 사업장 주변까지 피해가 확산된 사업장으로서 고용노동부령으로 정하는 사업장

> **해설**

법 제47조(안전보건진단) ① 고용노동부장관은 추락·붕괴, 화재·폭발, 유해하거나 위험한 물질의 누출 등 산업재해 발생의 위험이 현저히 높은 사업장의 사업주에게 제48조에 따라 지정받은 기관(이하 "안전보건진단기관"이라 한다)이 실시하는 안전보건진단을 받을 것을 명할 수 있다.
② 사업주는 제1항에 따라 안전보건진단 명령을 받은 경우 고용노동부령으로 정하는 바에 따라 안전보건진단기관에 안전보건진단을 의뢰하여야 한다.
③ 사업주는 안전보건진단기관이 제2항에 따라 실시하는 안전보건진단에 적극 협조하여야 하며, 정당한 사유 없이 이를 거부하거나 방해 또는 기피해서는 아니 된다. 이 경우 근로자대표가 요구할 때에는 해당 안전보건진단에 근로자대표를 참여시켜야 한다.
④ 안전보건진단기관은 제2항에 따라 안전보건진단을 실시한 경우에는 안전보건진단 결과보고서를 고용노동부령으로 정하는 바에 따라 해당 사업장의 사업주 및 고용노동부장관에게 제출하여야 한다.
⑤ 안전보건진단의 종류 및 내용, 안전보건진단 결과보고서에 포함될 사항, 그 밖에 필요한 사항은 대통령령으로 정한다.

법 제49조(안전보건개선계획의 수립·시행 명령) ① 고용노동부장관은 다음 각 호의 어느 하나에 해당하는 사업장으로서 산업재해 예방을 위하여 종합적인 개선조치를 할 필요가 있다고 인정되는 사업장의 사업주에게 고용노동부령으로 정하는 바에 따라 그 사업장, 시설, 그 밖의 사항에 관한 안전 및 보건에 관한 개선계획(이하 "안전보건개선계획"이라 한다)을 수립하여 시행할 것을 명할 수 있다. 이 경우 대통령령으로 정하는 사업장의 사업주에게는 제47조에 따라 안전보건진단을 받아 안전보건개선계획을 수립하여 시행할 것을 명할 수 있다.
 1. 산업재해율이 같은 업종의 규모별 평균 산업재해율보다 높은 사업장
 2. 사업주가 필요한 안전조치 또는 보건조치를 이행하지 아니하여 중대재해가 발생한 사업장
 3. 대통령령으로 정하는 수 이상의 직업성 질병자가 발생한 사업장
 4. 제106조에 따른 유해인자의 노출기준을 초과한 사업장
② 사업주는 안전보건개선계획을 수립할 때에는 산업안전보건위원회의 심의를 거쳐야 한다. 다만, 산업안전보건위원회가 설치되어 있지 아니한 사업장의 경우에는 근로자대표의 의견을 들어야 한다.

영 제49조(안전보건진단을 받아 안전보건개선계획을 수립할 대상) 법 제49조제1항 각 호 외의 부분 후단에서 "대통령령으로 정하는 사업장"이란 다음 각 호의 사업장을 말한다.
 1. 산업재해율이 같은 업종 평균 산업재해율의 2배 이상인 사업장

2. 법 제49조 제1항 제2호에 해당하는 사업장
3. 직업성 질병자가 연간 2명 이상(상시근로자 1천명 이상 사업장의 경우 3명 이상) 발생한 사업장
4. 그 밖에 작업환경 불량, 화재·폭발 또는 누출 사고 등으로 사업장 주변까지 피해가 확산된 사업장으로서 고용노동부령으로 정하는 사업장

영 제50조(안전보건개선계획 수립 대상) 법 제49조제1항 제3호에서 "대통령령으로 정하는 수 이상의 직업성 질병자가 발생한 사업장"이란 직업성 질병자가 연간 2명 이상 발생한 사업장을 말한다.

정답: ①

33 작업장의 도구, 부품, 조종장치 배치에서 작업의 효율성 향상을 위해 적용하는 원리가 아닌 것은?

① 일관성 원리
② 중요도 원리
③ 독창성 원리
④ 사용 순서의 원리
⑤ 사용 빈도의 원리

해설

○ 작업공간의 배치에 있어 구성요소(부품) 배치의 4원칙
  1. 중요성의 원칙
  2. 사용 빈도의 원칙
  3. 기능별 배치(기능성)의 원칙 → 기능적으로 유사한 것은 모아서(집중) 배치.
  4. 사용(작업) 순서의 원칙
  → [암기법: 중사기사 빈도와 순서]

[읽기자료: 요소 배열(component array)]
작업자나 업무의 특성상 최적의 상태로 요소(parts, 제어장치, 장비, 도구, 부품)를 배열함은 작업의 효율성과 작업관련 근골격계 신체부담을 최소화하고, 라인 밸런싱(line balancing) 등의 주요한 변수이다.
  1. 사용빈도의 원리: 사용빈도가 많은 요소들은 가장 사용하기 편리한 곳에 배치되어야 한다.
  2. 중요도 원리: 시스템의 목적을 달성하는데 상대적으로 더 중요한 요소들은 사용하기 편리한 지점에 위치해야 한다. 공정 중요도의 수준에 따라 모니터와 제어장치들의 배치·위치가 적절해야 한다.
  3. 사용 순서의 원리: 공급되는 부품상자의 위치와 조립공정의 순서에 적절하게 배치되어야 한다.
  4. 일관성 원리: 동일한 요소들은 기억이나 탐색 요구를 최소화하기 위해서 같은 지점에 위치해야 한다.

5. 동일 위치를 통한 control-display 부합성 원리: control-display의 구분이 명확하고, 조작의 편리성과 실수를 최소화하는 시스템 일체의 형태로 배치되어야 한다.
6. 혼잡성-회피 원리: 제어장치들의 배열에서도 혼잡성의 회피는 중요한 문제이다. 실수에 의해 제어장치들을 잘못 작동시키지 않기 위해서 배치간격, 표식, 조작기능 등의 세밀한 검토가 요구된다.
7. 기능적 집단화 원리: 기능이 밀접하게 관련된 요소들은 상호 가까운 곳에 위치해야 한다.

정답: ③

34 인간-기계 시스템에서 표시장치(display)와 조종장치(control)의 설계에 관한 내용으로 옳지 않은 것은?

① 작업자의 즉각적 행동이 필요한 경우에 청각적 표시장치가 시각적 표시장치보다 유리하다.
② 330m 이상 정도의 장거리에 신호를 전달하고자 할 때는 청각 신호의 주파수를 1,000Hz 이하로 하는 것이 좋다.
③ 광삼현상으로 인해 음각(검은 바탕의 흰 글씨)의 글자 획폭(stroke width)은 양각(흰 바탕의 검은 글씨)보다 작은 값이 권장된다.
④ 조종-반응비(C/R비)가 작을수록 조종장치와 표시장치의 민감도가 낮아져 미세조종에 유리하다.
⑤ 공간적 양립성은 표시장치와 조종장치의 배치와 관련된다.

해설

○ 조종-반응비율(C/R비)
1. C/R: 조종장치(제어기기)의 이동거리 ÷ 표시장치(표시기기)의 반응거리
2. <u>C/R비가 작을수록 이동시간(수행시간)은 짧고</u>, 조종시간은 길고, 조종은 어려워서 <u>민감한 조정 장치</u>이다.
2. C/R비가 클수록 이동시간(수행시간)은 길고, 조종시간은 짧으며, 조종은 쉬운 둔감한 조정 장치이다.
- 낮은 C/R비: 높은 Gain, 이동시간 최소화, 원하는 위치에 갖다 놓기가 힘들다.
- 높은 C/R비: 낮은 Gain, 미세조정시간을 최소화, 정확하게 맞출 수 있다.
- Gain: 이익, 민감도, 반응의 크기로 C/R의 역수를 말한다.

○ 양립성
자극들 간의, 반응들 간의, 혹은 자극-반응 조합에 대하여 공간, 운동, 개념 혹은 양태(modality) 관계가 인간의 기대와 모순되지 않는 것
양립성의 정도가 높을수록 학습이 더 빨리 진행되고, 반응시간이 더 짧아지며, 오류가 줄어들고, 정신적 부하가 감소된다. 그리고 양립성의 생성은 본질적(본능적)으로 습득되거나, 문화적으로 습득된다.

1. 공간적 양립성: 표시장치나 조종장치에서 물리적 형태 및 공간적 배치
2. 운동 양립성: 표시장치의 움직이는 방향과 조종장치의 방향이 사용자의 기대와 일치
3. 개념적 양립성: 이미 사람들이 학습을 통해 알고 있는 개념적 연상(청색 시동버튼, 적색 정지버튼)
4. 양식 양립성: 직무에 알맞은 자극과 응답의 양식 존재에 대한 양립성. 예를 들어, 소리로 제시된 정보는 말로 반응하게 하고, 시각 정보는 손으로 반응하는 것이다.

○ **표시장치의 선택(청각장치와 시각 장치의 비교)**

청각장치	시각장치
• 전언이 간단하거나 짧다 • 전언이 후에 재참조 되지 않는다 • 전언이 시간적 사상을 다룬다 • 전언이 즉각적인 행동을 요구한다 (긴급할 때) • 수신장소가 너무 밝거나 암조응 유지가 필요시(밝은 곳에서 어두운 곳으로 갈 때 망막에 시홍이 형성되는 생리적 과정인 암조응(Dark adaptation)이 발생) • 직무상 수신자가 자주 움직일 때 • 수신자가 시각계통이 과부하 상태일 때	• 전언이 복잡하거나 길다 • 전언이 후에 재참조된다 • 전언이 공간적인 위치를 다룬다 • 전언이 즉각적인 행동을 요구하지 않는다 • 수신장소가 너무 시끄러울 때 • 직무상 수신자가 한곳에 머물 때 • 수신자의 청각 계통이 과부하 상태일 때

정답: ④

35

인간-컴퓨터 상호작용에서 닐슨(J. Nielsen)이 정의한 사용성의 세부 속성에 해당하지 않는 것은?

① 적합성(conformity)
② 학습 용이성(learnability)
③ 기억 용이성(memorability)
④ 주관적 만족도(subjective satisfaction)
⑤ 오류의 빈도와 정도(error frequency and severity)

해설

사용성(Usability)이란 사용자가 어떤 도구를 특정 목적을 달성하기 위해 사용할 때에 어느 정도 '사용하기 쉬운가(easy to use)'를 의미한다.

○ 제이콥 닐슨(Jakob Nielsen)의 사용성 평가 기준

사용성 요인	정의 및 측정방법
학습 용이성(Learnability)	이용자가 웹사이트를 이용하여 작업을 수행하기 위해 시스템을 얼마나 쉽게 배울 수 있는가에 대한 정도를 의미하며, 처음 이용자가 작업을 수행하는데 걸리는 시간으로 측정함
사용 능률성(Efficiency)	숙련된 이용자가 보다 높은 수준의 작업을 수행할 수 있도록 웹사이트를 효율적으로 디자인하는 것을 의미하며, 숙련된 이용자가 전문적인 기술이 필요한 작업을 수행하는데 걸리는 시간으로 측정함
기억 용이성(Memorability)	웹사이트를 가끔 활용하는 이용자가 전체 기능을 다시 익히지 않더라도 기억하기 쉬워야 함을 의미하며, 이는 웹사이트에 오랜만에 방문한 이용자가 표준이 되는 작업을 수행하는데 걸리는 시간으로 측정함
적은 오류(Errors)	웹사이트를 사용하는 동안 오류가 적어야 하고 이용자가 실수를 할 경우에도 쉽게 회복할 수 있어야 함을 의미하며, 이는 어떤 특별한 작업을 수행하는 동안 이용자에 의해 발생한 크고 작은 오류의 횟수로 측정함
만족도(Satisfaction)	웹사이트를 이용하면서 만족할 수 있도록 사용하는데 즐거움을 줄 수 있어야 함을 의미하며 이는 작업 수행 이후에 이용자의 주관적인 의견을 물어 측정함

정답: ①

36 사업장 위험성 평가에 관한 지침에서 위험성평가의 실시에 관한 내용으로 옳지 않은 것은?

① 위험성평가는 최초평가 및 수시평가, 정기평가로 구분하여 실시하여야 한다.
② 최초평가 및 정기평가는 전체작업을 대상으로 한다.
③ 중대산업사고 또는 산업재해(휴업 이상의 요양을 요하는 경우에 한정한다) 발생 시에는 재해발생 작업을 대상으로 작업을 재개하기 전에 수시평가를 실시하여야 한다.
④ 사업장 건설물의 설치·이전·변경 또는 해체 계획이 있는 경우에는 해당 계획의 실행을 착수하기 전에 수시평가를 실시하여야 한다.
⑤ 정기평가는 최초평가 후 2년에 1회 실시하여야 한다.

해설

○ **사업장 위험성 평가에 관한 지침**

제15조(위험성평가의 실시 시기) ① 위험성평가는 최초평가 및 수시평가, 정기평가로 구분하여 실시하여야 한다. 이 경우 최초평가 및 정기평가는 전체 작업을 대상으로 한다.

② 수시평가는 다음 각 호의 어느 하나에 해당하는 계획이 있는 경우에는 해당 계획의 실행을 착수하기 전에 실시하여야 한다. <u>다만, 제5호에 해당하는 경우에는 재해발생 작업을 대상으로 작업을 재개하기 전에 실시하여야 한다.</u>

1. 사업장 건설물의 설치·이전·변경 또는 해체
2. 기계·기구, 설비, 원재료 등의 신규 도입 또는 변경
3. 건설물, 기계·기구, 설비 등의 정비 또는 보수(주기적·반복적 작업으로서 정기평가를 실시한 경우에는 제외)
4. 작업방법 또는 작업절차의 신규 도입 또는 변경
5. 중대산업사고 또는 산업재해(휴업 이상의 요양을 요하는 경우에 한정한다) 발생
6. 그 밖에 사업주가 필요하다고 판단한 경우

③ <u>정기평가는 최초평가 후 매년 정기적으로 실시한다.</u> 이 경우 다음의 사항을 고려하여야 한다.

1. 기계·기구, 설비 등의 기간 경과에 의한 성능 저하
2. 근로자의 교체 등에 수반하는 안전·보건과 관련되는 지식또는 경험의 변화
3. 안전·보건과 관련되는 새로운 지식의 습득
4. 현재 수립되어 있는 위험성 감소대책의 유효성 등

정답: ⑤

37. 재해 조사 과정에서 수행해야 할 절차 내용을 순서대로 옳게 나열한 것은?

ㄱ. 근본적 문제점 결정
ㄴ. 4M 모델에 따른 기본 원인 파악
ㄷ. 5W1H 원칙에 따른 사실 확인
ㄹ. 불안전 상태와 불안전 행동에 해당하는 직접 원인 파악

① ㄱ → ㄴ → ㄷ → ㄹ
② ㄴ → ㄱ → ㄷ → ㄹ
③ ㄷ → ㄴ → ㄹ → ㄱ
④ ㄷ → ㄹ → ㄴ → ㄱ
⑤ ㄹ → ㄷ → ㄱ → ㄴ

해설

○ 재해조사
1. 작업개시부터 사고발생까지의 경과 및 인적·물적 피해상황을 <u>5W1H의 원칙</u>에 준해 객관적으로 상세하게 파악, 아래사항은 문서 기록한다.
   ① 언제
   ② 누가
   ③ 어디서
   ④ 어떠한 작업을 하고 있을 때
   ⑤ 어떠한 불안전 상태 또는 불안전한 행동이 있었기에
   ⑥ 어떻게 해서 사고가 발생하였는가?
* 언제, 어디서, 누가, 어떻게, 왜, 무엇을 이렇게 여섯 글자를 따서 5W1H라고도 한다.
2. 사실을 수집한다. (이유와 원인은 뒤에 확인)
3. 목격자 등이 증언하는 사실 이외의 추측이나 본인의 의견 등은 분리하고 참고로만 한다.
4. 조사는 신속히 실시하고, 2차재해 방지를 위한 안전조치를 한다.
5. 인적, 물적 요인에 대한 조사를 병행한다.
6. 객관적인 입장에서 2인 이상 실시한다.
7. <u>책임추궁보다 재발방지에 역점을 둔다.</u>
8. 피해자에 대한 구급조치를 우선한다.
9. 위험에 대비해 보호구를 착용한다.

○ 재해조사 순서 5단계
1. 전제조건(0단계): 재해 상황의 파악
2. 제1단계: 사실의 확인
3. 제2단계: <u>직접원인(물적 원인, 인적 원인)</u>과 문제점 발견
4. 제3단계: <u>기본원인(4M)과 근본적 문제점 결정</u>
5. 제4단계: 동종 및 유사재해 예방대책의 수립

정답: ④

38. 산업재해 연구에 관한 내용으로 옳은 것을 모두 고른 것은?

ㄱ. 시몬즈(Simonds)는 평균치법을 적용해 재해손실비용을 산출하였다.
ㄴ. 하인리히(Heinrich)는 재해손실비용의 직접비와 간접비 비율을 약 1:4로 제시하였다.
ㄷ. 버드(Bird)는 1건의 중상이 발생할 때 10건의 경상, 300건의 아차사고가 발생한다고 하였다.

① ㄱ
② ㄷ
③ ㄱ, ㄴ
④ ㄴ, ㄷ
⑤ ㄱ, ㄴ, ㄷ

해설

○ 직접비와 간접비 하인리히 방식(1:4원칙)
- 총재해 코스트 = 직접비 + 간접비
- 직접손실비용 : 간접손실비용 = 1 : 4

○ 시몬즈(Simonds)와 하인리히(Heinrich) 방식의 차이점
1) 시몬즈는 보험코스트와 비보험코스트로, 하인리히는 직접비와 간접비로 구분하였다.
2) 산재보험료와 보상금을 시몬즈는 보험 코스트에 가산하였지만, 하인리히는 가산하지 않았다.
3) 간접비와 비보험코스트는 같은 개념이나 구성 항목에 있어 차이가 있다.
4) <u>시몬즈는 하인리히의 1:4 방식을 전면 부정하고 새로운 산정방식인 평균치법을 채택하였다. 일본의 노구찌는 이(평균치법)를 따라 손실비용을 산정함.</u>

○ 버드(Bird)와 하인리히(Heinrich)의 재해구성 비율
하인리히의 재해비율은 중상 : 경상 : 무상해 = 1 : 29 : 300 이다.
버드의 재해비율은 중상 : 경상 : 무상해사고(물적손실) : 무상해(아차사고)
= 1 : 10 : 30 : 600으로 하인리히보다 재해의 구성비율을 좀 더 세부적으로 구분하였다. <u>잠재적 위험비율은 사고가 일어나기 이전에 항상 어떤 신호(상해는 없지만)가 있다는 것이다. 하인리히의 잠재적 위험비율은 300/330이며, 버드는 630/641이다.</u>

○ 아차사고(Near miss): 사고가 발생할 뻔 하였으나 직접적으로 인적·물적 피해 등이 발생하지 않은 사고.

정답: ③

프랭크 버드 주니어(F. E. Bird. Jr)의 재해구성비율에서 잠재적 위험비율은 얼마인가?

① 29/330
② 300/330
③ 10/641
④ 41/641
⑤ 630/641

| 해설 |

정답: ⑤

 하인리히(H. W. Heinrich)의 재해손실비용 산정에서 직접비에 해당하는 것은?

① 기계, 재료 등의 손해
② 제3자의 시간적 손실
③ 생산작업 중단에 의한 생산량 감소 등의 손실
④ 법령에 따라 피해자에게 지급되는 산재 보상비
⑤ 사기 저하 등의 손실

| 해설 |

○ 재해비용 계산방식
1. 하인리히(H. W. Heinrich)
   1) 직접비와 간접비를 1:4로 제시
   2) 직접비 항목: 재해보상비로 치료비, 휴업보상비, 장해보상비, 유족보상비, 장례비
   3) 간접비 항목: 인적시간 손실(부상자의 시간 손실, 작업중단에 의한 인적 시간손실, 기타 인원 시간 손실), 기타 재산 손실(기계·공구·재료·생산 손실, 납기 지연 손실), 부수적 손실(사기 저하 등 손실)

2. 버드(Bird)
   1) 재해비용은 보험비, 비보험재산비용, 비보험 기타 재산비용의 비율로 1:5~50:1~3을 제시
   2) 하인리히보다 간접비 비율이 높다.
   3) 비보험재산(손실)비용은 쉽게 측정이 가능한 항목으로 건물손실, 기구 및 장비손실, 제품 및 재료손실, 조업중단 및 지연손실로 구성되고, 비보험 기타 (손실)재산비용은 측정이 곤란한 비용으로 시간, 교육, 임대 등의 기타 항목이다.

3. 시몬즈(R. H. Simonds)
1) 재해손실비용 산출에 대하여 평균치법을 적용
2) 사업체가 지불한 총 산재보험료와 근로자 지급보상금의 차이를 가산한다.
3) 재해비용은 보험비용과 비보험비용으로 구성되며, 비보험비용은 평균치법을 이용한다.
4) 비보험비용은 휴업상해건수, 통원상해건수, 무상해사고건수, 응급(구급)조치건수를 각 재해에 대한 평균 비보험비용을 곱하여 산정한다.
5) 사망, 영구전노동불능 재해에 대해서는 별도로 계산하여 포함시켜야 한다.
6) 하인리히 방식인 1:4에 대해서는 전면적으로 부정하고, 새로운 산정방식인 평균치법을 채택하였다.

총재해비용 산출방식=보험비용+비보험비용
=보험비용+[A×휴업상해건수+B×통원상해건수+C×무상해사고건수+D×응급처치건수]
* A, B, C, D는 상수(금액)이며 각 재해에 대한 평균 비보험비용이다.

4. 콤페스(Compes)
1) 재해손실비용은 불변값을 갖는 공동비용과 값이 변화되는 개별비용의 합으로 계산
2) 공동비용은 보험료, 안전보건팀 유지경비, 기타 비용(기업의 신뢰도, 안정감 등)
3) 개별비용은 작업중단, 치료, 사고조사, 수리대책 경비, 사고조사 비용을 포함

5. 노구찌
1) 노구찌는 근본적으로 Simonds(시몬즈)의 재해비용 산정방식인 평균치법에 근거를 두고 일본의 상황에 맞는 방법을 제시하였다.
2) 재해손실비용을 법정보상비, 법정 외 보상비, 인적손실, 물적손실, 생산손실, 특수손실로 분류한다.
3) 비용의 요소에 대한 금액을 집계하면 재해 1건당 비용이 산출된다고 한다.

즉, 재해 1건당 코스트 M은 다음과 같다.
M=A(또는 1.15a+b)+B+C+E+F
여기서 a는 하인리히의 직접비용에 대응되는 요소이며, 1.15a는 시몬즈의 보험비용과 같은 것이다.

정답: ④

예상 3 프랭크 버드 주니어(F. Bird. Jr)의 사고연쇄반응이론에 대한 설명으로 옳지 않은 것은?

① 1(사망 및 중상):10(경상):30(무상해사고):600(무상해·무손실)의 재해발생비율을 제시하였다.
② 기본원인으로 개인적인 요인과 작업상의 요인을 제시하였다.
③ 직접적인 원인으로 불안전한 행동과 불안전한 상태를 제시하였다.
④ 사고 발생의 5단계를 '제어의 부족→기본원인→직접원인→사고→재해'로 제시하였다.
⑤ 잠재적 위험비율이 하인리히보다 낮다.

해설

정답: ⑤

39

시력이 1.2인 사람이 6m 떨어진 곳에서 구분할 수 있는 벌어진 틈의 최소 크기(mm)는? (단, 소수점 둘째자리에서 반올림하여 소수점 첫째자리까지 구하시오.)

① 1.0
② 1.3
③ 1.5
④ 1.7
⑤ 1.9

해설

○ 최소가분시력
최소가분시력이란 정확히 식별할 수 있는 최소의 세부공간을 볼 때, 생기는 <u>시각의 역수로 측정</u>된다. 즉, 눈이 파악할 수 있는 표적 사이의 최소공간을 최소 분간 시력(minimum <u>separable</u> acuity)이라고 한다.
그럼 먼저 <u>시각을 계산</u>하고 나서 시력을 알아봐야 한다.

1) 시각 = $(180°/\pi) \times 60 \times$ (물체의 크기/물체와의 거리)
    = $57.3° \times 60 \times$ (물체의 크기/물체와의 거리)
    = $3438° \times$ (물체의 크기/물체와의 거리) → **시각 구하는 공식 암기!**

2) <u>시력=1/시각</u> → **시각과 시력은 역수 관계**

(풀이)
$3438° \times (\dfrac{물체의\ 크기}{6000(mm)}) = \dfrac{1}{1.2}$

→ $3438° \times$ 물체의 크기 = 5000

→ 물체의 크기 = $\dfrac{5000}{3438}$

→ 1.45433..... ≒ 1.5(mm)

정답: ③

40. 근골격계부담작업 유해성 평가를 위한 인간공학적 도구에 관한 내용으로 옳지 않은 것은?

① RULA는 하지 자세를 평가에 반영한다.
② REBA는 동작의 반복성을 평가에 반영한다.
③ QEC는 작업자의 주관적 평가 과정이 포함되어 있다.
④ OWAS는 중량물 취급 정도를 평가에 반영한다.
⑤ NLE는 중량물의 수평 이동거리를 평가에 반영한다.

해설

○ 작업자세 평가기법

1. OWAS(Ovako Working Analysis System)
핀란드 제철회사(Ovako)에서 1973년 개발되었다. 4가지 항목(팔, 다리, 허리, 하중 또는 무게)을 조사하였다.
특별한 기구 없이 관찰에 의해서만 작업자세를 평가한다.
현장에서 기록 및 해석이 용이하다. 현장성이 강하면서도 상지와 하지의 작업분석이 가능하며 작업대상물의 무게를 분석요인에 포함시킨다.
단점으로는 상지나 하지 등 몸의 일부의 움직임이 적으면서도 반복하여 사용하는 작업에서는 차이를 파악하기 어렵다. 수준1에서 수준4까지로 구분하며 수준1은 작업자세에 아무런 조치도 필요하지 않지만 수준4의 경우 즉각적인 작업자세의 교정이 필요한 근골격계에 매우 심각한 해를 끼치는 것으로 본다.

2. RULA(Rapid Upper Limb Assessment)
1993년 신체부위 중 상지부의 작업자세를 평가하기 위해 개발된 것이다.
RULA는 비교적 사용이 용이하고 작업분석을 수행하는데 인간공학 전문가의 정확한 분석 이전에 일차적인 분석도구로 유용하다.
RULA는 작업자세 평가, 근육의 사용여부, 힘과 부하량의 평가 3부분으로 나누어 평가한다.
작업자세 평가는 신체를 크게 두 부분(A군, B군)으로 나누어 평가하는데
-A군: 상완, 전완, 손목
-B군: 목, 다리, 허리 → 상지부를 주로 평가하지만, 하지 자세도 평가

3. REBA(Rapid Entire Body Assessment)
RULA와 비교하여 간호사 등과 같이 예측하기 힘든 다양한 자세에서 이루어지는 서비스업에서의 전체적인 신체에 대한 부담정도와 위해인자에의 노출 정도를 분석한다. 평가대상이 되는 주요 작업요소로는 반복성, 정적작업, 힘, 작업자세, 연속작업시간 등이 고려된다. 평가방법은 신체부위별로 A와 B 그룹으로 나누고, 각 그룹별로 작업자세 그리고 근육과 힘에 대한 평가로 이루어진다.
-A군: 몸통, 목, 다리+무게(힘)
-B군: 위팔(상완), 아래팔(전완), 손목+손잡이
상기 두 개의 평가기법은 4개의 조치단계인데 반해 REBA의 평가결과는 1에서 15점 사이의 총점으로 나타내며 점수에 따라 5개의 조치단계로 분류된다.

4. QEC(Quick Exposure Check)

직업성 근골격계 질환을 유발하는 위험인자에 대한 특정 작업자의 노출 정도를 평가하기 위해 영국의 Guangyan Li(Univ. of Sunderland, UK)와 Peter Buckle (Univ. of Surrey, UK)에 의해 개발되었다.

QEC의 특징으로는 평가자와 작업자가 같이 평가에 참여하는 점이 가장 큰 특징이고, 다양한 위험인자를 평가하는 특징도 있다. 즉, 작업 자세, 작업 반복성, 취급 중량물 무게, 작업 수행시간, 손작업 시 발휘 힘, 진동, 시각적 정밀도, 스트레스 등을 포함한다. 장점으로는 간단하고, 사용하기 쉽고, 신속(10~20분)한 평가, 다양한 위험 인자를 평가, 다양한 작업장 환경에서 적용가능, 보건안전 실무자와 작업자가 함께 평가에 참여하는 점이다. 관찰자는 허리, 어깨/팔, 손목/손, 목의 4개 항목에 대해서 평가를 수행한다.

○ NLE(NIOSH Lifting Equation)

미국산업안전보건원(NIOSH)에서 개발한 들기지수.
먼저 권장무게한계(RWL)를 구하고 실제 들려고 하는 중량물의 무게를 RWL로 나누어 1보다 낮도록 관리한다.
RWL의 각 계수들(6가지)은 0~1 사이 값들로 각 계수가 모두 1일 때 들기에 최적의 조건이 되는 것이다.

1. 작업 변수와 용어 정의

개정된 들기작업 공식에서 사용되는 작업 변수들의 정의는 다음과 같다.
  1) 들기작업(Lifting Task)
  들기작업이란 특정 물건을 두 손으로 잡고 기계의 도움 없이 들어 수직으로 이동시키는 작업을 뜻한다.
  2) 무게(L: Load Weight)
  작업물의 무게(kg)
  3) 수평위치(H: Horizontal Location)
  두 발 뒤꿈치 뼈의 중점에서 손까지의 거리(㎝)이며, 들기작업의 시작점과 종점의 두 군데에서 측정한다.
  4) 수직거리(V: Vertical Location)
  바닥에서 손까지의 거리(㎝)로 들기작업의 시작점과 종점의 두 군데에서 측정한다.
  5) 수직이동거리(D : Vertical Travel Distance)
  들기작업에서 수직으로 이동한 거리(㎝)이다.
  6) 비대칭 각도(A: Asymmetry Angle)
  정면에서 비틀린 정도를 나타내는 각도이며, 들기작업의 시작점과 종점의 두 군데에서 측정한다.
  7) 들기 빈도(F: lifting Frequency)
  15분 동안의 평균적인 분당 들어올리는 횟수(회/분)이다.
  8) 커플링 분류(C: Coupling Classification)
  커플링이란 드는 물체와 손과의 연결 상태를 말한다. 즉 물체를 들 때 미끄러지거나 떨어뜨리지 않도록 하는 손잡이 등의 상태를 말한다. 커플링의 분류는 좋다(Good), 괜찮다(Fair), 나쁘다(Poor)의 3등급으로 나뉜다.

> RWL(kg)=23×HM×VM×DM×AM×FM×CM

처음의 23kg이라는 숫자는 최적의 환경에서 들기작업을 할 때의 최대 허용무게이다. 여기서 최적의 환경이란 허리의 비틀림 없이 정면에서 들기작업을 가끔씩 할 때(F > 0.2), 작업물이 작업자 몸 가까이 있으며 수평거리(H)는 15cm, 수직위치(V)는 75cm, 작업자가 물체를 옮기는 거리의 수직이동거리(D)가 25cm 이하이며 커플링이 좋은 상태이다.

정답: ⑤ 이동거리는 수직이동거리이다.

41 신뢰도 이론의 욕조곡선(bathtub curve)을 나타낸 것으로 옳은 것은?(단, t: 시간, h(t): 고장률, f(t): 확률밀도함수, F(t): 불신뢰도 이다.)

①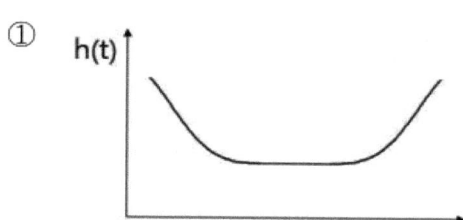

②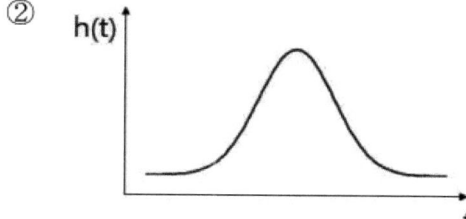

③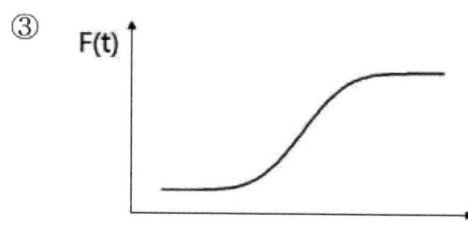

④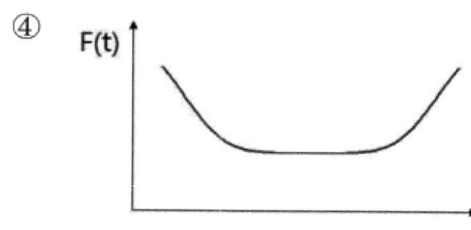

⑤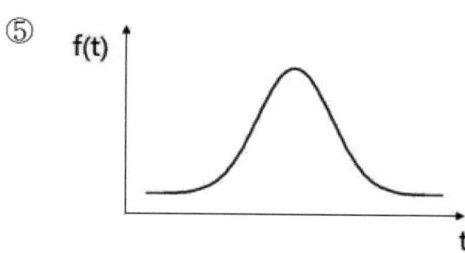

해설

1. 욕조곡선(bathtub curve): 사용 중에 나타나는 고장률을 시간의 함수로 나타낸 곡선
   1) DFR(Decreasing Failure Rate): 고장률이 시간에 따라 감소
   2) CFR(Constant Failure Rate): 고장률이 시간에 따라 일정
   3) IFR(Increasing Failure Rate): 고장률이 시간에 따라 증가

2. 지수 수명분포의 경우
   1) 신뢰도 함수
   $R(t)=e^{-\lambda t}$

   2) 비신뢰도 함수
   $F(t)=1-R(t)$

   3) 고장밀도함수
   $f(t)=\lambda \times e^{-\lambda t}$

   4) 고장률 함수
   $h(t)=f(t) \div R(t)=\lambda$

정답: ①

42

2,500명의 근로자가 근무하는 사업장의 재해율(천인율)은 1.6, 도수율은 0.8, 강도율은 1.2이었다. 이 사업장의 연간 재해발생건수와 근로손실일수로 옳은 것은?(단, 1일 8시간, 연간 250일 근무하는 것으로 가정한다.)

① 재해발생건수: 4건,   근로손실일수: 4,000일
② 재해발생건수: 4건,   근로손실일수: 6,000일
③ 재해발생건수: 6건,   근로손실일수: 6,000일
④ 재해발생건수: 6건,   근로손실일수: 8,000일
⑤ 재해발생건수: 8건,   근로손실일수: 8,000일

해설

○ 도수율(빈도율) = (재해발생건수 / 연 근로시간수) × 1,000,000
○ 강도율 = (총 근로손실일수 / 연 근로시간수) × 1,000
○ 연천인율 = (재해자 수 / 연 평균근로자수) × 1,000

(풀이) 0.8(도수율) = $\dfrac{x}{2500 \cdot 8 \cdot 250} \times 1000000$

$0.8 = \dfrac{x}{5000000} \times 1000000$

∴ 재해발생건수(x) = 4

(풀이) 1.2(강도율) = $\dfrac{y}{2500 \cdot 8 \cdot 250} \times 1000$

$1.2 = \dfrac{y}{5000000} \times 1000$

∴ 근로손실일수(y) = 6000

정답: ②

43 라스무센(Rasmussen)의 SRK 모델을 근거로 리전(J. Reason)이 제안한 인적오류 분류에 관한 내용으로 옳은 것을 모두 고른 것은?

ㄱ. 실수(slip)와 망각(lapse)은 비의도적 행동으로 분류되는 숙련 기반 오류이다.
ㄴ. 잘못된 규칙을 적용하는 것은 비의도적 행동으로 분류되는 규칙 기반 착오(mistake)이다.
ㄷ. 불충분한 정보로 인해 잘못된 결정을 내리는 것은 의도적 행동으로 분류되는 지식 기반 착오(mistake)이다.

① ㄱ
② ㄴ
③ ㄱ, ㄷ
④ ㄴ, ㄷ
⑤ ㄱ, ㄴ, ㄷ

해설

○ **라스무센(Rasmussen)의 SRK 기반 프로세스**
1) **S**kill-based behavior (숙련기반 행동 모델)
2) **R**ule-based behavior (규칙기반 행동 모델)
3) **K**nowledge-based behavior (지식기반 행동 모델)

○ **Rasmussen 행동모델에 의한 Reason의 에러분류**

불안전한 행동			
비의도적 행동		의도적 행동	
숙련기반에러		착오(mistake)	고의(violation)
실수(slip)	건망증(lapse)	1) 규칙기반착오 2) 지식기반착오	-

- 실수(Slip): 행동실수. 상황을 잘 해석하고 목표도 잘 이해했으나 의도와는 달리 다른 행동을 하는 것을 말한다.
- 건망증(Lapse): 기억실수. 여러 과정이 연계적으로 일어나는 행동들 중에서 일부를 잊어버리고 하지 않은 것을 말한다. 기억의 실패에서 발생하는 오류이다.
- 착오(Mistake): 행위는 계획대로 이루어졌지만 계획이 부적절하여 실패한 경우를 말한다. 상황에 대한 해석을 잘못하거나 목표에 대한 이해를 잘못하고 착각하여 행하는 오류(규칙기반 착오, 지식기반 착오)
- 규칙기반착오(Rule-based mistake): <u>적절한 규칙의 오용 및 부적절한 규칙의 적용, 처음부터 잘못된 규칙을 알고 있거나 좌우측 통행의 규칙 등 문화의 차이로 인한 오류</u>(사례: 좌측 운행 하는 일본에서 우측 운행을 하다 사고)
- 지식기반착오(Knowledge-based mistake): 지식이 부정확했거나, <u>무지</u>한 상태에서 추론・추정 등을 통해서 판단할 경우(사례: 외국에서 운전 시 표지판의 문자를 몰라 교통 규칙을 위반)
- 고의(Violation): 작업수행방법과 절차를 알고 있으면서도 의식적으로 이를 따르지 않는 에러

정답: ③

44. 신뢰성 수명분포 중 지수분포에 관한 내용으로 옳은 것을 모두 고른 것은?

ㄱ. 우발적인 고장을 다루는 데 적합하다.
ㄴ. 무기억성(memoryless property)을 갖는다.
ㄷ. 평균(mean)이 중앙값(median)보다 작다.

① ㄱ
② ㄷ
③ ㄱ, ㄴ
④ ㄴ, ㄷ
⑤ ㄱ, ㄴ, ㄷ

해설

○ **지수분포의 특징**

1. 신뢰성 공학에서 가장 널리 이용되는 확률분포로 전자제품의 신뢰도 예측에 사용
2. 지수분포는 고장률 함수가 일정한 분포
3. 무기억성(Memoryless Property): 이산형에서 기하분포가 무기억성을 가지는 것처럼 연속형 분포에서는 지수분포가 무기억성을 가진다. 어떤 장치가 고장 나지 않았다는 조건하에서 나머지 수명은 그 시간 이전의 그 장치의 수명에 대한 확률밀도함수와 같아진다. 즉, 그 시간이 경과한 후에 마치 처음 시점에서 새로 시작하는 것처럼 행동하기 때문에 지수분포를 따르는 제품은 작동하는 동안 항상 새것과 같다.
   쉽게 풀이하면, 무기억성 성질은 어떤 기계가 t시점까지 작동했다는 조건 하에서 (t+s)시점까지 작동할 확률은 기계가 s시간 동안 작동할 확률과 같다. 어떤 기계가 처음 만들어져 사용되기 시작한 뒤 s시간 이내에 고장날 확률과 그 기계가 계속 사용되다가 s시간 이내에 고장날 확률은 동일하다는 의미이다. 이는 마치 기계가 이전 t시간 동안 사용되었다는 것을 기억하지 못하는 것과 같다고 해서 이를 무기억(memoryloss) 성질이라 부르는 것이다.
4. 제품의 노후화가 이루어지지 않은 상태에서 우연요인(chance cause)에 의해서 고장이 발생하는 상황(우발적 고장)을 모형화 하는데 적절하다.
5. 모든 특징들에 대한 수학적 유도가 용이(이론적 결과와 비교가능)
6. 적용분야
   1) 고장률이 변하지 않는 제품(전자제품)
   2) 여러 개의 다른 각 종류로 되어 만들어진 제품
   3) 일정한 시험(Burn-in Test)을 통과하여 안정된 상태의 제품
7. 최빈값 ≤ 중앙값 ≤ 평균값

○ 욕조곡선과 신뢰성 분포

고장구분	척도	f(t)	λ(t)	표기	고장 대책
초기고장	m<1	와이블분포	감소	DFR	보전예방(MP) 디버깅테스트 번-인테스트
우발고장	m=1	지수분포	일정	CFR	사후보전
마모고장	m>1	정규분포	증가	IFR	예방보전(PM)

○ 용어정리
1. 디버깅: 기계의 결함을 찾아내는 것으로 단시간 내 고장률을 안정
2. 번인(burn-in): 기계를 장시간 가동하여 그동안 고장난 것을 제거
3. 스크리닝(screening): 기계의 신뢰성을 높이기 위해 품질이 떨어지는 것이나 고장 발생 초기의 것을 선별하여 제거하는 것

정답: ③

45 예방보전에 해당하지 않는 것은?

① 기회보전
② 고장보전
③ 수명기반보전
④ 시간기반보전
⑤ 상태기반보전

해설

○ 보전활동
보전활동을 대별하면 예방보전(PM: Preventive Maintenance)과 사후보전(BM: Breakdown Maintenance)으로 분류할 수 있다.
1. 예방보전
보전을 계획적으로 실행하는 것으로 보전주기에 의거하여 실시하는 시간기반보전(TBM: Time Based Maintenance), 설비의 상태에 의거하여 보전주기나 보전방법을 결정하는 상태기반보전(CBM: Condition Based Maintenance), 또한 생산 상황이나 설비의 노후 정도 등의 주변 환경도 고려하여 설비 상태를 파악, 보전을 실행하는 적응보전(AM: Adaptive Maintenance)으로 분류할 수 있다.
시간기반보전과 상태기반보전의 비교하면 다음과 같다.

1) 시간기반보전(TBM: Time Based Maintenance)
정기보전을 중심으로 한다. 즉 설비가 열화에 도달하는 변수(생산대수, 톤수, 사용일수 등)로 보전주기를 결정하고 주기까지 사용하면 무조건으로 수리를 하는 방식이다.
장점: 점검 등이 수월하고 실제적으로 고장도 적게 발생하는 편이다.
단점: 과보전(Over Maintenance)이 되기 쉽고 따라서 보전비가 커진다.
2) 상태기반보전(CBM: Condition Based Maintenance)
예지보전의 중심이 된다. 설비의 열화 상태를 각 측정 데이터와 그 해석에 의하여 정상 또는 정기적으로 파악하여 열화를 나타내는 값이 미리 정해진 열화 기준치에 달하면 수리를 한다.

2. 사후보전
보전주기를 기다리지 않고 고장이 발생한 경우에 보전활동으로 들어가는 것이다. 사후보전이라고 해도 전혀 아무것도 하지 않는 것은 아니고 리스크가 큰 것은 예비품을 준비하여 생산 장애를 최소로 하는 관리된 사후보전이 보통이다.

○ 예방보전(Preventive Maintenance, PM): 설비의 건강상태를 유지하고 고장이 일어나지 않도록 열화를 방지하기 위한 일상보전, 열화를 측정하기 위한 정기검사 또는 설비진단, 열화를 조기에 복원시키기 위한 정비 등을 하는 것
○ 일상보전(Routine Maintenance, RM): 매일, 매주로 점검·급유·청소 등의 작업을 함으로서 열화나 마모를 가능한 한 방지하도록 하는 것
○ 개량보전(Corrective Maintenance, CM): 교정보전이라고도 하는데, 이는 설비고장 시에 단지 수리하는 것뿐만 아니라 보다 좋은 부품교체 등을 통하여 설비의 열화, 마모의 방지는 물론 수명의 연장을 기하도록 하는 활동
○ 사후보전(Breakdown Maintenance, BM): 고장이 발생한 후 기계나 설비를 운영이 가능한 상태로 회복하기 위하여 필요한 부품을 수리하거나 교환하는 것. 고장보전은 사후보전에 속한다.
○ 보전예방(Maintenance Prevention, MP): 설비를 새로 계획, 설계하는 단계에서 보전정보나 새로운 기술을 도입하여 신뢰성, 보전성, 경제성, 조작성, 안전성 등을 고려함으로써 보전비나 열화손실을 줄이는 활동으로 궁극적으로는 보전이 불필요한 설비를 목표로 하는 것
○ 기회보전(Opportunity Maintenance, OM): 계획된 설비의 정기보전, 예지보전, 개량보전을 계획일 전이라도 해당설비가 돌발고장이나 부분교체, 원재료 대기, 인원 대기 등으로 정지했을 때 이를 이용하여 실시하며, 생산에 영향을 주지 않고 효과적으로 보전 작업을 하는 방법. 이를 위해서는 해당 보전항목에 대한 자재의 준비와 보전계획과 설비가동정보를 한눈에 알 수 있는 보전계획의 관리가 전제된다.

정답: ②

46

어떤 사고의 발생건수는 연평균 1회로 포아송(Poisson) 분포를 따른다. 이 사고가 3년 동안 한 건도 발생하지 않을 확률은 얼마인가?(단, 소수점 셋째자리에서 반올림하여 소수점 둘째자리까지 구하시오.)

① 0.05
② 0.15
③ 0.25
④ 0.33
⑤ 0.50

해설

○ 포아송(Poisson) 분포: 단위 시간 안에 어떤 사건이 몇 번 발생할 것인지를 표현하는 이산 확률 분포. 한정된 특정 시간 또는 공간 내에서 사건 발생수가 따르는 확률분포로 주로 시간적이나 공간적으로 발생빈도가 낮은 희귀한 사건의 수 등이 잘 설명된다. 예를 들면, 월간 기계의 고장 횟수, 단위 길이당 균열의 발생 개수 등과 같이 지정된 시간 또는 장소에서의 사건이 발생할 확률을 예측하는 것이다.

포아송 확률함수 $f(x) = \dfrac{\lambda^x e^{-\lambda}}{x!}$

$f(x)$: 한 구간(단위 시간)에서 x건의 **사건발생 확률**
λ: 한 구간(단위 시간)에서 **사건발생 평균 횟수**
e: 자연상수(2.71828)

(풀이)

λ: 연 평균 1회 발생 × 3년의 기간 = 3회
$f(x)$: 한 건도 발생하지 않을 확률 → 0회

$f(0) = \dfrac{3^0 \cdot e^{-3}}{0!}$

$= \dfrac{1 \cdot e^{-3}}{1}$

$= e^{-3}$

$= 0.0497870.... ≒ 0.05$

정답: ①

47 다음에서 설명하고 있는 위험성평가 기법은?

○ 초기 개발단계에서 시스템 고유의 위험성을 파악하고 예상되는 재해의 위험수준을 결정한다.
○ 시스템 내의 위험요소가 어떤 위험상태에 있는가를 평가하는 정성적인 기법이다.

① CA
② FMEA
③ MORT
④ THERP
⑤ PHA

해설

○ PHA(예비위험분석)
PHA는 시스템 개발단계에 있어서 최초로 고유의 위험상태를 식별하고 예상되는 재해의 위험수준을 결정하는 것으로 시스템의 모든 주요한 사고를 식별하고 대략적인 말로 표시하는 정성적 기법이다. 예비위험분석기법은 사업초기에 행하여지기 때문에 공정이나 절차에 관한 상세한 정보를 얻을 수 없으며, 주로 위험물질과 주 공정요소 중 위험성에 따른 일반적인 원인, 결과 및 대책을 도출하여 정성적인 목록표를 만들고 경우에 따라서는 위험등급, 발생빈도 및 치명도 구분을 하여 안전확보 대책을 강구하는 것이다.

○ PHA의 4가지 주요 목표
① 시스템에 대한 모든 주요한 사고를 식별하고 대충의 말로 표시하며 사고 발생 확률은 식별 초기에는 고려되지 않는다.
② 사고를 유발하는 요인을 식별할 것
③ 사고가 발생한다고 가정하고 시스템에 생기는 결과를 식별하고 평가
④ 식별된 사고를 다음의 범주(category)로 분류할 것

구분	내용
파국적(catastrophic)	사망, 시스템 손상
위기적(critical)	심각한 상해, 시스템의 중대 손상
한계적(marginal)	경미한 상해, 시스템 성능 저하
무시가능(negligible)	경미한 상해 및 시스템 저하 없음

정답: ⑤

48 시스템 안전성 확보를 위한 방법이 아닌 것은?

① 위험상태 존재의 최소화
② 중복설계(redundancy)의 배제
③ 안전장치의 채용
④ 경보장치의 채택
⑤ 인간공학적 설계의 적용

해설

○ **시스템의 안전성 확보책(MIL-STD-882B, 1984)** - 미국 국방부 시스템 안전 표준
1단계: 위험상태의 존재 최소화 설계
2단계: 안전장치의 설계
3단계: 경보장치의 설치
4단계: 특수 수단 개발과 표식 등 규격화
※ 중복설계(Redundancy): 장치 하나의 고장이 설비 전체의 고장으로 이어지지 않도록 같은 장치를 중복해 설치하는 것

정답: ②

49 서로 독립인 기본사상 a, b, c로 구성된 아래의 결함수(Fault Tree)에서 정상사상 T에 관한 최소절단집합(minimal cut set)을 모두 구하면?

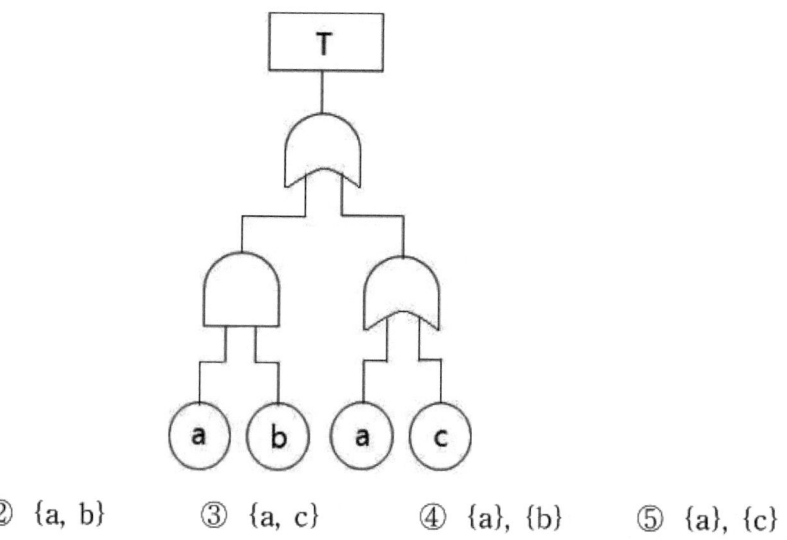

① {a}　　② {a, b}　　③ {a, c}　　④ {a}, {b}　　⑤ {a}, {c}

해설

1. **절단집합(cut set)**
사건 발생 시 정상사건(top event)이 발생하게 되는 사건들의 목록

2. **최소절단집합(minimal cut set)**
사건 발생 시 정상사건이 발생하게 되는 사건들의 최소목록
  1) 정상 사건으로부터 아래 방향으로 전개한다. top-down 방식으로 계산할 것.
  2) 정상 사건 아래의 게이트들 중 AND게이트는 옆 방향(횡)으로 OR게이트는 아래 방향(종)으로 전개한다.
  3) 정상사건이 오직 기초사건이나 생략 사건으로만 표현되면 전개를 마친다.
  최종 전개된 개별 행 안에 동일한 사건들이 있으면 집합의 동일성 원칙에 의해 하나는 제거한다. A·A=A 이렇게 정리된 후에 행 별로 나타난 사건들의 집합을 절단집합(cut set)이라 한다.
  4) 이번에는 행과 행을 비교해 어느 한 행이 다른 행의 다른 행의 부분집합이 되는지를 판단해 부분집합에 해당하는 행은 절단집합에서 제거한다(흡수법칙). 이렇게 정리한 후 행 별로 나타난 집합을 최소절단집합(minimal cut set)이라 한다. 주의할 것은 최소절단집합은 반드시 '또는'을 붙여 주어야 한다.

○ 문제풀이
처음에는 병렬로 연결되어 있다. 종으로 기입한다.

절단집합(cut set)을 구하면 {ab}, {a}, {c}가 된다.
흡수법칙에 의하면 최소절단집합(minimal cut set)을 구할 수 있다.
{a}또는 {c}가 된다.

정답: ⑤

예제 아래의 FT도에서 최소 컷셋을 올바르게 구한 것은?

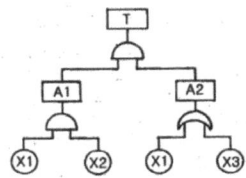

① (X1, X2)
② (X1, X3)
③ (X2, X3)
④ (X1, X2, X3)
⑤ (X1, X2) 또는 (X1, X2, X3)

해설

정답: ①

50 안전성평가 종류 중 기술개발의 종합평가(technology assessment)에서 단계별 내용으로 옳지 않은 것은?

① 1단계: 생산성 및 보전성
② 2단계: 실현가능성
③ 3단계: 안전성 및 위험성
④ 4단계: 경제성
⑤ 5단계: 종합 평가

해설

○ Technology Assessment(기술개발의 종합평가)
새로운 기술개발을 하는 경우에 그 개발과정 및 결과가 사회나 환경에 미치는 위험성 및 악영향을 사전에 충분히 검토·평가하여 기술개발로 인해 사회·환경에 미치는 영향을 최소화하기 위한 것을 말한다.
Technology Assessment(기술개발의 종합평가)의 5단계는 다음과 같다.
제1단계: 사회적 복리 기여도(기술개발이 사회 및 환경에 미치는 영향 검토)
제2단계: 실현 가능성(기술의 잠재능력을 명확히 하여 실용화를 촉진단계)
제3단계: 안전성과 위험성의 비교 평가(합리성과 비합리성의 비교 평가에 의한 대체 계획)
제4단계: 경제성 검토(신제품 개발에 따른 경제적 허용성 및 경제성 검토)
제5단계: 종합평가 및 조정(대안으로서 가장 바람직한 것을 선택하고 그것을 실시)

1단계	2단계	3단계	4단계	5단계
사회복리 기여도	실현가능성	위험성과 안전성	경제성	종합평가(조정)

정답: ①

예제 기술개발과정에서 효율성과 위험성을 종합적으로 분석·판단할 수 있는 평가방법은?

① Risk Assessment
② Risk Management
③ Safety Assessment
④ Technology Assessment
⑤ Human Assessment

해설

Assessment란 설비나 제품의 설계, 제조, 사용에 있어서 기술적, 관리적 측면에서 종합적인 안전성을 사전에 평가하여 개선책을 시정하는 것을 말한다.
Technology Assessment는 새로운 기술개발을 하는 경우에 그 개발과정 및 결과가 사회나 환경에 미치는 위험성 및 악영향을 사전에 충분히 검토·평가하여 기술개발로 인해 사회·환경에 미치는 영향을 최소화하기 위한 것을 말한다.

정답: ④

제3과목 기업진단지도

51 균형성과표(BSC: Balanced Score Card)에서 조직의 성과를 평가하는 관점이 아닌 것은?

① 재무 관점
② 고객 관점
③ 내부 프로세스 관점
④ 학습과 성장 관점
⑤ 공정성 관점

해설

○ Kaplan & Norton의 BSC(Balanced Score card: 균형성과표)
BSC 관점은 크게 재무, 고객, 내부 프로세스, 학습과 성장의 네 가지로 나눠진다.
'전략이 추구하고자 하는 궁극적인 목표는 무엇인가?'에 대한 답은 재무 관점
'어디서 경쟁하고 차별화된 가치를 제공할 것인가?'에 대한 답은 고객 관점
'어떻게 경쟁할 것인가?'에 대한 답은 내부 프로세스 관점
'경쟁을 위해 무엇을 준비할 것인가?'에 대한 답은 학습과 성장 관점으로 접근한다.

정답: ⑤

52 노사관계에서 숍제도(shop system)를 기본적인 형태와 변형적인 형태로 구분할 때, 기본적인 형태를 모두 고른 것은?

ㄱ. 클로즈드 숍(closed shop)
ㄴ. 에이전시 숍(agency shop)
ㄷ. 유니온 숍(union shop)
ㄹ. 오픈 숍(open shop)
ㅁ. 프레퍼렌셜 숍(preferential shop)
ㅂ. 메인터넌스 숍(maintenance shop)

① ㄱ, ㄴ, ㄷ
② ㄱ, ㄷ, ㄹ
③ ㄱ, ㄷ, ㅂ
④ ㄴ, ㄹ, ㅁ
⑤ ㄴ, ㅁ, ㅂ

해설

○ 숍(shop) 제도
숍 제도는 노동조합의 가입방법으로 노동조합의 안정을 유지하기 위한 제도이며 노동조합의 가입과 취업을 관련시키는 것이다. 조합원에 대한 통제력 강화를 목적으로 하는 제도이다.
  ① 기본적 제도: 오픈 숍(open shop), 유니언 숍(union shop), 클로즈드 숍(closed shop)
  ② 변형적 제도: 에이전시 숍(agency shop), 프리퍼렌셜 숍(preferential shop), 메인터넌스 숍(maintenance shop)

○ 기업에 대한 노동조합의 통제력이 강한 순서
  1. 클로즈드 숍(closed shop)
  2. 유니언 숍(union shop)
  3. 메인터넌스 숍(maintenance shop)
  4. 프리퍼렌셜 숍(preferential shop)
  5. 에이전시 숍(agency shop)
  6. 오픈 숍(open shop)

숍 구분	내용
오픈 숍	가입이 자유로운 노동조합
유니온 숍	채용 후 일정 기간이 지나면 노동조합 가입이 의무
클로즈드 숍	노조원이 아니면 채용 불가
에이전시 숍	조합원과 비조합원 모두에게 조합비 징수, agency shop
프레퍼렌셜 숍	노조원을 우선적으로 채용하는 제도, preferential shop
메인터넌스 숍	한 번 가입 시 일정 기간 조합원 지위 유지

정답: ②

53 홉스테드(G. Hofstede)가 국가 간 문화차이를 비교하는 데 이용한 차원이 아닌 것은?

① 성과지향성(performance orientation)
② 개인주의 대 집단주의(individualism vs collectivism)
③ 권력격차(power distance)
④ 불확실성 회피성향(uncertainty avoidance)
⑤ 남성적 성향 대 여성적 성향(masculinity vs feminity)

해설

○ 홉스테드(G. Hofstede)가 제시한 문화차원(cultural dimensions)
  1. 권력거리 또는 권력격차(power distance)
  2. 집단주의(collectivism) 대 개인주의(individualism)
  3. 남성성-여성성(masculinity-femininity)
  4. 불확실성 회피(uncertainty avoidance)
  5. 단기 지향성 대 장기 지향성
  장기 지향적 사회는 미래에 대해 더 많은 중요성을 부여한다. 이런 사회에서는 지속성, 절약, 적응능력 등 보상을 지향하는 가치를 조성하고, 단기 지향적 사회에서는 끈기, 전통에 대한 존중, 호혜성, 사회적 책임의 준수 등 과거와 현재에 관련된 가치가 고취된다.

정답: ①

54 레윈(K. Lewin)의 조직변화의 과정으로 옳은 것은?

① 점검(checking) - 비전(vision)제시 - 교육(education) - 안정(stability)
② 구조적 변화 - 기술적 변화 - 생각의 변화
③ 진단(diagnosis) - 전환(transformation) - 적응(adaptation) - 유지(maintenance)
④ 해빙(unfreezing) - 변화(changing) - 재동결(refreezing)
⑤ 필요성 인식 - 전략수립 - 실행 - 해결 - 정착

해설

○ 세력-장 이론(force-field theory)
레윈(Kurt Lewin)은 세력-장이론을 통해 <u>조직변화의 과정을 3단계로</u> 구성한 모델을 제시한다. 조직변화는 해빙(unfreezing), 변화(changing), 재동결(refreezing)의 3단계를 거쳐 이루어진다고 한다.

1. 해빙단계

변화를 추진하는 세력과 변화에 저항하는 세력이 힘겨루기를 하게 된다. 현재의 위치와 혜택을 영구화하려는 현상유지세력이 변화의 필요성을 인식하고 조직변화를 시도하려는 세력에 제동을 걸게 됨으로써 갈등이 발생하게 되는 단계이다.

레빈은 이들 양대 세력을 추진세력(driving forces)과 저항세력(resisting forces)이라고 부르고 '세력-장 분석'이라는 기법을 통해 각 세력의 구체적인 요인들을 분석하였다.

2. 변화의 단계

여러 가지 기법들을 사용하여 계획된 변화를 실천에 옮기는 과정이다.

3. 재동결 단계

바람직한 상태로 변화된 조직의 새로운 국면을 유지·안정화시키는 단계이다. 변화된 상태는 본래의 상태로 회귀하려는 성향이 있기 때문이다. 재동결을 성공시키기 위해서는 최고경영자의 지원, 적절한 보상과 강화 그리고 체계적인 계획 등이 필요하다.

정답: ④

55. 하우스(R. House)의 경로-목표 이론(path-goal theory)에서 제시되는 리더십 유형이 아닌 것은?

① 지시적 리더십(directive leadership)
② 지원적 리더십(supportive leadership)
③ 참여적 리더십(participative leadership)
④ 성취지향적 리더십(achievement-oriented leadership)
⑤ 거래적 리더십(transactional leadership)

해설

○ 하우스(R. House)의 경로-목표 이론: 4가지 리더십 유형 + 2가지 상황변수
4가지 리더십 유형: 지시적, 지원적, 참여적, 성취지향적
2가지 상황변수: 부하특성(부하의 욕구, 과업 수행능력, 성격특성), 과업특성(과업구조, 공식적인 권한관계, 작업절차)

정답: ⑤

56. 재고관리에 관한 설명으로 옳은 것은?

① 재고비용은 재고유지비용과 재고부족비용의 합이다.
② 일반적으로 재고는 많이 비축할수록 좋다.
③ 경제적주문량(EOQ) 모형에서 재고유지비용은 주문량에 비례한다.
④ 1회 주문량을 Q라고 할 때, 평균재고는 Q/3이다.
⑤ 경제적주문량(EOQ) 모형에서 발주량에 따른 총 재고비용선은 역U자 모양이다.

해설

○ 경제적 주문량(EOQ) 모형 – 총재고비용을 최소화시키는 1회 주문량

1. 기본적 EOQ 모형
    1) 가정
        ① 단위당 재고유지비용과 고정비용(주문비용, 준비비용)은 일정하며 이 두 비용만이 EOQ 계산과 관계가 있다.
        ② 단위 기간 중 수요량은 확정적이며 일정하고 소비량은 시간에 비례한다(정확하게 연간 수요가 예측됨).
        ③ 평균재고비율은 주문량 Q의 반이다(이는 안전재고는 없고 재고는 다음 주문이 도착할 때까지 사용됨을 의미).
        ④ 재고부족비용이 없다(재고부족현상은 발생하지 않는다).
        ⑤ 가격할인이 고려되지 않는다(구입단가는 주문량과 관계없이 일정하다).
        ⑥ 재고조달기간(리드타임)을 알 수 있으며 일정하다.

2. 모델요소 정의
D = 연간 수요량
Q = 주문량(모델 공식화 과정의 지금 단계에서는 알 수 없음)
Q / 2 = 평균재고량 → 재고수준이 Q에서 0까지 일정하게 감소할 경우 평균재고는 (Q+0)/2, 즉 Q/2가 된다.
S = 주문시 소요되는 비용(주문비용)
<u>TC(연간 총비용)</u> = 연간 재고유지비용 + 연간 주문비용

$$EOQ = \sqrt{\frac{2DS}{H}}$$

D: 수요량
S: 주문비용
H: 재고유지비용(단위당 단가 × 재고유지비율)
※ 그래프를 그려 이해할 것!

연간 총재고유지비용 = $\dfrac{Q}{2} \times H$

이때, H는 연간 단위당 재고유지비용이다.
예제) 연간수요가 12,000단위, 1회 주문량이 1,000단위라면 연간 주문횟수는? 12번
만일, 1회 주문량이 2,000단위라면 6번의 주문을 할 것이다.

연간 주문비용 = $\dfrac{D}{Q} \times S$

여기서 $\dfrac{D}{Q}$는 주문횟수, S는 주문비용이다.

위 두 식을 이용해서 그래프를 그려보자!

정답: ③

57 품질경영에 관한 설명으로 옳은 것은?

① 품질비용은 실패비용과 예방비용의 합이다.
② R-관리도는 검사한 물품을 양품과 불량품으로 나누어서 불량의 비율을 관리하고자 할 때 이용한다.
③ ABC품질관리는 품질규격에 적합한 제품을 만들어 내기 위해 통계적 방법에 의해 공정을 관리하는 기법이다.
④ TQM은 고객의 입장에서 품질을 정의하고 조직 내의 모든 구성원이 참여하여 품질을 향상하고자 하는 기법이다.
⑤ 6시그마운동은 최초로 미국의 애플이 혁신적인 품질개선을 목적으로 개발한 기업경영전략이다.

해설

○ 품질비용: 예방비용 + 평가비용 + 실패비용(내부, 외부)
○ R-관리도: 범위관리도로 변동성을 관찰하는 데 사용되며 프로세스의 산포 정도를 측정하는 데 사용되는 관리도이다.
○ 전사적 품질경영(TQM - Total Quality Management): 기업 모든 구성원들이 품질향상과 내·외부 고객만족을 달성하기 위해 지속적으로 노력하는 품질혁신 철학.

○ 6시그마: 최고 경영자의 리더십 아래 시그마라는 통계 척도를 사용하여 모든 품질 수준을 정량적으로 평가하고, 문제해결 과정 및 전문가 양성 등의 효율적인 품질 문화를 조성하며, 품질 혁신과 고객만족을 달성하기 위하여 전사적으로 실행하는 종합적인 기업의 경영 전략. 1987년 미국 Motorola에서 처음으로 시작.

○ 관리도의 종류와 구분

1. 계량형 관리도(연속형) → **정규분포**

길이, 무게, 강도, 화학성분, 압력, 비율, 생산량 등의 자료

2. 계수형 관리도(이산형)

1) 제품의 불량률(p관리도), 제품의 불량 개수(np관리도) → **이항분포**

2) 결점수(샘플 크기가 같을 때, c관리도), 단위당 결점수(단위가 다를 때, u관리도)
   → **포아송분포**

※ P관리도는 측정이 불가능하거나, 양품/불량품으로 나타낼 수밖에 없는 품질특성을 지니고 있거나, 합격여부 판정만이 목적인 경우 사용한다.

○ ABC 재고관리

ABC 재고관리는 '가치의 크기에 대응한 노력의 투입'에 의해서 효과를 올리는 방법으로 재고관리의 기법이며 1951년 미국 G. E사의 데키(Deckie)가 개발하였다. 이탈리아 경제학자인 파레토가 주장했던 사고방식을 기본으로 하기 때문에 '파레토(Pareto)법칙' 또는 '80대 20 법칙' 또는 '통계적 선택법'이라고도 한다.

등급	품목비율	매출액(사용액) 비율	발주시스템
A(고가품)	15~30	70~80	정기발주
B(일반제품)	20~40	15~20	정량발주
C(저가품)	50	5~10	Two-bin 시스템

* 투-빈 시스템(Two-Bin System)이란 재고관리법의 하나로 2개의 bin(상자·선반)에 같은 상품을 같은 수량 장치하여 넣어, 한쪽 선반이 비게 되면, 1bin을 발주함과 동시에 2bin의 출고로 바꾸는 방법이다.

정답: ④

58 JIT(Just In Time) 생산시스템의 특징에 해당하지 않는 것은?

① 부품 및 공정의 표준화
② 공급자와의 원활한 협력
③ 채찍효과 발생
④ 다기능 작업자 필요
⑤ 칸반시스템 활용

해설

○ JIT(just-in-time: 적시생산시스템)의 특징
 1. 칸반(kanban)을 이용한 풀(pull) 시스템
 2. 생산준비시간 단축과 소(小)로트 생산
 3. U자형 라인 등 유연한 설비배치
 4. 여러 설비를 다룰 수 있는 다기능 작업자 활용
 5. 불필요한 재고와 과잉생산 배제
 6. 생산의 평준화
 * 채찍효과(bullwhip effect)는 공급사슬망관리(SCM)에서 수요왜곡으로 나타나는 문제점이다.

정답: ③

59 1년 중 여름에 아이스크림의 매출이 증가하고 겨울에는 스키 장비의 매출이 증가한다고 할 때, 이를 설명하는 변동은?

① 추세변동
② 공간변동
③ 순환변동
④ 계절변동
⑤ 우연변동

해설

> ○ 시계열자료의 구성요소
>
> 시계열자료는 일반적으로 추세변동, 순환변동, 계절적변동, 불규칙변동 등 4가지로 구성된다.
> 1. 추세변동 : 장기적인 관점에서 시계열 자료의 증가 또는 감소의 경향
> 2. 순환변동 : 1년 이상의 주기로 곡선을 그리며 추세변동에 따라 변동
> 3. 계절변동 : 1년 이내의 기간 중 주기적으로 나타나는 변동
> 4. 불규칙변동 : 우발적 원인에 의해 영향을 받는 부분

정답: ④

60

업무를 수행 중인 종업원들로부터 현재의 생산성 자료를 수집한 후 즉시 그들에게 검사를 실시하여 그 검사 점수들과 생산성 자료들과의 상관을 구하는 타당도는?

① 내적 타당도(internal validity)
② 동시 타당도(concurrent validity)
③ 예측 타당도(predictive validity)
④ 내용 타당도(content validity)
⑤ 안면 타당도(face validity)

해설

> ○ **타당도(Validity)**
>
> 그 검사가 측정하고자 의도하는 속성을 얼마나 정확하게 측정하고 있는가를 의미
>
> 1. 내용타당도: 검사의 문항들이 측정하고자 하는 내용영역을 얼마나 잘 반영하고 있는지를 말한다. 해당 분야의 전문가들의 주관적 판단들을 토대로 결정한다.
>
> 2. 안면타당도: 검사문항을 전문가가 아닌 일반인이 읽고 그 검사가 얼마나 타당해 보이는지를 평가하는 것이다. 즉 수검자에게 그 검사가 타당한 것처럼 보이는 것인가를 뜻하는 것이다
>
> 3. 준거관련타당도: 어떤 심리검사가 특정 준거와 어느 정도 관련성이 있는가를 나타내는 것이다. 예언타당도(예측타당도)는 미래에 동시타당도(공인타당도)는 현재에 초점을 맞춘 것이다.
>
> 1) 예측타당도: 선발도구의 측정치가 지원자의 미래 직무성과를 어느 정도 예측할 수 있는지의 정도. 준거치와 예측치의 적용 시점은 상이하다.
> (예) 신입사원의 선발점수와 입사 후 일정 시간 경과 후 그들의 직무성과를 서로 비교

2) 동시타당도: 선발도구의 측정치가 그 직무를 담당하는 현직 종업원들의 직무성과와 관련되어 있는 정도. 준거치와 예측치의 적용 시점은 동일.
(예) 신입사원의 선발에 적용하려는 선발도구를 현직 종업원에게 실시하여 그들의 획득 점수와 평가 자료들과의 상관관계를 조사

4. 구성타당도: '구인타당도'라고도 하는데 검사가 이론적 구성 개념이나 특성을 잘 측정하는 정도를 말한다.

1) 수렴타당도(집중적 타당도)
같은 개념을 상이한 방법으로 측정했을 때 그 측정값 사이의 상관관계가 높으면 타당성이 높다.
(예) 지능검사를 지필과 구두로 측정했을 때, 두 검사 결과가 높게 나오면 수렴 타당도 높다고 할 수 있다

2) 변별타당도(차별적 타당도)
다른 개념을 같은 방법으로 측정했을 때, 측정지표들 간 상관관계가 낮은 경우 차별적 타당도가 높다고 할 수 있다.
(예) 매연측정과 음주측정을 혈액검사로 측정, 측정지표들 간 상관관계 낮게 나오면 타당성이 높다. 관련 없는 변인들과는 상관성이 낮아야 하기 때문이다.

3) 요인분석법(이해타당도)
구성타당도 분석 위해 가장 많이 사용하며 문항들 간 상관관계 분석 서로 상관이 높은 문항끼리 묶어 주는 방법으로 각 변인들의 잠재 특성을 밝히기 위해 개념들 간 관계 체계적 법칙에 부합되면 이해타당도가 높다고 본다.

내용타당도	안면타당도	기준타당도	구성타당도
합리	감정	경험	이론

정답: ②

61 직무분석에 관한 설명으로 옳지 않은 것은?

① 직무분석가는 여러 직무 간의 관계에 관하여 정확한 정보를 주는 정보 제공자이다.
② 작업자 중심 직무분석은 직무를 성공적으로 수행하는데 요구되는 인적 속성들을 조사함으로써 직무를 파악하는 접근 방법이다.
③ 작업자 중심 직무분석에서 인적 속성은 지식, 기술, 능력, 기타 특성 등으로 분류할 수 있다.
④ 과업 중심 직무분석 방법의 대표적인 예는 직위분석질문지(Position Analysis Questionnaire)이다.
⑤ 직무분석의 정보 수집 방법 중 설문조사는 효율적이며 비용이 적게 드는 장점이 있다.

해설

○ 직위분석설문지(PAQ: Position Analysis Questionnaire): 작업자 중심적인 직무분석기법 중 대표적인 것으로 표준화된 분석도구이면서, 직무를 수행하는 데 요구되는 인간의 재능들에 초점을 두어서 지식, 기술, 능력, 경험과 같은 작업자의 개인적 요건(인적속성)들에 의해 직무를 표현한다. 직위분석설문지(PAQ)는 과업(task)보다는 작업행동, 작업조건 혹은 작업특성을 다루기 때문에 작업자 중심 직무분석에 속한다. PAQ는 맥코믹(MaCormick) 등이 개발한 표준화된 직무분석 설문지로 총 194개의 문항으로 구성되어 있으며 이 중 187문항은 작업활동 및 작업상황과 관련된 것이고, 7문항은 임금과 관련되어 있다.

○ 기능적 직무분석: 과업 중심적 직무분석 기법
- 직무정보를 자료(Data)-사람(People)-사물(Thing)의 기능으로 분석하는 기법
- 직무에서 수행하는 과제나 활동이 어떤 것들인지를 파악하는데 초점을 둔다.(기능적 분석 방법의 대표적 특징)
- 직무기술서를 작성하는데 중요한 정보를 제공한다.

○ 직무분석은 목적에 따라 과업(직무, task) 중심이나 사람(작업자) 중심의 정보를 수집하기 위해 사용된다.

1. 과업(직무)중심 접근방식
직무 중심 직무분석은 직무에서 수행되는 과업의 본질에 대한 정보를 제공한다.
직무 중심 직무분석은 요소들의 모임인 활동, 활동들의 모임인 과업, 과업의 모임인 임무, 임무의 모임인 직책으로 구성이 된다.
   1) 직책: 한 개인이 수행하는 임무의 집합을 말한다. 직위라고도 한다.
   2) 임무: 직무의 주요 구성요소이다.
   3) 과업: 어떤 특정한 목적 달성을 위한 하나의 온전한 업무이다.
   4) 활동: 각 과업은 이를 구성하는 활동들로 나뉜다.
   5) 요소: 활동을 완수하기 위한 구체적인 요소이다.

2. 사람(작업자) 중심 접근방식
특정한 직무를 성공적으로 수행하기 위해 필요한 특질, 특성 혹은 KSAO에 대한 기술을 제공

3. KSAO의 구성
　1. 지식(Knowledge): 특정한 직무를 수행하기 위해 알아야 할 것들
　　　예) 목수는 지역의 건축법과 전동공구 안전에 대한 지식이 있어야 한다.
　2. 기술(Skill): 특정한 직무에서 수행할 수 있는 것들을 말한다.
　　　예) 목수는 청사진을 읽고 전동공구를 사용하는 기술을 가지고 있어야 한다.
　3. 능력(Ability): 직무과업을 할 수 있거나 배울 수 있는 적성이나 재능이다.
　　　예) 전동공구를 사용하는 기술은 눈-손의 협응을 비롯한 여러 능력을 필요로 한다.
　4. 기타 개인 특성(Other personal characteristic)은 위 세 가지 이외에 직무와 관련된 모든 것을 포함한다.

○ 직무분석의 정보 수집 방법
　1. 관찰법: 훈련된 직무분석가가 직무수행자를 직접 관찰함으로써 직무에 관한 정보를 수집하는 방법이다. 관찰법은 직무담당자가 상황에 따라 현저하게 바뀌지 않는 것을 전제로 하기에 정신작업 작업과 집중을 요하는 직무보다는 생산직이나 기능직에 더 적합한 방법이다. 이 방법을 사용할 경우 관찰로 인하여 직무수행이 영향 받지 않도록 유의해야 한다. 관찰법은 ① 사무직이나 관리직이라고 하는 지적·정신적인 노동을 주로 하는 직무에는 적당치 않다 ② 조사에 비교적 시간이 걸리는 등의 단점이 있으나 직무분석원이 직접 자신들의 눈으로 실제 직무활동을 확인할 수 있다는 장점이 있다. 관찰법은 면접법과 함께 병행하여 사용된다.
　2. 면접법: 직무담당자로부터 직접 정보를 얻을 수 있다.
　3. 질문지법: 면접담당자가 필요 없고, 시간과 노력이 많이 절약된다.
　4. 경험법: 직무분석자가 직접 직무를 수행해 봄으로써 정보를 수집한다.

정답: ④

62 리전(J. Reason)의 불안전행동에 관한 설명으로 옳지 않은 것은?

① 위반(violation)은 고의성 있는 위험한 행동이다.
② 실책(mistake)은 부적절한 의도(계획)에서 발생한다.
③ 실수(slip)는 의도하지 않았고 어떤 기준에 맞지 않는 것이다.
④ 착오(lapse)는 의도를 가지고 실행한 행동이다.
⑤ 불안전행동 중에는 실제 행동으로 나타나지 않고 당사자만 인식하는 것도 있다.

해설

○ Rasmussen 행동모델에 의한 Reason의 에러분류

불안전한 행동			
비의도적 행동		의도적 행동	
숙련기반에러		착오(mistake)	고의(violation)
실수(slip)	건망증(lapse)	1) 규칙기반착오 2) 지식기반착오	-

○ 실수(Slip): 행동실수. 상황을 잘 해석하고 목표도 잘 이해했으나 의도와는 달리 다른 행동을 하는 것을 말한다.

○ 건망증(Lapse): 기억실수. 여러 과정이 연계적으로 일어나는 행동들 중에서 일부를 잊어버리고 하지 않은 것을 말한다. 기억의 실패에서 발생하는 오류이다.

○ 착오(Mistake): 행위는 계획대로 이루어졌지만 계획이 부적절하여 실패한 경우를 말한다. 상황에 대한 해석을 잘못하거나 목표에 대한 이해를 잘못하고 착각하여 행하는 오류(규칙기반 착오, 지식기반 착오)

1) 규칙기반착오(Rule-based mistake): 적절한 규칙의 오용 및 부적절한 규칙의 적용, 처음부터 잘못된 규칙을 알고 있거나 좌우측 통행의 규칙 등 문화의 차이로 인한 오류(사례: 좌측 운행 하는 일본에서 우측 운행을 하다 사고)

2) 지식기반착오(Knowledge-based mistake): 지식이 부정확했거나, 무지한 상태에서 추론·추정 등을 통해서 판단할 경우(사례: 외국에서 운전 시 표지판의 문자를 몰라 교통 규칙을 위반)

○ 고의(Violation): 작업수행방법과 절차를 알고 있으면서도 의식적으로 이를 따르지 않는 에러

정답: ④

63. 작업동기 이론에 관한 설명으로 옳은 것을 모두 고른 것은?

ㄱ. 기대 이론(expectancy theory)에서 노력이 수행을 이끌어 낼 것이라는 믿음을 도구성(instrumentality)이라고 한다.
ㄴ. 형평 이론(equity theory)에 의하면 개인이 자신의 투입에 대한 성과의 비율과 다른 사람의 투입에 대한 성과의 비율이 일치하지 않는다고 느낀다면 이러한 불형평을 줄이기 위해 동기가 발생한다.
ㄷ. 목표설정 이론(goal-setting theory)의 기본 전제는 명확하고 구체적이며 도전적인 목표를 설정하면 수행동기가 증가하여 더 높은 수준의 과업수행을 유발한다는 것이다.
ㄹ. 작업설계 이론(work design theory)은 열심히 노력하도록 만드는 직무의 차원이나 특성에 관한 이론으로, 직무를 적절하게 설계하면 작업 자체가 개인의 동기를 촉진할 수 있다고 주장한다.
ㅁ. 2요인 이론(two-factor theory)은 동기가 외부의 보상이나 직무 조건으로부터 발생하는 것이지 직무 자체의 본질에서 발생하는 것이 아니라고 주장한다.

① ㄱ, ㄴ, ㅁ
② ㄱ, ㄷ, ㄹ
③ ㄴ, ㄷ, ㄹ
④ ㄴ, ㄹ, ㅁ
⑤ ㄷ, ㄹ, ㅁ

해설

○ 동기이론의 분류

내용이론	과정이론
• 매슬로우 욕구 5단계 • 엘더퍼 ERG이론 • 아지리스 성숙-미성숙이론 • <u>맥클랜드 성취동기이론</u> (권력/성취/친교욕구)	• 학습이론 • 목표설정이론 • 기대이론 • 공정성(공평)이론 • <u>직무특성모형</u>

○ **브룸(V. Vroom)의 기대이론**
세 가지 요인이 동기 부여를 결정하며 경영자는 이 요소들을 극대화시켜야 한다고 주장하였다. 세 가지 요소는 다음과 같다.
- 기대감(Expectancy): 열심히 일하면 높은 성과를 올릴 것이라고 생각하는 정도(노력-성과의 관계)
- 수단성(Instrumentality): 직무 수행의 결과로써 보상이 주어질 것이라고 믿는 정도(성과-보상의 관계)
- 유의성(Valence): 직무 결과에 대해 개인이 느끼는 가치(보상-개인목표의 관계)

○ **허츠버그(Herzberg)의 2요인 이론(동기-위생 이론)**
- 동기요인 - 성취감, 인정감, 책임감, 직무 자체, 승진, 성장 가능성
- 위생요인 - 보수, 대인관계, 근무환경, 회사 정책과 관리, 감독 등

* 허츠버그는 위생요인(불만족 요인)의 충족은 개인의 불만족 요소를 해소할 수 있을 뿐 동기유발을 하지 못하며, 동기요인의 만족을 통한 직무만족 등이 동기유발을 만들어 낼 수 있다고 보았다. 즉, 조직에서 작업조건의 개선이나 임금의 인상 등은 조직원의 욕구만 증가시킬 뿐 성과의 향상에는 한계가 나타나게 되며 이를 극복하기 위해서는 직무충실화 등의 개인의 성취감 향상 및 발전을 추구하는 목적을 달성해야 한다고 보았다.

○ **맥클랜드(McClelland)의 성취동기이론**
맥클랜드는 매슬로우의 욕구단계이론 중 상위 3개의 욕구를 세 가지 범주로 관찰하게 되면 인간 행동의 80% 이상을 설명할 수 있다고 하였다.
이는 욕구이론의 분류인 내용이론과 과정이론 중에서 내용이론에 속하는 것으로 특정인에게 목표달성을 향해 행동하도록 자극하여 동기를 유발하게 하고 구체적인 행동을 유도하게 하며 그 행동을 지속하게 하는 것을 말한다.

　1. 성취욕구(need for achievement)
　높은 기준을 설정하고 이를 달성하고자 하는 욕구
　2. 권력욕구(need for power)
　다른 사람에게 영향력을 행사하고 통제하려는 욕구
　3. 친교욕구(need for affiliation)
　대인관계에서 밀접하고 친밀한 관계를 맺고자 하는 욕구

○ **작업동기**
작업동기는 개인의 작업관련 행동을 일으키며, 작업관련 행동의 형태, 방향, 강도, 지속기간을 결정하는 역동적 힘의 집합으로서 개인 내에서 자생적으로 발생할 수도 있고, 외부 자극에 의해 발생할 수도 있다(Pinder, 1998).
　1. 작업동기의 중요 구성요소
　　1) 방향(direction)
　　2) 강도(intensity)
　　3) 지속기간(duration)

○ **작업설계 이론(work design theory, 직무특성이론)**
Oldham & Hackman이 주장한 것(직무특성모델)으로 동기를 유발하는 근원이 개인 내에 있는 것이 아니라 작업이 수행되는 환경에 있다고 주장한다. 이 이론은 직무가 적절하게 설계되어 있다면 작업 자체가 개인의 동기를 촉진시킬 수 있다고 한다. 동기유발 잠재력을 지니도록 직무를 설계하는 과정을 '직무확충(job enrichment)'이라고 한다.
　1. 5가지 직무특성
　　1) 기술 다양성(skill variety)
　　직무에서 요구되는 다양한 활동, 기술, 재능의 수
　　2) 과업 정체성(task identity)
　　직무가 하나의 완전하고 확인 가능한 작업을 완수하도록 요구하는 정도. 즉, 직무를 시작부터

끝까지 수행하고 가시적인 결과를 볼 수 있는 정도
  3) 과업 중요성(task signification)
  직무가 조직 안팎의 다른 사람들의 생활이나 작업에 영향을 미치는 정도
  4) 자율성(autonomy)
  자유, 독립성, 작업에서의 시간계획과 직무절차를 결정하는데 있어 재량권을 발휘하는 정도. 작업결과에 대한 책임감을 경험하게 된다.
  5) 과업 피드백(task feedback)
  요구된 활동의 수행 효과성에 관하여 직접적이고 분명한 정보를 주는 정도. 작업활동 결과에 대한 지식을 얻게 된다.
이론에 대한 평가로서 작업설계이론(직무특성이론)에서는 동기는 사람마다 그 강도를 다르게 지니고 있는 개인의 지속적인 속성이나 특성이 아니라, 작업환경을 적절하게 그리고 의도적으로 잘 설계한다면 향상시킬 수 있는 변화 가능한 속성이라고 주장한다. 그러나 이 모델은 주관적 평가에 지나치게 의존(직무의 특성 수준은 그 직무를 어떻게 지각하느냐에 의해 특정)하므로 평정오류 등의 문제로 인해 타당도가 침해될 수 있다. 시사점은 동기가 높은 종업원을 선발하는 수동적 대처 이외에 직무설계를 통해 원하는 높은 수준의 동기를 끌어낼 수 있다는 점이다.

○ **직무만족 측정**
  1. JDI(job descriptive index)
  5개 요인으로 나누어 작업자체, 승진, 임금, 동료관계, 상사로 구성된 형용사 문항에 '예, 아니오'로 대답하는 전체 72개 문항이다.
  2. 미네소타 만족질문지
  20개 요인으로 구성되어 5점 척도로 되어 있다.
  3. 안면척도(face scale)
  단일 문항(직무에 대해서 어떻게 생각: 작업, 임금, 감독, 승진기회, 동료 등을 포함해서 <u>전반적 만족도 측정</u>)에 대한 반응을 얼굴 표정으로 제시
  4. 단면적 직무만족척도
  단면적 직무만족을 측정하기 위한 것이다.

○ **조직몰입(OC: Organizational Committment)**
조직몰입이란 조직에 대한 개인의 정서적, 감정적 애착이라고 정의한다.
조직몰입의 3요인인 정서적, 계속적(지속적), 규범적 조직몰입은 다른 직무 및 조직태도 변수와 깊은 연관성을 맺고 있다.
  1. 정서적 조직몰입
  조직을 감정적 애착이나 조직에 대한 정서적 유대감의 관점에서 조직몰입을 바라본다.
  2. 계속적(지속적) 조직몰입
  조직 이직과 연관된 비용의 관점에서 조직몰입을 바라본다.
  3. 규범적 조직몰입
  한 개인이 재직기간에 따른 지위 상승이나 회사가 그에게 주는 만족이나 보상과는 상관없이 그 회사에 계속 재직하는 것이 옳다고 믿거나 도덕적인 규범 때문에 나타나게 된다고 본다.

정답: ③

동기이론에 대한 설명으로 가장 옳지 않은 것은?

① 브룸(Vroom)의 기대이론-개인은 투입한 노력 대비 결과의 비율을 준거 인물의 그것과 비교하여 불균형이 발생했을 때 이를 조정하려 한다.
② 엘더퍼(Elderfer)의 ERG이론-개인의 욕구 동기는 생존욕구, 관계욕구, 성장욕구의 세 단계로 구분된다.
③ 맥클랜드(McClelland)의 성취동기이론-개인의 욕구는 성취욕구, 친교욕구, 권력욕구로 구분되며, 성취욕구의 중요성을 강조한다. 성취동기란 어려운 문제를 해결함으로써 만족을 얻고자 하는 욕구에서 나오는 동기이다. 머레이(Murray)가 처음 소개하였고 맥클랜드(McClelland)가 체계화한 것으로 주제통각검사(TAT)에 의해 측정한다.
④ 허즈버그(Herzberg)의 2요인이론-개인은 서로 별개인 만족과 불만족의 감정을 가지는데, 위생요인은 개인의 불만족을 방지해주는 요인이며, 동기요인은 개인의 만족을 제고해주는 요인이다.
⑤ 아담스(Adams)의 공정성이론-공정성의 정도는 자기와 타인의 투입과 노력에 대한 성과를 비교해서 느끼게 되는 작업 동기이다.

해설

주제통각검사(TAT, Thematic Apperception Test)란 1935년 미국의 심리학자인 헨리 머레이(Henry A. Murray)와 크리스티아나 모건(Christiana D. Morgan)이 발표한 심리 검사법으로 이 검사법은 특정한 그림을 검사 대상자에게 제시하고, 그 그림에 대한 대상자의 반응을 분석하고 해석하는 방법인데, 대상자가 제시된 그림으로부터 받은 자극을 이야기로 표현하는 과정에서 투사하는 자신의 상상, 경험, 바람 및 의식적, 무의식적 갈등, 충동, 억압 등을 분석, 해석함으로써 대상자가 가진 인격의 내용을 파악하는 데 목적을 두고 있다.

정답: ①

64 직업 스트레스 모델에 관한 설명으로 옳지 않은 것은?

① 노력-보상 불균형 모델(Effort-Reward Imbalance Model)은 직장에서 제공하는 보상이 종업원의 노력에 비례하지 않을 때 종업원이 많은 스트레스를 느낀다고 주장한다.
② 요구-통제 모델(Demands-Control Model)에 따르면 작업장에서 스트레스가 가장 높은 상황은 종업원에 대한 업무 요구가 높고 동시에 종업원 자신이 가지는 업무통제력이 많을 때이다.
③ 직무요구-자원 모델(Job Demands-Resources Model)은 업무량 이외에도 다양한 요구가 존재한다는 점을 인식하고, 이러한 다양한 요구가 종업원의 안녕과 동기에 미치는 영향을 연구한다.
④ 자원보존 모델(Conservation of Resources Model)은 자원의 실제적 손실 또는 손실의 위협이 종업원에게 스트레스를 경험하게 한다고 주장한다.
⑤ 사람-환경 적합 모델(Person-Environment Fit Model)에 의하면 종업원은 개인과 환경 간의 적합도가 낮은 업무 환경을 스트레스원(stressor)으로 지각한다.

> 해설

○ 직무 스트레스 모델

1. 사람-환경 적합 모델(Person-Environment fit model)
직무스트레스는 개인의 욕구·기술·능력·적성 등의 개인적인 특성과 직무를 수행하는 환경적인 특성(직무·역할·조직 특성 등)이 상호 일치하지 않을 경우에 발생된다.

② 노력-보상 불균형 모델(Effort-reward imbalance model)
자신의 노력을 많이 요구하는 업무환경에서 일할 경우, 합당한 보상을 제공받지 않으면 높은 수준의 스트레스를 경험하게 된다.

③ 요구-통제 모델(Demands-control model)
구성원에게 부여되는 신속성, 정확성 등의 직무 수행상의 요구(job-demand)에 대비하여 직무 관련 의사결정을 할 수 있는 권한과 자원 동원력 등 직무통제권한(job-control)이 부족하면 스트레스를 경험한다.

구분	직무요구도 낮을 때	직무요구도 높을 때
의사결정 범위 낮을 때	수동적 집단	고긴장집단(high strain)
의사결정 범위 높을 때	저긴장집단(low strain)	능동적 집단

④ 직무요구-자원 모델(Job Demands-Resources Model)
기존의 직무통제 요인 이외에 직무요구와 상호작용하여 직무스트레스 등을 경감, 완화시켜 줄 수 있는 다양한 조절변인을 규명해보고자 하는 시도에서 비롯되었다. 이 모형에 의하면 일반적으로 직무자원이란 직무담당자가 자신의 직무요구에 효과적으로 대처해 가고 직무긴장 등 부정적인 영향을 적절히 감소시켜 가는데 기능적인 역할을 하는 일체의 직무맥락 요인들을 말한다. 따라서 실제 업무 상황에서 이러한 직무자원으로 사용할 수 있는 다양한 변인들이 있을 수 있다. 직무요구에 대해 종업원들의 외적요인(조직의 지원, 의사결정과정에 대한 참여)과 내적요인(자신의 업무요구에 대한 종업원의 정신적 접근방법) 등 다양한 요구가 존재한다는 점을 인식하고, 이러한 다양한 요구가 종업원에게 미치는 영향을 연구한다.

⑤ 자원보존 모델(Conservation of resource model)
업무량이 많고 역할모호성과 역할 갈등이 있는 등 직무요구가 많은 상황에서 의사결정 참여나 보상 등 직무의 효과적인 수행에 필요한 직무자원을 충분하게 보유하지 못하는 경우 스트레스를 경험하게 된다. 직무요구통제 모델과의 차이점은 직무요구가 많아서 자신이 보유하는 직무자원을 상실하는 것을 더 싫어하는 경향이 있기 때문에 가급적 직무자원을 지키려는 방향으로 행동하게 된다.

정답: ②

65 산업재해의 인적 요인이라고 볼 수 없는 것은?

① 작업 환경
② 불안전행동
③ 인간 오류
④ 사고 경향성
⑤ 직무 스트레스

해설

○ 재해의 원인
  1. 재해의 직접적인 원인: 불안전한 상태(물적) + 불안전한 행동(인적)
     1) 불안전한 상태: 사고, 재해를 일으킬 것 같은 또는 그 요인을 만들어 낸 물리적 상태 또는 환경
     2) 불안전한 행동: 사고, 재해를 일으킬 것 같은 또는 그 요인을 만들어 낸 작업자의 행동
  2. 재해의 간접적인 원인: 기술적 원인, 교육적 원인, 작업관리상 원인, 신체적 원인, 정신적 원인

불안전한 상태(물적 요인)	불안전한 행동(인적 요인)
1. 물(物) 자체의 결함 2. 방호조치의 결함(안전장치의 부적합) 3. 물건의 배치방법, 작업장소의 결함 4. 보호구·복장 등의 결함 5. 작업환경의 결함 6. 작업방법의 결함 7. 경계표시, 설비의 결함 8. 생산공정의 결함	1. 안전장치의 무효화(기능 제거) 2. 안전조치의 불이행 3. 불안전한 상태 방치 4. 불안전한 자세 동작 5. 불안전한 속도 조작(운전의 실패 등) 6. 기계, 장치 등의 잘못된 사용 7. 보호구, 복장 등의 잘못된 사용 8. 위험장소 접근 9. 위험물 취급 부주의 10. 감독 및 연락 불충분

정답: ①

66 인간의 일반적인 정보처리 순서에서 행동실행 바로 전 단계에 해당하는 것은?

① 자극
② 지각
③ 주의
④ 감각
⑤ 결정

해설

○ **정보량(단위, bit)의 계산**
발생확률이 동일한 신호의 정보량(엔트로피, H로 표시한다) 계산=log_2N
여기서 N은 발생할 수 있는 신호의 개수이다.
예를 들어 신호등(적, 녹, 황)의 발생확률이 같다면 이때의 정보량은?
$H=log_23=1.59(bit)$

예제1) 1에서 15까지 수의 집합에서 무작위로 선택할 때, 어떤 숫자가 나올지 알려주는 경우의 정보량은 몇 bit인가?
풀이: 정보량$(H)=log_215=3.906…=$약 $3.91(bit)$
만일, 발생확률이 동일하지 않은 신호의 정보량은 평균 정보량(엔트로피)으로 계산해야 한다.

예제2) 빨강, 노랑, 파랑의 3가지 색으로 구성된 교통신호등이 있다. 신호등은 항상 3가지 색으로 구성된 교통신호등이다. 신호등은 항상 3가지 색 중 하나가 켜지도록 되어 있다. 1시간 동안 조사한 결과, 파란등은 총 30분, 빨간등과 노란등은 각각 총 15분 동안 켜진 것으로 나타났다. 이 신호등의 총 정보량은 몇 bit인가?
풀이: 정보량을 먼저 계산하고, 각각의 정보량이 다른 경우이므로 확률값과 기댓값의 곱의 합을 구하면 된다. $H(x)=\sum P(x)\cdot log_2N$
파란등=30분/60분=1/2
노란등, 빨간등은 각각=15분/60분=1/4
$H(x)=\sum P(x)\cdot log_2N=0.5+0.5+0.5=1.5(bit)$

○ **Wickens의 인간 정보처리 모델**
자극(stimulus)→감각(sensing)→지각(perception)→인지(cognition, 의사결정)→실행
○ 지각(perception)이란 감각기관을 통해 들어온 정보를 기존의 기억된 정보 등과 비교해 의미를 알아차리는 과정으로 '선택-조직-해석'의 과정을 거친다.
* 지각의 착시현상이 자주 출제된다.
○ 인지(cognition)란 특정 상황에 대해 기존의 기억을 동원해 추론(inference), 유추(analogy) 등의 정신작용을 하는 과정을 말한다.

정답: ⑤

67 조명의 측정단위에 관한 설명으로 옳은 것을 모두 고른 것은?

> ㄱ. 광도는 광원의 밝기 정도이다.
> ㄴ. 조도는 물체의 표면에 도달하는 빛의 양이다.
> ㄷ. 휘도는 단위 면적당 표면에서 반사 혹은 방출되는 빛의 양이다.
> ㄹ. 반사율은 조도와 광도간의 비율이다.

① ㄱ, ㄷ
② ㄴ, ㄹ
③ ㄱ, ㄴ, ㄷ
④ ㄱ, ㄷ, ㄹ
⑤ ㄱ, ㄴ, ㄷ, ㄹ

해설

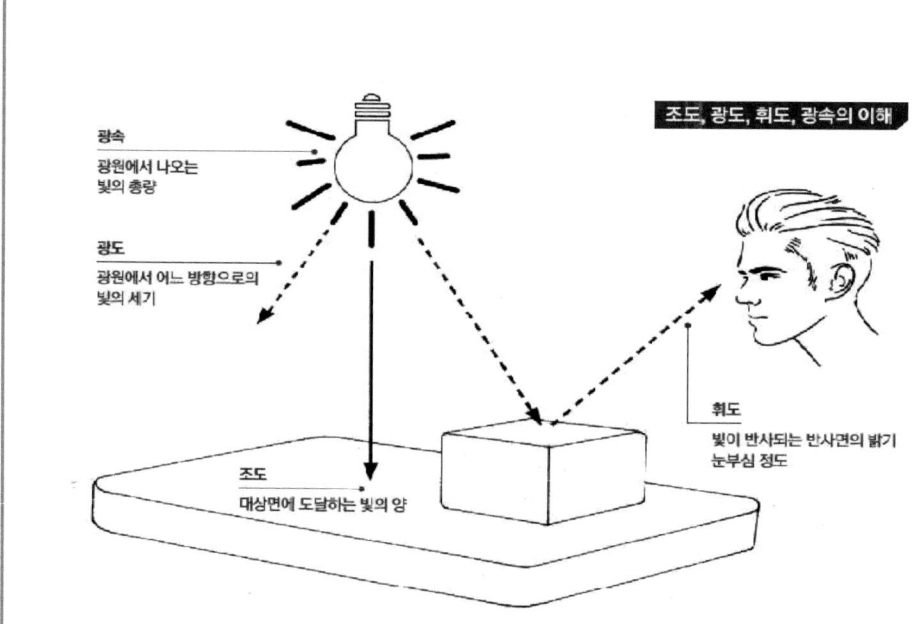

반사율(reflectance)은 조도와 광속발산도($\pi \times$휘도)의 비율을 말한다.
조도는 '광도/(거리)^2'이다.
여기서 광속발산도란 발광면의 단위 면적당 발산 광속으로 단위는 'lm/m2=radlux'이다.
완전 확산면의 휘도(B)와 광속발산도(R)의 관계는 다음과 같다.
광속발산도(R)=$\pi \times$휘도(B)

$$반사율(\%) = \frac{광속발산도}{조도} \times 100$$

예제) 휘도(luminance)가 10cd/m² 이고, 조도(illuminance)가 100lx일 때, 반사율(reflection, %)은?
풀이: 반사율=[π×10cd/m²]÷100lx×100=10π(%)

정답: ③

 100cd 점광원의 하방 1m 되는 곳에 있는 반사율이 70%인 백색판의 광속발산도(rlx)는?

① 70
② 7
③ 0.7
④ 20
⑤ 0.2

해설

정답: ①

68 아래의 그림에서 a에서 b까지의 선분 길이와 c에서 d까지의 선분 길이가 다르게 보이지만 실제로는 같다. 이러한 현상을 나타내는 용어는?

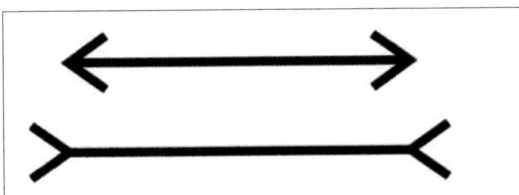

① 포겐도르프 착시현상
② 뮬러-라이어 착시현상
③ 폰조 착시현상
④ 쵤러 착시현상
⑤ 티체너 착시현상

해설

정답: ② 그림으로 이해한 후 반드시 암기할 것!

69. 유해인자와 주요 건강 장해의 연결이 옳지 않은 것은?

① 감압환경: 관절 통증
② 일산화탄소: 재생불량성 빈혈
③ 망간: 파킨슨병 유사 증상
④ 납: 조혈기능 장해
⑤ 사염화탄소: 간독성

해설

○ 일산화탄소
무색, 무취의 기체이다. 사람의 몸은 산소를 필요로 하는데, 산소는 혈액 속의 헤모글로빈이라는 혈액세포와 결합하여 몸 구석구석의 세포로 이동. 그런데 일산화탄소는 헤모글로빈과 결합하는 능력이 산소보다 약 200배나 우수하여 일산화탄소가 많은 환경에 장시간 노출되면 헤모글로빈이 산소 대신 일산화탄소와 더 많이 결합하여 몸의 세포에 산소를 공급할 수 없게 되고 이 결과로 나타나는 현상을 일산화탄소 중독이라고 한다. 혈액의 산소운반능력이 상실되어 내부적 질식 상태(저산소증)에 빠지게 된다. 두통, 구토, 어지러움증 등을 시작으로 심해지면 호흡장애, 운동실조, 발작, 실신 등 신경학적인 증상이 초래되고, 치료가 되지 않고 진행할 경우 심정지로 인한 사망에도 이를 수 있다.

○ 벤젠
재생불량성 빈혈은 만성적인 벤젠 중독의 고전적인 사인이다. 최근에는 전자파로 인한 발병가능성이 제기되고 있다. 우리나라에서는 1960년대 말에 벤젠에 의한 재생불량성빈혈이 보고되고, 1993년 제철업의 용수 처리공에서 발생한 급성골수성백혈병의 업무관련성이 인정받은 이래 벤젠 또는 유기용제나 솔벤트에 함유된 벤젠에 의한 조혈기질환의 사례가 증가하고 있다.

○ 납
몸속으로 들어온 납은 대부분이 뼈 속에 축적되었다가 아주 서서히 혈액으로 녹아 나오게 되는데 뼈를 포함한 신체 조직에 납이 축적되는 것을 방치하게 되면, 조혈기관의 기능 장애로 빈혈, 신장기능 및 생식기능 장애 등의 심각한 중독 증상이 발생할 수 있다.

○ 감압병(케이슨병, 잠수병)
감압병은 압력이 감소하면서 고압이 공기방울을 형성하여 혈액 및 조직의 질소가 용해되는 질병으로 증상으로는 피로 및 근육과 관절 통증이 있다.

정답: ②

흡입을 통하여 노출되는 유해인자로 인해 발생되는 질병의 종류를 틀리게 짝지은 것은?

① 비소-폐암
② 결정형 실리카-폐암
③ 베릴륨-간암
④ 6가 크롬-비강암
⑤ 망간-신장염

> **해설**
> ○ 베릴륨: 육아종양, 화학적 폐렴 및 폐암
> ○ 이상기압: 폐수종
> ○ 석면: 악성중피종
> ○ 수은: 신경독성
> ○ 디메틸포름아미드(DMF): 간독성
> ○ 트리클로로에틸렌(TCE): 피부질환으로 대표적인 질환인 스티븐슨증후군(독성 간염 및 피부질환)
> ○ 노멀헥산(n-헥산): 말초신경계 질환(팔, 다리 마비)
> ○ 2-브로모프로판: 생식독성

정답: ③

70

우리나라에서 발생한 대표적인 직업병 집단 발생 사례들이다. 가장 먼저 발생한 것부터 연도순으로 나열한 것은?

> ㄱ. 경남 소재 에어컨 부속 제조업체의 세척 작업 중 트리클로로메탄에 의한 간독성 사례
> ㄴ. 전자부품 업체의 2-bromopropane에 의한 생식독성 사례
> ㄷ. 휴대전화 부품 협력업체의 메탄올에 의한 시신경 장해 사례
> ㄹ. 노말-헥산에 의한 외국인 근로자들의 다발성 말초신경계 장해 사례
> ㅁ. 원진레이온에서 발생한 이황화탄소 중독 사례

① ㄱ → ㄴ → ㄷ → ㄹ → ㅁ
② ㄱ → ㅁ → ㄹ → ㄷ → ㄴ
③ ㄹ → ㄷ → ㄴ → ㄱ → ㅁ
④ ㅁ → ㄴ → ㄹ → ㄷ → ㄱ
⑤ ㅁ → ㄹ → ㄷ → ㄴ → ㄱ

해설

○ 한국의 직업병 집단 발병 사례

연도	내용
1991	원진레이온(주) 이황화탄소(CS_2) 중독 사회문제화. 노동부에서 직업병 예방 종합대책 마련
1995	전자부품 업체의 전자제품 스위치 조립공정에서 솔벤트 5200 유기용제 내 2-브로모프로판(2-bromopropane)에 과다노출되어 노동자 33명이 생식독성과 악성빈혈 등의 직업병 판정을 받음
2004	경기도 화성 소재 모 디지털 회사에서 근무하는 외국인(태국) 노동자 8명이 노말헥산에 과다노출되어 다발성 말초신경염에 걸림
2016	부천 소재 휴대전화 부품을 납품하는 3차 협력업체의 20대 노동자 5명이 메탄올 급성 중독으로 시력을 잃는 사고 발생
2022	경남 창원 소재의 모 에어컨 부속 자재 제조업체 세척 공정 중 트리클로로메탄(TCM)에 의한 급성 중독자 16명 발생

정답: ④

71 국소배기장치에 관한 설명으로 옳은 것을 모두 고른 것은?

ㄱ. 공기보다 무거운 증기가 발생하더라도 발생원보다 낮은 위치에 후드를 설치해서는 안 된다.
ㄴ. 오염물질을 가능한 모두 제거하기 위해 필요환기량을 최대화한다.
ㄷ. 공정에 지장을 받지 않으면 후드 개구부에 플랜지를 부착하여 오염원 가까이 설치한다.
ㄹ. 주관과 분지관 합류점의 정압 차이를 크게 한다.

① ㄱ, ㄴ
② ㄱ, ㄷ
③ ㄴ, ㄹ
④ ㄷ, ㄹ
⑤ ㄱ, ㄴ, ㄷ, ㄹ

해설

○ 국소배기장치 구입 및 사용시 안전보건 기술지침(KOSHA-GUIDE)
일반적인 국소배기장치 설치 원칙은 다음과 같다.
1. 국소배기장치는 반드시 후드→덕트→공기정화장치→송풍기→배기구의 순서대로 설치한다.
2. 국소배기장치의 작동이 잘되기 위해서는 보충용 공기를 공급하여 작업장 안을 양압(+압력)으로 유지시켜야 한다.
3. 공정에 지장을 받지 않는 한 후드는 유해물질 배출원에 가능한 가깝게 설치한다.
4. 처리조에서 공기보다 무거운 유해물질이 배출된다고 하더라도 후드의 위치는 바닥이 아닌 오염원의 상방 혹은 측방이어야 한다.
5. 덕트는 사각형이 아닌 원형관이어야 한다.

○ 국소배기장치에서 후드로 들어가는 공기량(필요환기량)은 최소화해야한다. 시설 설치비용뿐 아니라 운영비용(전기, 냉난방비용 등)에 영향을 미치기 때문이다. 후드 설계 시 발견될 수 있는 오류는 공기보다 비중이 무거운 기체는 작업장 바닥으로 가라앉으므로 후드를 바닥에 설치하면 된다고 생각하는 것이다. 그러나 공기와 혼합된 오염물질은 공기와 비중이 거의 같아지게 되며 작업장 내 방해기류는 오염물질을 공기 중으로 비산시키고 바닥으로 가라앉게 하지는 않는다. 따라서 후드를 설치할 때 발생원의 위나 측면에 설치해야 한다.
플랜지를 부착하면 동일한 환기량으로 더 먼 거리에 있는 오염물질을 후드 내로 끌어들일 수 있다 (필요환기량 감소, 제어거리와 제어속도 증가, 장치 가동 비용 절감 등)
* 플랜지: 후드의 가장자리에 부착된 판

○ 덕트의 주관과 분지관을 연결 시 두 개의 덕트의 정압의 차이가 없는 것이 가장 이상적이다. 합류각이 클수록 분지관의 압력손실은 증가하며 분지관의 수를 가급적 적게 하여 압력손실을 줄여야 한다.

정답: ②

72 수동식 시료채취기(passive sampler)에 관한 설명으로 옳지 않은 것은?

① 간섭의 원리로 채취한다.
② 장점은 간편성과 편리성이다.
③ 작업장 내 최소한의 기류가 있어야 한다.
④ 시료채취시간, 기류, 온도, 습도 등의 영향을 받는다.
⑤ 매우 낮은 농도를 측정하려면 능동식에 비하여 더 많은 시간이 소요된다.

해설

○ 수동식 시료채취기(passive sampler)
- 최대 장점은 간편성과 편리성(펌프로 개인시료를 채취할 경우 근로자가 작업시간 내내 펌프를 착용하고 있어야 하므로 작업에 방해가 되고 근로자가 착용을 거부하는 일이 생길 수 있다. 또한 펌프의 보정이나 충전에 드는 시간과 노동력을 절약할 수 있다)
- 확산포집기, 확산 모니터, 수동식 모니터, 수동식 뱃지라는 용어로도 사용
- 수동식 시료채취기에 적용되는 이론은 확산과 투과의 원리(Fick의 확산 제1법칙)
- 정확도와 정밀도는 시료채취시간, 기류, 온도, 습도 등의 영향을 많이 받는다.
- 작업장 내 최소한의 기류가 필요 → 결핍(starvation) 현상 방지
- 능동식에 비해 시료채취속도가 매우 낮기 때문에 아주 낮은 농도를 측정하려면 능동식에 비하여 더 많은 시간을 채취해야 한다. 또한 채취여재의 청정도·채취 전·채취 동안·채취 후에 오염이 일어나지 않도록 세심한 주의를 기울여야 한다.

정답: ①

가스상 물질의 측정을 위한 수동식 시료채취(기)에 관한 설명으로 옳지 않은 것은?

① 수동식 시료채취기는 능동식에 비해 시료채취속도가 매우 낮다.
② 오염물질의 확산, 투과를 이용하므로 농도 구배에 영향을 받지 않는다.
③ 수동식 시료채취기의 원리는 Fick's의 확산 제1법칙으로 나타낼 수 있다.
④ 산업위생전문가의 입장에서는 펌프의 보정이나 충전에 드는 시간과 노동력을 절약할 수 있다.
⑤ 정상상태에서의 단위면적당 물질의 이동속도는 농도차에 비례하며, 이동거리에 반비례한다.

해설

수동식 시료채취기는 공기채취펌프가 필요 없고 공기층을 통한 확산 또는 투과되는 현상을 이용하여 수동적으로 농도구배(기울기)에 따라 가스나 증기를 포집하는 장치이며 확산포집방법이라고도 한다. 정상작업상태에서의 단위면적당 물질의 이동속도는 농도차에 비례하며, 이동거리에 반비례한다.
  1. 수동식 시료채취기에 포집되는 유해물질의 양에 영향을 주는 요인
     최소한의 기류가 있어야 하는데 최소기류가 없어 채취가 표면에서 일단 확산에 의해 오염물질이 제거되면 농도가 없어지거나 감소하는 현상(starvation)이 발생한다. 표면에서 나타나는 결핍현상을 제거하는데 필요한 가장 중요한 요소는 최소한의 기류를 유지하는 것이다.

  2. 능동식 대비 수동식 시료채취기의 장·단점
     1) 장점
     편리하고 간편하다.
     2) 단점
     능동식 시료채취기에 비해 시료채취속도가 매우 낮기 때문에 저농도 측정 시에는 장시간에 걸쳐 시료채취를 해야 한다. 따라서 대상오염물질이 일정한 확산계수로 확산되도록 하여야 한다. 또한 채취오염물질이 적어 재현성이 좋지 않은 것이 단점으로 지적된다.

○ 여과포집기전
1. 직접차단(간섭)
2. 관성충돌
3. 확산
4. 중력침강
5. 정전기침강
6. 체질

정답: ②

73. 화학물질 및 물리적 인자의 노출기준에서 STEL에 관한 설명이다. ( )안의 ㄱ, ㄴ, ㄷ을 모두 합한 값은?

"단시간노출기준(STEL)"이란 (ㄱ)분간의 시간가중평균노출값으로서 노출농도가 시간가중평균노출기준(TWA)을 초과하고 단시간노출기준 이하인 경우에는 1회 노출 지속시간이 (ㄴ)분 미만이어야 하고, 이러한 상태가 1일 4회 이하로 발생하여야 하며, 각 노출의 간격은 (ㄷ)분 이상이어야 한다.

① 15
② 30
③ 65
④ 90
⑤ 105

해설

○ 화학물질 및 물리적 인자의 노출기준
제2조(정의) ① 이 고시에서 사용하는 용어의 뜻은 다음과 같다.
1. "노출기준"이란 근로자가 유해인자에 노출되는 경우 노출기준 이하 수준에서는 거의 모든 근로자에게 건강상 나쁜 영향을 미치지 아니하는 기준을 말하며, 1일 작업시간동안의 시간가중평균노출기준(Time Weighted Average, TWA), 단시간노출기준(Short Term Exposure Limit, STEL) 또는 최고노출기준(Ceiling, C)으로 표시한다.
2. "시간가중평균노출기준(TWA)"이란 1일 8시간 작업을 기준으로 하여 유해인자의 측정치에 발생시간을 곱하여 8시간으로 나눈 값을 말하며, 다음 식에 따라 산출한다.

3. "단시간노출기준(STEL)"이란 15분간의 시간가중평균노출값으로서 노출농도가 시간가중평균노출기준(TWA)을 초과하고 단시간노출기준(STEL) 이하인 경우에는 1회 노출 지속시간이 15분 미만이어야 하고, 이러한 상태가 1일 4회 이하로 발생하여야 하며, 각 노출의 간격은 60분 이상이어야 한다.
4. "최고노출기준(C)"이란 근로자가 1일 작업시간동안 잠시라도 노출되어서는 아니 되는 기준을 말하며, 노출기준 앞에 "C"를 붙여 표시한다.

정답: ④

74 라돈에 관한 설명으로 옳지 않은 것은?

① 색, 냄새, 맛이 없는 방사성 기체이다.
② 밀도는 9.73g/L로 공기보다 무겁다.
③ 국제암연구기구(IARC)에서는 사람에게서 발생하는 폐암에 대하여 제한적 증거가 있는 group 2A로 분류하고 있다.
④ 고용노동부에서는 작업장에서의 노출기준으로 600Bq/㎥를 제시하고 있다.
⑤ 미국 환경보호청(EPA)에서는 4pCi/L를 규제기준으로 제시하고 있다.

해설

○ 라돈(Radon)
라돈은 세계보건기구(WHO) 산하 국제암연구소(IARC)에서 발암성 1등급(Group1)으로 등록한 천연 방사성 물질이다. 라돈은 바위·토양·공기·물에 존재하는 천연 방사성 물질로 우라늄과 토륨이 붕괴되어 생성되는 가스 형태의 물질이다. 화학적으로 불활성이기 때문에 다른 물질과 화학적으로 반응하지는 않지만 무색, 무취이고 방사선을 방출한다. 라돈은 공기보다 9배 정도 무거워 지표에 가깝게 존재한다. (밀도 9.73g/L)

라돈은 폐암을 유발하는 것으로 알려져 있다. 라돈은 밀폐된 실내공간에서 쉽게 농집되는 특성이 있기 때문에 환기를 적절히 하면 라돈농도를 저감시킬 수 있다.

우리나라 고용노동부는 2018년 고시 제2018-24호(2018. 3. 20) "화학물질 및 물리적인자의 노출기준"을 통하여 작업장 라돈 노출기준으로 600Bq/㎥을 제정, 고시하였다. 또한 지하상가 등 17개 다중이용시설군과 학교 등에 대하여 실내 라돈 권고기준을 4pCi/L로 설정하여 관리하고 있으며, 미국환경보호청(USEPA) 또한 실내 공간 기준치로 4pCi/L(148Bq/m³) 이하를 규제 기준으로 제시하였다.(질병관리본부, 2016)

○ 국제암연구소(IARC, International Agency for Research on Cancer) 발암등급

구분	발암성물질 분류 기준
Group1	• 인체발암물질, 혼합물, 노출환경 • 인간발암성의 충분한 증거가 있는 것

Group2A	• 인체발암**추정**물질, 혼합물, 노출환경 • 인간발암성의 제한된 증거와 동물실험에서 충분한 증거가 있는 것 • 인간발암성의 증거가 부적당하나 동물실험에서 충분한 증거가 있고, 동물의 발암기전이 사람에서도 작용한다는 유력한 증거가 있는 것
Group2B	• 인체발암**가능**물질, 혼합물, 노출환경 • 인간발암성의 증거가 제한적이고 동물실험에서 불충분한 증거가 있는 것
Group3	• 인체발암성 비분류 물질 • 인간발암성의 증거가 부적당하고 동물실험에서 부적당하거나 제한된 증거가 있는 것 • 발암성이 없는 것이 아니고 더 연구가 필요한 것을 의미함. • 1군, 2A군, 2B군, 4에 속하지 않는 것도 3군으로 분류함.
Group4	• 인체비발암성 추정물질 • 인간과 실험동물에서 발암성이 없다는 증거가 있는 것

정답: ③

75 세균성 질환이 아닌 것은?

① 파상풍(tetanus)
② 탄저병(anthrax)
③ 레지오넬라증(legionnaires' disease)
④ 결핵(tuberculosis)
⑤ 광견병(rabies)

해설

○ 세균성 질환: 결핵균, 나균(한센병), 매독균, 페스트균(흑사병), 탄저균, 살모넬라균(장티푸스), 레지오넬라균, 파상풍균 등

○ 바이러스성 질환: 광견병, 노로바이러스(식중독 및 장염), 수두, 코로나바이러스(COVID-19), 인플루엔자, HIV바이러스(에이즈), 에볼라바이러스, 홍역, 바이러스성 간염(A·B·C) 등

정답: ⑤

제2과목　산업보건일반

01 산업위생 활동에 관한 내용으로 옳은 것은?

① 관리의 최우선순위는 보호구 착용이다.
② 인지(인식)란 현재 상황에서 존재 또는 잠재하고 있는 유해인자의 파악이다.
③ 유해인자에 대한 평가는 특수건강진단의 결과만을 사용한다.
④ 처음으로 요구되는 것은 근로자 건강진단이다.
⑤ 사업장 근로자만의 건강을 보호하는 것이다.

해설

1. 산업위생의 목적
작업환경개선 및 직업병의 근원적 예방, 작업환경 및 작업조건의 인간공학적 개선, 작업자의 건강보호 및 생산성 향상.
산업위생 활동의 궁극적인 목적은 노동자나 일반대중의 건강을 보호하는 것이다. 따라서 산업위생의 대상에는 <u>사업장에서 일하는 사람들</u>뿐만 아니라 노동활동을 하는 모든 사람(서비스업, 농업인 등)이 포함되며 일반대중도 사업장에서 이루어지는 생산 활동이나 일반 환경에서 발생되는 유해인자에 노출되므로 산업위생의 대상이 된다.

2. 산업위생 활동 단계
1) 예측: 산업위생 활동에서 가장 먼저 필요한 활동. 기존의 작업환경은 물론이고 새로운 물질, 공정, 기계의 도입 등으로 인한 근로자들의 건강장애, 영향을 <u>사전에 예측</u>함
2) 인지(인식): <u>현재 상황에서 존재 혹은 잠재하고 있는 유해인자(물리적, 화학적, 생물학적, 인간공학적 등)를 구체적으로 파악하는 것</u>. 위험성 평가(Risk assessment)가 필요
3) 측정: 작업환경 및 작업조건의 유해 정도를 정성적 또는 정량적으로 계측하는 것
4) 평가: 유해인자에 대한 양, 정도, 중요성, 상태 등을 근거로 노출의 타당성을 결정하는 단계. 넓은 의미에서는 측정 단계까지도 포함시킴.
　평가의 주요 과정 - 예비조사의 목적과 범위 결정, 현장조사로 정량적인 유해인자의 양 측정, 시료의 채취와 분석, 노출정도를 노출기준과 통계적인 근거로 비교하여 판정
5) 관리(대책): 바람직한 작업환경을 만드는 최종적인 단계. 유해인자로부터 근로자를 보호하는 모든 수단

3. 관리의 우선순위
　1. <u>공학적 관리</u>: 대체, 격리, 포위, 환기
　2. 행정적 관리: 작업시간, 작업배치의 조정, 교육 등
　3. 개인 보호구 착용: 호흡기, 보호구, 장갑, 안전벨트

정답 ②

02 다음에서 설명하고 있는 가스크로마토그래피 검출기는?

> ○ 원리: 수소/공기로 시료를 태워 전하를 띤 이온 생성
> ○ 감도: 대부분의 화합물에 대해 높은 강도
> ○ 특징: 큰 범위의 직선성

① 질소인검출기(NPD)
② 전자포획검출기(ECD)
③ 열전도도검출기(TCD)
④ 불꽃광도검출기(FPD)
⑤ 불꽃이온화검출기(FID)

해설

○ **불꽃 이온화 검출기**(FID, Flame ionization detector)

1. 원리
수소와 공기에 의해 형성된 불꽃에서 시료가 연소되면 전하를 띤 이온이 형성되며 이온의 농도에 비례하여 전류 흐름이 변화되는 것을 측정한다.

2. Selectivity
수소와 공기에 의한 불꽃에서 태워져 전하를 띤 이온을 생성하는 화합물만 검출할 수 있는 선택적인 검출기이다.

3. 장점
1) 재현성이 높다.
2) 감도가 높다.
3) 탄화수소에 비해 검출력이 좋다.
4) 열전도도검출기에 비하여 운반기체의 유속, 주위의 온도변화에 민감하지 않다.
5) 낮은 농도의 시료를 검출할 수 있다.

4. 단점
시료를 파괴한다.

* 직선성(linearity)이란 말 그대로 직선적인 성질을 띠는 것을 의미한다. 어떤식으로든지 직선성을 띤다는 의미는 농도가 증가할수록 반응이 커진다, 반응값이 증가한다는 것을 말한다.

검출기 종류	특 징
불꽃이온화검출기(FID, Flame ionization detector)	· 시료를 운반기체와 함께 수소, 공기로 태워 생기는 이온의 증기를 이용 · 대부분의 유기용제 분석 시 사용하는 검출기(가장 많이 사용됨) · 큰 범위의 직선성, 높은 민감성
불꽃광도검출기(FPD)	· 시료의 연소과정에서 화합물들의 특정한 불꽃 발광현상을 이용 · 이황화탄소, 유기인, 유기황 화합물 등의 분석에 유용
전자포획검출기(ECD)	· 시료와 운반기체가 β선을 방출하는 검출기를 지나며 나오는 전자를 이용 · 불순물 및 온도에 민감

정답 ⑤

03 작업환경측정에 관한 내용으로 옳지 않은 것은?

① 단위작업 장소에서 11명이 작업할 때 시료 채취 수는 3개 이상이다.
② 산화아연 분진은 호흡성 분진을 채취할 수 있는 여과채취방법으로 측정한다.
③ 시료채취 시에는 예상되는 측정대상물질의 농도, 방해물, 시료채취 시간 등을 종합적으로 고려한다.
④ 불화수소의 경우 최고노출기준(Ceiling)과 시간가중평균노출기준(TWA)에 대하여 병행 측정한다.
⑤ 관리대상 유해물질의 취급 장소가 실내인 경우 공기의 최대부피를 120세제곱미터로 하여 허용소비량 초과여부를 판단한다.

해설

○ 작업환경측정 및 정도관리 등에 관한 고시
제18조(노출기준의 종류별 측정시간) ① 「화학물질 및 물리적 인자의 노출기준(고용노동부 고시, 이하 '노출기준 고시'라 한다)」에 시간가중평균기준(TWA)이 설정되어 있는 대상물질을 측정하는 경우에는 1일 작업시간동안 6시간 이상 연속 측정하거나 작업시간을 등간격으로 나누어 6시간 이상 연속분리하여 측정하여야 한다. 다만, 다음 각호의 어느 하나에 해당하는 경우에는 대상물질의 발생시간 동안 측정 할 수 있다.
1. 대상물질의 발생시간이 6시간 이하인 경우
2. 불규칙작업으로 6시간 이하의 작업을 하는 경우
3. 발생원에서 발생시간이 간헐적인 경우
② 노출기준 고시에 단시간 노출기준(STEL)이 설정되어 있는 물질로서 노출이 균일하지 않은 작업 특성으로 인하여 단시간 노출평가가 필요하다고 자격자(규칙 제187조에 따른 작업환경측정자의 자격을 가진 자를 말한다.) 또는 작업환경측정기관이 판단하는 경우에는 제1항의 측정에 추가하여 단시간 측정을 할 수 있다. 이 경우 1회에 15분간 측정하되 유해인자 노출특성을 고려하여 측정횟수를 정할 수 있다.

③ 노출기준 고시에 최고노출기준(Ceiling, C)이 설정되어 있는 대상물질을 측정하는 경우에는 최고 노출 수준을 평가할 수 있는 최소한의 시간동안 측정하여야 한다. 다만 시간가중평균기준(TWA)이 함께 설정되어 있는 경우에는 제1항에 따른 측정을 병행하여야 한다. → 병행측정(HF, 불화수소가 유일함)

제19조(시료채취 근로자수) ① 단위작업 장소에서 최고 노출근로자 2명 이상에 대하여 동시에 개인 시료채취 방법으로 측정하되, 단위작업 장소에 근로자가 1명인 경우에는 그러하지 아니하며, 동일 작업근로자수가 10명을 초과하는 경우에는 매 5명당 1명 이상 추가하여 측정하여야 한다. 다만, 동일 작업근로자수가 100명을 초과하는 경우에는 최대 시료채취 근로자수를 20명으로 조정할 수 있다.

② 지역 시료채취 방법으로 측정을 하는 경우 단위작업장소 내에서 2개 이상의 지점에 대하여 동시에 측정하여야 한다. 다만, 단위작업 장소의 넓이가 50평방미터 이상인 경우에는 매 30평방미터 마다 1개 지점 이상을 추가로 측정하여야 한다.

○ **산업안전보건기준에 관한 규칙**

제420조(정의) 이 장에서 사용하는 용어의 뜻은 다음과 같다.

1. "관리대상 유해물질"이란 근로자에게 상당한 건강장해를 일으킬 우려가 있어 법 제39조에 따라 건강장해를 예방하기 위한 보건상의 조치가 필요한 원재료·가스·증기·분진·흄, 미스트로서 별표 12에서 정한 유기화합물, 금속류, 산·알칼리류, 가스상태 물질류를 말한다.
2. "유기화합물"이란 상온·상압(常壓)에서 휘발성이 있는 액체로서 다른 물질을 녹이는 성질이 있는 유기용제(有機溶劑)를 포함한 탄화수소계화합물 중 별표 12 제1호에 따른 물질을 말한다.
3. "금속류"란 고체가 되었을 때 금속광택이 나고 전기·열을 잘 전달하며, 전성(展性)과 연성(延性)을 가진 물질 중 별표 12 제2호에 따른 물질을 말한다.
4. "산·알칼리류"란 수용액(水溶液) 중에서 해리(解離)하여 수소이온을 생성하고 염기와 중화하여 염을 만드는 물질과 산을 중화하는 수산화화합물로서 물에 녹는 물질 중 별표 12 제3호에 따른 물질을 말한다.
5. "가스상태 물질류"란 상온·상압에서 사용하거나 발생하는 가스 상태의 물질로서 별표 12 제4호에 따른 물질을 말한다.
6. "특별관리물질"이란 「산업안전보건법 시행규칙」 별표 18 제1호나목에 따른 발암성 물질, 생식세포 변이원성 물질, 생식독성(生殖毒性) 물질 등 근로자에게 중대한 건강장해를 일으킬 우려가 있는 물질로서 별표 12에서 특별관리물질로 표기된 물질을 말한다.
7. "유기화합물 취급 특별장소"란 유기화합물을 취급하는 다음 각 목의 어느 하나에 해당하는 장소를 말한다.
    가. 선박의 내부
    나. 차량의 내부
    다. 탱크의 내부(반응기 등 화학설비 포함)
    라. 터널이나 갱의 내부
    마. 맨홀의 내부
    바. 피트의 내부
    사. 통풍이 충분하지 않은 수로의 내부

아. 덕트의 내부

자. 수관(水管)의 내부

차. 그 밖에 통풍이 충분하지 않은 장소

8. "임시작업"이란 일시적으로 하는 작업 중 월 24시간 미만인 작업을 말한다. 다만, 월 10시간 이상 24시간 미만인 작업이 매월 행하여지는 작업은 제외한다.

9. "단시간작업"이란 관리대상 유해물질을 취급하는 시간이 1일 1시간 미만인 작업을 말한다. 다만, 1일 1시간 미만인 작업이 매일 수행되는 경우는 제외한다.

제421조(적용 제외) ① 사업주가 관리대상 유해물질의 취급업무에 근로자를 종사하도록 하는 경우로서 작업시간 1시간당 소비하는 관리대상 유해물질의 양(그램)이 작업장 공기의 부피(세제곱미터)를 15로 나눈 양(이하 "허용소비량"이라 한다) 이하인 경우에는 이 장(관리대상 유해물질에 의한 건강장해 예방)의 규정을 적용하지 아니한다. 다만, 유기화합물 취급 특별장소, 특별관리물질 취급장소, 지하실 내부, 그 밖에 환기가 불충분한 실내작업장인 경우에는 그러하지 아니하다.

② 제1항 본문에 따른 작업장 공기의 부피는 바닥에서 4미터가 넘는 높이에 있는 공간을 제외한 세제곱미터를 단위로 하는 실내작업장의 공간부피를 말한다. 다만, 공기의 부피가 150세제곱미터를 초과하는 경우에는 150세제곱미터를 그 공기의 부피로 한다.

○ 작업환경측정 심사업무지침

입자상 물질의 노출기준은 발생형태, 호흡기 내 침착부위 및 독성에 따라 입자크기를 반영한 총분진, 흡입성분진 또는 호흡성분진으로 설정되어 있다.

1. 총분진 예

산화철, 산화카드뮴, 망간, 알루미늄, 구리 금속분진, 용접흄 등

2. 흡입성분진 예

디아지논, 목재분진, 곡물분진 등

3. 호흡성분진 예

산화아연(분진), 석탄가루, 흑연 등

* 두 가지 이상의 노출기준이 존재하는 물질은 산업위생전문가가 판단하여 물질의 발생형태에 따라 총분진 또는 호흡성분진 중 한 가지 물질을 우선 선정하여 한 가지의 노출기준에 대한 초과여부 평가를 실시한 경우, 다른 노출기준에 대해서는 별도를 평가를 실시하지 않아도 됨.

○ 화학물질 및 물리적 인자의 노출기준

제2조(정의) ① 이 고시에서 사용하는 용어의 뜻은 다음과 같다.

1. "노출기준"이란 근로자가 유해인자에 노출되는 경우 노출기준 이하 수준에서는 거의 모든 근로자에게 건강상 나쁜 영향을 미치지 아니하는 기준을 말하며, 1일 작업시간동안의 시간가중평균노출기준(Time Weighted Average, TWA), 단시간노출기준(Short Term Exposure Limit, STEL) 또는 최고노출기준(Ceiling, C)으로 표시한다.

2. "시간가중평균노출기준(TWA)"이란 1일 8시간 작업을 기준으로 하여 유해인자의 측정치에 발생시간을 곱하여 8시간으로 나눈 값을 말하며, 다음 식에 따라 산출한다.

$$TWA환산값 = \frac{C_1 T_1 + C_2 T_2 + \dots C_n T_n}{8}$$

주) C: 유해인자의 측정치(단위: ppm, mg/m^3 또는 개/cm^3)

T: 유해인자의 발생시간 (단위: 시간)

3. "단시간노출기준(STEL)"이란 15분간의 시간가중평균노출값으로서 노출농도가 시간가중평균노출기준(TWA)을 초과하고 단시간노출기준(STEL) 이하인 경우에는 1회 노출 지속시간이 15분 미만이어야 하고, 이러한 상태가 1일 4회 이하로 발생하여야 하며, 각 노출의 간격은 60분 이상이어야 한다.
4. "최고노출기준(C)"이란 근로자가 1일 작업시간동안 잠시라도 노출되어서는 아니 되는 기준을 말하며, 노출기준 앞에 "C"를 붙여 표시한다.

② 이 고시에서 특별히 규정하지 아니한 용어는 「산업안전보건법」(이하 "법"이라 한다), 「산업안전보건법 시행령」(이하 "영"이라 한다), 「산업안전보건법 시행규칙」(이하 "규칙"이라 한다) 및 「산업안전보건기준에 관한 규칙」(이하 "안전보건규칙"이라 한다)이 정하는 바에 따른다.

일련번호	화학물질의 노출기준 (유해물질의 명칭)		노출기준				비 고 (CAS번호 등)
	국문표기	영문표기	TWA		STEL		
			ppm	mg/m³	ppm	mg/m³	
1	가솔린	Gasoline	300	-	500	-	발암성 1B, (가솔린 증기의 직업적 노출에 한정함), 생식세포 변이원성 1B
14	글루타르알데히드	Glutaraldehyde			C 0.05	-	
121	디클로로아세틸렌	Dichloroacetylene			C 0.1		발암성 2
158	메타-크실렌-알파, 알파-디아민	m-Xylene-α, α´-diamine				C 0.1	Skin
193	메틸 에틸 케톤 퍼옥사이드	Methyl ethyl ketone peroxide				C 0.2	
229	벤조일클로라이드	Benzoyl chloride				C 0.5	발암성 1B
230	벤조트리클로라이드	Benzotrichloride				C 0.1	발암성 1B, Skin
239	부틸아민	Butylamine			C 5		Skin
243	불화수소(HF)	Hydrogen fluoride, as F	0.5		C 3		Skin
255	브롬화 수소(HBr)	Hydrogen bromide			C 2		

일련번호	화학물질의 노출기준 (유해물질의 명칭)		노출기준				비 고 (CAS번호 등)
	국문표기	영문표기	TWA		STEL		
			ppm	mg/m³	ppm	mg/m³	
289	삼차부틸크롬산					C 0.1	발암성 1A, Skin
290	삼불화붕소				C 1		
291	삼불화염소				C 0.1		
293	삼브롬화붕소				C 1		
	이하 생략						
731	기타분진			10			발암성 1A

주: 1. Skin 표시 물질은 점막과 눈 그리고 경피로 흡수되어 전신 영향을 일으킬 수 있는 물질을 말함(피부자극성을 뜻하는 것이 아님)

2. 발암성 정보물질의 표기는 「화학물질의 분류·표시 및 물질안전보건자료에 관한 기준」에 따라 다음과 같이 표기함

   가. 1A: 사람에게 충분한 발암성 증거가 있는 물질

   나. 1B: 시험동물에서 발암성 증거가 충분히 있거나, 시험동물과 사람 모두에서 제한된 발암성 증거가 있는 물질

   다. 2: 사람이나 동물에서 제한된 증거가 있지만, 구분1로 분류하기에는 증거가 충분하지 않은 물질

3. 생식세포 변이원성 정보물질의 표기는 「화학물질의 분류·표시 및 물질안전보건자료에 관한 기준」에 따라 다음과 같이 표기함

   가. 1A: 사람에게서의 역학조사 연구결과 양성의 증거가 있는 물질

   나. 1B: 다음 어느 하나에 해당하는 물질

   ① 포유류를 이용한 생체내(in vivo) 유전성 생식세포 변이원성 시험에서 양성

   ② 포유류를 이용한 생체내(in vivo) 체세포 변이원성 시험에서 양성이고, 생식세포에 돌연변이를 일으킬 수 있다는 증거가 있음

   ③ 노출된 사람의 정자 세포에서 이수체 발생빈도의 증가와 같이 사람의 생식세포 변이원성 시험에서 양성

   다. 2: 다음 어느 하나에 해당되어 생식세포에 유전성 돌연변이를 일으킬 가능성이 있는 물질

   ① 포유류를 이용한 생체내(in vivo) 체세포 변이원성 시험에서 양성

   ② 기타 시험동물을 이용한 생체내(in vivo) 체세포 유전독성 시험에서 양성이고, 시험관내(in vitro) 변이원성 시험에서 추가로 입증된 경우

   ③ 포유류 세포를 이용한 변이원성시험에서 양성이며, 알려진 생식세포 변이원성 물질과 화학적 구조활성 관계를 가지는 경우

4. 생식독성 정보물질의 표기는 「화학물질의 분류·표시 및 물질안전보건자료에 관한 기준」에 따라 다음과 같이 표기함
    가. 1A: 사람에게 성적기능, 생식능력이나 발육에 악영향을 주는 것으로 판단할 정도의 사람에서의 증거가 있는 물질
    나. 1B: 사람에게 성적기능, 생식능력이나 발육에 악영향을 주는 것으로 추정할 정도의 동물시험 증거가 있는 물질
    다. 2: 사람에게 성적기능, 생식능력이나 발육에 악영향을 주는 것으로 의심할 정도의 사람 또는 동물시험 증거가 있는 물질
    라. 수유독성: 다음 어느 하나에 해당하는 물질
        ① 흡수, 대사, 분포 및 배설에 대한 연구에서, 해당 물질이 잠재적으로 유독한 수준으로 모유에 존재할 가능성을 보임
        ② 동물에 대한 1세대 또는 2세대 연구결과에서, 모유를 통해 전이되어 자손에게 유해영향을 주거나, 모유의 질에 유해영향을 준다는 명확한 증거가 있음
        ③ 수유기간 동안 아기에게 유해성을 유발한다는 사람에 대한 증거가 있음
5. 발암성, 생식세포 변이원성 및 생식독성 물질의 정의는 「산업안전보건법」 시행규칙 [별표 11의 2] 유해인자의 분류기준 제1호나목 6) 발암성 물질, 7) 생식세포 변이원성 물질, 8) 생식독성 물질 참조
6. 화학물질이 IARC 등의 발암성 등급과 NTP의 R등급을 모두 갖는 경우에는 NTP의 R등급은 고려하지 아니함
7. 혼합용매추출은 에텔에테르, 톨루엔, 메탄올을 부피비 1:1:1로 혼합한 용매나 이외 동등 이상의 용매로 추출한 물질을 말함
8. 노출기준이 설정되지 않은 물질의 경우 이에 대한 노출이 가능한 한 낮은 수준이 되도록 관리하여야 함

정답 ⑤

04

다음은 도장 작업자들을 대상으로 한 벤젠(노출기준 0.5ppm)의 작업환경측정 결과이다. 노출기준을 초과할 확률은 약 얼마인가? (단, 정규분포곡선의 z값에 따른 확률은 다음 표와 같다.)

구분	z값			
	-0.42	-0.38	0.32	1.25
확률	0.337	0.352	0.626	0.894

< 작업환경측정 결과(ppm) >
0.03, 0.22, 1.85, 0.04, 0.1, 0.22, 7.5, 0.05, 2, 0.3

① 0.663
② 0.374
③ 0.337
④ 0.147
⑤ 0.106

해설

○ 표준정규분포

- $z값 = \dfrac{노출기준 - 평균}{표준편차}$

(풀이)

- 평균 = $\dfrac{0.03 + 0.22 + 1.85 + 0.04 + 0.1 + 0.22 + 7.5 + 0.05 + 2 + 0.3}{10}$ = 1.231

- 표본표준편차 $s = \sqrt{\dfrac{\Sigma(각각의 표본 - 평균)^2}{총 표본개수 - 1}}$

$\left[\dfrac{(0.03-1.231)^2 + (0.22-1.231)^2 + \ldots + (0.3-1.231)^2}{10-1}\right]$ = 2.3266..... ≒ 2.327

z값 = $\dfrac{0.5 - 1.231}{2.327}$ = -0.314... → 분포상의 떨어진 정도이기 때문에 부호에 관계없이

가장 가까운 근사값 0.32의 확률값은 0.626
노출기준 0.5ppm을 초과할 확률은 1-0.626=0.374

정답 ②

05 화학물질 및 물리적 인자의 노출기준에 관한 설명으로 옳지 않은 것은?

① 발암성, 생식세포 변이원성 및 생식독성 정보는 산업안전보건법상 규제 목적으로 표시한다.
② 내화성세라믹섬유의 노출기준 표시단위는 세제곱센티미터당 개수(개/㎤)를 사용한다.
③ 노출기준은 작업장의 유해인자에 대한 작업환경개선기준과 작업환경측정결과의 평가기준으로 사용할 수 있다.
④ "최고노출기준(C)"이란 근로자가 1일 작업시간동안 잠시라도 노출되어서는 아니 되는 기준을 말하며, 노출기준 앞에 "C"를 붙여 표시한다.
⑤ 혼재하는 물질 간에 유해성이 인체의 서로 다른 부위에 유해작용을 하는 경우, 혼재하는 물질 중 어느 한 가지라도 노출기준을 넘을 때는 노출기준을 초과하는 것으로 한다.

해설

○ **화학물질 및 물리적 인자의 노출기준**

제2조(정의) ① 이 고시에서 사용하는 용어의 뜻은 다음과 같다.
  1. "노출기준"이란 근로자가 유해인자에 노출되는 경우 노출기준 이하 수준에서는 거의 모든 근로자에게 건강상 나쁜 영향을 미치지 아니하는 기준을 말하며, 1일 작업시간동안의 시간가중평균노출기준(Time Weighted Average, TWA), 단시간노출기준(Short Term Exposure Limit, STEL) 또는 최고노출기준(Ceiling, C)으로 표시한다.
  2. "시간가중평균노출기준(TWA)"이란 1일 8시간 작업을 기준으로 하여 유해인자의 측정치에 발생시간을 곱하여 8시간으로 나눈 값을 말하며, 다음 식에 따라 산출한다.

  $$TWA환산값 = \frac{C_1 T_1 + C_2 T_2 + \ldots C_n T_n}{8}$$

  주) C: 유해인자의 측정치(단위: ppm, ㎎/㎥ 또는 개/㎤)
  T: 유해인자의 발생시간 (단위: 시간)
  3. "단시간노출기준(STEL)"이란 15분간의 시간가중평균노출값으로서 노출농도가 시간가중평균노출기준(TWA)을 초과하고 단시간노출기준(STEL) 이하인 경우에는 1회 노출 지속시간이 15분 미만이어야 하고, 이러한 상태가 1일 4회 이하로 발생하여야 하며, 각 노출의 간격은 60분 이상이어야 한다.
  4. "최고노출기준(C)"이란 근로자가 1일 작업시간동안 잠시라도 노출되어서는 아니 되는 기준을 말하며, 노출기준 앞에 "C"를 붙여 표시한다.
② 이 고시에서 특별히 규정하지 아니한 용어는「산업안전보건법」(이하 "법"이라 한다),「산업안전보건법 시행령」(이하 "영"이라 한다),「산업안전보건법 시행규칙」(이하 "규칙"이라 한다) 및「산업안전보건기준에 관한 규칙」(이하 "안전보건규칙"이라 한다)이 정하는 바에 따른다.

제3조(노출기준 사용상의 유의사항) ① 각 유해인자의 노출기준은 해당 유해인자가 단독으로 존재하는 경우의 노출기준을 말하며, 2종 또는 그 이상의 유해인자가 혼재하는 경우에는 각 유해인자의 상가작용으로 유해성이 증가할 수 있으므로 제6조에 따라 산출하는 노출기준을 사용하여야 한다.
② 노출기준은 1일 8시간 작업을 기준으로 하여 제정된 것이므로 이를 이용할 경우에는 근로시간, 작업의 강도, 온열조건, 이상기압 등이 노출기준 적용에 영향을 미칠 수 있으므로 이와 같은 제반 요인을 특별히 고려하여야 한다.

③ 유해인자에 대한 감수성은 개인에 따라 차이가 있고, 노출기준 이하의 작업환경에서도 직업성 질병에 이환되는 경우가 있으므로 노출기준은 직업병진단에 사용하거나 노출기준 이하의 작업환경이라는 이유만으로 직업성질병의 이환을 부정하는 근거 또는 반증자료로 사용하여서는 아니 된다.
④ 노출기준은 대기오염의 평가 또는 관리상의 지표로 사용하여서는 아니 된다.

제4조(적용범위) ① 노출기준은 법 제39조에 따른 작업장의 유해인자에 대한 작업환경개선기준과 법 제125조에 따른 작업환경측정결과의 평가기준으로 사용할 수 있다.
② 이 고시에 유해인자의 노출기준이 규정되지 아니하였다는 이유로 법, 영, 규칙 및 안전보건규칙의 적용이 배제되지 아니하며, 이와 같은 유해인자의 노출기준은 미국산업위생전문가협회(American Conference of Governmental Industrial Hygienists, ACGIH)에서 매년 채택하는 노출기준(TLVs)을 준용한다.

제5조(화학물질) ① 화학물질의 노출기준은 별표 1과 같다.
② 별표 1의 발암성, 생식세포 변이원성 및 생식독성 정보는 법상 규제 목적이 아닌 정보제공 목적으로 표시하는 것으로서 발암성은 국제암연구소(International Agency for Research on Cancer, IARC), 미국산업위생전문가협회(American Conference of Governmental Industrial Hygienists, ACGIH), 미국독성프로그램(National Toxicology Program, NTP), 「유럽연합의 분류·표시에 관한 규칙(European Regulation on the Classification, Labelling and Packaging of substances and mixtures, EU CLP)」 또는 미국산업안전보건청(American Occupational Safety & Health Administration, OSHA)의 분류를 기준으로, 생식세포 변이원성 및 생식독성은 유럽연합의 분류·표시에 관한 규칙(European Regulation on the Classification, Labelling and Packaging of substances and mixtures, EU CLP)을 기준으로 「화학물질의 분류·표시 및 물질안전보건자료에 관한 기준」에 따라 분류한다.

제6조(혼합물) ① 화학물질이 2종 이상 혼재하는 경우에 혼재하는 물질간에 유해성이 인체의 서로 다른 부위에 작용한다는 증거가 없는 한 유해작용은 가중되므로 노출기준은 다음식에 따라 산출하되, 산출되는 수치가 1을 초과하지 아니하는 것으로 한다.

$$\frac{C1}{T1} + \frac{C2}{T2} \cdots \frac{Cn}{Tn}$$

주) C: 화학물질 각각의 측정치
T: 화학물질 각각의 노출기준

② 제1항의 경우와는 달리 혼재하는 물질간에 유해성이 인체의 서로 다른 부위에 유해작용을 하는 경우에 유해성이 각각 작용하므로 혼재하는 물질 중 어느 한 가지라도 노출기준을 넘는 경우 노출기준을 초과하는 것으로 한다.

제11조(표시단위) ① 가스 및 증기의 노출기준 표시단위는 피피엠(ppm)을 사용한다.
② 분진 및 미스트 등 에어로졸(Aerosol)의 노출기준 표시단위는 세제곱미터당 밀리그램(mg/㎥)을 사용한다. 다만, 석면 및 내화성세라믹섬유의 노출기준 표시단위는 세제곱센티미터당 개수(개/㎤)를 사용한다.
③ 고온의 노출기준 표시단위는 습구흑구온도지수(이하"WBGT"라 한다)를 사용하며 다음 각 호의 식에 따라 산출한다.
  1. 태양광선이 내리쬐는 옥외 장소: WBGT(℃) = 0.7 × 자연습구온도 + 0.2 × 흑구온도 + 0.1 × 건구온도
  2. 태양광선이 내리쬐지 않는 옥내 또는 옥외 장소: WBGT(℃) = 0.7 × 자연습구온도 + 0.3 × 흑구온도

정답 ①

06 ACGIH에서 권고하고 있는 유해물질과 기준(TLV) 설정 근거가 된 건강영향의 연결로 옳지 않은 것은?

① 벤젠(TWA 0.5ppm, STEL 2.5ppm): 백혈병
② 카본블랙(TWA 3mg/㎥): 기관지염
③ 톨루엔(TWA 20ppm): 혈액학적 악영향
④ 이산화탄소(TWA 5,000ppm, STEL 30,000ppm): 질식
⑤ 노말-헥산(TWA 50ppm): 중추신경계 손상, 말초신경염, 눈 염증

> **해설**
>
> ○ 톨루엔
> 호흡기, 피부 및 눈의 자극물질로서 <u>중추신경계통 억제 및 신경 이상</u>(진정, 흥분, 혼미한 상태, 떨림, 이명(귀울림), 복시, 환각, 말더듬, 보행실조, 경련과 혼수상태 등)을 초래한다.
> 톨루엔 자체는 혈액학적 영향이 관찰되지 않는다.

일련번호	화학물질의 노출기준 (유해물질의 명칭)		노출기준				비 고 (CAS번호 등)
	국문표기	영문표기	TWA		STEL		
			ppm	mg/㎥	ppm	mg/㎥	
1	가솔린	Gasoline	300	-	500	-	발암성 1B, (가솔린 증기의 직업적 노출에 한정함), 생식세포 변이원성 1B
596	톨루엔	Toluene	50		150	-	생식독성 2
468	이산화탄소		5,000		30,000		
42	노말-헥산		50				생식독성 2, Skin
517	카본블랙			3.5			발암성 2, 흡입성
226	벤젠(C6H6)		0.5		2.5		발암성 1A, 생식세포 변이원성 1B, Skin

정답 ③

07

60℃, 1기압인 탈지조에서 TCE(분자량 131.4, 비중 1.466) 2L를 사용하였다. 공기 중으로 모두 증발하였다고 가정할 때, 발생한 증기량(m^3)은 약 얼마인가?

① 0.34
② 0.50
③ 0.54
④ 0.61
⑤ 0.82

해설

모든 기체의 0℃, 1기압 일 때 1분자량(1mol)의 체적은 22.4L이다.
중량=체적(부피)×비중
중량(g)= 2L × 1.466g/mL × 1,000mL/L = 2,932g
60℃, 1기압의 부피= $22.4L \times \dfrac{273+60}{273} = 27.32L$

분자량 : 현재부피= 발생 질량 : 발생 부피
131.4g : 27.32L = 2932g : 발생한 증기량
부피는 609.60…(L)이다. 여기서 1㎥=1,000L임을 알고 문제의 답을 찾으면 된다.
발생한 증기량(m^3)= $\dfrac{27.32L \times 2,932g \times m^3/1,000L}{131.4g} = 0.61 m^3$

정답 ④

21℃, 1기압에서 벤젠 1.37L가 증발할 때 발생하는 증기의 용량은 약 몇 L정도가 되는가? (단, 벤젠의 분자량은 78.11, 비중은 0.879이다)

① 298.5
② 327.5
③ 372.6
④ 438.4
⑤ 524.8

해설

1. 벤젠 사용량(질량)=부피×비중(g/mL)이므로 구해본다.
2. 벤젠 발생부피
분자량: 24.1L= 벤젠 사용량(질량): 증발된 부피
* 21℃, 1기압에서의 부피를 구할 수 있어야 한다.
예를 들면 25℃라고 하면 샤를의 법칙(압력이 일정할 때 기체의 부피는 종류에 관계없이 온도가 1℃ 올라갈 때마다 0℃일 때 부피의 1/273씩 증가한다)에 따라 22.4×[(273+25)/273]=24.45가 된다.
* 1L=1,000㎥
풀이) 먼저 벤젠의 사용질량을 구하면 "부피×비중"이다.
사용질량=1.37L×비중(0.879g/mL)=1207.746g
그 다음 "분자량: 24.1L= 벤젠 사용량(질량): 부피"
부피=372.6370… (L)

○ 다른 풀이
1. 사용질량을 구한다.
2. 몰수(사용질량/분자량)를 구한다.
3. 이상기체방정식을 이용하여 부피를 구한다.
PV=nRT여기서 보통 압력은 1기압으로 주어지므로, V=nRT이다.
* n=몰수, R(기체상수)=0.08206 T=절대온도이므로 273+주어진 온도(℃)

정답 ③

공기 100L 중에서 A유기용제(분자량=92, 비중=0.87) 1mL가 모두 증발하였다면 공기 중 A유기용제의 농도는 몇 ppm인가? (단, 25℃, 1기압 기준이다)

① 약 230
② 약 2,300
③ 약 270
④ 약 2,700
⑤ 약 2,900

해설

1. 농도(mg/㎥)

$$\frac{1mL}{100L} \times 0.87g/mL$$

2. 1g=1,000mg, 1㎥=1,000L를 이용한다.

3. 8,700(mg/㎥)

4. 농도(ppm)=8,700(mg/㎥)$\times \frac{24.45L}{92}$

=2,312ppm

정답 ②

표준상태(25℃, 1기압)에서 벤젠(분자량=78, 비중=0.879) 2L가 증발할 때 발생하는 증기의 양은?

① 202.2L

② 303.2L

③ 454.2L

④ 555.2L

⑤ 606.2L

해설

1. 증발된 질량을 먼저 구한다.

   2L×0.879g/mL=1758g

   질량을 몰수(mol)수로 환산하면 1,578g÷78g/mol=22.538…(mol)

2. 이상기체방정식을 활용하면 된다. PV=nRT

   여기서 R=0.08206(또는 0.0821)

   P: 압력

   V: 부피

   n: 몰수

   R: 기체상수(또는, 비례상수)

   T: 절대온도

   V(부피)와 P(압력)의 관계는 보일의 법칙, V(부피)와 T(절대온도)의 관계는 샤를의 법칙이 적용된다.

3. (빠른 풀이) 24.5L:78g=x:1,758

정답 ④

온도 25℃, 1기압 하에서 분당 100mL씩 60분 동안 채취한 공기 중에서 벤젠이 5mg 검출되었다면 검출된 벤젠은 약 몇 ppm인가? (단, 벤젠의 분자량은 78이다)

① 15.7
② 26.1
③ 157
④ 261
⑤ 305

해설

○ mg/m³과 ppm 환산 문제
온도 0℃, 1기압이라면 물질 1mol의 부피는 22.4L이다.
그러나 기체 1mol의 부피인 22.4L는 온도보정이 필요하다.
온도 25℃, 1기압이라면 물질 1mol의 부피는 24.45L
mg/㎥=ppm×(분자량/24.45L)

예를 들면 25℃라고 하면 샤를의 법칙(압력이 일정할 때 기체의 부피는 종류에 관계없이 온도가 1℃ 올라갈 때마다 0℃일 때 부피의 1/273씩 증가한다)에 따라 22.4×[(273+25)/273]=24.45가 된다.

○ 문제해결(25℃, 1기압 기준)
mg/㎥=ppm×[분자량÷(24.45L)]

$$ppm = mg/㎥ \times \frac{24.45}{분자량}$$

정답 ④

온도가 15℃이고, 1기압인 작업장에 톨루엔이 200mg/㎥으로 존재할 경우 이를 ppm으로 환산하면 얼마인가? (단, 톨루엔의 분자량은 92.13이다)

① 53.1
② 51.2
③ 48.6
④ 11.3
⑤ 7.1

해설

0℃이고, 1기압은 약 22.4L이다.

정답 ②

 근로자가 벤젠을 취급하다가 실수로 작업장 바닥에 1.8L를 흘렸다. 작업장을 표준상태(25℃, 1기압)라고 가정한다면, 공기 중으로 증발한 벤젠의 증기량(L)은? (단, 벤젠의 분자량은 78.11, 비중은 0.879이며 바닥의 벤젠은 모두 증발한다)

① 101.9
② 158.3
③ 264.8
④ 354.8
⑤ 495.3

해설

정답 ⑤

08 국소배기장치 설계에 관한 설명으로 옳지 않은 것은?

① 송풍기에서 가장 먼 쪽의 후드부터 설계한다.
② 설계 시 먼저 후드의 형식과 송풍량을 결정한다.
③ 1차 계산된 덕트 직경의 이론치보다 더 큰 크기의 시판 덕트를 선정한다.
④ 합류관 연결부에서 정압은 가능한 같아지게 한다.
⑤ 합류관 연결부의 정압비(SP_{high}/SP_{low})가 1.05 이내이면 정압 차를 무시하고 다음 단계 설계를 계속한다.

해설

○ 국소배기장치 설계 순서

1. 후드 형식 선정
공정에 적합한 후드를 선택(설계)한다.
2. 제어풍속 결정
발생원에서 오염물질 발생방향, 거리 및 후드 형식을 고려하여 적정한 제어풍속을 결정한다.
3. 설계 환기량 계산
제어풍속(m/s)과 후드의 개구면적(㎡)으로 설계환기량(Q)을 계산한다.
4. 이송속도(반송속도) 결정
오염물질의 종류에 따라 덕트 내 분진 등이 퇴적되지 않도록 덕트 내 이송속도(최소 덕트속도)를 구한다.
5. 덕트 직경 산출
설계환기량을 이송속도(반송속도)로 나누어 덕트 직경의 이론치를 산출한다.
최종 덕트속도가 최소 덕트속도보다 크도록 하기 위해 덕트 직경은 이론치보다 작은 것을 선택한다.

$$A = \frac{Q}{V} \times \frac{\min}{60s}$$

A=덕트의 단면적(㎡)
Q=배출풍량(㎥/min)
V=이송속도 또는 반송속도(m/s)
$A = \pi D^2 / 4$
D=덕트 직경(m)

6. 덕트의 배치와 설치장소 선정
덕트의 직경이 너무 커서 배치가 어려울 경우에는 후드의 설치장소와 후드의 형식을 재검토하여 송풍량을 적게 한다.
7. 공기정화장치 선정
유해물질 제거효율이 양호한 유해가스 처리장치 또는 제진장치 등의 공기정화장치를 선정한 후 압력손실을 계산 또는 가정하여야 한다.
8. 총압력손실 계산
후드 정압(SP_h)과 덕트 및 공기정화장치 등의 총압력손실의 합계를 산출한다.

9. 송풍기 선정
총압력손실(mmH₂O)과 총배기량(㎥/min)으로 송풍기 풍량(㎥/min)과 풍정압(mmH₂O) 그리고 소요동력을 결정하고 적절한 송풍기를 선정한다.

○ **국소배기장치 설계절차 중 덕트**
- 오염물질을 덕트 내에 침적 혹은 막힘 현상 없이 운반할 수 있는 공정에 맞는 덕트의 최소설계속도를 결정한다.
- 덕트 직경 계산: 필요환기량(송풍량)을 덕트 최소설계속도로 나누어서 덕트의 면적을 구한다.(이 면적으로 직경을 구함)
- 시판되는 덕트의 규격(직경크기)을 결정한다. 이 때 위에서 구한 덕트 최소설계속도보다는 덕트 내 실제속도가 커야 되므로 시판용 덕트의 직경은 계산된 덕트의 직경보다 더 작은 것을 선정해야 한다.
- 시판용 덕트의 단면적을 가지고 다시 역으로 계산하여 실제 덕트 속도를 구한다.

○ **정압비(SP_{high}/SP_{low} → 절대값이 큰 정압 / 절대값이 작은 정압)**
- 정압비가 1.2 혹은 이보다 큰 경우: 작은 정압 분지관을 재설계(Redesign)
- 정압비가 1.2보다 작고 1.05보다 큰 경우: 작은 정압 분지관의 유량 보정
- 정압비가 1.05보다 작은 경우: 특별한 조치를 취하지 않고 다음 단계 설계

정답 ③

09 입자상 물질에 관한 설명으로 옳은 것을 모두 고른 것은?

> ㄱ. 호흡성 분진(RPM)은 가스 교환 부위에 침착될 때 독성을 일으키는 물질이다.
> ㄴ. 석면이나 유리규산은 대식세포의 용해효소로 쉽게 제거된다.
> ㄷ. 우리나라 노출기준에는 산화규소 결정체 4종이 있으며, 모두 발암성 1A이다.
> ㄹ. 입자상 물질의 침강속도는 스토크 법칙(Stokes' law)을 따르며, 입자의 밀도와 입경에 반비례한다.

① ㄱ, ㄴ ② ㄱ, ㄷ
③ ㄴ, ㄹ ④ ㄴ, ㄷ, ㄹ
⑤ ㄱ, ㄴ, ㄷ, ㄹ

해설

○ **입자상 물질의 크기별 분류(ACGIH)**
1. 흡입성 먼지(Inhalable particulate mass - IPM)
- 입자크기 0~100㎛

- 호흡기계의 어느 부위에 침착하더라도 독성을 나타냄
- 목재먼지, 크롬 등

2. 흉곽성 먼지(Thoracic Particulate Mass - TPM)
- 입자크기 0~25 μm
- 50%가 침착되는 평균입자크기: 10μm
- 폐포나 폐기도에 침착되었을 때 독성을 나타냄

3. 호흡성 먼지(Respirable Particulate Mass - RPM)
- 입자크기 0~10 μm
- 50%가 침착되는 평균입자크기: 4μm
- 폐포에 침착될 때 독성을 나타냄(폐포 - 산소와 이산화탄소의 가스 교환)

○ **입자의 축적기전**

입자는 충돌(impaction), 침전(sedimentation), 확산(diffusion), 차단(interception) 현상에 의해 호흡기계에 축적된다.

1. 충돌

비강, 인후두 부위 등 공기흐름의 방향이 바뀌는 경우, 내포된 입자는 공기 흐름을 따라 순행하지 못하고 입자의 관성 때문에 원래 방향대로 이동하다가 공기 흐름의 방향이 변환되는 부위에 부딪혀 침착될 가능성이 크다. 주로 5~30μm 크기의 입자가 충돌현상에 의해 침착된다.

2. 침전

기관지, 세기관지, 종말세기관지 등 폐의 심층부에서는 공기 흐름이 느려지는데 이 경우 입자는 중력에 의하여 자연스럽게 낙하한다. 보통 1~5μm 크기의 입자가 침전 현상에 의해 축적된다.

3. 확산

미세입자들이 주위에 있는 기체분자와 충돌하여 무질서한 운동을 하다가 주위 세포의 표면에 침착되는 현상을 말한다. 비강에서 폐포에 이르기까지 1μm 이하 미세입자 축적에 중요한 현상이다.

4. 차단

길이가 긴 입자가 호흡기계로 들어오면 그 입자의 가장자리가 기도의 표면을 스치게 되어 침착하는 현상이다. 지름에 비해 길이가 긴 석면섬유와 같은 경우 차단현상에 의해 기관지, 세기관지 등에 침착될 가능성이 크다.

○ **인체 내 방어기전**

1. 점액 섬모운동 - 섬모(纖毛)를 일정한 방향으로 물결 모양으로 움직여서 노폐물을 배출
- 가장 기초적인 방어기전(가래 등)
- 섬모운동을 방해하는 물질 : 니켈, 카드뮴, 황화합물, 수은, 암모니아 등

2. 대식세포 작용
- 대식세포는 면역담당 세포로서 세균, 이물질 등을 포식, 소화하는 역할
- 대식세포가 방출하는 효소의 용해작용으로 제거
- 대식세포 효소에 제거되지 않는 물질 : <u>석면, 유리규산</u> 등

○ 화학물질 및 물리적 인자의 노출기준 - <별표1: 화학물질의 노출기준>

269	산화규소(결정체 석영)	Silica(Crystalline quartz) (Respirable fraction)	[14808-60-7] 발암성 1A, 호흡성
270	산화규소 (결정체 크리스토바라이트)	Silica(Crystalline cristobalite) (Respirable fraction)	[14464-46-1] 발암성 1A, 호흡성
271	산화규소 (결정체 트리디마이트)	Silica(Crystalline tridymite) (Respirable fraction)	[15468-32-3] 발암성 1A, 호흡성
272	산화규소 (결정체 트리폴리)	Silica(Crystalline tripoli) (Respirable fraction)	[1317-95-9] 발암성 1A, 호흡성

○ **스토크(Stokes' law) 법칙에 의한 침강속도**

스토크 법칙은 유체동역학에서 유체가 물체에 가하는 마찰력을 계산하는 공식이다.

$$V_g(cm/\sec) = \frac{d_p^2(\rho_p - \rho)g}{18\mu}$$

V_g : 침강속도, g : 중력가속도$(980cm/\sec)$, d_p : 입자직경(cm)

ρ_p : 입자밀도(g/cm^3), ρ : 밀도(g/cm^3), μ : 공기점성계수$(g/cm\sec)$

→ 침강속도는 중력과 더불어 항력, 즉 운동하는 물체에 작용하는 유체의 힘에 의해 결정된다. 항력은 물체의 침강속도가 증가할수록 커지며, 물체의 크기와 형상에 따라 좌우된다. 따라서 유체 속에 놓인 물체는 중력의 영향으로 점점 가속되지만, 속도가 증가할수록 유체의 저항력이 커지게 되어 가속도가 감소하게 되고, 결국은 일정한 속도에 수렴해 가는데 이때의 속도를 종말속도(terminal velocity)라 부른다. 유체 내에서 이와 같은 퇴적물의 하강은 스토크스 법칙(Stokes' Law)을 따른다. 스토크스 법칙에 따르면 침강속도는 퇴적물의 밀도가 클수록, 유체의 밀도가 작을수록, 퇴적물의 입경이 클수록, 유체의 점성도가 작을수록 커지게 된다.

즉, 침강속도는 입자직경(d) 제곱에 비례하고, 밀도에 비례한다.

즉, 침강속도는 입자직공 재곱(d^2)에 비례하고, 밀도에 비례한다.

정답 ②

입경이 50㎛이고 입자비중이 1.32인 입자의 침강속도는? (단, 입경이 1~50㎛인 먼지의 침강속도를 구하기 위한 것으로 스토크 법칙을 따른다)

① 8.6cm/sec
② 9.9cm/sec
③ 11.9cm/sec
④ 13.6cm/sec
⑤ 15.6cm/sec

해설

침강속도(V, cm/sec) = $0.003 \times$ 밀도(비중, ρ) $\times$ 입경^2(d^2)
　　　　　　　　 = $0.003 \times 1.32 \times 50^2$
　　　　　　　　 = 9.9

정답 ②

 공장의 높이가 3m인 작업장에서 입자의 비중이 1.0이고, 직경이 1.0㎛인 구형 먼지가 바닥으로 모두 가라앉는 데 걸리는 시간은 이론적으로 얼마인가?

① 약 0.8시간
② 약 8시간
③ 약 18시간
④ 약 28시간
⑤ 약 38시간

해설

1. 침강속도(cm/sec)를 먼저 구한다.
2. 시간(hr) = $\dfrac{\text{높이(거리)}}{\text{침강속도}}$

* 단위에 주의할 것!

정답 ④

예상 3 입경이 14㎛이고, 밀도가 1.5g/cm³인 입자의 침강속도는?

① 0.55cm/sec
② 0.59cm/sec
③ 0.68cm/sec
④ 0.75cm/sec
⑤ 0.88cm/sec

해설

정답 ⑤

 예상 4 미국산업위생전문가협의회(ACGIH)의 발암물질 구분으로 '동물 발암성 확인물질, 인체 발암성 모름'에 해당하는 Group은?

① A1
② A2
③ A3
④ A4
⑤ A5

해설

○ **미국산업위생전문가협의회(ACGIH)의 발암물질 구분**
A1: 인체 발암 확인(확정) 물질 →석면, 6가 크롬, 벤지딘, 아크릴로니트릴, 염화비닐, 콜타르피치 휘발물질
A2: 인체 발암 추정물질(인체 발암이 의심되는 물질)→벤젠, 베릴륨, 카드뮴, 포름알데히드, 하이드라진, 클로로포름, O-톨루엔, 비소(arsenic, AS), 납·아연·크롬의 크롬화합물
A3: 동물 발암성 확인물질, 인체 발암성을 모름
A4: 인체 발암성 미분류 물질(인체 발암성이 확인되지 않은 물질)
A5: 인체 발암성 미의심 물질

정답 ③

다음 중 먼지가 호흡기계로 들어올 때 인체가 가지고 있는 방어기전으로 가장 적정하게 조합된 것은?

① 면역작용과 폐 내의 대사작용
② 폐포의 활발한 가스교환과 대사작용
③ 점액 섬모운동과 가스교환에 의한 정화
④ 점액 섬모운동과 폐포의 대식세포 작용
⑤ 점액 섬모운동과 폐 내의 대사작용

| 해설 |

정답 ④

 화학물질 및 물리적 인자의 노출기준에서 발암성 정보물질 중 '사람에게 충분한 발암성 증거가 있는 물질'에 대한 표기방법으로 옳은 것은?

① 1
② 1A
③ 1B
④ 2
⑤ 2A

| 해설 |

○ 발암성 정보물질의 표기는 「화학물질의 분류·표시 및 물질안전보건자료에 관한 기준」에 따라 다음과 같이 표기함
가. 1A: 사람에게 충분한 발암성 증거가 있는 물질
나. 1B: 시험동물에서 발암성 증거가 충분히 있거나, 시험동물과 사람 모두에서 제한된 발암성 증거가 있는 물질
다. 2: 사람이나 동물에서 제한된 증거가 있지만, 구분1로 분류하기에는 증거가 충분하지 않은 물질

○ 국제암연구소(IARC)
IARC는 WHO(세계보건기구)의 산하 기구로서 가장 널리 통용되는 발암성분류 시스템을 개발하였다.
1. Group1(1급): 인체 발암성 물질
2. Group2A(2A급): 인체 발암 추정 물질
3. Group2B(2B급): 인체 발암 가능 물질
4. Group3(3급): 인체 발암성 비분류 물질
5. Group4(4급): 인체 비발암성 추정 물질

구분	우리나라 (GHS: 국제적 조화시스템)	IARC	ACGIH
인간에게 발암 확정 인자	구분1A	Group1	A1
인간에게 발암 우려 인자	구분1B	Group2A	A2
인간에게 발암 가능 인자	구분2	Group2B	A3
인간에게 발암여부 확실히 구분할 수 없는 물질(발암 가능하나 자료 부족 상태)	-	Group3	A4
발암성 물질로 의심되지 않는 인자	-	Group4	A5

정답 ②

다음 중 ACGIH의 발암성 분류 및 유해물질을 올바르게 나열한 것은?

① A1: 벤젠, asbestos(아스베스토스, 석면)
② A2: 비소, 6가 크롬
③ A3: 베릴륨, 납
④ A4: 카드뮴, 카본
⑤ A5: O-톨루엔, 콜타르피치 화합물

> **해설**
>
> ○ 미국산업위생전문가협의회(ACGIH)의 발암물질 구분
> A1: 인체 발암 확인(확정) 물질 →석면, 6가 크롬, 벤젠, 아크릴로니트릴, 염화비닐, 콜타르피치 휘발 물질
> A2: 인체 발암 추정물질(인체 발암이 의심되는 물질)→베릴륨, 카드뮴, 포름알데히드, 하이드라진, 클로로포름, O-톨루엔, 비소(arsenic, AS), 납·아연·크롬의 크롬화합물,
> A3: 동물 발암성 확인물질, 인체 발암성을 모름
> A4: 인체 발암성 미분류 물질(인체 발암성이 확인되지 않은 물질)
> A5: 인체 발암성 미의심 물질

정답: ①

10 화학물질 및 물리적 인자의 노출기준에서 "발암성 1A"가 아닌 중금속은?

① 비소 및 그 무기화합물
② 니켈(가용성 화합물)
③ 니켈(불용성 무기화합물)
④ 수은 및 무기형태(아릴 및 알킬화합물 제외)
⑤ 카드뮴 및 그 화합물

해설

메틸수은의 인체 발암성을 입증할 만한 근거는 아직 없지만 1993년 세계보건기구 산하 국제암연구소(IARC)에서는 메틸수은화합물을 group 2B(인체 발암 가능물질)로 분류하고 있다.

일련번호	유해물질의 명칭		비 고 (CAS번호 등)
	국문표기	영문표기	
324	수은 및 무기형태 (아릴 및 알킬 화합물 제외)	Mercury elemental and inorganic form(All forms except aryl & alkyl compounds)	[7439-97-6] 생식독성 1B, Skin

○ 화학물질 및 물리적 인자의 노출기준

<별표 1> 화학물질의 노출기준 → 발암성 1A 항목만 편집

일련번호	유해물질의 명칭		비 고 (CAS번호 등)
	국문표기	영문표기	
43	**니켈(가용성화합물)**	Nickel (Soluble compounds, as Ni)	[7440-02-0] 발암성 1A
44	**니켈(불용성 무기화합물)**	Nickel(Insoluble Inorganic compounds, as Ni)	[7440-02-0] 발암성 1A
46	니켈 카르보닐	Nickel carbonyl, as Ni	[13463-39-3] 발암성 1A, 생식독성 1B
129	1,2-디클로로프로판	1,2-Dichloropropane	[78-87-5] 발암성 1A
151	린데인	Lindane	[58-89-9] 발암성 1A, 수유독성, Skin
174	4,4'-메틸렌비스 (2-클로로아닐린)	4,4'-Methylenebis (2-chloroaniline)	[101-14-4] 발암성 1A, Skin

일련번호	유해물질의 명칭 국문표기	유해물질의 명칭 영문표기	비고 (CAS번호 등)
210	목재분진(적삼목)	Wood dust(Western red cedar, Inhalable fraction)	흡입성, 발암성 1A
211	목재분진 (적삼목외 기타 모든 종)	Wood dust(All other species, Inhalable fraction)	흡입성, 발암성 1A
222	베릴륨 및 그 화합물	Beryllium & Compounds	[7440-41-7] 발암성 1A, Skin
223	베타-나프틸아민	β-Naphthylamine	[91-59-8] 발암성 1A
226	벤젠	Benzene	[71-43-2] 발암성 1A, 생식세포 변이원성 1B, Skin
231	벤조 피렌	Benzo(a) pyrene	[50-32-8] 발암성 1A, 생식세포 변이원성 1B, 생식독성 1B
232	벤지딘	Benzidine	[92-87-5] 발암성 1A, Skin
234	1,3-부타디엔	1,3-Butadiene	[106-99-0] 발암성 1A, 생식세포 변이원성 1B
235	부탄(이성체)	Butane, isomers	[75-28-5][106-97-8] 발암성 1A, 생식세포 변이원성 1B (부타디엔 0.1% 이상인 경우에 한정함)
262	**비소 및 그 무기화합물**	Arsenic & inorganic compounds, as As	[7440-38-2] 발암성 1A
263	비스-(클로로메틸)에테르	bis-(Chloromethyl)ether	[542-88-1] 발암성 1A
269	산화규소(결정체 석영)	Silica(Crystalline quartz) (Respirable fraction)	[14808-60-7] 발암성 1A, 호흡성
270	산화규소 (결정체 크리스토바라이트)	Silica(Crystalline cristobalite) (Respirable fraction)	[14464-46-1] 발암성 1A, 호흡성
271	산화규소 (결정체 트리디마이트)	Silica(Crystalline tridymite) (Respirable fraction)	[15468-32-3] 발암성 1A, 호흡성
272	산화규소 (결정체 트리폴리)	Silica(Crystalline tripoli) (Respirable fraction)	[1317-95-9] 발암성 1A, 호흡성
283	산화 에틸렌	Ethylene oxide	[75-21-8] 발암성 1A, 생식세포 변이원성 1B

일련번호	유해물질의 명칭		비고 (CAS번호 등)
	국문표기	영문표기	
289	삼차부틸크롬산	tert-Butyl chromate, as CrO₃	[1189-85-1] 발암성 1A, Skin
298	석면(모든 형태)	Asbestos(All forms)	발암성 1A
327	스트론티움크로메이트	Strontium chromate	[7789-06-2] 발암성 1A
354	4-아미노디페닐	4-Aminodiphenyl	[92-67-1] 발암성 1A, Skin
358	아세네이트 연	Lead arsenate, as Pb(AsO₄)₂	[7784-40-9] 발암성 1A, 생식독성 1A
372	아황화니켈	Nickel subsulfide(Inhalable fraction)	[12035-72-2] 발암성 1A, 생식세포 변이원성 2, 흡입성
390	액화 석유가스	L.P.G(Liquified petroleum gas)	[68476-85-7] 발암성 1A, 생식세포 변이원성 1B (부타디엔 0.1%이상인 경우에 한정함)
413	에틸 알코올	Ethyl alcohol	[64-17-5] 발암성 1A (알코올 음주에 한정함)
441	오쏘-톨루이딘	o-Toluidine	[95-53-4] 발암성 1A, Skin
456	우라늄 (가용성 및 불용성 화합물)	Uranium(Soluble & insoluble compounds, as U)	[7440-61-1] 발암성 1A
512	**카드뮴 및 그 화합물**	Cadmiu and compounds, as Cd (Respirable fraction)	[7440-43-9] 발암성 1A, 생식세포 변이원성 2, 생식독성 2, 호흡성
535	크로밀 클로라이드	Chromyl chloride	[14977-61-8] 발암성 1A, 생식세포 변이원성 1B
537	크롬광 가공(크롬산)	Chromite ore processing (Chromate), as Cr	[7440-47-3] 발암성 1A
539	크롬(6가)화합물 (불용성무기화합물)	Chromium(Ⅵ)compounds(Water insoluble inorganic compounds)	[18540-29-9] 발암성 1A
540	크롬(6가)화합물 (수용성)	Chromium(Ⅵ)compounds (Water soluble)	[18540-29-9] 발암성 1A
541	크롬산 연	Lead chromate, as Cr	[7758-97-6] 발암성 1A, 생식독성 1A

일련번호	유해물질의 명칭		비 고 (CAS번호 등)
	국문표기	영문표기	
542	크롬산 연	Lead chromate, as Pb	[7758-97-6] 발암성 1A, 생식독성 1A
543	크롬산 아연	Zinc chromates, as Cr	[13530-65-9][11103-86-9][37300-23-5] 발암성 1A
554	클로로메틸 메틸에테르	Chloromethyl methylether	[107-30-2] 발암성 1A
563	클로로에틸렌	Chloroethylene	[75-01-4] 발암성 1A
617	트리클로로에틸렌	Trichloroethylene	[79-01-6] 발암성 1A, 생식세포 변이원성 2
626	입자상다환식방향족 탄화수소(벤젠에 가용성)	Particulate polycyclicaromatic hydrocarbons(as benzene solubles)	발암성 1A~2 (물질의 종류에 따라 발암성 등급 차이가 있음)
669	포름알데히드	Formaldehyde	[50-00-0] 발암성 1A, 생식세포 변이원성 2
723	황산	Sulfuric acid(Thoracic fraction)	[7664-93-9] 발암성 1A(강산 Mist에 한정함), 흉곽성
727	황화니켈 (흄 및 분진)	Nickel sulfide roasting (Fume & dust, as Ni)	[16812-54-7] 발암성 1A, 생식세포 변이원성 2
729	휘발성 콜타르피치 (벤젠에 가용물)	Coal tar pitch volatiles (Benzene solubles)	[65996-93-2] 발암성 1A, 생식독성 1B
731	기타 분진 (산화규소 결정체 1% 이하)	Particulates not otherwise regulated(no more than 1% crystalline silica)	발암성 1A (산화규소 결정체 0.1% 이상에 한함)
731	기타 분진 (산화규소 결정체 1% 이하)	Particulates not otherwise regulated(no more than 1% crystalline silica)	발암성 1A (산화규소 결정체 0.1% 이상에 한함)

정답 ④

11 물리적 유해인자의 관리방법으로 옳지 않은 것은?

① 고압환경에서는 질소 대신 헬륨으로 대치한 공기를 흡입한다.
② 고온순화(순응)는 노출 후 4~7일부터 시작하여 12~14일에 완성된다.
③ 자유공간(점음원)에서 거리가 2배 증가하면 소음은 6dB 감소한다.
④ 진동공구 작업자는 금연하는 것이 바람직하다.
⑤ 전리방사선의 강도는 거리의 제곱근에 비례한다.

해설

고압 환경에서 작업할 때에는 질소를 헬륨으로 대치한 공기를 호흡시키는 것이 좋다. 수중에서 압력 변화와 감압증은 헨리의 법칙(Henru's law)과 달톤의 법칙(Dalton's law)에 따른다. 헨리의 법칙에 의하면 특정 온도에서 액체상태로 용해될 가스의 양은 가스의 부분압에 직접적으로 비례하고, 달톤의 법칙에 의하면 특정 가스의 분압은 현존하는 모든 가스의 부분압의 합이다. 즉, 대기가스의 78%를 차지하는 불활성가스인 질소는 스쿠버 다이버의 혈관이나 기관에서 가스법칙을 따를 때 부작용을 유발하는 가스이다. 탱크의 가스로 호흡을 하면서 하강할 때 증가된 압력으로 수면에서 보다 더 많은 질소가 조직 속으로 스며들게 된다. 충분한 질소가 신체조직에 용해된 상태에서 수면으로 급상승하게 될 때 가스는 폐에서 서서히 배출하지 못하고, 질소는 용해된 상태에서 가스형태로 변화하여 신체의 혈관과 조직에서 버블을 형성하게 된다. 이 때 발생한 버블이 감압증(DCS)이라 부르는 실체이다.

○ 방사선 피폭의 최소화 방안
방사선 피폭을 줄이기 위해서는 시간, 거리, 차폐의 외부 피폭의 3대 방어원칙을 적절히 병행하여 합리적으로 피폭선량을 가능한 한 낮게 유지해야 한다.
1) 시간: 방사선에 피폭되는 시간을 의미하며 방사선 피폭량은 시간에 비례하게 된다. 따라서 방사선 테스트 작업 시간을 가능한 한 짧게 하고 작업 전 반드시 고지한다. 필요 이상으로 선원이나 조사장치 근처에 오래 머무르지 않는다.
2) 거리: 방사선량의 강도는 선원으로부터 거리 제곱에 반비례하여 감소하기 때문에 작업 시 가능한 한 거리를 멀리 해야 한다.
3) 차폐: 차폐체의 재질은 일반적으로 원자 번호 및 밀도가 클수록 방사선에 대한 차폐효과가 크며 차폐체는 선원체 가까이 할수록 크기를 줄일 수 있어 경제적이다.
방사선원과 인체 사이에 방사선의 에너지를 대신 흡수할 수 있는 물체를 두어 방사선 피폭 강도를 감소시키는 것으로 납 또는 콘크리트를 이용하여 적절한 차폐체를 설치한다. 차폐체가 두꺼울수록 후방에서 피폭되는 선량이 줄어든다.

○ 고온순화
고온작업환경에서도 잘 적응할 수 있도록 순화된 신체상태. 고온순화가 이루어진 상태에서는 기온이 낮은 환경온도에서도 땀이 나기 시작하며, 발한량이 증가해도 땀 속의 염분량이 감소하고, 혈장량이 증가해 맥박수가 감소해도 심장의 박출량이 증가한다.

1. 생리적 변화
근육의 최대산소 섭취량 증가, 혈장량 증가, 심박출량과 수축력 증가, 심박수 감소, 땀을 빨리 배출, 최대 땀분비량 증가, 땀의 나트륨 농도는 감소(알도스테론 분비의 증가로 인함), 사구체 여과율 증가

2. 시기
노출된 지 4~7일 후 시작하여 12~14일에 완성. 그러나 고온 노출 중지 후 2주 지속되다가 1개월 뒤 완전 소실된다. 고온 순화는 개인의 감수성에 따라 다르다.

니코틴은 혈관을 수축시키기 때문에 진동공구를 조작하는 동안 금연한다.

1. 웨버와 피히너의 법칙(Weber-Fencher's law)
심리적 감각량은 자극의 강도가 아니라 로그(log)에 비례하여 지각된다.
2. 실체파(점음원: 종파, 횡파)
역 2승 법칙으로 거리가 2배가 될수록 $10 \times \log(거리)^2 = 10 \times \log(2)^2 = 20 \times \log(거리) = 6dB$
3. 표면파(면음원: R파, L파)
역 1승 법칙으로 거리가 2배가 될수록 $10 \times \log(거리)^1 = 3dB$
4. 음의 세기(W/m2)

$I = 10 \times \log \dfrac{I}{I0}$

$I0 = 10^{-12}$이다. 사람의 최소 가청음의 세기이다.
5. 음압레벨(SPL, 소음레벨, N/m^2) → **음압레벨과 점음원은 20×log이다.**

$SPL = 20 \times \log \dfrac{P(음압)}{P0(기준음압)}$

여기서 $P_0 = 2 \times 10^{-5} N/m^2$
6. 음향파워레벨(PWL, sound power level)

$PWL = 10 \times \log \dfrac{W(대상음원의 음향파워)}{W0(기준음향파워)}$

여기서 $W_0 = 10^{-12}$이다.

정답 ⑤

예상 1 소음의 음압수준단위인 dB의 계산식은? (단, P: 음압, P0: 기준음압)

① $dB = 10 \times \log(P/P_0)$
② $dB = 20 \times \log(P/P_0)$
③ $dB = 20\log P + \log P_0$
④ $dB = \log(P/P_0) + 10$
⑤ $dB = \log(P/P_0) + 20$

해설

정답 ②

 예상 2 공장 내 지면에 설치된 한 기계에서 10m 떨어진 지점에서의 소음이 70dB(A)이었다. 기계의 소음이 50dB(A)로 들리는 지점은 기계에서 몇 m 떨어진 곳인가? (단, 점음원 기준이며, 기타 조건은 고려하지 않음)

① 50
② 100
③ 150
④ 200
⑤ 250

해설

○ **음압이 점음원일 때의 음압레벨**
SPL$_1$: r$_1$에서의 음압레벨(dB)
SPL$_2$: r$_2$에서의 음압레벨(dB)
$$SPL_1 - SPL_2 = 20 \times \log \frac{r_2}{r_1}$$
음압이 점음원일 때의 음압레벨을 위 식에 대입하여 구하면 된다.
$$70 - 50 = 20 \times \log \frac{X}{10}$$
X = 100(m)

정답 ②

예상 3 점음원의 거리 감쇠에서 음원으로부터 거리가 2배 멀어지면 음압레벨의 감쇄치는?

① 3dB 감소
② 4dB 감소
③ 5dB 감소
④ 6dB 감소
⑤ 7dB 감소

해설

점음원의 경우 $SPL_1 - SPL_2 = 20 \times \log \dfrac{r_2}{r_1}$

r_1이 $2r_1$이 되는 경우이다.

만일, 선음원의 경우라면 거리가 2배 멀어지면 3dB 감소한다.

정답 ④

예상 4 현재 총흡음량이 2,000sabins인 작업장의 천장에 흡음물질을 첨가하여 3,000sabins을 더할 경우 소음감소는 어느 정도로 예측되는가?

① 4dB
② 6dB
③ 7dB
④ 10dB
⑤ 20dB

해설

소음저감량(dB) = $10 \times \log \dfrac{2{,}000 + 3{,}000}{2{,}000} = 3.97\ldots$

정답 ①

자유공간(free field)에서 거리가 5배 멀어지면 소음수준은 초기보다 몇 dB 감소하는가? (단, 점음원 기준)

① 11dB
② 14dB
③ 17dB
④ 19dB
⑤ 21dB

해설

점음원의 경우 $SPL_1 - SPL_2 = 20 \times \log \dfrac{r_2}{r_1}$

r_1이 $2r_1$이 되는 경우이다.

만일, 선음원의 경우라면 거리가 5배 멀어지면 13.97dB 감소한다.

정답 ②

 어떤 소음의 음압이 20N/㎡일 때, 음압수준(dB)은?

① 80
② 100
③ 120
④ 140
⑤ 160

해설

○ 음압레벨(SPL, 소음레벨, N/m²)

$SPL = 20 \times \log \dfrac{P(음압)}{P_0(기준음압)}$

여기서 $P_0 = 2 \times 10^{-5} N/m^2$

정답 ③

12. 다음 조건을 고려하여 공기 중 섬유상물질의 농도(개/㎤)를 구하면 약 얼마인가?

- 직경 25mm 여과지(유효직경 22.1mm)
- 시료채취 시간: 1시간 30분
- 공기시료 채취기의 유량보정: 뷰렛의 용량 0.90 ℓ
  채취 전(초): 15.2, 15.35, 15.6
  채취 후(초): 16.3, 16.35, 16.45
- 위상차현미경을 이용하여 섬유상 물질을 계수한 결과
  공시료: 0.02개/시야
  시 료: 150개/30시야
  (단, Walton-Beckett Field(시야)의 직경은 100㎛)

① 0.2
② 0.4
③ 0.6
④ 0.8
⑤ 1.0

해설

- 1시야당 실제 섬유상 물질의 개수(공시료 제외): $\dfrac{5개}{시야} - \dfrac{0.02개}{시야} = 4.98개/시야$

- 여과지의 유효면적: $\left(\dfrac{\pi \times 22.1^2}{4}\right)mm^2 = 383.4\,mm^2$

- 공기채취량(L) = 시료채취pump용량(L/분) × 시료채취시간(분)
- 채취유량(L/분) = 뷰렛용량(L) ÷ 걸린시간(분)

- 채취전 pump용량: $\dfrac{0.90L}{\left(\dfrac{15.2+15.35+15.6}{3}\right)\text{sec}} = 0.0585\,L/\text{sec} \times 60(s/\min) = 3.51\,L/\min$

- 채취후 pump용량: $\dfrac{0.90L}{\left(\dfrac{16.3+16.35+16.45}{3}\right)\text{sec}} = 0.0549\,L/\text{sec} \times 60(s/\min) = 3.3\,L/\min$

- 평균 pump 용량: $\dfrac{3.51L/\min + 3.3L/\min}{2} = 3.4\,L/\min$

공기채취량 = 3.4L/min(pump용량) × 90min(시료채취시간) = 306L

100㎛ 직경의 원형 시야(시야면적: $0.00785\,mm^2$)를 가지는 월톤-버켓 그래티큘 (Walton-Beckett Field)

- 여과지의 유효면적인 $383.4mm^2$에 채취된 총 섬유상 물질의 개수

  $$\frac{4.98개}{0.00785mm^2} \times 383.4mm^2 = 243.227개$$

- 공기 중 섬유상 물질의 농도 = $\frac{243.227개}{306L} \times \frac{1L}{1000cc}$ = 0.8개/cc = 0.8개/㎤

정답 ④

 예상 1

위상차현미경을 이용하여 석면시료를 분석하였더니 시료는 1시야당 3.1개(3.1개/시야)이고, 공시료는 1시야당 0.05개(0.05개/시야)였다. 25mm여과지(유효직경 22.14mm)를 사용하여 2.4L/분으로 1.5시간을 시료채취 하였을 때, 공기 중 석면농도(개/cc)는 얼마인가?

① 0.59개/cc
② 0.69개/cc
③ 0.79개/cc
④ 0.89개/cc
⑤ 0.99개/cc

해설

○ 섬유상물질의 농도(개/㎤=개/cc) 구하기
1. 1시야당 섬유상 개수
2. 여과지의 유효면적($\pi D^2/4$)→D는 유효직경
3. 1시야의 면적은 $0.00785mm^2$이다. 단, Walton-Beckett Field(시야)의 직경은 100㎛

여과지 유효면적(카세트에 의하여 눌리는 면적을 제외한 실제 시료가 채취되는 면적)에 채취된 **총섬유상 물질의 개수** = 여과지유효면적 $\times \dfrac{1시야당 개수}{0.00785}$

여기서 구한 섬유상 물질의 개수가 공기 중에 포함되어 있다는 의미가 공기 중 농도이다. 한편 1L=1,000cc이고 1ml=1cc=1cm³도 알아두도록 하자.

○ 위상차현미경
월톤-베켓 눈금자가 있는 위상차현미경으로 분석한다.
월톤-베켓 눈금자는 원형으로 되어 있는데, 직경이 100㎛이므로 면적, 즉 1시야의 면적은 $0.00785mm^2$이다.

섬유상 물질에서 '섬유'란 길이가 5㎛ 이상이고, 길이 대 너비의 비가 3:1 이하인 것을 의미한다. 석면의 경우 대표적인 섬유상 물질로 폐암, 중피종, 석면폐 등을 일으키는 물질이다. 석면은 카세트의 위 뚜껑을 제거한 오픈페이스(open face) 상태로 시료를 채취하여 위상차현미경으로 분석한다.

(문제풀이)
1. 1시야당 섬유상 개수=3.1개/시야-0.05개/시야=3.05개/시야
2. 여과지의 유효면적($\pi D^2/4$)→D는 유효직경=385mm^2
3. 1시야의 면적은 0.00785mm^{2}이다.

채취된 **총섬유상 물질의 개수** = 여과지유효면적 × $\dfrac{1시야당 개수}{0.00785}$

여기에 대입하면 섬유상 물질의 개수를 구할 수 있다.

섬유상 물질의 개수=385 × $\dfrac{3.05}{0.00785}$ =149585.987261

공기 중 농도를 구하면 2.4L/분으로 1.5시간(90분)이므로 216L의 공기 중에 섬유상 물질의 개수가 있는 것이므로 $\dfrac{149585.99}{216L}$ × $\dfrac{1L}{1,000cc}$ =0.6925…(개/cc)

정답 ②

예상 2

월톤-베켓 눈금자가 삽입된 위상차현미경을 이용하여 100시야(100field)당 백석면을 분석하였던 1개로 계수된 섬유가 50개, 0.5개로 계수된 섬유가 30개(즉, 15개)였다. 여과지 단위면적(mm2)당 섬유 개수는?

① 8.28개
② 82.8개
③ 828개
④ 10.19개
⑤ 101.9개

해설

월톤-베켓 눈금자 위상차현미경에서 계수에 이용된 면적은 1시야당 0.00785mm^{2}이다.
문제에서는 100시야이므로 0.00785mm^2×100=0.785mm^{2}임을 알 수 있다.
한편, 섬유의 총 개수는 65개(50개+15개)이다.
따라서 65개:0.785mm^2=x개:1mm^2
이 식을 풀면 x=82.8개/mm2이다.

정답 ②

작업환경측정 및 정도관리 등에 관한 고시에 의하여 공기 중 석면을 위상차현미경으로 분석할 경우 그 길이가 얼마 이상인 것을 계수하는가?

① 0.1㎛

② 1㎛

③ 5㎛

④ 10㎛

⑤ 15㎛

해설

정답 ③

유기용제 취급 사업장의 메탄올 농도 측정 결과가 100, 89, 94, 99, 120ppm일 때, 이 사업장의 메탄올 농도 기하평균(ppm)은?

① 99.4

② 99.9

③ 100.4

④ 102.3

해설

기하평균은 곱의 평균으로 (100×89×94×99×120)1/5=99.877…

정답 ②

특정 상황에서는 측정기구 없이 수학적인 모델링 또는 공식을 이용하여 공기 중 해당물질의 농도를 추정할 수 있다. 온도가 25℃, 1기압인 밀폐된 공간에서 수은증기가 포화상태에 도달했을 때의 공기 중 수은 농도는?(단, 수은의 원자량 201의 증기압은 25℃, 1기압에서 0.002mmHg이다)

① 26.3ppm
② 26.3mg/㎥
③ 21.6ppm
④ 21.6mg/㎥
⑤ 216mg/㎥

해설

포화농도(ppm) = $\dfrac{\text{물질의 증기압}(mmHg)}{\text{대기압}(mmHg)} \times 10^6$

이 식에 대입하면 된다. 2.63ppm

mg/㎥ = ppm × $\dfrac{\text{분자량}}{24.45}$

이 식에 대입하면 21.6mg/㎥

* 참고로 1기압은 760mmHg이다. 25℃, 1기압에서의 부피는 24.45L이다.

정답 ④

13 실험실로 I-131(반감기 8.04일)이 들어있는 보관함이 배달되었으며, 방사능을 측정한 결과 500pCi였다. 30일 후 방사능(pCi)은 약 얼마인가?

① 37.6
② 32.6
③ 27.6
④ 22.6
⑤ 17.6

해설

반감기(1차 반응식)
'반감기'란 농도(질량)가 정확히 반으로 되는데 걸리는 시간으로 예를 들면, 코발트의 반감기는 5.3년 이라 할 때, 코발트의 질량이 20%가 되는데 걸리는 시간을 구해보자.

$\ln(\text{나중질량}) - \ln(\text{처음질량}) = -k \times t$

여기서 k는 반응속도 상수, t는 시간이다.

$\ln(1/2) = -k \times 5.3(\text{년})$

따라서 k=0.1307...

문제는 코발트의 질량이 20%가 되는 것이므로

$\ln(20/100) = -k \times t$

여기서 t(시간)를 구하면 된다. t=12.31....(년)

풀이)

$\ln(\text{나중질량}) - \ln(\text{처음질량}) = -k \times t$

$\ln(0.5) = -k \times (8.04\text{일})$

k=0.08621...

$\ln(x/500) = -k \times (30\text{일})$

정답 ①

어떤 물질의 1차 반응에서 반감기가 10분이었다. 반응물이 1/10 농도로 감소할 때까지 얼마의 시간(분)이 걸리겠는가?

① 6.9
② 33.2
③ 169
④ 693
⑤ 3,323

해설

○ 반감기(1차 반응식)
ln(나중질량)-ln(처음질량)=-k×t
여기서 k는 반응속도 상수, t는 시간이다.
ln(1/2)=-k×10(분)
k를 먼저 구하면 아주 쉽게 해결된다.

정답 ②

 다음 중 생물학적 모니터링을 위한 시료채취시간에 제한이 없는 것은?

① 소변 중 카드뮴
② 소변 중 아세톤
③ 호기 중 일산화탄소
④ 소변 중 6가 크롬
⑤ 소변 중 톨루엔

해설

중금속(납, 망간, 수은, 비소, 카드뮴)은 일반적으로 반감기가 길기 때문에 시료의 채취시간 제한이 없다.

정답 ①

14 개인보호구에 관한 설명으로 옳은 것을 모두 고른 것은?

ㄱ. 유기화합물용 정화통은 습도가 높을수록 수명은 길어진다.
ㄴ. 산소결핍장소에서는 전동식 호흡보호구를 착용한다.
ㄷ. 보호구 안전인증 고시에서 액체 차단 보호복은 3형식, 분진 차단 보호복은 5형식이다.
ㄹ. 보호구 안전인증 고시에서 귀마개 등급은 1종과 2종으로 구분한다.

① ㄱ, ㄴ
② ㄷ, ㄹ
③ ㄱ, ㄷ, ㄹ
④ ㄴ, ㄷ, ㄹ
⑤ ㄱ, ㄴ, ㄷ, ㄹ

해설

○ KOSHA-Guide H-82-2020 호흡보호구의 선정·사용 및 관리에 관한 지침

<표 1> 호흡보호구의 종류

분류	공기정화식		공기공급식	
종류	비전동식	전동식	송기식	자급식
안면부 등의 형태	전면형, 반면형	전면형, 반면형	전면형, 반면형, 페이스실드, 후드	전면형
보호구 명칭	방진마스크, 방독마스크, 겸용 방독마스크(방진+방독)	전동기 부착 방진마스크, 방독마스크, 겸용 방독마스크(방진+방독)	호스 마스크, 에어라인 마스크, 복합식 에어라인 마스크	공기호흡기 (개방식), 산소호흡기 (폐쇄식)

* 송기마스크: 호흡용 보호구 중에서 공기호스 등으로 호흡용 공기를 공급할 수 있도록 만들어진 호흡용 보호구를 말한다. <u>산소결핍장소에서 사용한다</u>
* 유기화합물용(유기용제) 정화통은 습도가 낮을수록 수명이 길어진다.

○ 보호구 안전인증 고시
[별표 8의2] 화학물질용 보호복의 성능기준(제25조 관련)→암기법: 차/비/액/무/진/미

형식		형식구분 기준
1형식	1a형식	보호복 내부에 개방형 공기호흡기와 같은 대기와 독립적인 호흡용 공기공급이 있는 가스 차단 보호복
	1a형식 (긴급용)	긴급용 1a 형식 보호복
	1b형식	보호복 외부에 개방형 공기호흡기와 같은 호흡용 공기공급이 있는 가스 차단 보호복
	1b형식 (긴급용)	긴급용 1b 형식 보호복
	1c형식	공기라인과 같은 양압의 호흡용 공기가 공급되는 가스 차단 보호복
2형식		공기라인과 같은 양압의 호흡용 공기가 공급되는 가스 비차단 보호복
3형식		액체 차단 성능을 갖는 보호복. 만일 후드, 장갑, 부츠, 안면창(visor) 및 호흡용보호구가 연결되는 경우에도 액체 차단 성능을 가져야 한다.
4형식		분무 차단 성능을 갖는 보호복. 만일 후드, 장갑, 부츠, 안면창(visor) 및 호흡용보호구가 연결되는 경우에도 분무 차단 성능을 가져야 한다.
5형식		분진 등과 같은 에어로졸에 대한 차단 성능을 갖는 보호복
6형식		미스트에 대한 차단 성능을 갖는 보호복

비고 : 3, 4, 6 형식은 부분보호복을 인정한다.
나. 보호복의 등급은 투과저항 화학물질과 그 성능수준으로 한다.
다. 1, 2형식 보호복은 안전장갑과 안전화를 포함하는 일체형이야 한다.

[별표 12] 방음용 귀마개 또는 귀덮개의 성능기준(제33조 관련)

종류	등급	기호	성능	비고
귀마개	1종	EP-1	저음부터 고음까지 차음하는 것	귀마개의 경우 재사용 여부를 제조특성으로 표기
귀마개	2종	EP-2	주로 고음을 차음하고 저음(회화음영역)은 차음하지 않는 것	
귀덮개	–	EM		

정답 ②

15. 톨루엔 노출 작업자의 호흡보호구에 적합한 정성적 밀착도 검사(QLFT) 방법은?

① 초산이소아밀법
② 사카린법
③ 자극성 스모그법
④ 공기 중 에어로졸법(Condensation Nucleus Counter)
⑤ 통제음압모니터법(Controlled Negative-Pressure Monitor)

해설

○ Kosha Guide H-82-2020 호흡보호구의 선정·사용 및 관리에 관한 지침
<부록 2> 밀착도 검사 방법
1. 방진마스크
 · 정성적 밀착도 검사 방법 - 사카린(Saccharin) 에어로졸법
 · 정량적 밀착도 검사 방법 - 공기 중 에어로졸 측정법(Condensation Nucleus Counter)
2. 방독마스크
 · 정성적 밀착도 검사 방법 - 초산이소아밀법(Isoamyl acetate)
* 유해한 분진, 흄 등의 입자상 물질에 대해서는 방진마스크가 사용되며, 가스상 물질에는 방독마스크가 사용된다. 톨루엔 호흡보호구는 방독마스크이다.

정답 ①

16 산업안전보건기준에 관한 규칙에서 밀폐공간과 관련된 용어의 정의로 옳지 않은 것은?

① "밀폐공간"이란 산소결핍, 유해가스로 인한 질식·화재·폭발 등의 위험이 있는 장소이다.
② "유해가스"란 탄산가스·일산화탄소·황화수소 등의 기체로서 인체에 유해한 영향을 미치는 물질을 말한다.
③ "적정공기"란 산소농도의 범위가 18퍼센트 이상 23.5퍼센트 미만, 탄산가스의 농도가 1.5퍼센트 미만, 일산화탄소의 농도가 30피피엠 미만, 황화수소의 농도가 10피피엠 미만인 수준의 공기를 말한다.
④ "산소결핍"이란 공기 중의 산소농도가 18퍼센트 이하인 상태를 말한다.
⑤ "산소결핍증"이란 산소가 결핍된 공기를 들이마심으로써 생기는 증상을 말한다.

> **해설**
>
> **산업안전보건기준에 관한 규칙 제618조(정의)** 이 장에서 사용하는 용어의 뜻은 다음과 같다.
> 1. "밀폐공간"이란 산소결핍, 유해가스로 인한 질식·화재·폭발 등의 위험이 있는 장소로서 별표 18에서 정한 장소를 말한다.
> 2. "유해가스"란 탄산가스·일산화탄소·황화수소 등의 기체로서 인체에 유해한 영향을 미치는 물질을 말한다.
> 3. "적정공기"란 산소농도의 범위가 18퍼센트 이상 23.5퍼센트 미만, 탄산가스의 농도가 1.5퍼센트 미만, 일산화탄소의 농도가 30피피엠 미만, 황화수소의 농도가 10피피엠 미만인 수준의 공기를 말한다.
> 4. "산소결핍"이란 공기 중의 산소농도가 18퍼센트 미만인 상태를 말한다.
> 5. "산소결핍증"이란 산소가 결핍된 공기를 들이마심으로써 생기는 증상을 말한다.

■ **산업안전보건기준에 관한 규칙 [별표 18]**

밀폐공간(제618조제1호 관련)

1. 다음의 지층에 접하거나 통하는 우물·수직갱·터널·잠함·피트 또는 그밖에 이와 유사한 것의 내부
   가. 상층에 물이 통과하지 않는 지층이 있는 역암층 중 함수 또는 용수가 없거나 적은 부분
   나. 제1철 염류 또는 제1망간 염류를 함유하는 지층
   다. 메탄·에탄 또는 부탄을 함유하는 지층
   라. 탄산수를 용출하고 있거나 용출할 우려가 있는 지층
2. 장기간 사용하지 않은 우물 등의 내부
3. 케이블·가스관 또는 지하에 부설되어 있는 매설물을 수용하기 위하여 지하에 부설한 암거·맨홀 또는 피트의 내부
4. 빗물·하천의 유수 또는 용수가 있거나 있었던 통·암거·맨홀 또는 피트의 내부
5. 바닷물이 있거나 있었던 열교환기·관·암거·맨홀·둑 또는 피트의 내부

6. 장기간 밀폐된 강재(鋼材)의 보일러·탱크·반응탑이나 그 밖에 그 내벽이 산화하기 쉬운 시설(그 내벽이 스테인리스강으로 된 것 또는 그 내벽의 산화를 방지하기 위하여 필요한 조치가 되어 있는 것은 제외한다)의 내부
7. 석탄·아탄·황화광·강재·원목·건성유(乾性油)·어유(魚油) 또는 그 밖의 공기 중의 산소를 흡수하는 물질이 들어 있는 탱크 또는 호퍼(hopper) 등의 저장시설이나 선창의 내부
8. 천장·바닥 또는 벽이 건성유를 함유하는 페인트로 도장되어 그 페인트가 건조되기 전에 밀폐된 지하실·창고 또는 탱크 등 통풍이 불충분한 시설의 내부
9. 곡물 또는 사료의 저장용 창고 또는 피트의 내부, 과일의 숙성용 창고 또는 피트의 내부, 종자의 발아용 창고 또는 피트의 내부, 버섯류의 재배를 위하여 사용하고 있는 사일로(silo), 그 밖에 곡물 또는 사료종자를 적재한 선창의 내부
10. 간장·주류·효모 그 밖에 발효하는 물품이 들어 있거나 들어 있었던 탱크·창고 또는 양조주의 내부
11. 분뇨, 오염된 흙, 썩은 물, 폐수, 오수, 그 밖에 부패하거나 분해되기 쉬운 물질이 들어있는 정화조·침전조·집수조·탱크·암거·맨홀·관 또는 피트의 내부
12. 드라이아이스를 사용하는 냉장고·냉동고·냉동화물자동차 또는 냉동컨테이너의 내부
13. 헬륨·아르곤·질소·프레온·탄산가스 또는 그 밖의 불활성기체가 들어 있거나 있었던 보일러·탱크 또는 반응탑 등 시설의 내부
14. 산소농도가 18퍼센트 미만 또는 23.5퍼센트 이상, 탄산가스농도가 1.5퍼센트 이상, 일산화탄소 농도가 30피피엠 이상 또는 황화수소농도가 10피피엠 이상인 장소의 내부
15. 갈탄·목탄·연탄난로를 사용하는 콘크리트 양생장소(養生場所) 및 가설숙소 내부
16. 화학물질이 들어있던 반응기 및 탱크의 내부
17. 유해가스가 들어있던 배관이나 집진기의 내부
18. 근로자가 상주(常住)하지 않는 공간으로서 출입이 제한되어 있는 장소의 내부

정답 ④

17 유해화학물질 또는 공정에 적합한 호흡보호구의 연결이 옳지 않은 것은?

① 석면: 특급 방진마스크
② 스프레이 도장작업: 방진방독 겸용 마스크
③ 베릴륨: 1급 방진마스크
④ 포스겐: 송기마스크
⑤ 금속흄: 배기밸브가 있는 안면부여과식 마스크

해설

○ 보호구 안전인증 고시
별표 4 - 방진마스크의 성능기준(제12조 관련)
방진마스크의 등급은 사용장소에 따라 표 1과 같이 한다.
<표 1> 방진마스크의 등급

등급	특급	1급	2급
사용 장소	· **베릴륨** 등과 같이 독성이 강한 물질들을 함유한 분진 등 발생장소 · **석면** 취급장소	· 특급마스크 착용장소를 제외한 분진 등 발생장소 · 금속흄 등과 같이 열적으로 생기는 분진 등 발생장소 · 기계적으로 생기는 분진 등 발생장소(규소등과 같이 2급 방진마스크를 착용하여도 무방한 경우는 제외한다)	· 특급 및 1급 마스크 착용장소를 제외한 분진 등 발생장소
	배기밸브가 없는 안면부여과식 마스크는 특급 및 1급 장소에 사용해서는 안 된다.		

· 특급의 경우 석면이나 베릴륨과 같은 발암성 물질에 노출되는 작업 시 착용하며 1급은 용접과 같은 금속작업, 2급은 일반 분진이 일어나는 작업에 사용된다.

정답 ③

방진마스크의 구비요건에 대한 설명으로 옳지 않은 것은?

① 안면에 밀착하는 부분은 피부에 장해를 주지 않아야 한다.
② 여과재 여과성능이 우수하고 인체에 장해를 주지 않아야 한다.
③ 방진마스크에 사용하는 금속부품은 부식되지 않아야 한다.
④ 경량성을 확보하기 위해 알루미늄, 마그네슘, 티타늄 또는 이의 합금 재질로 구비하여야 한다.
⑤ 흡기·배기저항이 낮아야 한다.

해설

사용할 때 충격을 받을 수 있는 부품은 충격 시 마찰 스파크가 발생하여 가연성의 가스혼합물을 점화시킬 수 있는 알루미늄, 마그네슘, 티타늄 또는 이의 합금을 사용하지 않아야 한다.

정답 ④

 다음 중 노출기준(TLV-TWA)이 가장 낮은 것은?

① 황화수소
② 암모니아
③ 일산화탄소
④ 포스겐
⑤ 포름알데히드

해설

○ 화학물질 및 물리적 인자의 노출기준(TLV-TWA) [별표1: 화학물질의 노출기준 참조]
황화수소: 10ppm
암모니아: 25ppm
일산화탄소: 30ppm
포스겐: 0.1ppm
포름알데히드: 0.3ppm

■ 산업안전보건법 시행규칙 [별표 19]

유해인자별 노출 농도의 허용기준(제145조제1항 관련)

유해인자		허용기준			
		시간가중평균값 (TWA)		단시간 노출값 (STEL)	
		ppm	mg/㎥	ppm	mg/㎥
1. 6가크롬 화합물	불용성		0.01		
	수용성		0.05		
2. 납 및 그 무기화합물			0.05		
3. 니켈 화합물(불용성 무기화합물로 한정한다)(			0.2		
4. 니켈카르보닐		0.001			
5. 디메틸포름아미드		10			
6. 디클로로메탄		50			
7. 1,2-디클로로프로판		10		110	
8. 망간 및 그 무기화합물			1		
9. 메탄올		200		250	
10. 메틸렌 비스(페닐 이소시아네이트)		0.005			
11. 베릴륨 및 그 화합물			0.002		0.01
12. 벤젠		0.5		2.5	
13. 1,3-부타디엔		2		10	
14. 2-브로모프로판		1			
15. 브롬화 메틸		1			
16. 산화에틸렌		1			
17. 석면(제조·사용하는 경우만 해당한다)(Asbestos)			0.1개/㎤		
18. 수은[7439-97-6] 및 그 무기화합물			0.025		
19. 스티렌		20		40	
20. 시클로헥사논		25		50	
21. 아닐린		2			
22. 아크릴로니트릴		2			

23. 암모니아	25		35	
24. 염소	0.5		1	
25. 염화비닐	1			
26. 이황화탄소	1			
27. 일산화탄소	30		200	
28. 카드뮴 및 그 화합물		0.01 (호흡성 분진인 경우 0.002)		
29. 코발트 및 그 무기화합물		0.02		
30. 콜타르피치 휘발물		0.2		
31. 톨루엔	50		150	
32. 톨루엔-2,4-디이소시아네이트	0.005		0.02	
33. 톨루엔-2,6-디이소시아네이트	0.005		0.02	
34. 트리클로로메탄	10			
35. 트리클로로에틸렌	10		25	
36. 포름알데히드	0.3			
37. n-헥산	50			
38. 황산		0.2		0.6

※비고

1. "시간가중평균값(TWA, Time-Weighted Average)"이란 1일 8시간 작업을 기준으로 한 평균 노출농도로서 산출공식은 다음과 같다.

$$TWA \text{ 환산값} = \frac{C_1 \cdot T_1 + C_1 \cdot T_1 + \cdots + C_n \cdot T_n}{8}$$

주) C: 유해인자의 측정농도(단위: ppm, mg/m³ 또는 개/cm³)
　　T: 유해인자의 발생시간(단위: 시간)

2. "단시간 노출값(STEL, Short-Term Exposure Limit)"이란 15분 간의 시간가중평균값으로서 노출 농도가 시간가중평균값을 초과하고 단시간 노출값 이하인 경우에는 ① 1회 노출 지속시간이 15분 미만이어야 하고, ② 이러한 상태가 1일 4회 이하로 발생해야 하며, ③ 각 회의 간격은 60분 이상이어야 한다.

3. "등"이란 해당 화학물질에 이성질체 등 동일 속성을 가지는 2개 이상의 화합물이 존재할 수 있는 경우를 말한다.

○ 산업안전보건법령상 노출농도의 허용기준 설정 물질(38종)

유기화합물	금속류	그 외(허가대상물질)
디메틸포름아미드 디클로로메탄 1,2-디클로로프로판 메탄올 메틸렌 비스(페닐 이소시아네이트) 베릴륨 벤젠 1,3-부타디엔 2-브로모프로판 브롬화메틸 산화에틸렌 석면(제조·사용에 한정) 스티렌 시클로헥사논 아닐린 아크리로니트릴 암모니아 염소 염화비닐 이황화탄소 일산화탄소 콜타르피치 휘발물 톨루엔 톨루엔-2,4-디이소시아네이트 톨루엔-2,6-디이소시아네이트 트리클로로메탄 트리클로로에틸렌 포름알데히드 노멀-헥산 황산	6가크롬(불용성, 수용성) 납 니켈화합물, 니켈카르보닐 망간 수은 카드뮴 코발트	석면

노출기준	허용기준
731종 화학물질 및 물리적 인자의 노출기준	38종(2020년 산업안전보건법 개정으로 기존 14종에서 24종이 추가되어 38종으로 확대) 산업안전보건법 시행규칙

정답 ④

18 고용노동부가 발표한 2020년 산업재해 현황 분석에서, 2020년에 발생한 직업병 중 발생자 수가 가장 많은 것은?

① 진폐
② 난청
③ 금속 및 중금속 중독
④ 유기화합물 중독
⑤ 기타 화학물질 중독

해설

○ 2020년 고용노동부 산업재해 현황 업무상 질병자 발표자료

구분	직업병(단위: 명)					
	진폐	난청	금속(중금속)	유기화합물	기타화학물	기타
2019년	1,467	1,986	9	19	128	426
2020년	1,288	2,711	16	15	104	650

구분	직업관련성 질병			
	뇌·심혈관질환	신체부담작업	요통	기타
2019년	1,460	4,988	4,276	436
2020년	1,167	5,252	4,177	616

· 직업병: 작업환경 중 유해인자와 관련성이 뚜렷한 질병
· 직업병 기타: 물리적 인자, 이상기압, 세균·바이러스 등
· 직업관련성 질병: 업무적 요인과 개인질병 등 업무 외적 요인이 복합적으로 적용
· 직업관련성 질병 기타: 과로, 스트레스, 간질환, 정신질환 등으로 인한 질환 등

정답 ②

19 호흡기계의 구조와 기능에 관한 설명으로 옳지 않은 것은?

① 폐포는 가스교환 작용이 일어나는 곳이다.
② 해부학적으로 상부와 하부 호흡기계로 구분한다.
③ 내호흡은 폐포와 혈액 사이에서 발생하는 산소와 이산화탄소의 교환작용을 말한다.
④ 비강(nasal cavity)은 호흡공기의 온·습도를 조절하고 오염물질을 제거하는 등의 기능을 한다.
⑤ 기관지는 세기관지(bronchiole)에 가까울수록 섬모세포의 수는 줄어들고 섬모가 없는 클라라세포(clara cell)가 주종을 이룬다.

해설

○ **호흡기계 구조**

상부	하부
· 코와 비강(nasal cavity)- 코 속 · 인두(pharynx)-인두는 음식물이 넘어가는 통로이면서 호흡 시 공기가 넘어가는 통로이기도 하며 공기와 음식이 섞이지 않고 후두와 식도로 잘 넘어갈 수 있게 구분하는 역할을 한다.	· 후두(larnx) · 기관(trachea) · 기관지(bronchus) · 폐포(alveoli)

· 분지과정은 '세기관지 → 종말기관지 → 폐포'로 이어진다.
· 상부기도의 역할: 여과, 습윤, 호흡 공기의 온도 조절(공기를 데워줌) 등
· 분지가 진행될수록 조직세포의 특성 변화. 세기관지로 분지될수록 섬모세포와 배상세포의 수는 감소하고 클라라세포(섬모가 없는 상피세포)가 출현한다.
· 내호흡(조직호흡): 동맥혈 → 정맥혈, 산소와 이산화탄소의 분압 차에 의해 확산이 일어나는데 이는 모세혈관 내에서 이루어진다.
· 외호흡(폐호흡): 정맥혈 → 동맥혈, 폐포의 산소농도는 모세혈관보다 높고 모세혈관은 산소농도가 낮다. 이러한 분압 차이에 의해 이산화탄소와 산소의 가스교환이 일어난다.
· 기관지는 세기관지(bronchiole)에 가까울수록 섬모세포의 수는 줄어들고 섬모가 없는 클라라세포(clara cell)가 주종을 이룬다. 클라라세포는 종에 따라 많은 차이를 보이는데 사람은 약 10~20%가 Clara cell로 구성된다. 조직학적으로 주변의 다른 세포들과 달리 dorm 모양을 하고 있고 섬모가 없으며, 세포질 내에 다량의 분비과립(secretory granule)을 가진 것이 특징이다.

정답 ③

20 메탄올의 생체 내 대사과정 중 ( )에 들어갈 내용으로 옳은 것은?

> 메탄올 → (ㄱ) → (ㄴ) → 이산화탄소

① ㄱ: 포름산   ㄴ: 산화아렌
② ㄱ: 포름알데히드   ㄴ: 아세트산
③ ㄱ: 포름알데히드   ㄴ: 포름산
④ ㄱ: 아세트알데히드   ㄴ: 포름산
⑤ ㄱ: 아세트알데히드   ㄴ: 아세트산

해설

메탄올이 체내에 들어가면 간에서 분해과정을 거치게 되고 이 때 메탄올이 포름알데히드를 거쳐 포름산이 만들어진다. 포름알데히드와 포름산은 특히 시신경과 중추신경계를 손상시키는 효과가 있고, 포름알데히드나 포름산은 물에 잘 녹기 때문에 수분이 많아 레티놀 산화효소가 많은 안구(眼球)에 가장 큰 피해를 준다.
즉, 메탄올은 간에서 주로 대사되며 대사과정은 메틸알코올(메탄올) →포름알데히드 →개미산(formic acid) → 이산화탄소의 과정을 통해 대사가 된다.

정답 ③

 예상 1 메탄올에 대한 설명으로 틀린 것은?

① 무색 · 투명한 액체이다.
② 완전연소하면 이산화탄소와 물이 생성된다.
③ 비중 값이 물보다 작다.
④ 산화하면 포름산을 거쳐 최종적으로 포름알데히드가 된다.
⑤ 간에서 주로 분해된다.

해설

비중=(물질의밀도)÷(4℃ 물의 밀도), 단위는 없다. 액체의 경우 비중은 물질의 밀도를 물의 밀도로 나누어 준 값이므로 밀도에서 단위만 없다고 보면 된다. 메탄올의 비중은 0.79이다. 참고로 물의 비중은 1이다.

정답 ④

21 신체부위별 동작 유형에 관한 내용으로 옳은 것을 모두 고른 것은?

> ㄱ. 굴곡(flexion): 관절에서의 각도가 증가하는 동작
> ㄴ. 신전(extension): 관절에서의 각도가 감소하는 동작
> ㄷ. 내전(adduction): 몸의 중심선으로 향하는 이동 동작
> ㄹ. 외전(abduction): 몸의 중심선에서 멀어지는 이동 동작
> ㅁ. 내선(medial rotation): 몸의 중심선을 향하여 안쪽으로 회전하는 동작

① ㄱ, ㄴ
② ㄴ, ㄷ
③ ㄴ, ㄷ, ㅁ
④ ㄷ, ㄹ, ㅁ
⑤ ㄱ, ㄴ, ㄷ, ㄹ, ㅁ

해설

- 굴곡(flexion): 관절에서의 각도가 감소하는 동작
- 신전(extension): 관절에서의 각도가 증가하는 동작
- 내전(adduction): 몸의 중심선으로 향하는 이동 동작
- 외전(abduction): 몸의 중심선에서 멀어지는 이동 동작
- 내선(medial rotation): 몸의 중심선을 향하여 안쪽으로 회전하는 동작

정답 ④

22 재해의 직접원인 중 불안전한 행동에 해당하지 않는 것은?

① 안전장치의 부적합
② 위험장소 접근
③ 개인보호구의 잘못 착용
④ 불안전한 속도 조작
⑤ 감독 및 연락 불충분

> 해설

○ 불안전한 상태: 사고, 재해를 일으킬 것 같은 또는 그 요인을 만들어 낸 물리적 상태 또는 환경
○ 불안전한 행동: 사고, 재해를 일으킬 것 같은 또는 그 요인을 만들어 낸 작업자의 행동

불안전한 상태(물적 요인)	불안전한 행동(인적 요인)
1. 물(物) 자체의 결함 2. 방호조치의 결함(안전장치의 부적합) 3. 물건의 배치방법, 작업장소의 결함 4. 보호구·복장 등의 결함 5. 작업환경의 결함 6. 작업방법의 결함 7. 경계표시, 설비의 결함 8. 생산공정의 결함	1. 안전장치의 무효화(기능 제거) 2. 안전조치의 불이행 3. 불안전한 상태 방치 4. 불안전한 자세 동작 5. 불안전한 속도 조작(운전의 실패 등) 6. 기계, 장치 등의 잘못된 사용 7. 보호구, 복장 등의 잘못된 사용 8. 위험장소 접근 9. 위험물 취급 부주의 10. 감독 및 연락 불충분

정답 ①

23 힐(A. Hill)이 주장한 인과관계를 결정하는 기준에 관한 설명으로 옳지 않은 것은?

① 어떤 원인에 대한 노출과 특정 질병 발생 간에 관련성은 보이지만, 다른 질병과의 연관성도 함께 관찰된다면 인과 관계의 가능성은 작아진다.
② 원인에 대한 노출이 질병 발생 시점보다 시간적으로 앞설 때 인과 관계의 가능성이 커진다.
③ 의심되는 원인에 노출되어 질병이 발생하는 기전에 대해 기존지식이 아닌 새로운 이론으로 해석될 때 인과관계의 가능성이 커진다.
④ 원인에 대한 노출 정도가 커질수록 질병 발생 확률도 높아지는 용량-반응 관계가 나타날 경우 인과 관계의 가능성이 커진다.
⑤ 연관성의 강도가 클수록 인과 계의 가능성이 커진다.

> 해설

○ **질병과 요인 간의 인과적 관련성을 부여하는 9가지 기준(Hill, 1965)**
힐의 기준(Hill's criteria)은 영국의 역학자, 통계학자인 오스틴 브래드포드 힐이 만든 기준으로 역학(epidemiology)에서 인과성을 밝히기 위하여 검토할 기준들을 나열한 것이다. 관찰적 연구에서 나온 연관성이 정말 인과관계인지를 판단하기 위한 기준으로 전체 9가지가 있다. 단, 9가지 모두를 만족해야 인과관계가 성립되는 것은 아니며 연구자가 '적절히' 기준을 바탕으로 판단하라는 것이다. 9가지 기준들 중 시간적 선후관계는 중요도가 높으며, 특이성이나 유사성은 상대적으로 중요도가 떨어진다.
→ [암기법: 강도/특이/일관/기존증거유사/설선반]

1. 관련성의 강도(strength of the association)
상대위험도 또는 대응위험도 등으로 표시되는 관련 정도의 크기가 클수록 인과관계 가능성이 강함
2. 관련성의 일관성(consistency)
두 변수 간 관련성이 연구대상 집단, 연구방법, 연구 시점이 다를 때도 여전히 존재하거나 연구대상 내의 여러 특성별로 볼 때도 관련성이 계속 존재하면 일관성이 있다고 한다. 일관성이 있으면 두 변수 간에 인과관계 가능성 있음
예) 흡연과 폐암, 혈중콜레스테롤과 허혈성심질환등은 모두 이런 일관성이 관찰된 예.
3. 관련성의 특이성(specificity of association)
1대 1의 관계, 요인과 질병이 1:1로 특이적으로 발생하는 경우. 그러나 어떤 변수가 한 가지 이상의 질병과 관련성이 있으면 이 변수는 특이성을 보이기 어렵다(인과관계의 가능성이 낮아짐) 즉, 특이성이 없다고 인과관계가 없다고 속단할 수 없다.
4. 요인 노출과 질병발생과의 시간적 선후관계(appropriate temporal relationship)
인과관계 판정에 가장 중요. 원인요인이 질병 발생보다 선행하는 선후관계를 말하며 원인에 노출된 후 질병 발생이 뒤따른다면 인과관계의 가능성은 커진다. 일반적으로 시간적 선후관계의 입증은 조사하는 질병이 오랜 잠복기간 가지거나 시간이 지나면서 변화하는 요인을 가지는 질병일 때 어려워진다.
5. 용량-반응관계(생물학적 정도, biologic gradient or dose-response relationship)
요인에 노출되는 정도가 증가할수록 질병의 발생도 증가된다면 인과 관계의 가능성은 커진다.
6. 생물학적 설명력(biological plausibility)
두 변수 간 관련성이 그 분야 전문지식으로 설명 가능해야 한다.
7. 기존학설과 일관성(coherence of the evidence)
연구결과 추정된 요인이 <u>기존지식, 소견과 일치할수록 인과적 연관성의 가능성이 높아진다</u>.
8. 실험적 증거(experimental evicence)
원인요인에 대한 인위적 조작 또는 연구를 통해 관련성의 변동을 관찰함으로써 인과성에 대한 증거를 제시하게 된다. 때로는 자연실험에 의해 확인되기도 한다.
9. 기존의 다른 인과관계와의 유사성(analogy)
다른 조건에서도 비슷한 기전이 증명될 때 인과관계 가능성 높다.

정답 ③

24 유해인자별 건강관리에 관한 설명으로 옳지 않은 것은?

① 도장작업자는 유기화합물에 의한 급성중독, 접촉성 피부염 등에 대해 관리하여야 한다.
② 진동작업자의 경우 정기적인 특수건강진단이 필요하다.
③ 금속가공유 취급자는 폐기능의 변화, 피부질환 등에 대해 관리하여야 한다.
④ "사후관리 조치"란 사업주가 건강관리 실시결과에 따른 작업장소 변경, 작업전환, 건강상담, 근무 중 치료 등 근로자의 건강관리를 위하여 실시하는 조치를 말한다.
⑤ 전(前) 사업장에서 황산에 대한 건강진단을 받고 6개월이 지난 작업자의 경우 배치전건강진단 실시를 면제할 수 있다.

> 해설

산업안전보건법 시행규칙 제203조(배치전건강진단 실시의 면제) 법 제130조제2항 단서에서 "고용노동부령으로 정하는 근로자"란 다음 각 호의 어느 하나에 해당하는 근로자를 말한다.
1. 다른 사업장에서 해당 유해인자에 대하여 다음 각 목의 어느 하나에 해당하는 건강진단을 받고 <u>6개월이 지나지 않은 근로자</u>로서 건강진단 결과를 적은 서류(이하 "건강진단개인표"라 한다) 또는 그 사본을 제출한 근로자
   가. 법 제130조제2항에 따른 배치전건강진단(이하 "배치전건강진단"이라 한다)
   나. 배치전건강진단의 제1차 검사항목을 포함하는 특수건강진단, 수시건강진단 또는 임시건강진단
   다. 배치전건강진단의 제1차 검사항목 및 제2차 검사항목을 포함하는 건강진단
2. <u>해당 사업장에서 해당 유해인자에 대하여 제1호 각 목의 어느 하나에 해당하는 건강진단을 받고 6개월이 지나지 않은 근로자</u>

○ **근로자 건강진단 실시기준**
제2조(정의) 이 고시에서 사용하는 용어의 뜻은 다음 각 호와 같으며, 그 밖의 용어는 이 고시에 특별한 규정이 없으면 「산업안전보건법」(이하 "법"이라 한다), 「산업안전보건법 시행령」(이하 "영"이라 한다) 및 「산업안전보건법 시행규칙」(이하 "규칙"이라 한다)에서 정하는 바에 따른다.
1. "사후관리 조치"란 법 제132조제4항에 따라 사업주가 건강진단 실시결과에 따른 작업장소 변경, 작업전환, 근로시간 단축, 야간근무 제한, 작업환경측정, 시설·설비의 설치 또는 개선, 건강상담, 보호구 지급 및 착용 지도, 추적검사, 근무 중 치료 등 근로자의 건강관리를 위하여 실시하는 조치를 말한다.

■ **산업안전보건법 시행규칙 [별표 22]**

특수건강진단 대상 유해인자(제201조 관련)

1. 화학적 인자
   가. 유기화합물(109종)
   나. 금속류(20종)
   다. 산 및 알카리류(8종)
   라. 가스 상태 물질류(14종)
   마. 영 제88조에 따른 허가 대상 유해물질(12종)
   바. 금속가공유(Metal working fluids);미네랄 오일 미스트(광물성 오일, Oil mist, mineral)
2. 분진(7종)
3. 물리적 인자(8종)
   가. 안전보건규칙 제512조제1호부터 제3호까지의 규정의 소음작업, 강렬한 소음작업 및 충격소음작업에서 발생하는 소음
   나. 안전보건규칙 제512조제4호의 진동작업에서 발생하는 진동
   다. 안전보건규칙 제573조제1호의 방사선
   라. 고기압

마. 저기압
　　바. 유해광선
　　　1) 자외선
　　　2) 적외선
　　　3) 마이크로파 및 라디오파
4. 야간작업(2종)

○ **직종별 건강장해(한국노동안전보건연구소)**
1. 금속가공유로 인한 건강장해들
금속가공유로 인한 건강장해는 광범위한 피부접촉으로 인하여 모낭이나 땀구멍을 막아 여드름과 같은 염증을 일으키고, 피부나 호흡기를 자극하여 접촉성 피부염과 호흡기 장해가 발생할 수 있으며, 발암성이 있는 것으로 알려져 있다. 또한 간 질환의 발생이 금속기계 가공작업자들에게 증가할 수 있다는 보고도 있다.
피부질환은 주로 비수용성 금속가공유에 의해 많이 발생된다. 금속가공업은 접촉피부염을 가장 잘 일으킬 수 있는 직종으로 알려져 있으며, 일반인들이 손에 접촉성 피부염을 가질 확률이 2~5%로 보고되는 반면에 금속가공업에 종사하는 사람들은 10~30%나 된다고 한다. 예방을 위해서 작업장 환경을 개선하고 목욕과 세면시설 등을 확충하는 것이 필요하다.
금속가공유로 인한 호흡기 장해는 화학물질 첨가제들에 의한 자극증상 및 천식과 금속가공유의 부패로 인해 발생한 미생물에 의한 폐렴 등을 들 수 있다. 작업자들은 기침, 가래, 호흡곤란 등의 증세를 느낀다면 금속가공유에 의한 것을 한번 쯤 의심해 보아야 한다. 연구결과에 따르면 현재의 허용농도 수준이거나 그 이하의 금속가공유에 노출된 작업자들의 천식 발생위험도가 증가한다고 한다. 수용성 유와 합성유가 특히 천식 발생 위험도를 2배 증가시키는 것으로 보고되었다.
2. 유기용제에 의한 건강장해
도장작업에서 주로 노출되는 물질은 페인트이다. 우리가 흔히 말하는 페인트는 각종 안료(색소)와 수지(피막형성제), 유기용제, 첨가제 등으로 구성되어 있다. 먼저 유해물질이 우리 몸에 흡수되는 경로를 보면, 금속흄과 유기용제의 가스, 증기 형태는 주로 코(호흡)를 통해 폐에 흡수되어 건강장해를 일으키고, 유기용제의 경우 기름때나 지방을 잘 녹이는 성질이 있어 피부에 묻으면 지방질을 녹이며 몸에 잘 흡수된다. 유기용제에 의한 중독증상 중 급성중독에 의해 나타나는 증상은 보통 마취작용으로 인해 술에 취한 듯한 느낌을 호소하는 경우가 많다. 반면, 만성중독의 경우는 피로·권태감이 가장 많이 느끼는 증상이며 잘 흥분하게 된다. 또 두통, 구토증세, 배가 더부룩하고, 식욕감소, 가슴이 두근거리고 어지럽고 숨이 차며, 사지가 저리고 통증을 느끼기도 한다. 이러한 증상들은 일반적으로 피로하고 허약해서 오는 증상이나 다른 질병에 의한 증상과 잘 구분되지 않아, 의사가 작업내용을 충분하게 알고 있지 않으면 유기용제 중독으로 진단하기가 어렵다. 유기용제에 의한 신체부위별 건강장해는 다음과 같다.
신경장해(급성, 만성중독), 피부 및 점막에 대한 작용, 호흡기장해, 간장해, 혈액장해, 생식기장해 등이다.

정답 ⑤

25 산업안전보건법 시행규칙 중 납에 대한 특수건강진단 시 제2차 검사항목에 해당하는 생물학적 노출지표를 모두 고른 것은?

> ㄱ. 혈중 납
> ㄴ. 소변 중 납
> ㄷ. 혈중 징크프로토포피린
> ㄹ. 소변 중 델타아미노레블린산

① ㄱ
② ㄴ
③ ㄱ, ㄷ
④ ㄴ, ㄷ, ㄹ
⑤ ㄱ, ㄴ, ㄷ, ㄹ

해설

■ 산업안전보건법 시행규칙 [별표 24]

특수건강진단·배치전건강진단·수시건강진단의 검사항목(제206조 관련)

2) 금속류(20종)

번호	유해인자	제1차 검사항목	제2차 검사항목
2	납[7439-92-1] 및 그 무기화합물 (Lead and its inorganic compounds)	(1) 직업력 및 노출력 조사 (2) 주요 표적기관과 관련된 병력조사 (3) 임상검사 및 진찰 　① 조혈기계: 혈색소량, 혈구용적치, 적혈구 수, 백혈구 수, 혈소판 수, 백혈구 백분율 　② 비뇨기계: 요검사 10종, 혈압 측정 　③ 신경계 및 위장관계: 관련 증상 문진, 진찰 (4) 생물학적 노출지표 검사: 혈중 납	(1) 임상검사 및 진찰 　① 조혈기계: 혈액도말검사, 철, 총철결합능력, 혈청페리틴 　② 비뇨기계 : 단백뇨정량, 혈청 크레아티닌, 요소질소, 베타 2 마이크로글로불린 　③ 신경계: 근전도검사, 신경전도검사, 신경행동검사, 임상심리검사, 신경학적 검사 (2) <u>생물학적 노출지표 검사</u> 　① <u>혈중 징크프로토포피린</u> 　② <u>소변 중 델타아미노레뷸린산</u> 　③ <u>소변 중 납</u>

검사항목 중 "생물학적 노출지표 검사"는 해당 작업에 처음 배치되는 근로자에 대해서는 실시하지 않는다.

정답 ④

제3과목 기업진단지도 - 산업보건지도사 안전일반 문제

01 조명의 측정단위에 관한 설명으로 옳은 것을 모두 고른 것은?

ㄱ. 광도는 광원의 밝기 정도이다.
ㄴ. 조도는 물체의 표면에 도달하는 빛의 양이다.
ㄷ. 휘도는 단위 면적당 표면에서 반사 혹은 방출되는 빛의 양이다.
ㄹ. 반사율은 조도와 광도간의 비율이다.

① ㄱ, ㄷ
② ㄴ, ㄹ
③ ㄱ, ㄴ, ㄷ
④ ㄱ, ㄷ, ㄹ
⑤ ㄱ, ㄴ, ㄷ, ㄹ

해설

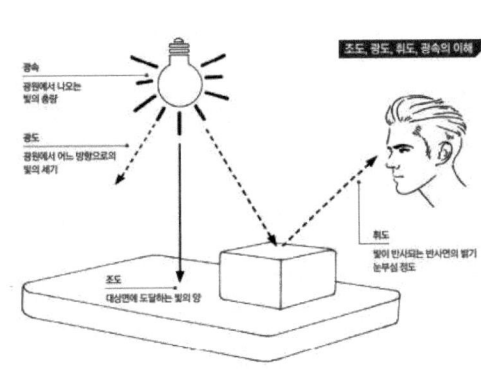

반사율(reflectance)은 조도와 광속발산도(π×휘도)의 비율을 말한다.
광속발산도는 면이 발산(투과, 반사)하는 광속에 대한 값이다.
반면, 휘도는 광도의 크기를 기준으로 계산하는 것에 차이가 있다.
조도는 '광도/(거리)2'이다.
여기서 광속발산도란 발광면의 단위 면적당 발산 광속으로 단위는 'lm/m2=radlux'이다.
완전 확산면의 휘도(B)와 광속발산도(R)의 관계는 다음과 같다.
광속발산도(R)=π×휘도(B)

$$반사율(\%) = \frac{광속발산도}{조도} \times 100$$

예제) 휘도(luminance)가 10cd/m2이고, 조도(illuminance)가 100lx일 때, 반사율(reflection, %)은?
풀이: 반사율=[π×10cd/m2]÷100lx×100=10π(%)

정답 ③

02 아래의 그림에서 a에서 b까지의 선분 길이와 c에서 d까지의 선분 길이가 다르게 보이지만 실제로는 같다. 이러한 현상을 나타내는 용어는?

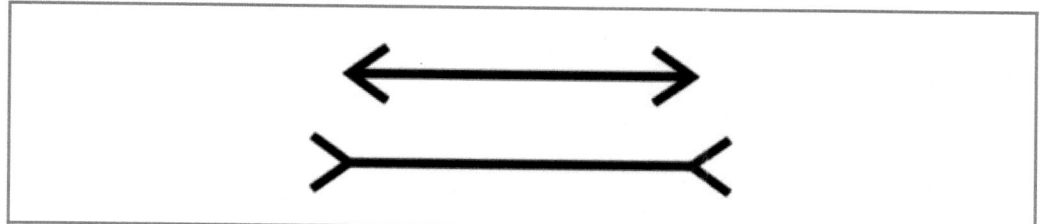

① 포겐도르프 착시현상
② 뮬러-라이어 착시현상
③ 폰조 착시현상
④ 쵤러 착시현상
⑤ 티체너 착시현상

해설

공부하는 교재를 찾아 그림으로 이해한 후 반드시 암기할 것!

정답 ②

03 다음에서 설명하고 있는 기계설비의 위험점은?

서로 반대 방향으로 회전하는 두 개의 회전체에 물려 들어가는 위험점

① 협착점
② 절단점
③ 끼임점
④ 물림점
⑤ 회전 말림점

해설

○ **기계·기구 및 설비의 위험점**
1. 협착점(Squeeze-Point): 왕복운동을 하는 동작부분과 움직임이 없는 고정부분 사이에서 형성되는 위험점(프레스, 절단기, 성형기 등)
2. 끼임점(Shear-Point): 고정부분과 회전하는 동작 부분 사이에 형성되는 위험점(요동 운동을 하는 기계, 연삭숫돌 등)
3. 절단점(Cutting-Point): 회전하는 운동 부분 자체의 위험이나 운동하는 기계 부분 자체의 위험에서 초래되는 위험점(밀링 커터, 목재용 둥근톱, 띠톱 등)

4. 물림점(Nip-Point): 서로 반대 방향으로 맞물려 회전하는 두 개의 회전체에 물려 들어가는 위험점(롤러와 롤러, 기어와 기어의 물림)
5. 접선물림점(Tangential Nip-Point): 회전하는 부분의 접선방향으로 물려 들어가는 위험점(V벨트와 풀리, 체인과 스프로킷 등)
6. 회전말림점(Trapping-Point): 회전하는 물체의 길이, 굵기, 속도 등의 불규칙 부위와 돌기 회전부위에 의해 머리카락 등의 신체 일부와 장갑, 작업복 등이 말려 들어가는 위험점(축, 회전하는 공구, 드릴, 커플링 등)

정답 ④

04 제조물 책임법상 결함에 해당하는 것을 모두 고른 것은?

ㄱ. 설계상의 결함 ㄴ. 제조상의 결함 ㄷ. 표시상의 결함

① ㄱ
② ㄴ
③ ㄱ, ㄷ
④ ㄴ, ㄷ
⑤ ㄱ, ㄴ, ㄷ

해설

○ 제조물 책임법
제2조(정의) 이 법에서 사용하는 용어의 뜻은 다음과 같다.
1. "제조물"이란 제조되거나 가공된 동산(다른 동산이나 부동산의 일부를 구성하는 경우를 포함한다)을 말한다.
2. "결함"이란 해당 제조물에 다음 각 목의 어느 하나에 해당하는 제조상·설계상 또는 표시상의 결함이 있거나 그 밖에 통상적으로 기대할 수 있는 안전성이 결여되어 있는 것을 말한다.
  가. "제조상의 결함"이란 제조업자가 제조물에 대하여 제조상·가공상의 주의의무를 이행하였는지에 관계없이 제조물이 원래 의도한 설계와 다르게 제조·가공됨으로써 안전하지 못하게 된 경우를 말한다.
  나. "설계상의 결함"이란 제조업자가 합리적인 대체설계(代替設計)를 채용하였더라면 피해나 위험을 줄이거나 피할 수 있었음에도 대체설계를 채용하지 아니하여 해당 제조물이 안전하지 못하게 된 경우를 말한다.
  다. "표시상의 결함"이란 제조업자가 합리적인 설명·지시·경고 또는 그 밖의 표시를 하였더라면 해당 제조물에 의하여 발생할 수 있는 피해나 위험을 줄이거나 피할 수 있었음에도 이를 하지 아니한 경우를 말한다.

정답 ⑤

05 개인보호구의 사용 및 관리에 관한 기술지침에서 유해인자 취급 작업별 보호구 중 작업명과 보호구의 연결로 옳지 않은 것은?

① 석면 해체·제거 작업 - 송기마스크
② 환자의 가검물 처리 작업 - 보호마스크
③ 산소결핍 위험이 있는 밀폐공간 작업 - 방독마스크
④ 허가 대상 유해물질을 제조·사용하는 작업 - 방독마스크
⑤ 혈액이 분출되거나 분무될 가능성이 있는 작업 - 보호마스크

해설

○ 개인보호구의 사용 및 관리에 관한 기술지침(Kosha Guide G-12-2013)
5.2 유해인자 취급 작업별 보호구 (산업안전보건기준에 관한 규칙 제3편)

유해인자	작 업 명	보호구	관련근거(안전보건기준 규칙)
관리대상 유해물질(별표12)	1. 유기화합물을 넣었던 탱크(유기화합물의 증기가 발산할 우려가 없는 탱크는 제외) 내부에서의 세척 및 페인트칠 업무 2. 유기화합물 취급 특별장소에서 단시간 동안 유기화합물을 취급하는 업무	송기마스크	제450조 제1항
	1. 밀폐설비나 국소배기장치가 설치되지 아니한 장소에서의 유기화합물 취급업무 2. 유기화합물 취급 장소에 설치된 환기장치 내의 기류가 확산될 우려가 있는 물체를 다루는 유기화합물 취급업무 3. 유기화합물 취급 장소에서 유기화합물의 증기 발산원을 밀폐하는 설비(청소 등으로 유기화합물이 제거된 설비는 제외)를 개방하는 업무	송기마스크 또는 방독마스크	제450조 제2항

	금속류, 산·알칼리류, 가스상태 물질류 등을 취급하는 작업	호흡용보호구	제450조 제4항
	피부 자극성 또는 부식성 관리대상 유해물질을 취급하는 작업	불침투성 보호복·안전장갑·안전장화, 피부보호용 약품	제451조 제1항
	관리대상 유해물질이 흩날리는 업무	보안경	제451조 제2항
허가대상 유해물질(영 제30조)	허가대상 유해물질을 제조·사용하는 작업	방진마스크 또는 방독마스크	제469조 제1항
	피부장해 등을 유발할 우려가 있는 허가대상 유해물질 취급업무	불침투성 보호복·안전장갑·안전장화, 피부보호용 약품	제470조 제1항
석면	석면해체·제거작업	방진마스크(특등급) 또는 송기마스크 또는 전동식 호흡보호구, 고글(Goggles)형 보안경, 신체를 감싸는 보호복·보호장갑·보호신발	제491조 제1항
금지유해물질(영 제29조)	금지유해물질을 취급하는 경우	불침투성 보호복·안전장갑, 별도의 정화통을 갖춘 호흡용 보호구	제510조 제1항 제511조 제1항
소음	소음작업, 강렬한 소음작업 또는 충격소음작업	귀마개 또는 귀덮개	제516조 제1항
진동	진동작업	방진장갑 등 진동보호구	제518조 제1항
이상기압	고압작업	호흡용보호구, 섬유로프, 그 밖의 피난용구	제529조
고열	1. 다량의 고열물체 취급작업 2. 매우 더운 장소에서 작업	방열장갑, 방열복	제572조 제1항
저온	1. 다량의 저온물체 취급작업 2. 현저히 추운 장소에서 작업	방한모, 방한화, 방한장갑, 방한복	제572조 제1항
방사성물질	분말 또는 액체 상태의 방사성물질에 오염된 지역에서 작업	호흡용보호구	제587조 제1항
	방사성물질이 흩날림으로써 근로자의 신체가 오염될 우려가 있는 경우	보호복, 보호장갑, 신발덮개, 보호모	제587조 제2항
병원체	환자의 가검물 처리(검사·운반·청소 및 폐기) 작업	보호앞치마, 보호장갑, 보호마스크	제596조 제1항

혈액매개 감염	혈액이 분출되거나 분무될 가능성이 있는 작업	보안경, 보호마스크	제600조 제1항
	혈액 또는 혈액오염물을 취급하는 작업	보호장갑	
	다량의 혈액이 의복을 적시고 피부에 노출될 우려가 있는 작업	보호앞치마	
공기매개 감염	공기매개 감염병이 있는 환자와 접촉하는 경우	결핵균 등 방지용 보호마스크	제601조 제1항
곤충 및 동물매개 감염	곤충 및 동물매개 감염병 고위험작업	긴 소매의 옷, 긴 바지의 작업복	제603조
분진	분진작업	호흡용보호구	제617조
산소결핍	밀폐공간 작업	공기호흡기 또는 송기마스크, 사다리, 섬유로프	제625조
	밀폐공간에서 위급한 근로자를 구출하는 작업	공기호흡기 또는 송기마스크	제626조
	밀폐공간에서 산소결핍증이나 유해가스로 인하여 추락할 우려가 있는 경우	안전대, 구명밧줄, 공기호흡기 또는 송기마스크	제645조 제1항
유해가스	탱크·보일러 또는 반응탑의 내부 등 통풍이 충분하지 않은 장소에서 용접·용단 작업	공기호흡기 또는 송기마스크	제629조
	지하실, 맨홀의 내부 또는 통풍이 불충분한 장소에서 가스배관공사	공기호흡기 또는 송기마스크	제634조 제1항
사무실 오염물질	냉난방장치 등 공기정화설비의 청소, 개·보수작업	보안경, 방진마스크	제654조 제1항

정답 ③

06 사업장 위험성평가에 관한 지침에서 명시하고 있는 유해·위험요인 파악의 방법이 아닌 것은? (단, 그 밖에 사업장의 특성에 적합한 방법은 고려하지 않음)

① 청취조사에 의한 방법
② 경영실적에 의한 방법
③ 안전보건 자료에 의한 방법
④ 사업장 순회점검에 의한 방법
⑤ 안전보건 체크리스트에 의한 방법

해설

○ **사업장 위험성평가에 관한 지침**
제10조(유해·위험요인 파악) 사업주는 유해·위험요인을 파악할 때 업종, 규모 등 사업장 실정에 따라 다음 각 호의 방법 중 어느 하나 이상의 방법을 사용하여야 한다. 이 경우 특별한 사정이 없으면 제1호에 의한 방법을 포함하여야 한다.
1. 사업장 순회점검에 의한 방법
2. 청취조사에 의한 방법
3. 안전보건 자료에 의한 방법
4. 안전보건 체크리스트에 의한 방법
5. 그 밖에 사업장의 특성에 적합한 방법

정답 ②

07 사업장 위험성평가에 관한 지침에 따른 사업장 위험성평가 실시에 관한 내용으로 옳은 것을 모두 고른 것은?

> ㄱ. 사업주는 관리감독자가 유해·위험요인을 파악하고 그 결과에 따라 개선조치를 시행하게 한다.
> ㄴ. 도급사업주는 수급사업주가 실시한 위험성평가 결과를 검토하여 도급사업주가 개선할 사항이 있는 경우 이를 개선하여야 한다.
> ㄷ. 사업주가 위험성 감소대책을 수립하는 경우 해당 작업에 종사하는 근로자를 참여시켜야 한다.

① ㄱ
② ㄴ
③ ㄱ, ㄷ
④ ㄴ, ㄷ
⑤ ㄱ, ㄴ, ㄷ

해설

○ 사업장 위험성평가에 관한 지침

제5조(위험성평가 실시주체) ① 사업주는 스스로 사업장의 유해·위험요인을 파악하기 위해 근로자를 참여시켜 실태를 파악하고 이를 평가하여 관리 개선하는 등 위험성평가를 실시하여야 한다.
② 법 제63조에 따른 작업의 일부 또는 전부를 도급에 의하여 행하는 사업의 경우는 도급을 준 도급인(이하 "도급사업주"라 한다)과 도급을 받은 수급인(이하 "수급사업주"라 한다)은 각각 제1항에 따른 위험성평가를 실시하여야 한다.
③ 제2항에 따른 도급사업주는 수급사업주가 실시한 위험성평가 결과를 검토하여 도급사업주가 개선할 사항이 있는 경우 이를 개선하여야 한다.

제6조(근로자 참여) 사업주는 위험성평가를 실시할 때, 다음 각 호의 어느 하나에 해당하는 경우 법 제36조제2항에 따라 해당 작업에 종사하는 근로자를 참여시켜야 한다.
1. 관리감독자가 해당 작업의 유해·위험요인을 파악하는 경우
2. 사업주가 위험성 감소대책을 수립하는 경우
3. 위험성평가 결과 위험성 감소대책 이행여부를 확인하는 경우

제7조(위험성평가의 방법) ① 사업주는 다음과 같은 방법으로 위험성평가를 실시하여야 한다.
1. <u>안전보건관리책임자 등 해당 사업장에서 사업의 실시를 총괄 관리하는 사람에게 위험성평가의 실시를 총괄 관리하게 할 것</u>
2. 사업장의 안전관리자, 보건관리자 등이 위험성평가의 실시에 관하여 안전보건관리책임자를 보좌하고 지도·조언하게 할 것
3. <u>관리감독자가 유해·위험요인을 파악하고 그 결과에 따라 개선조치를 시행하게 할 것</u>
4. 기계·기구, 설비 등과 관련된 위험성평가에는 해당 기계·기구, 설비 등에 전문 지식을 갖춘 사람을 참여하게 할 것
5. 안전·보건관리자의 선임의무가 없는 경우에는 제2호에 따른 업무를 수행할 사람을 지정하는 등 그 밖에 위험성평가를 위한 체제를 구축할 것

② 사업주는 제1항에서 정하고 있는 자에 대해 위험성평가를 실시하기 위한 필요한 교육을 실시하여야 한다. 이 경우 위험성평가에 대해 외부에서 교육을 받았거나, 관련학문을 전공하여 관련 지식이 풍부한 경우에는 필요한 부분만 교육을 실시하거나 교육을 생략할 수 있다.
③ 사업주가 위험성평가를 실시하는 경우에는 산업안전·보건 전문가 또는 전문기관의 컨설팅을 받을 수 있다.
④ 사업주가 다음 각 호의 어느 하나에 해당하는 제도를 이행한 경우에는 그 부분에 대하여 이 고시에 따른 위험성평가를 실시한 것으로 본다.
 1. 위험성평가 방법을 적용한 안전·보건진단(법 제47조)
 2. 공정안전보고서(법 제44조). 다만, 공정안전보고서의 내용 중 공정위험성 평가서가 최대 4년 범위 이내에서 정기적으로 작성된 경우에 한한다.
 3. 근골격계부담작업 유해요인조사(안전보건규칙 제657조부터 제662조까지)
 4. 그 밖에 법과 이 법에 따른 명령에서 정하는 위험성평가 관련 제도

제8조(위험성평가의 절차) 사업주는 위험성평가를 다음의 절차에 따라 실시하여야 한다. 다만, 상시근로자수 20명 미만 사업장(총 공사금액 20억원 미만의 건설공사)의 경우에는 다음 각 호 중 제3호를 생략할 수 있다.
 1. 평가대상의 선정 등 사전준비
 2. 근로자의 작업과 관계되는 유해·위험요인의 파악
 3. 파악된 유해·위험요인별 위험성의 추정
 4. 추정한 위험성이 허용 가능한 위험성인지 여부의 결정
 5. 위험성 감소대책의 수립 및 실행
 6. 위험성평가 실시내용 및 결과에 관한 기록

정답 ⑤

08 국내 어느 사업장에서 경상이 15건 발생하였다. 이때 버드(Bird)의 재해구성비율을 적용한다면 무상해사고는 몇 건이 발생할 수 있는가?

① 29
② 45
③ 290
④ 450
⑤ 900

> **해설**
>
> ○ 버드의 재해비율
>
> 중상 : 경상 : 무상해사고(물적손실) : 무상해(아차사고) = 1 : 10 : 30 : 600
>
> 경상과 무상해사고의 비율은 1:3이므로 15×3=45이다.
>
> 참고로 아차사고(Near miss)는 사고가 발생할 뻔 하였으나 직접적으로 인적·물적 피해 등이 발생하지 않은 사고를 말한다.

정답 ②

09 재해 조사 과정의 절차를 순서대로 옳게 나열한 것은?

ㄱ. 사실 확인　　　　ㄴ. 직접 원인 파악
ㄷ. 대책 수립　　　　ㄹ. 기본 원인 파악

① ㄱ → ㄴ → ㄹ → ㄷ
② ㄱ → ㄹ → ㄴ → ㄷ
③ ㄴ → ㄱ → ㄹ → ㄷ
④ ㄷ → ㄱ → ㄹ → ㄴ
⑤ ㄹ → ㄴ → ㄷ → ㄱ

> **해설**
>
> ○ 재해조사 순서 5단계
>
> 1) 전제조건(0단계): 재해 상황의 파악
> 2) 제1단계: 사실의 확인
> 3) 제2단계: 직접원인(물적 원인·인적 원인)과 문제점 발견
> 4) 제3단계: 기본원인(4M)과 근본적 문제점 결정
> 5) 제4단계: 동종 및 유사재해 예방대책의 수립

정답 ①

부록 2022년 개정 최근법령

산업안전보건법(개정 2022. 8. 18)
산업안전보건법 시행령(개정 2022. 8. 18)
산업안전보건법 시행규칙(개정 2023. 1. 1)
산업안전보건기준에 관한 규칙(개정 2022. 10. 18) - 약칭 "안전보건규칙"

법 제73조(건설공사의 산업재해 예방 지도) ① 대통령령으로 정하는 건설공사의 건설공사발주자 또는 건설공사도급인(건설공사발주자로부터 건설공사를 최초로 도급받은 수급인은 제외한다)은 해당 건설공사를 착공하려는 경우 제74조에 따라 지정받은 전문기관(이하 "건설재해예방전문지도기관"이라 한다)과 건설 산업재해 예방을 위한 지도계약을 체결하여야 한다. <개정 2021. 8. 17.>
② 건설재해예방전문지도기관은 건설공사도급인에게 산업재해 예방을 위한 지도를 실시하여야 하고, 건설공사도급인은 지도에 따라 적절한 조치를 하여야 한다. <신설 2021. 8. 17.>
③ 건설재해예방전문지도기관의 지도업무의 내용, 지도대상 분야, 지도의 수행방법, 그 밖에 필요한 사항은 대통령령으로 정한다. <개정 2021. 8. 17.>

법 제128조의2(휴게시설의 설치) ① 사업주는 근로자(관계수급인의 근로자를 포함한다. 이하 이 조에서 같다)가 신체적 피로와 정신적 스트레스를 해소할 수 있도록 휴식시간에 이용할 수 있는 휴게시설을 갖추어야 한다.
② 사업주 중 사업의 종류 및 사업장의 상시 근로자 수 등 대통령령으로 정하는 기준에 해당하는 사업장의 사업주는 제1항에 따라 휴게시설을 갖추는 경우 크기, 위치, 온도, 조명 등 고용노동부령으로 정하는 설치·관리기준을 준수하여야 한다.
[본조신설 2021. 8. 17.]

법 제172조(벌칙) 제64조제1항제1호부터 제5호까지, 제7호, 제8호 또는 같은 조 제2항을 위반한 자는 500만원 이하의 벌금에 처한다. <개정 2021. 8. 17.>

법 제175조(과태료) ① 다음 각 호의 어느 하나에 해당하는 자에게는 5천만원 이하의 과태료를 부과한다.
  1. 제119조제2항에 따라 기관석면조사를 하지 아니하고 건축물 또는 설비를 철거하거나 해체한 자
  2. 제124조제3항을 위반하여 건축물 또는 설비를 철거하거나 해체한 자
② 다음 각 호의 어느 하나에 해당하는 자에게는 3천만원 이하의 과태료를 부과한다. <개정 2020. 3. 31.>
  1. 제29조제3항(제166조의2에서 준용하는 경우를 포함한다) 또는 제79조제1항을 위반한 자
  2. 제54조제2항(제166조의2에서 준용하는 경우를 포함한다)을 위반하여 중대재해 발생 사실을 보고하지 아니하거나 거짓으로 보고한 자
③ 다음 각 호의 어느 하나에 해당하는 자에게는 1천500만원 이하의 과태료를 부과한다. <개정 2020. 3. 31., 2021. 8. 17.>
  1. 제47조제3항 전단을 위반하여 안전보건진단을 거부·방해하거나 기피한 자 또는 같은 항 후단을 위반하여 안전보건진단에 근로자대표를 참여시키지 아니한 자
  2. 제57조제3항(제166조의2에서 준용하는 경우를 포함한다)에 따른 보고를 하지 아니하거나 거짓으로 보고한 자
  2의2. 제64조제1항제6호를 위반하여 위생시설 등 고용노동부령으로 정하는 시설의 설치 등을 위하여 필요한 장소의 제공을 하지 아니하거나 도급인이 설치한 위생시설 이용에 협조하지 아니한 자
  2의3. 제128조의2제1항을 위반하여 휴게시설을 갖추지 아니한 자(같은 조 제2항에 따른 대통령령으로 정하는 기준에 해당하는 사업장의 사업주로 한정한다)

3. 제141조제2항을 위반하여 정당한 사유 없이 역학조사를 거부·방해하거나 기피한 자
4. 제141조제3항을 위반하여 역학조사 참석이 허용된 사람의 역학조사 참석을 거부하거나 방해한 자

④ 다음 각 호의 어느 하나에 해당하는 자에게는 1천만원 이하의 과태료를 부과한다. <개정 2020. 3. 31., 2020. 6. 9., 2021. 5. 18., 2021. 8. 17.>
1. 제10조제3항 후단을 위반하여 관계수급인에 관한 자료를 제출하지 아니하거나 거짓으로 제출한 자
2. 제14조제1항을 위반하여 안전 및 보건에 관한 계획을 이사회에 보고하지 아니하거나 승인을 받지 아니한 자
3. 제41조제2항(제166조의2에서 준용하는 경우를 포함한다), 제42조제1항·제5항·제6항, 제44조제1항 전단, 제45조제2항, 제46조제1항, 제67조제1항·제2항, 제70조제1항, 제70조제2항 후단, 제71조제3항 후단, 제71조제4항, 제72조제1항·제3항·제5항(건설공사도급인만 해당한다), 제77조제1항, 제78조, 제85조제1항, 제93조제1항 전단, 제95조, 제99조제2항 또는 제107조제1항 각 호 외의 부분 본문을 위반한 자
4. 제47조제1항 또는 제49조제1항에 따른 명령을 위반한 자
5. 제82조제1항 전단을 위반하여 등록하지 아니하고 타워크레인을 설치·해체하는 자
6. 제125조제1항·2항에 따라 작업환경측정을 하지 아니한 자
   6의2. 제128조의2제2항을 위반하여 휴게시설의 설치·관리기준을 준수하지 아니한 자
7. 제129조제1항 또는 제130조제1항부터 제3항까지의 규정에 따른 근로자 건강진단을 하지 아니한 자
8. 제155조제1항(제166조의2에서 준용하는 경우를 포함한다) 또는 제2항(제166조의2에서 준용하는 경우를 포함한다)에 따른 근로감독관의 검사·점검 또는 수거를 거부·방해 또는 기피한 자

⑤ 다음 각 호의 어느 하나에 해당하는 자에게는 500만원 이하의 과태료를 부과한다. <개정 2020. 3. 31., 2021. 5. 18.>
1. 제15조제1항, 제16조제1항, 제17조제1항·제3항, 제18조제1항·제3항, 제19조제1항 본문, 제22조제1항 본문, 제24조제1항·제4항, 제25조제1항, 제26조, 제29조제1항·제2항(제166조의2에서 준용하는 경우를 포함한다), 제31조제1항, 제32조제1항(제1호부터 제4호까지의 경우만 해당한다), 제37조제1항, 제44조제2항, 제49조제2항, 제50조제3항, 제62조제1항, 제66조, 제68조제1항, 제75조제6항, 제77조제2항, 제90조제1항, 제94조제2항, 제122조제2항, 제124조제1항(증명자료의 제출은 제외한다), 제125조제7항, 제132조제2항, 제137조제3항 또는 제145조제1항을 위반한 자
2. 제17조제4항, 제18조제4항 또는 제19조제3항에 따른 명령을 위반한 자
3. 제34조 또는 제114조제1항을 위반하여 이 법 및 이 법에 따른 명령의 요지, 안전보건관리규정 또는 물질안전보건자료를 게시하지 아니하거나 갖추어 두지 아니한 자
4. 제53조제2항(제166조의2에서 준용하는 경우를 포함한다)을 위반하여 고용노동부장관으로부터 명령받은 사항을 게시하지 아니한 자
   4의2. 제108조제1항에 따른 유해성·위험성 조사보고서를 제출하지 아니하거나 제109조제1항에 따른 유해성·위험성 조사 결과 또는 유해성·위험성 평가에 필요한 자료를 제출하지 아니한 자
5. 제110조제1항부터 제3항까지의 규정을 위반하여 물질안전보건자료, 화학물질의 명칭·함유량 또는 변경된 물질안전보건자료를 제출하지 아니한 자
6. 제110조제2항제2호를 위반하여 국외제조자로부터 물질안전보건자료에 적힌 화학물질 외에는 제104조에 따른 분류기준에 해당하는 화학물질이 없음을 확인하는 내용의 서류를 거짓으로 제출한 자
7. 제111조제1항을 위반하여 물질안전보건자료를 제공하지 아니한 자
8. 제112조제1항 본문을 위반하여 승인을 받지 아니하고 화학물질의 명칭 및 함유량을 대체자료로 적은 자
9. 제112조제1항 또는 제5항에 따른 비공개 승인 또는 연장승인 신청 시 영업비밀과 관련되어 보호사유를 거짓으로 작성하여 신청한 자

10. 제112조제10항 각 호 외의 부분 후단을 위반하여 대체자료로 적힌 화학물질의 명칭 및 함유량 정보를 제공하지 아니한 자
11. 제113조제1항에 따라 선임된 자로서 같은 항 각 호의 업무를 거짓으로 수행한 자
12. 제113조제1항에 따라 선임된 자로서 같은 조 제2항에 따라 고용노동부장관에게 제출한 물질안전보건자료를 해당 물질안전보건자료대상물질을 수입하는 자에게 제공하지 아니한 자
13. 제125조제1항 및 제2항에 따른 작업환경측정 시 고용노동부령으로 정하는 작업환경측정의 방법을 준수하지 아니한 사업주(같은 조 제3항에 따라 작업환경측정기관에 위탁한 경우는 제외한다)
14. 제125조제4항 또는 제132조제1항을 위반하여 근로자대표가 요구하였는데도 근로자대표를 참석시키지 아니한 자
15. 제125조제6항을 위반하여 작업환경측정 결과를 해당 작업장 근로자에게 알리지 아니한 자
16. 제155조제3항(제166조의2에서 준용하는 경우를 포함한다)에 따른 명령을 위반하여 보고 또는 출석을 하지 아니하거나 거짓으로 보고한 자

⑥ 다음 각 호의 어느 하나에 해당하는 자에게는 300만원 이하의 과태료를 부과한다. <개정 2020. 3. 31., 2021. 8. 17.>

1. 제32조제1항(제5호의 경우만 해당한다)을 위반하여 소속 근로자로 하여금 같은 항 각 호 외의 부분 본문에 따른 안전보건교육을 이수하도록 하지 아니한 자
2. 제35조를 위반하여 근로자대표에게 통지하지 아니한 자
3. 제40조(제166조의2에서 준용하는 경우를 포함한다), 제108조제5항, 제123조제2항, 제132조제3항, 제133조 또는 제149조를 위반한 자
4. 제42조제2항을 위반하여 자격이 있는 자의 의견을 듣지 아니하고 유해위험방지계획서를 작성·제출한 자
5. 제43조제1항 또는 제46조제2항을 위반하여 확인을 받지 아니한 자
6. 제73조제1항을 위반하여 지도계약을 체결하지 아니한 자
   6의2. 제73조제2항을 위반하여 지도를 실시하지 아니한 자 또는 지도에 따라 적절한 조치를 하지 아니한 자
7. 제84조제6항에 따른 자료 제출 명령을 따르지 아니한 자
8. 삭제 <2021. 5. 18.>
9. 제111조제2항 또는 제3항을 위반하여 물질안전보건자료의 변경 내용을 반영하여 제공하지 아니한 자
10. 제114조제3항(제166조의2에서 준용하는 경우를 포함한다)을 위반하여 해당 근로자를 교육하는 등 적절한 조치를 하지 아니한 자
11. 제115조제1항 또는 같은 조 제2항 본문을 위반하여 경고표시를 하지 아니한 자
12. 제119조제1항에 따라 일반석면조사를 하지 아니하고 건축물이나 설비를 철거하거나 해체한 자
13. 제122조제3항을 위반하여 고용노동부장관에게 신고하지 아니한 자
14. 제124조제1항에 따른 증명자료를 제출하지 아니한 자
15. 제125조제5항, 제132조제5항 또는 제134조제1항·제2항에 따른 보고, 제출 또는 통보를 하지 아니하거나 거짓으로 보고, 제출 또는 통보한 자
16. 제155조제1항(제166조의2에서 준용하는 경우를 포함한다)에 따른 질문에 대하여 답변을 거부·방해 또는 기피하거나 거짓으로 답변한 자
17. 제156조제1항(제166조의2에서 준용하는 경우를 포함한다)에 따른 검사·지도 등을 거부·방해 또는 기피한 자
18. 제164조제1항부터 제6항까지의 규정을 위반하여 서류를 보존하지 아니한 자

⑦ 제1항부터 제6항까지의 규정에 따른 과태료는 대통령령으로 정하는 바에 따라 고용노동부장관이 부과·징수한다.

영 제7조(건강증진사업 등의 추진) 고용노동부장관은 법 제4조제1항제9호에 따른 노무를 제공하는 사람의 안전 및 건강의 보호·증진에 관한 사항을 효율적으로 추진하기 위하여 다음 각 호와 관련된 시책을 마련해야 한다. <개정 2020. 9. 8., 2022. 8. 16.>

1. 노무를 제공하는 사람의 안전 및 건강 증진을 위한 사업의 보급·확산
2. 깨끗한 작업환경의 조성
3. 직업성 질병의 예방 및 조기 발견을 위한 사업

영 제8조의2(협조 요청 대상 정보 또는 자료) 법 제8조제5항제3호에서 "대통령령으로 정하는 정보 또는 자료"란 「전기사업법」 제16조제1항에 따른 기본공급약관에서 정하는 사업장별 계약전력 정보(법 제42조제1항에 따른 유해위험방지계획서의 심사를 위하여 필요한 경우로 한정한다)를 말한다.
[본조신설 2021. 11. 19.]

영 제15조(관리감독자의 업무 등) ① 법 제16조제1항에서 "대통령령으로 정하는 업무"란 다음 각 호의 업무를 말한다. <개정 2021. 11. 19.>

1. 사업장 내 법 제16조제1항에 따른 관리감독자(이하 "관리감독자"라 한다)가 지휘·감독하는 작업(이하 이 조에서 "해당작업"이라 한다)과 관련된 기계·기구 또는 설비의 안전·보건 점검 및 이상 유무의 확인
2. 관리감독자에게 소속된 근로자의 작업복·보호구 및 방호장치의 점검과 그 착용·사용에 관한 교육·지도
3. 해당작업에서 발생한 산업재해에 관한 보고 및 이에 대한 응급조치
4. 해당작업의 작업장 정리·정돈 및 통로 확보에 대한 확인·감독
5. 사업장의 다음 각 목의 어느 하나에 해당하는 사람의 지도·조언에 대한 협조
   가. 법 제17조제1항에 따른 안전관리자(이하 "안전관리자"라 한다) 또는 같은 조 제5항에 따라 안전관리자의 업무를 같은 항에 따른 안전관리전문기관(이하 "안전관리전문기관"이라 한다)에 위탁한 사업장의 경우에는 그 안전관리전문기관의 해당 사업장 담당자
   나. 법 제18조제1항에 따른 보건관리자(이하 "보건관리자"라 한다) 또는 같은 조 제5항에 따라 보건관리자의 업무를 같은 항에 따른 보건관리전문기관(이하 "보건관리전문기관"이라 한다)에 위탁한 사업장의 경우에는 그 보건관리전문기관의 해당 사업장 담당자
   다. 법 제19조제1항에 따른 안전보건관리담당자(이하 "안전보건관리담당자"라 한다) 또는 같은 조 제4항에 따라 안전보건관리담당자의 업무를 안전관리전문기관 또는 보건관리전문기관에 위탁한 사업장의 경우에는 그 안전관리전문기관 또는 보건관리전문기관의 해당 사업장 담당자
   라. 법 제22조제1항에 따른 산업보건의(이하 "산업보건의"라 한다)
6. 법 제36조에 따라 실시되는 위험성평가에 관한 다음 각 목의 업무
   가. 유해·위험요인의 파악에 대한 참여
   나. 개선조치의 시행에 대한 참여
7. 그 밖에 해당작업의 안전 및 보건에 관한 사항으로서 고용노동부령으로 정하는 사항

② 관리감독자에 대한 지원에 관하여는 제14조제2항을 준용한다. 이 경우 "안전보건관리책임자"는 "관리감독자"로, "법 제15조제1항"은 "제1항"으로 본다.

영 제16조(안전관리자의 선임 등) ① 법 제17조제1항에 따라 안전관리자를 두어야 하는 사업의 종류와 사업장의 상시근로자 수, 안전관리자의 수 및 선임방법은 별표 3과 같다.

② 법 제17조제3항에서 "대통령령으로 정하는 사업의 종류 및 사업장의 상시근로자 수에 해당하는 사업장"이란 제1항에 따른 사업 중 상시근로자 300명 이상을 사용하는 사업장[건설업의 경우에는 공사금액이 120억원(「건설산업기본법 시행령」 별표 1의 종합공사를 시공하는 업종의 건설업종란 제1호에 따른 토목공사업의 경우에는 150억원) 이상인 사업장]을 말한다. <개정 2021. 11. 19.>

③ 제1항 및 제2항을 적용할 경우 제52조에 따른 사업으로서 도급인의 사업장에서 이루어지는 도급사업의 공사금액 또는 관계수급인의 상시근로자는 각각 해당 사업의 공사금액 또는 상시근로자로 본다. 다만, 별표 3의 기준에 해당하는 도급사업의 공사금액 또는 관계수급인의 상시근로자의 경우에는 그렇지 않다.

④ 제1항에도 불구하고 같은 사업주가 경영하는 둘 이상의 사업장이 다음 각 호의 어느 하나에 해당하는 경우에는 그 둘 이상의 사업장에 1명의 안전관리자를 공동으로 둘 수 있다. 이 경우 해당 사업장의 상시근로자 수의 합계는 300명 이내[건설업의 경우에는 공사금액의 합계가 120억원(「건설산업기본법 시행령」 별표 1의 종합공사를 시공하는 업종의 건설업종란 제1호에 따른 토목공사업의 경우에는 150억원) 이내]이어야 한다.
  1. 같은 시·군·구(자치구를 말한다) 지역에 소재하는 경우
  2. 사업장 간의 경계를 기준으로 15킬로미터 이내에 소재하는 경우

⑤ 제1항부터 제3항까지의 규정에도 불구하고 도급인의 사업장에서 이루어지는 도급사업에서 도급인이 고용노동부령으로 정하는 바에 따라 그 사업의 관계수급인 근로자에 대한 안전관리를 전담하는 안전관리자를 선임한 경우에는 그 사업의 관계수급인은 해당 도급사업에 대한 안전관리자를 선임하지 않을 수 있다.

⑥ 사업주는 안전관리자를 선임하거나 법 제17조제5항에 따라 안전관리자의 업무를 안전관리전문기관에 위탁한 경우에는 고용노동부령으로 정하는 바에 따라 선임하거나 위탁한 날부터 14일 이내에 고용노동부장관에게 그 사실을 증명할 수 있는 서류를 제출해야 한다. 법 제17조제4항에 따라 안전관리자를 늘리거나 교체한 경우에도 또한 같다. <개정 2021. 11. 19.>

영 제19조(안전관리자 업무의 위탁 등) ① 법 제17조제5항에서 "대통령령으로 정하는 사업의 종류 및 사업장의 상시근로자 수에 해당하는 사업장"이란 건설업을 제외한 사업으로서 상시근로자 300명 미만을 사용하는 사업장을 말한다. <개정 2021. 11. 19.>

② 사업주가 법 제17조제5항 및 이 조 제1항에 따라 안전관리자의 업무를 안전관리전문기관에 위탁한 경우에는 그 안전관리전문기관을 안전관리자로 본다. <개정 2021. 11. 19.>

영 제20조(보건관리자의 선임 등) ① 법 제18조제1항에 따라 보건관리자를 두어야 하는 사업의 종류와 사업장의 상시근로자 수, 보건관리자의 수 및 선임방법은 별표 5와 같다.

② 법 제18조제3항에서 "대통령령으로 정하는 사업의 종류 및 사업장의 상시근로자 수에 해당하는 사업장"이란 상시근로자 300명 이상을 사용하는 사업장을 말한다. <개정 2021. 11. 19.>

③ 보건관리자의 선임 등에 관하여는 제16조제3항부터 제6항까지의 규정을 준용한다. 이 경우 "별표 3"은 "별표 5"로, "안전관리자"는 "보건관리자"로, "안전관리"는 "보건관리"로, "법 제17조제5항"은 "법 제18조제5항"으로, "안전관리전문기관"은 "보건관리전문기관"으로 본다. <개정 2021. 11. 19.>

영 제23조(보건관리자 업무의 위탁 등) ① 법 제18조제5항에 따라 보건관리자의 업무를 위탁할 수 있는 보건관리전문기관은 지역별 보건관리전문기관과 업종별·유해인자별 보건관리전문기관으로 구분한다. <개정 2021. 11. 19.>

② 법 제18조제5항에서 "대통령령으로 정하는 사업의 종류 및 사업장의 상시근로자 수에 해당하는 사업장"이란 다음 각 호의 어느 하나에 해당하는 사업장을 말한다. <개정 2021. 11. 19.>
  1. 건설업을 제외한 사업(업종별·유해인자별 보건관리전문기관의 경우에는 고용노동부령으로 정하는 사업을 말한다)으로서 상시근로자 300명 미만을 사용하는 사업장
  2. 외딴곳으로서 고용노동부장관이 정하는 지역에 있는 사업장

③ 보건관리자 업무의 위탁에 관하여는 제19조제2항을 준용한다. 이 경우 "법 제17조제5항 및 이 조 제1항"은 "법 제18조제5항 및 이 조 제2항"으로, "안전관리자"는 "보건관리자"로, "안전관리전문기관"은 "보건관리전문기관"으로 본다. <개정 2021. 11. 19.>

영 제26조(안전보건관리담당자 업무의 위탁 등) ① 법 제19조제4항에서 "대통령령으로 정하는 사업의 종류 및 사업장의 상시근로자 수에 해당하는 사업장"이란 제24조제1항에 따라 안전보건관리담당자를 선임해야 하는 사업장을 말한다.

② 안전보건관리담당자 업무의 위탁에 관하여는 제19조제2항을 준용한다. 이 경우 "법 제17조제5항 및 이 조 제1항"은 "법 제19조제4항 및 이 조 제1항"으로, "안전관리자"는 "안전보건관리담당자"로, "안전관리전문기관"은 "안전관리전문기관 또는 보건관리전문기관"으로 본다. <개정 2021. 11. 19.>

영 제29조(산업보건의 선임 등) ① 법 제22조제1항에 따라 산업보건의를 두어야 하는 사업의 종류와 사업장은 제20조 및 별표 5에 따라 보건관리자를 두어야 하는 사업으로서 상시근로자 수가 50명 이상인 사업장으로 한다. 다만, 다음 각 호의 어느 하나에 해당하는 경우는 그렇지 않다. <개정 2021. 11. 19.>
  1. 의사를 보건관리자로 선임한 경우
  2. 법 제18조제5항에 따라 보건관리전문기관에 보건관리자의 업무를 위탁한 경우
② 산업보건의는 외부에서 위촉할 수 있다.
③ 사업주는 제1항 또는 제2항에 따라 산업보건의를 선임하거나 위촉했을 때에는 고용노동부령으로 정하는 바에 따라 선임하거나 위촉한 날부터 14일 이내에 고용노동부장관에게 그 사실을 증명할 수 있는 서류를 제출해야 한다.
④ 제2항에 따라 위촉된 산업보건의가 담당할 사업장 수 및 근로자 수, 그 밖에 필요한 사항은 고용노동부장관이 정한다.

영 제42조(유해위험방지계획서 제출 대상) ① 법 제42조제1항제1호에서 "대통령령으로 정하는 사업의 종류 및 규모에 해당하는 사업"이란 다음 각 호의 어느 하나에 해당하는 사업으로서 전기 계약용량이 300킬로와트 이상인 경우를 말한다.
  1. 금속가공제품 제조업; 기계 및 가구 제외
  2. 비금속 광물제품 제조업
  3. 기타 기계 및 장비 제조업
  4. 자동차 및 트레일러 제조업
  5. 식료품 제조업
  6. 고무제품 및 플라스틱제품 제조업
  7. 목재 및 나무제품 제조업
  8. 기타 제품 제조업
  9. 1차 금속 제조업
  10. 가구 제조업
  11. 화학물질 및 화학제품 제조업
  12. 반도체 제조업
  13. 전자부품 제조업
② 법 제42조제1항제2호에서 "대통령령으로 정하는 기계·기구 및 설비"란 다음 각 호의 어느 하나에 해당하는 기계·기구 및 설비를 말한다. 이 경우 다음 각 호에 해당하는 기계·기구 및 설비의 구체적인 범위는 고용노동부장관이 정하여 고시한다. <개정 2021. 11. 19.>
  1. 금속이나 그 밖의 광물의 용해로
  2. 화학설비
  3. 건조설비
  4. 가스집합 용접장치
  5. 근로자의 건강에 상당한 장해를 일으킬 우려가 있는 물질로서 고용노동부령으로 정하는 물질의 밀폐·환기·배기를 위한 설비
  6. 삭제 <2021. 11. 19.>

③ 법 제42조제1항제3호에서 "대통령령으로 정하는 크기 높이 등에 해당하는 건설공사"란 다음 각 호의 어느 하나에 해당하는 공사를 말한다.
  1. 다음 각 목의 어느 하나에 해당하는 건축물 또는 시설 등의 건설·개조 또는 해체(이하 "건설등"이라 한다) 공사
     가. 지상높이가 31미터 이상인 건축물 또는 인공구조물
     나. 연면적 3만제곱미터 이상인 건축물
     다. 연면적 5천제곱미터 이상인 시설로서 다음의 어느 하나에 해당하는 시설
        1) 문화 및 집회시설(전시장 및 동물원·식물원은 제외한다)
        2) 판매시설, 운수시설(고속철도의 역사 및 집배송시설은 제외한다)
        3) 종교시설
        4) 의료시설 중 종합병원
        5) 숙박시설 중 관광숙박시설
        6) 지하도상가
        7) 냉동·냉장 창고시설
  2. 연면적 5천제곱미터 이상인 냉동·냉장 창고시설의 설비공사 및 단열공사
  3. 최대 지간(支間)길이(다리의 기둥과 기둥의 중심사이의 거리)가 50미터 이상인 다리의 건설등 공사
  4. 터널의 건설등 공사
  5. 다목적댐, 발전용댐, 저수용량 2천만톤 이상의 용수 전용 댐 및 지방상수도 전용 댐의 건설등 공사
  6. 깊이 10미터 이상인 굴착공사

영 제53조의2(도급에 따른 산업재해 예방조치) 법 제64조제1항제8호에서 "화재·폭발 등 대통령령으로 정하는 위험이 발생할 우려가 있는 경우"란 다음 각 호의 경우를 말한다.
  1. 화재·폭발이 발생할 우려가 있는 경우
  2. 동력으로 작동하는 기계·설비 등에 끼일 우려가 있는 경우
  3. 차량계 하역운반기계, 건설기계, 양중기(揚重機) 등 동력으로 작동하는 기계와 충돌할 우려가 있는 경우
  4. 근로자가 추락할 우려가 있는 경우
  5. 물체가 떨어지거나 날아올 우려가 있는 경우
  6. 기계·기구 등이 넘어지거나 무너질 우려가 있는 경우
  7. 토사·구축물·인공구조물 등이 붕괴될 우려가 있는 경우
  8. 산소 결핍이나 유해가스로 질식이나 중독의 우려가 있는 경우
  [본조신설 2021. 11. 19.]

영 제55조의2(안전보건전문가) 법 제67조제2항에서 "대통령령으로 정하는 안전보건 분야의 전문가"란 다음 각 호의 사람을 말한다.
  1. 법 제143조제1항에 따른 건설안전 분야의 산업안전지도사 자격을 가진 사람
  2. 「국가기술자격법」에 따른 건설안전기술사 자격을 가진 사람
  3. 「국가기술자격법」에 따른 건설안전기사 자격을 취득한 후 건설안전 분야에서 3년 이상의 실무경력이 있는 사람
  4. 「국가기술자격법」에 따른 건설안전산업기사 자격을 취득한 후 건설안전 분야에서 5년 이상의 실무경력이 있는 사람
  [본조신설 2021. 11. 19.]

영 **제58조(설계변경 요청 대상 및 전문가의 범위)** ① 법 제71조제1항 본문에서 "대통령령으로 정하는 가설구조물"이란 다음 각 호의 어느 하나에 해당하는 것을 말한다. <개정 2021. 11. 19.>
  1. 높이 31미터 이상인 비계
  2. 작업발판 일체형 거푸집 또는 높이 5미터 이상인 거푸집 동바리[타설(打設)된 콘크리트가 일정 강도에 이르기까지 하중 등을 지지하기 위하여 설치하는 부재(部材)]
  3. 터널의 지보공(支保工: 무너지지 않도록 지지하는 구조물) 또는 높이 2미터 이상인 흙막이 지보공
  4. 동력을 이용하여 움직이는 가설구조물
② 법 제71조제1항 본문에서 "건축·토목 분야의 전문가 등 대통령령으로 정하는 전문가"란 공단 또는 다음 각 호의 어느 하나에 해당하는 사람으로서 해당 건설공사도급인 또는 관계수급인에게 고용되지 않은 사람을 말한다.
  1. 「국가기술자격법」에 따른 건축구조기술사(토목공사 및 제1항제3호의 구조물의 경우는 제외한다)
  2. 「국가기술자격법」에 따른 토목구조기술사(토목공사로 한정한다)
  3. 「국가기술자격법」에 따른 토질및기초기술사(제1항제3호의 구조물의 경우로 한정한다)
  4. 「국가기술자격법」에 따른 건설기계기술사(제1항제4호의 구조물의 경우로 한정한다)

영 **제59조(기술지도계약 체결 대상 건설공사 및 체결 시기)** ① 법 제73조제1항에서 "대통령령으로 정하는 건설공사"란 공사금액 1억원 이상 120억원(「건설산업기본법 시행령」 별표 1의 종합공사를 시공하는 업종의 건설업종란 제1호의 토목공사업에 속하는 공사는 150억원) 미만인 공사와 「건축법」 제11조에 따른 건축허가의 대상이 되는 공사를 말한다. 다만, 다음 각 호의 어느 하나에 해당하는 공사는 제외한다. <개정 2022. 8. 16.>
  1. 공사기간이 1개월 미만인 공사
  2. 육지와 연결되지 않은 섬 지역(제주특별자치도는 제외한다)에서 이루어지는 공사
  3. 사업주가 별표 4에 따른 안전관리자의 자격을 가진 사람을 선임(같은 광역지방자치단체의 구역 내에서 같은 사업주가 시공하는 셋 이하의 공사에 대하여 공동으로 안전관리자의 자격을 가진 사람 1명을 선임한 경우를 포함한다)하여 제18조제1항 각 호에 따른 안전관리자의 업무만을 전담하도록 하는 공사
  4. 법 제42조제1항에 따라 유해위험방지계획서를 제출해야 하는 공사
② 제1항에 따른 건설공사의 건설공사발주자 또는 건설공사도급인(건설공사도급인은 건설공사발주자로부터 건설공사를 최초로 도급받은 수급인은 제외한다)은 법 제73조제1항의 건설 산업재해 예방을 위한 지도계약(이하 "기술지도계약"이라 한다)을 해당 건설공사 착공일의 전날까지 체결해야 한다. <신설 2022. 8. 16.>
  [제목개정 2022. 8. 16.]

영 **제67조(특수형태근로종사자의 범위 등)** 법 제77조제1항제1호에 따른 요건을 충족하는 사람은 다음 각 호의 어느 하나에 해당하는 사람으로 한다. <개정 2021. 11. 19.>
  1. 보험을 모집하는 사람으로서 다음 각 목의 어느 하나에 해당하는 사람
      가. 「보험업법」 제83조제1항제1호에 따른 보험설계사
      나. 「우체국예금·보험에 관한 법률」에 따른 우체국보험의 모집을 전업(專業)으로 하는 사람
  2. 「건설기계관리법」 제3조제1항에 따라 등록된 건설기계를 직접 운전하는 사람
  3. 「통계법」 제22조에 따라 통계청장이 고시하는 직업에 관한 표준분류(이하 "한국표준직업분류표"라 한다)의 세세분류에 따른 학습지 방문강사, 교육 교구 방문강사, 그 밖에 회원의 가정 등을 직접 방문하여 아동이나 학생 등을 가르치는 사람
  4. 「체육시설의 설치·이용에 관한 법률」 제7조에 따라 직장체육시설로 설치된 골프장 또는 같은 법 제19조에 따라 체육시설업의 등록을 한 골프장에서 골프경기를 보조하는 골프장 캐디
  5. 한국표준직업분류표의 세분류에 따른 택배원으로서 택배사업(소화물을 집화·수송 과정을 거쳐 배송하는 사업을 말한다)에서 집화 또는 배송 업무를 하는 사람

6. 한국표준직업분류표의 세분류에 따른 택배원으로서 고용노동부장관이 정하는 기준에 따라 주로 하나의 퀵서비스업자로부터 업무를 의뢰받아 배송 업무를 하는 사람
7. 「대부업 등의 등록 및 금융이용자 보호에 관한 법률」 제3조제1항 단서에 따른 대출모집인
8. 「여신전문금융업법」 제14조의2제1항제2호에 따른 신용카드회원 모집인
9. 고용노동부장관이 정하는 기준에 따라 주로 하나의 대리운전업자로부터 업무를 의뢰받아 대리운전 업무를 하는 사람
10. 「방문판매 등에 관한 법률」 제2조제2호 또는 제8호의 방문판매원이나 후원방문판매원으로서 고용노동부장관이 정하는 기준에 따라 상시적으로 방문판매업무를 하는 사람
11. 한국표준직업분류표의 세세분류에 따른 대여 제품 방문점검원
12. 한국표준직업분류표의 세분류에 따른 가전제품 설치 및 수리원으로서 가전제품을 배송, 설치 및 시운전하여 작동상태를 확인하는 사람
13. 「화물자동차 운수사업법」에 따른 화물차주로서 다음 각 목의 어느 하나에 해당하는 사람
    가. 「자동차관리법」 제3조제1항제4호의 특수자동차로 수출입 컨테이너를 운송하는 사람
    나. 「자동차관리법」 제3조제1항제4호의 특수자동차로 시멘트를 운송하는 사람
    다. 「자동차관리법」 제2조제1호 본문의 피견인자동차나 「자동차관리법」 제3조제1항제3호의 일반형 화물자동차로 철강재를 운송하는 사람
    라. 「자동차관리법」 제3조제1항제3호의 일반형 화물자동차나 특수용도형 화물자동차로 「물류정책기본법」 제29조제1항 각 호의 위험물질을 운송하는 사람
14. 「소프트웨어 진흥법」에 따른 소프트웨어사업에서 노무를 제공하는 소프트웨어기술자

영 제68조(안전 및 보건 교육 대상 특수형태근로종사자) 법 제77조제2항에서 "대통령령으로 정하는 특수형태근로종사자"란 제67조제2호, 제4호부터 제6호까지 및 제9호부터 제13호까지의 규정에 따른 사람을 말한다. <개정 2021. 11. 19.>

영 제96조의2(휴게시설 설치·관리기준 준수 대상 사업장의 사업주) 법 제128조의2제2항에서 "사업의 종류 및 사업장의 상시 근로자 수 등 대통령령으로 정하는 기준에 해당하는 사업장"이란 다음 각 호의 어느 하나에 해당하는 사업장을 말한다.

1. 상시근로자(관계수급인의 근로자를 포함한다. 이하 제2호에서 같다) 20명 이상을 사용하는 사업장(건설업의 경우에는 관계수급인의 공사금액을 포함한 해당 공사의 총공사금액이 20억원 이상인 사업장으로 한정한다)
2. 다음 각 목의 어느 하나에 해당하는 직종(「통계법」 제22조제1항에 따라 통계청장이 고시하는 한국표준직업분류에 따른다)의 상시근로자가 2명 이상인 사업장으로서 상시근로자 10명 이상 20명 미만을 사용하는 사업장(건설업은 제외한다)
    가. 전화 상담원
    나. 돌봄 서비스 종사원
    다. 텔레마케터
    라. 배달원
    마. 청소원 및 환경미화원
    바. 아파트 경비원
    사. 건물 경비원
    [본조신설 2022. 8. 16.]

영 제115조(권한의 위임) 고용노동부장관은 법 제165조제1항에 따라 다음 각 호의 권한을 지방고용노동관서의 장에게 위임한다. <개정 2021. 11. 19.>

1. 법 제10조제3항에 따른 자료 제출의 요청
2. 법 제17조제4항, 제18조제4항 또는 제19조제3항에 따른 안전관리자, 보건관리자 또는 안전보건관리담당자의 선임 명령 또는 교체 명령
3. 법 제21조제1항 및 제4항에 따른 안전관리전문기관 또는 보건관리전문기관(이 영 제23조제1항에 따른 업종별·유해인자별 보건관리전문기관은 제외한다)의 지정, 지정 취소 및 업무정지 명령
4. 법 제23조제1항에 따른 명예산업안전감독관의 위촉
5. 법 제33조제1항 및 제4항에 따른 안전보건교육기관의 등록, 등록 취소 및 업무정지 명령
6. 법 제42조제4항 후단에 따른 작업 또는 건설공사의 중지 및 유해위험방지계획의 변경 명령
7. 법 제45조제1항 후단 및 제46조제4항·제5항에 따른 공정안전보고서의 변경 명령, 공정안전보고서의 이행상태 평가 및 재제출 명령
8. 법 제47조제1항 및 제4항에 따른 안전보건진단 명령 및 안전보건진단 결과보고서의 접수
9. 법 제48조제1항 및 제4항에 따른 안전보건진단기관의 지정, 지정 취소 및 업무정지 명령
10. 법 제49조제1항에 따른 안전보건개선계획의 수립·시행 명령
11. 법 제50조제1항 및 제2항에 따른 안전보건개선계획서의 접수, 심사, 그 결과의 통보 및 안전보건개선계획서의 보완 명령
12. 법 제53조제1항에 따른 시정조치 명령
13. 법 제53조제3항 및 제55조제1항·제2항에 따른 작업중지 명령
14. 법 제53조제5항 및 제55조제3항에 따른 사용중지 또는 작업중지 해제
15. 법 제57조제3항에 따른 사업주의 산업재해 발생 보고의 접수·처리
16. 법 제58조제2항제2호, 같은 조 제5항·제6항·제7항에 따른 승인, 연장승인, 변경승인과 그 승인·연장승인·변경승인의 취소 및 법 제59조제1항에 따른 도급의 승인
17. 법 제74조제1항 및 제4항에 따른 건설재해예방전문지도기관의 지정, 지정 취소 및 업무정지 명령
18. 법 제82조제1항 및 제4항에 따른 타워크레인 설치·해체업의 등록, 등록 취소 및 업무정지 명령
19. 법 제84조제6항에 따른 자료 제출 명령
20. 법 제85조제4항에 따른 표시 제거 명령
21. 법 제86조제1항에 따른 안전인증 취소, 안전인증표시의 사용 금지 및 시정 명령
22. 법 제87조제2항에 따른 수거 또는 파기 명령
23. 법 제90조제4항에 따른 표시 제거 명령
24. 법 제91조제1항에 따른 사용 금지 및 시정 명령
25. 법 제92조제2항에 따른 수거 또는 파기 명령
26. 법 제99조제1항에 따른 자율검사프로그램의 인정 취소와 시정 명령
27. 법 제100조제1항 및 제4항에 따른 자율안전검사기관의 지정, 지정 취소 및 업무정지 명령
28. 법 제102조제3항에 따른 등록 취소 및 지원 제한
29. 법 제112조제8항에 따른 승인 또는 연장승인의 취소
30. 법 제113조제3항에 따른 선임 또는 해임 사실의 신고 접수·처리
31. 법 제117조제2항제1호 및 같은 조 제3항에 따른 제조등금지물질의 제조·수입 또는 사용의 승인 및 그 승인의 취소
32. 법 제118조제1항·제4항 및 제5항에 따른 허가대상물질의 제조·사용의 허가와 변경 허가, 수리·개조 등의 명령, 허가대상물질의 제조·사용 허가의 취소 및 영업정지 명령

33. 법 제119조제4항에 따른 일반석면조사 또는 기관석면조사의 이행 명령 및 이행 명령의 결과를 보고받을 때까지의 작업중지 명령
34. 법 제120조제1항 및 제5항에 따른 석면조사기관의 지정, 지정 취소 및 업무정지 명령
35. 법 제121조제1항 및 제4항에 따른 석면해체·제거업의 등록, 등록 취소 및 업무정지 명령
36. 법 제121조제2항에 따른 석면해체·제거작업의 안전성 평가 및 그 결과의 공개
37. 법 제122조제3항 및 제4항에 따른 석면해체·제거작업 신고의 접수 및 수리
38. 법 제124조제1항에 따라 제출된 석면농도 증명자료의 접수
39. 법 제125조제5항에 따른 작업환경측정 결과 보고의 접수·처리
40. 법 제126조제1항 및 제5항에 따른 작업환경측정기관의 지정, 지정 취소 및 업무정지 명령
41. 법 제131조제1항에 따른 임시건강진단 실시 등의 명령
42. 법 제132조제5항에 따른 조치 결과의 접수
43. 법 제134조제1항에 따른 건강진단 실시 결과 보고의 접수
44. 법 제135조제1항 및 제6항에 따른 특수건강진단기관의 지정, 지정 취소 및 업무정지 명령
45. 법 제140조제2항 및 제4항에 따른 교육기관의 지정, 지정 취소 및 업무정지 명령
46. 법 제145조제1항 및 제154조에 따른 지도사의 등록, 등록 취소 및 업무정지 명령
47. 법 제157조제1항 및 제2항에 따른 신고의 접수·처리
48. 법 제160조에 따른 과징금의 부과·징수(위임된 권한에 관한 사항으로 한정한다)
49. 법 제161조에 따른 과징금 및 가산금의 부과·징수
50. 법 제163조제1항에 따른 청문(위임된 권한에 관한 사항으로 한정한다)
51. 법 제175조에 따른 과태료의 부과·징수(위임된 권한에 관한 사항으로 한정한다)
52. 제16조제6항, 제20조제3항 및 제29조제3항에 따른 서류의 접수
53. 그 밖에 제1호부터 제52호까지의 규정에 따른 권한을 행사하는 데 따르는 감독상의 조치
[전문개정 2020. 9. 8.]

영 제116조(업무의 위탁) ① 고용노동부장관은 법 제165조제2항제2호부터 제4호까지, 제6호부터 제10호까지, 제12호, 제15호, 제16호, 제18호부터 제30호까지, 제32호, 제33호 및 제35호부터 제41호까지의 업무를 공단에 위탁한다.

② 고용노동부장관은 법 제165조제2항제1호, 제11호, 제13호, 제14호, 제17호, 제31호 및 제34호의 업무를 다음 각 호의 법인 또는 기관에 위탁한다. <개정 2021. 11. 19.>
  1. 공단
  2. 다음 각 목의 법인 또는 기관 중에서 위탁업무를 수행할 수 있는 인력·시설 및 장비를 갖추어 고용노동부장관이 정하여 고시하는 바에 따라 지정을 받거나 등록한 법인 또는 기관
     가. 산업안전·보건 또는 산업재해 예방을 목적으로「민법」에 따라 설립된 비영리법인
     나. 법 제21조제1항, 제48조제1항, 제74조제1항, 제120조제1항, 제126조제1항, 제135조제1항 또는 제140조제2항에 따라 고용노동부장관의 지정을 받은 법인 또는 기관
     다. 「고등교육법」 제2조에 따른 학교
     라. 「공공기관의 운영에 관한 법률」에 따른 공공기관
  3. 그 밖에 고용노동부장관이 산업재해 예방 업무에 전문성이 있다고 인정하여 고시하는 법인 또는 기관

③ 고용노동부장관은 제2항에 따라 공단, 법인 또는 기관에 그 업무를 위탁한 경우에는 위탁기관의 명칭과 위탁업무 등에 관한 사항을 관보 또는 고용노동부 인터넷 홈페이지 등에 공고해야 한다.

④ 공단은 제1항 및 제2항에 따라 위탁받은 업무의 일부를 제2항제2호 또는 제3호에 해당하는 법인 또는 기관에 고용노동부장관의 승인을 받아 재위탁할 수 있다. 이 경우 공단은 재위탁받은 법인 또는 기관과 재위탁 업무의 내용을 인터넷 홈페이지에 게재해야 한다. <신설 2021. 11. 19.>

영 제117조(민감정보 및 고유식별정보의 처리) 고용노동부장관(법 제165조에 따라 고용노동부장관의 권한을 위임받거나 업무를 위탁받은 자와 이 영 제116조제4항 전단에 따라 재위탁받은 자를 포함한다)은 다음 각 호의 사무를 수행하기 위해 불가피한 경우 「개인정보 보호법」 제23조의 건강에 관한 정보(제1호부터 제6호까지 및 제9호의 사무를 수행하는 경우로 한정한다), 같은 법 시행령 제18조제2호의 범죄경력자료에 해당하는 정보(제7호 및 제8호의 사무를 수행하는 경우로 한정한다) 및 같은 영 제19조제1호·제4호의 주민등록번호·외국인등록번호가 포함된 자료를 처리할 수 있다. <개정 2021. 11. 19., 2022. 8. 16.>

1. 법 제8조에 따라 고용노동부장관이 협조를 요청한 사항으로서 산업재해 또는 건강진단 관련 자료의 처리에 관한 사무
2. 법 제57조에 따른 산업재해 발생 기록 및 보고 등에 관한 사무
3. 법 제129조부터 제136조까지의 규정에 따른 건강진단에 관한 사무
4. 법 제137조에 따른 건강관리카드 발급에 관한 사무
5. 법 제138조에 따른 질병자의 근로 금지·제한에 관한 지도, 감독에 관한 사무
6. 법 제141조에 따른 역학조사에 관한 사무
7. 법 제143조에 따른 지도사 자격시험에 관한 사무
8. 법 제145조에 따른 지도사의 등록에 관한 사무
9. 제7조제3호에 따른 직업성 질병의 예방 및 조기 발견에 관한 사무

시행규칙 제12조(안전관리자 등의 증원·교체임명 명령) ① 지방고용노동관서의 장은 다음 각 호의 어느 하나에 해당하는 사유가 발생한 경우에는 법 제17조제4항·제18조제4항 또는 제19조제3항에 따라 사업주에게 안전관리자·보건관리자 또는 안전보건관리담당자(이하 이 조에서 "관리자"라 한다)를 정수 이상으로 증원하게 하거나 교체하여 임명할 것을 명할 수 있다. 다만, 제4호에 해당하는 경우로서 직업성 질병자 발생 당시 사업장에서 해당 화학적 인자(因子)를 사용하지 않은 경우에는 그렇지 않다. <개정 2021. 11. 19.>

1. 해당 사업장의 연간재해율이 같은 업종의 평균재해율의 2배 이상인 경우
2. 중대재해가 연간 2건 이상 발생한 경우. 다만, 해당 사업장의 전년도 사망만인율이 같은 업종의 평균 사망만인율 이하인 경우는 제외한다.
3. 관리자가 질병이나 그 밖의 사유로 3개월 이상 직무를 수행할 수 없게 된 경우
4. 별표 22 제1호에 따른 화학적 인자로 인한 직업성 질병자가 연간 3명 이상 발생한 경우. 이 경우 직업성 질병자의 발생일은 「산업재해보상보험법 시행규칙」 제21조제1항에 따른 요양급여의 결정일로 한다.

② 제1항에 따라 관리자를 정수 이상으로 증원하게 하거나 교체하여 임명할 것을 명하는 경우에는 미리 사업주 및 해당 관리자의 의견을 듣거나 소명자료를 제출받아야 한다. 다만, 정당한 사유 없이 의견진술 또는 소명자료의 제출을 게을리한 경우에는 그렇지 않다.
③ 제1항에 따른 관리자의 정수 이상 증원 및 교체임명 명령은 별지 제4호서식에 따른다.

시행규칙 제13조(안전관리 업무의 위탁계약) 법 제21조제1항에 따른 안전관리전문기관(이하 "안전관리전문기관"이라 한다) 또는 같은 항에 따른 보건관리전문기관(이하 "보건관리전문기관"이라 한다)이 법 제17조제5항 또는 제18조제5항에 따라 사업주로부터 안전관리 업무 또는 보건관리 업무를 위탁받으려는 때에는 별지 제5호서식의 안전·보건관리 업무계약서에 따라 계약을 체결해야 한다. <개정 2021. 11. 19.>

시행규칙 제73조(산업재해 발생 보고 등) ① 사업주는 산업재해로 사망자가 발생하거나 3일 이상의 휴업이 필요한 부상을 입거나 질병에 걸린 사람이 발생한 경우에는 법 제57조제3항에 따라 해당 산업재해가 발생한 날부터

1개월 이내에 별지 제30호서식의 산업재해조사표를 작성하여 관할 지방고용노동관서의 장에게 제출(전자문서로 제출하는 것을 포함한다)해야 한다.
② 제1항에도 불구하고 다음 각 호의 모두에 해당하지 않는 사업주가 법률 제11882호 산업안전보건법 일부개정법률 제10조제2항의 개정규정의 시행일인 2014년 7월 1일 이후 해당 사업장에서 처음 발생한 산업재해에 대하여 지방고용노동관서의 장으로부터 별지 제30호서식의 산업재해조사표를 작성하여 제출하도록 명령을 받은 경우 그 명령을 받은 날부터 15일 이내에 이를 이행한 때에는 제1항에 따른 보고를 한 것으로 본다. 제1항에 따른 보고기한이 지난 후에 자진하여 별지 제30호서식의 산업재해조사표를 작성·제출한 경우에도 또한 같다. <개정 2022. 8. 18.>
  1. 안전관리자 또는 보건관리자를 두어야 하는 사업주
  2. 법 제62조제1항에 따라 안전보건총괄책임자를 지정해야 하는 도급인
  3. 법 제73조제2항에 따라 건설재해예방전문지도기관의 지도를 받아야 하는 건설공사도급인(법 제69조제1항의 건설공사도급인을 말한다. 이하 같다)
  4. 산업재해 발생사실을 은폐하려고 한 사업주
③ 사업주는 제1항에 따른 산업재해조사표에 근로자대표의 확인을 받아야 하며, 그 기재 내용에 대하여 근로자대표의 이견이 있는 경우에는 그 내용을 첨부해야 한다. 다만, 근로자대표가 없는 경우에는 재해자 본인의 확인을 받아 산업재해조사표를 제출할 수 있다.
④ 제1항부터 제3항까지의 규정에서 정한 사항 외에 산업재해발생 보고에 필요한 사항은 고용노동부장관이 정한다.
⑤ 「산업재해보상보험법」 제41조에 따라 요양급여의 신청을 받은 근로복지공단은 지방고용노동관서의 장 또는 공단으로부터 요양신청서 사본, 요양업무 관련 전산입력자료, 그 밖에 산업재해예방업무 수행을 위하여 필요한 자료의 송부를 요청받은 경우에는 이에 협조해야 한다.

시행규칙 제87조(공사기간 연장 요청 등) ① 건설공사도급인은 법 제70조제1항에 따라 공사기간 연장을 요청하려면 같은 항 각 호의 사유가 종료된 날부터 10일이 되는 날까지 별지 제35호서식의 공사기간 연장 요청서에 다음 각 호의 서류를 첨부하여 건설공사발주자에게 제출해야 한다. 다만, 해당 공사기간의 연장 사유가 그 건설공사의 계약기간 만료 후에도 지속될 것으로 예상되는 경우에는 그 계약기간 만료 전에 건설공사발주자에게 공사기간 연장을 요청할 예정임을 통지하고, 그 사유가 종료된 날부터 10일이 되는 날까지 공사기간 연장을 요청할 수 있다. <개정 2021. 1. 19., 2022. 8. 18.>
  1. 공사기간 연장 요청 사유 및 그에 따른 공사 지연사실을 증명할 수 있는 서류
  2. 공사기간 연장 요청 기간 산정 근거 및 공사 지연에 따른 공정 관리 변경에 관한 서류
② 건설공사의 관계수급인은 법 제70조제2항에 따라 공사기간 연장을 요청하려면 같은 항의 사유가 종료된 날부터 10일이 되는 날까지 별지 제35호서식의 공사기간 연장 요청서에 제1항 각 호의 서류를 첨부하여 건설공사도급인에게 제출해야 한다. 다만, 해당 공사기간 연장 사유가 그 건설공사의 계약기간 만료 후에도 지속될 것으로 예상되는 경우에는 그 계약기간 만료 전에 건설공사도급인에게 공사기간 연장을 요청할 예정임을 통지하고, 그 사유가 종료된 날부터 10일이 되는 날까지 공사기간 연장을 요청할 수 있다.
③ 건설공사도급인은 제2항에 따른 요청을 받은 날부터 30일 이내에 공사기간 연장 조치를 하거나 10일 이내에 건설공사발주자에게 그 기간의 연장을 요청해야 한다.
④ 건설공사발주자는 제1항 및 제3항에 따른 요청을 받은 날부터 30일 이내에 공사기간 연장 조치를 해야 한다. 다만, 남은 공사기간 내에 공사를 마칠 수 있다고 인정되는 경우에는 그 사유와 그 사유를 증명하는 서류를 첨부하여 건설공사도급인에게 통보해야 한다.
⑤ 제2항에 따라 공사기간 연장을 요청받은 건설공사도급인은 제4항에 따라 건설공사발주자로부터 공사기간 연장 조치에 대한 결과를 통보받은 날부터 5일 이내에 관계수급인에게 그 결과를 통보해야 한다.

시행규칙 제89조의2(기술지도계약서 등) ① 법 제73조제1항 및 영 제59조제2항에 따른 기술지도계약의 지도계약서는 별지 제104호서식에 따른다.

② 영 제60조 및 영 별표 18 제4호나목4)의 기술지도 완료증명서는 별지 제105호서식에 따른다. [본조신설 2022. 8. 18.]

시행규칙 제161조(비공개 승인 또는 연장승인을 위한 제출서류 및 제출시기) ① 법 제112조제1항 본문에 따라 물질안전보건자료에 화학물질의 명칭 및 함유량을 대체할 수 있는 명칭 및 함유량(이하 "대체자료"라 한다)으로 적기 위하여 승인을 신청하려는 자는 물질안전보건자료대상물질을 제조하거나 수입하기 전에 물질안전보건자료시스템을 통하여 별지 제63호서식에 따른 물질안전보건자료 비공개 승인신청서에 다음 각 호의 정보를 기재하거나 첨부하여 공단에 제출해야 한다. <개정 2022. 8. 18.>

1. 대체자료로 적으려는 화학물질의 명칭 및 함유량이 「부정경쟁방지 및 영업비밀 보호에 관한 법률」 제2조제2호에 따른 영업비밀에 해당함을 입증하는 자료로서 고용노동부장관이 정하여 고시하는 자료
2. 대체자료
3. 대체자료로 적으려는 화학물질의 명칭 및 함유량, 건강 및 환경에 대한 유해성, 물리적 위험성 정보
4. 물질안전보건자료
5. 법 제104조에 따른 분류기준에 해당하지 않는 화학물질의 명칭 및 함유량. 다만, 법 제110조제2항 각 호의 어느 하나에 해당하는 경우는 제외한다.
6. 그 밖에 화학물질의 명칭 및 함유량을 대체자료로 적도록 승인하기 위해 필요한 정보로서 고용노동부장관이 정하여 고시하는 서류

② 제1항에도 불구하고 고용노동부장관이 정하여 고시하는 연구·개발용 화학물질 또는 화학제품에 대한 물질안전보건자료에 화학물질의 명칭 및 함유량을 대체자료로 적기 위해 승인을 신청하려는 자는 제1항제1호 및 제6호의 자료를 생략하여 제출할 수 있다.

③ 법 제112조제5항에 따른 연장승인 신청을 하려는 자는 유효기간이 만료되기 30일 전까지 물질안전보건자료시스템을 통하여 별지 제63호서식에 따른 물질안전보건자료 비공개 연장승인 신청서에 제1항 각 호에 따른 서류를 첨부하여 공단에 제출해야 한다.

시행규칙 제194조의2(휴게시설의 설치·관리기준) 법 제128조의2제2항에서 "크기, 위치, 온도, 조명 등 고용노동부령으로 정하는 설치·관리기준"이란 별표 21의2의 휴게시설 설치·관리기준을 말한다.

[본조신설 2022. 8. 18.]

시행규칙 제237조(보조·지원의 환수와 제한) ① 법 제158조제2항제6호에서 "고용노동부령으로 정하는 경우"란 보조·지원을 받은 후 3년 이내에 해당 시설 및 장비의 중대한 결함이나 관리상 중대한 과실로 인하여 근로자가 사망한 경우를 말한다.

② 법 제158조제4항에 따라 보조·지원을 제한할 수 있는 기간은 다음 각 호와 같다. <개정 2021. 11. 19.>

1. 법 제158조제2항제1호의 경우: 5년
2. 법 제158조제2항제2호부터 제6호까지의 어느 하나의 경우: 3년
3. 법 제158조제2항제2호부터 제6호까지의 어느 하나를 위반한 후 5년 이내에 같은 항 제2호부터 제6호까지의 어느 하나를 위반한 경우: 5년

안전보건규칙 제20조(출입의 금지 등) 사업주는 다음 각 호의 작업 또는 장소에 울타리를 설치하는 등 관계 근로자가 아닌 사람의 출입을 금지하여야 한다. 다만, 제2호 및 제7호의 장소에서 수리 또는 점검 등을 위하여 그 암(arm) 등의 움직임에 의한 하중을 충분히 견딜 수 있는 안전지대 또는 안전블록 등을 사용하도록 한 경우에는 그러하지 아니하다. <개정 2019. 10. 15, 2022. 10. 18.>

1. 추락에 의하여 근로자에게 위험을 미칠 우려가 있는 장소

2. 유압(流壓), 체인 또는 로프 등에 의하여 지탱되어 있는 기계·기구의 덤프, 램(ram), 리프트, 포크(fork) 및 암 등이 갑자기 작동함으로써 근로자에게 위험을 미칠 우려가 있는 장소
3. 케이블 크레인을 사용하여 작업을 하는 경우에는 권상용(卷上用) 와이어로프 또는 횡행용(橫行用) 와이어로프가 통하고 있는 도르래 또는 그 부착부의 파손에 의하여 위험을 발생시킬 우려가 있는 그 와이어로프의 내각측(內角側)에 속하는 장소
4. 인양전자석(引揚電磁石) 부착 크레인을 사용하여 작업을 하는 경우에는 달아 올려진 화물의 아래쪽 장소
5. 인양전자석 부착 이동식 크레인을 사용하여 작업을 하는 경우에는 달아 올려진 화물의 아래쪽 장소
6. 리프트를 사용하여 작업을 하는 다음 각 목의 장소
   가. 리프트 운반구가 오르내리다가 근로자에게 위험을 미칠 우려가 있는 장소
   나. 리프트의 권상용 와이어로프 내각측에 그 와이어로프가 통하고 있는 도르래 또는 그 부착부가 떨어져 나감으로써 근로자에게 위험을 미칠 우려가 있는 장소
7. 지게차·구내운반차·화물자동차 등의 차량계 하역운반기계 및 고소(高所)작업대(이하 "차량계 하역운반기계 등"이라 한다)의 포크·버킷(bucket)·암 또는 이들에 의하여 지탱되어 있는 화물의 밑에 있는 장소. 다만, 구조상 갑작스러운 하강을 방지하는 장치가 있는 것은 제외한다.
8. 운전 중인 항타기(杭打機) 또는 항발기(杭拔機)의 권상용 와이어로프 등의 부착 부분의 파손에 의하여 와이어로프가 벗겨지거나 드럼(drum), 도르래 뭉치 등이 떨어져 근로자에게 위험을 미칠 우려가 있는 장소
9. 화재 또는 폭발의 위험이 있는 장소
10. 낙반(落磐) 등의 위험이 있는 다음 각 목의 장소
    가. 부석의 낙하에 의하여 근로자에게 위험을 미칠 우려가 있는 장소
    나. 터널 지보공(支保工)의 보강작업 또는 보수작업을 하고 있는 장소로서 낙반 또는 낙석 등에 의하여 근로자에게 위험을 미칠 우려가 있는 장소
11. 토석(土石)이 떨어져 근로자에게 위험을 미칠 우려가 있는 채석작업을 하는 굴착작업장의 아래 장소
12. 암석 채취를 위한 굴착작업, 채석에서 암석을 분할가공하거나 운반하는 작업, 그 밖에 이러한 작업에 수반(隨件)한 작업(이하 "채석작업"이라 한다)을 하는 경우에는 운전 중인 굴착기계·분할기계·적재기계 또는 운반기계(이하 "굴착기계등"이라 한다)에 접촉함으로써 근로자에게 위험을 미칠 우려가 있는 장소
13. 해체작업을 하는 장소
14. 하역작업을 하는 경우에는 쌓아놓은 화물이 무너지거나 화물이 떨어져 근로자에게 위험을 미칠 우려가 있는 장소
15. 다음 각 목의 항만하역작업 장소
    가. 해치커버[(해치보드(hatch board) 및 해치빔(hatch beam)을 포함한다)]의 개폐·설치 또는 해체작업을 하고 있어 해치 보드 또는 해치빔 등이 떨어져 근로자에게 위험을 미칠 우려가 있는 장소
    나. 양화장치(揚貨裝置) 붐(boom)이 넘어짐으로써 근로자에게 위험을 미칠 우려가 있는 장소
    다. 양화장치, 데릭(derrick), 크레인, 이동식 크레인(이하 "양화장치등"이라 한다)에 매달린 화물이 떨어져 근로자에게 위험을 미칠 우려가 있는 장소
16. 벌목, 목재의 집하 또는 운반 등의 작업을 하는 경우에는 벌목한 목재 등이 아래 방향으로 굴러 떨어지는 등의 위험이 발생할 우려가 있는 장소
17. 양화장치등을 사용하여 화물의 적하[부두 위의 화물에 훅(hook)을 걸어 선(船) 내에 적재하기까지의 작업을 말한다] 또는 양하(선 내의 화물을 부두 위에 내려 놓고 훅을 풀기까지의 작업을 말한다)를 하는 경우에는 통행하는 근로자에게 화물이 떨어지거나 충돌할 우려가 있는 장소
18. 굴착기 붐·암·버킷 등의 선회(旋回)에 의하여 근로자에게 위험을 미칠 우려가 있는 장소

안전보건규칙 제45조(지붕 위에서의 위험 방지) ① 사업주는 근로자가 지붕 위에서 작업을 할 때에 추락하거나 넘어질 위험이 있는 경우에는 다음 각 호의 조치를 해야 한다.
  1. 지붕의 가장자리에 제13조에 따른 안전난간을 설치할 것
  2. 채광창(skylight)에는 견고한 구조의 덮개를 설치할 것
  3. 슬레이트 등 강도가 약한 재료로 덮은 지붕에는 폭 30센티미터 이상의 발판을 설치할 것
② 사업주는 작업 환경 등을 고려할 때 제1항제1호에 따른 조치를 하기 곤란한 경우에는 제42조제2항 각 호의 기준을 갖춘 추락방호망을 설치해야 한다. 다만, 사업주는 작업 환경 등을 고려할 때 추락방호망을 설치하기 곤란한 경우에는 근로자에게 안전대를 착용하도록 하는 등 추락 위험을 방지하기 위하여 필요한 조치를 해야 한다.
[전문개정 2021. 11. 19.]

안전보건규칙 제46조(승강설비의 설치) 사업주는 높이 또는 깊이가 2미터를 초과하는 장소에서 작업하는 경우 해당 작업에 종사하는 근로자가 안전하게 승강하기 위한 건설용 리프트 등의 설비를 설치해야 한다. 다만, 승강설비를 설치하는 것이 작업의 성질상 곤란한 경우에는 그렇지 않다. <개정 2022. 10. 18.>

안전보건규칙 제63조(달비계의 구조) ① 사업주는 곤돌라형 달비계를 설치하는 경우에는 다음 각 호의 사항을 준수해야 한다. <개정 2021. 11. 19.>
  1. 다음 각 목의 어느 하나에 해당하는 와이어로프를 달비계에 사용해서는 아니 된다.
    가. 이음매가 있는 것
    나. 와이어로프의 한 꼬임[(스트랜드(strand)를 말한다. 이하 같다)]에서 끊어진 소선(素線)[필러(pillar)선은 제외한다]의 수가 10퍼센트 이상(비자전로프의 경우에는 끊어진 소선의 수가 와이어로프 호칭지름의 6배 길이 이내에서 4개 이상이거나 호칭지름 30배 길이 이내에서 8개 이상)인 것
    다. 지름의 감소가 공칭지름의 7퍼센트를 초과하는 것
    라. 꼬인 것
    마. 심하게 변형되거나 부식된 것
    바. 열과 전기충격에 의해 손상된 것
  2. 다음 각 목의 어느 하나에 해당하는 달기 체인을 달비계에 사용해서는 아니 된다.
    가. 달기 체인의 길이가 달기 체인이 제조된 때의 길이의 5퍼센트를 초과한 것
    나. 링의 단면지름이 달기 체인이 제조된 때의 해당 링의 지름의 10퍼센트를 초과하여 감소한 것
    다. 균열이 있거나 심하게 변형된 것
  3. 삭제 <2021. 11. 19.>
  4. 달기 강선 및 달기 강대는 심하게 손상·변형 또는 부식된 것을 사용하지 않도록 할 것
  5. 달기 와이어로프, 달기 체인, 달기 강선, 달기 강대는 한쪽 끝을 비계의 보 등에, 다른 쪽 끝을 내민 보, 앵커볼트 또는 건축물의 보 등에 각각 풀리지 않도록 설치할 것
  6. 작업발판은 폭을 40센티미터 이상으로 하고 틈새가 없도록 할 것
  7. 작업발판의 재료는 뒤집히거나 떨어지지 않도록 비계의 보 등에 연결하거나 고정시킬 것
  8. 비계가 흔들리거나 뒤집히는 것을 방지하기 위하여 비계의 보·작업발판 등에 버팀을 설치하는 등 필요한 조치를 할 것
  9. 선반 비계에서는 보의 접속부 및 교차부를 철선·이음철물 등을 사용하여 확실하게 접속시키거나 단단하게 연결시킬 것
  10. 근로자의 추락 위험을 방지하기 위하여 다음 각 목의 조치를 할 것
    가. 달비계에 구명줄을 설치할 것
    나. 근로자에게 안전대를 착용하도록 하고 근로자가 착용한 안전줄을 달비계의 구명줄에 체결(締結)하도록 할 것

다. 달비계에 안전난간을 설치할 수 있는 구조인 경우에는 달비계에 안전난간을 설치할 것
② 사업주는 작업의자형 달비계를 설치하는 경우에는 다음 각 호의 사항을 준수해야 한다. <신설 2021. 11. 19.>
   1. 달비계의 작업대는 나무 등 근로자의 하중을 견딜 수 있는 강도의 재료를 사용하여 견고한 구조로 제작할 것
   2. 작업대의 4개 모서리에 로프를 매달아 작업대가 뒤집히거나 떨어지지 않도록 연결할 것
   3. 작업용 섬유로프는 콘크리트에 매립된 고리, 건축물의 콘크리트 또는 철재 구조물 등 2개 이상의 견고한 고정점에 풀리지 않도록 결속(結束)할 것
   4. 작업용 섬유로프와 구명줄은 다른 고정점에 결속되도록 할 것
   5. 작업하는 근로자의 하중을 견딜 수 있을 정도의 강도를 가진 작업용 섬유로프, 구명줄 및 고정점을 사용할 것
   6. 근로자가 작업용 섬유로프에 작업대를 연결하여 하강하는 방법으로 작업을 하는 경우 근로자의 조종 없이는 작업대가 하강하지 않도록 할 것
   7. 작업용 섬유로프 또는 구명줄이 결속된 고정점의 로프는 다른 사람이 풀지 못하게 하고 작업 중임을 알리는 경고표지를 부착할 것
   8. 작업용 섬유로프와 구명줄이 건물이나 구조물의 끝부분, 날카로운 물체 등에 의하여 절단되거나 마모(磨耗)될 우려가 있는 경우에는 로프에 이를 방지할 수 있는 보호 덮개를 씌우는 등의 조치를 할 것
   9. 달비계에 다음 각 목의 작업용 섬유로프 또는 안전대의 섬유벨트를 사용하지 않을 것
      가. 꼬임이 끊어진 것
      나. 심하게 손상되거나 부식된 것
      다. 2개 이상의 작업용 섬유로프 또는 섬유벨트를 연결한 것
      라. 작업높이보다 길이가 짧은 것
   10. 근로자의 추락 위험을 방지하기 위하여 다음 각 목의 조치를 할 것
      가. 달비계에 구명줄을 설치할 것
      나. 근로자에게 안전대를 착용하도록 하고 근로자가 착용한 안전줄을 달비계의 구명줄에 체결(締結)하도록 할 것

안전보건규칙 제86조(탑승의 제한) ① 사업주는 크레인을 사용하여 근로자를 운반하거나 근로자를 달아 올린 상태에서 작업에 종사시켜서는 아니 된다. 다만, 크레인에 전용 탑승설비를 설치하고 추락 위험을 방지하기 위하여 다음 각 호의 조치를 한 경우에는 그러하지 아니하다.
   1. 탑승설비가 뒤집히거나 떨어지지 않도록 필요한 조치를 할 것
   2. 안전대나 구명줄을 설치하고, 안전난간을 설치할 수 있는 구조인 경우에는 안전난간을 설치할 것
   3. 탑승설비를 하강시킬 때에는 동력하강방법으로 할 것
② 사업주는 이동식 크레인을 사용하여 근로자를 운반하거나 근로자를 달아 올린 상태에서 작업에 종사시켜서는 안 된다. 다만, 작업 장소의 구조, 지형 등으로 고소작업대를 사용하기가 곤란하여 이동식 크레인 중 기중기를 한국산업표준에서 정하는 안전기준에 따라 사용하는 경우는 제외한다. <개정 2022. 10. 18.>
③ 사업주는 내부에 비상정지장치·조작스위치 등 탑승조작장치가 설치되어 있지 아니한 리프트의 운반구에 근로자를 탑승시켜서는 아니 된다. 다만, 리프트의 수리·조정 및 점검 등의 작업을 하는 경우로서 그 작업에 종사하는 근로자가 추락할 위험이 없도록 조치를 한 경우에는 그러하지 아니하다.
④ 사업주는 자동차정비용 리프트에 근로자를 탑승시켜서는 아니 된다. 다만, 자동차정비용 리프트의 수리·조정 및 점검 등의 작업을 할 때에 그 작업에 종사하는 근로자가 위험해질 우려가 없도록 조치한 경우에는 그러하지 아니하다. <개정 2019. 4. 19.>

⑤ 사업주는 곤돌라의 운반구에 근로자를 탑승시켜서는 아니 된다. 다만, 추락 위험을 방지하기 위하여 다음 각 호의 조치를 한 경우에는 그러하지 아니하다.
   1. 운반구가 뒤집히거나 떨어지지 않도록 필요한 조치를 할 것
   2. 안전대나 구명줄을 설치하고, 안전난간을 설치할 수 있는 구조인 경우이면 안전난간을 설치할 것
⑥ 사업주는 소형화물용 엘리베이터에 근로자를 탑승시켜서는 아니 된다. 다만, 소형화물용 엘리베이터의 수리·조정 및 점검 등의 작업을 하는 경우에는 그러하지 아니하다. <개정 2019. 4. 19.>
⑦ 사업주는 차량계 하역운반기계(화물자동차는 제외한다)를 사용하여 작업을 하는 경우 승차석이 아닌 위치에 근로자를 탑승시켜서는 아니 된다. 다만, 추락 등의 위험을 방지하기 위한 조치를 한 경우에는 그러하지 아니하다.
⑧ 사업주는 화물자동차 적재함에 근로자를 탑승시켜서는 아니 된다. 다만, 화물자동차에 울 등을 설치하여 추락을 방지하는 조치를 한 경우에는 그러하지 아니하다.
⑨ 사업주는 운전 중인 컨베이어 등에 근로자를 탑승시켜서는 아니 된다. 다만, 근로자를 운반할 수 있는 구조를 갖춘 컨베이어 등으로서 추락·접촉 등에 의한 위험을 방지할 수 있는 조치를 한 경우에는 그러하지 아니하다.
⑩ 사업주는 이삿짐운반용 리프트 운반구에 근로자를 탑승시켜서는 아니 된다. 다만, 이삿짐운반용 리프트의 수리·조정 및 점검 등의 작업을 할 때에 그 작업에 종사하는 근로자가 추락할 위험이 없도록 조치한 경우에는 그러하지 아니하다.
⑪ 사업주는 전조등, 제동등, 후미등, 후사경 또는 제동장치가 정상적으로 작동되지 아니하는 이륜자동차에 근로자를 탑승시켜서는 아니 된다. <신설 2017. 3. 3.>

안전보건규칙 제132조(양중기) ① 양중기란 다음 각 호의 기계를 말한다. <개정 2019. 4. 19.>
   1. 크레인[호이스트(hoist)를 포함한다]
   2. 이동식 크레인
   3. 리프트(이삿짐운반용 리프트의 경우에는 적재하중이 0.1톤 이상인 것으로 한정한다)
   4. 곤돌라
   5. 승강기
② 제1항 각 호의 기계의 뜻은 다음 각 호와 같다. <개정 2019. 4. 19., 2021. 11. 19., 2022. 10. 18.>
   1. "크레인"이란 동력을 사용하여 중량물을 매달아 상하 및 좌우(수평 또는 선회를 말한다)로 운반하는 것을 목적으로 하는 기계 또는 기계장치를 말하며, "호이스트"란 훅이나 그 밖의 달기구 등을 사용하여 화물을 권상 및 횡행 또는 권상동작만을 하여 양중하는 것을 말한다.
   2. "이동식 크레인"이란 원동기를 내장하고 있는 것으로서 불특정 장소에 스스로 이동할 수 있는 크레인으로 동력을 사용하여 중량물을 매달아 상하 및 좌우(수평 또는 선회를 말한다)로 운반하는 설비로서 「건설기계관리법」을 적용 받는 기중기 또는 「자동차관리법」제3조에 따른 화물·특수자동차의 작업부에 탑재하여 화물운반 등에 사용하는 기계 또는 기계장치를 말한다.
   3. "리프트"란 동력을 사용하여 사람이나 화물을 운반하는 것을 목적으로 하는 기계설비로서 다음 각 목의 것을 말한다.
      가. 건설용 리프트: 동력을 사용하여 가이드레일(운반구를 지지하여 상승 및 하강 동작을 안내하는 레일)을 따라 상하로 움직이는 운반구를 매달아 사람이나 화물을 운반할 수 있는 설비 또는 이와 유사한 구조 및 성능을 가진 것으로 건설현장에서 사용하는 것
      나. 산업용 리프트: 동력을 사용하여 가이드레일을 따라 상하로 움직이는 운반구를 매달아 화물을 운반할 수 있는 설비 또는 이와 유사한 구조 및 성능을 가진 것으로 건설현장 외의 장소에서 사용하는 것
      다. 자동차정비용 리프트: 동력을 사용하여 가이드레일을 따라 움직이는 지지대로 자동차 등을 일정한 높이로 올리거나 내리는 구조의 리프트로서 자동차 정비에 사용하는 것

라. 이삿짐운반용 리프트: 연장 및 축소가 가능하고 끝단을 건축물 등에 지지하는 구조의 사다리형 붐에 따라 동력을 사용하여 움직이는 운반구를 매달아 화물을 운반하는 설비로서 화물자동차 등 차량 위에 탑재하여 이삿짐 운반 등에 사용하는 것

4. "곤돌라"란 달기발판 또는 운반구, 승강장치, 그 밖의 장치 및 이들에 부속된 기계부품에 의하여 구성되고, 와이어로프 또는 달기강선에 의하여 달기발판 또는 운반구가 전용 승강장치에 의하여 오르내리는 설비를 말한다.

5. "승강기"란 건축물이나 고정된 시설물에 설치되어 일정한 경로에 따라 사람이나 화물을 승강장으로 옮기는 데에 사용되는 설비로서 다음 각 목의 것을 말한다.

　가. 승객용 엘리베이터: 사람의 운송에 적합하게 제조·설치된 엘리베이터

　나. 승객화물용 엘리베이터: 사람의 운송과 화물 운반을 겸용하는데 적합하게 제조·설치된 엘리베이터

　다. 화물용 엘리베이터: 화물 운반에 적합하게 제조·설치된 엘리베이터로서 조작자 또는 화물취급자 1명은 탑승할 수 있는 것(적재용량이 300킬로그램 미만인 것은 제외한다)

　라. 소형화물용 엘리베이터: 음식물이나 서적 등 소형 화물의 운반에 적합하게 제조·설치된 엘리베이터로서 사람의 탑승이 금지된 것

　마. 에스컬레이터: 일정한 경사로 또는 수평로를 따라 위·아래 또는 옆으로 움직이는 디딤판을 통해 사람이나 화물을 승강장으로 운송시키는 설비

안전보건규칙 제142조(타워크레인의 지지) ① 사업주는 타워크레인을 자립고(自立高) 이상의 높이로 설치하는 경우 건축물 등의 벽체에 지지하도록 하여야 한다. 다만, 지지할 벽체가 없는 등 부득이한 경우에는 와이어로프에 의하여 지지할 수 있다. <개정 2013. 3. 21.>

② 사업주는 타워크레인을 벽체에 지지하는 경우 다음 각 호의 사항을 준수하여야 한다. <개정 2019. 1. 31, 2019. 12. 26.>

1. 「산업안전보건법 시행규칙」제110조제1항제2호에 따른 서면심사에 관한 서류(「건설기계관리법」제18조에 따른 형식승인서류를 포함한다) 또는 제조사의 설치작업설명서 등에 따라 설치할 것

2. 제1호의 서면심사 서류 등이 없거나 명확하지 아니한 경우에는 「국가기술자격법」에 따른 건축구조·건설기계·기계안전·건설안전기술사 또는 건설안전분야 산업안전지도사의 확인을 받아 설치하거나 기종별·모델별 공인된 표준방법으로 설치할 것

3. 콘크리트구조물에 고정시키는 경우에는 매립이나 관통 또는 이와 같은 수준 이상의 방법으로 충분히 지지되도록 할 것

4. 건축 중인 시설물에 지지하는 경우에는 그 시설물의 구조적 안정성에 영향이 없도록 할 것

③ 사업주는 타워크레인을 와이어로프로 지지하는 경우 다음 각 호의 사항을 준수해야 한다. <개정 2013. 3. 21., 2019. 10. 15., 2022. 10. 18.>

1. 제2항제1호 또는 제2호의 조치를 취할 것

2. 와이어로프를 고정하기 위한 전용 지지프레임을 사용할 것

3. 와이어로프 설치각도는 수평면에서 60도 이내로 하되, 지지점은 4개소 이상으로 하고, 같은 각도로 설치할 것

4. 와이어로프와 그 고정부위는 충분한 강도와 장력을 갖도록 설치하고, 와이어로프를 클립·샤클(shackle, 연결고리) 등의 고정기구를 사용하여 견고하게 고정시켜 풀리지 않도록 하며, 사용 중에는 충분한 강도와 장력을 유지하도록 할 것. 이 경우 클립·샤클 등의 고정기구는 한국산업표준 제품이거나 한국산업표준이 없는 제품의 경우에는 이에 준하는 규격을 갖춘 제품이어야 한다.

5. 와이어로프가 가공전선(架空電線)에 근접하지 않도록 할 것

안전보건규칙 제154조(붕괴 등의 방지) ① 사업주는 지반침하, 불량한 자재사용 또는 헐거운 결선(結線) 등으로 리프트가 붕괴되거나 넘어지지 않도록 필요한 조치를 하여야 한다.

② 사업주는 순간풍속이 초당 35미터를 초과하는 바람이 불어올 우려가 있는 경우 건설용 리프트(지하에 설치되어 있는 것은 제외한다)에 대하여 받침의 수를 증가시키는 등 그 붕괴 등을 방지하기 위한 조치를 하여야 한다. <개정 2022. 10. 18.>

안전보건규칙 제184조(제동장치 등) 사업주는 구내운반차(작업장내 운반을 주목적으로 하는 차량으로 한정한다)를 사용하는 경우에 다음 각 호의 사항을 준수해야 한다. <개정 2021. 11. 19.>
  1. 주행을 제동하거나 정지상태를 유지하기 위하여 유효한 제동장치를 갖출 것
  2. 경음기를 갖출 것
  3. 운전석이 차 실내에 있는 것은 좌우에 한개씩 방향지시기를 갖출 것
  4. 전조등과 후미등을 갖출 것. 다만, 작업을 안전하게 하기 위하여 필요한 조명이 있는 장소에서 사용하는 구내운반차에 대해서는 그러하지 아니하다.

안전보건규칙 제198조(낙하물 보호구조) 사업주는 암석이 떨어질 우려가 있는 등 위험한 장소에서 차량계 건설기계[불도저, 트랙터, 굴착기, 로더(loader: 흙 따위를 퍼올리는 데 쓰는 기계), 스크레이퍼(scraper: 흙을 절삭·운반하거나 펴 고르는 등의 작업을 하는 토공기계), 덤프트럭, 모터그레이더(motor grader: 땅 고르는 기계), 롤러(roller: 지반 다짐용 건설기계), 천공기, 항타기 및 항발기로 한정한다]를 사용하는 경우에는 해당 차량계 건설기계에 견고한 낙하물 보호구조를 갖춰야 한다. <개정 2021. 11. 19., 2022. 10. 18.>
[제목개정 2022. 10. 18.]

안전보건규칙 제207조(조립·해체 시 점검사항) ① 사업주는 항타기 또는 항발기를 조립하거나 해체하는 경우 다음 각 호의 사항을 준수해야 한다. <신설 2022. 10. 18.>
  1. 항타기 또는 항발기에 사용하는 권상기에 쐐기장치 또는 역회전방지용 브레이크를 부착할 것
  2. 항타기 또는 항발기의 권상기가 들리거나 미끄러지거나 흔들리지 않도록 설치할 것
  3. 그 밖에 조립·해체에 필요한 사항은 제조사에서 정한 설치·해체 작업 설명서에 따를 것

② 사업주는 항타기 또는 항발기를 조립하거나 해체하는 경우 다음 각 호의 사항을 점검해야 한다. <개정 2022. 10. 18.>
  1. 본체 연결부의 풀림 또는 손상의 유무
  2. 권상용 와이어로프·드럼 및 도르래의 부착상태의 이상 유무
  3. 권상장치의 브레이크 및 쐐기장치 기능의 이상 유무
  4. 권상기의 설치상태의 이상 유무
  5. 리더(leader)의 버팀 방법 및 고정상태의 이상 유무
  6. 본체·부속장치 및 부속품의 강도가 적합한지 여부
  7. 본체·부속장치 및 부속품에 심한 손상·마모·변형 또는 부식이 있는지 여부
   [제목개정 2022. 10. 18.]

안전보건규칙 제209조(무너짐의 방지) 사업주는 동력을 사용하는 항타기 또는 항발기에 대하여 무너짐을 방지하기 위하여 다음 각 호의 사항을 준수해야 한다. <개정 2019. 1. 31., 2022. 10. 18.>
  1. 연약한 지반에 설치하는 경우에는 아웃트리거·받침 등 지지구조물의 침하를 방지하기 위하여 깔판·깔목 등을 사용할 것
  2. 시설 또는 가설물 등에 설치하는 경우에는 그 내력을 확인하고 내력이 부족하면 그 내력을 보강할 것
  3. 아웃트리거·받침 등 지지구조물이 미끄러질 우려가 있는 경우에는 말뚝 또는 쐐기 등을 사용하여 해당 지지구조물을 고정시킬 것

4. 궤도 또는 차로 이동하는 항타기 또는 항발기에 대해서는 불시에 이동하는 것을 방지하기 위하여 레일 클램프(rail clamp) 및 쐐기 등으로 고정시킬 것
5. 상단 부분은 버팀대·버팀줄로 고정하여 안정시키고, 그 하단 부분은 견고한 버팀·말뚝 또는 철골 등으로 고정시킬 것
6. 삭제 <2022. 10. 18.>
7. 삭제 <2022. 10. 18.>
   [제목개정 2019. 1. 31.]

안전보건규칙 제212조(권상용 와이어로프의 길이 등) 사업주는 항타기 또는 항발기에 권상용 와이어로프를 사용하는 경우에 다음 각 호의 사항을 준수해야 한다. <개정 2022. 10. 18.>
1. 권상용 와이어로프는 추 또는 해머가 최저의 위치에 있을 때 또는 널말뚝을 빼내기 시작할 때를 기준으로 권상장치의 드럼에 적어도 2회 감기고 남을 수 있는 충분한 길이일 것
2. 권상용 와이어로프는 권상장치의 드럼에 클램프·클립 등을 사용하여 견고하게 고정할 것
3. 권상용 와이어로프에서 추·해머 등과의 연결은 클램프·클립 등을 사용하여 견고하게 할 것
4. 제2호 및 제3호의 클램프·클립 등은 한국산업표준 제품이거나 한국산업표준이 없는 제품의 경우에는 이에 준하는 규격을 갖춘 제품을 사용할 것

○ 항타기 및 항발기 관련 산업안전보건기준에 관한 규칙 개정으로 삭제된 조문

제208조(강도 등) 사업주는 동력을 사용하는 항타기 및 항발기(불특정장소에서 사용하는 자주식은 제외한다)의 본체·부속장치 및 부속품은 다음 각 호에 해당하는 것을 사용하여야 한다.
1. 적합한 강도를 가질 것
2. 심한 손상·마모·변형 또는 부식이 없을 것

제214조(브레이크의 부착 등) 사업주는 항타기 또는 항발기에 사용하는 권상기에 쐐기장치 또는 역회전방지용 브레이크를 부착하여야 한다.

제215조(권상기의 설치) 사업주는 항타기나 항발기의 권상기가 들리거나 미끄러지거나 흔들리지 않도록 설치하여야 한다.

제219조(버팀줄을 늦추는 경우의 조치) 사업주는 항타기나 항발기의 버팀줄(임시 버팀선을 포함한다)을 늦추는 경우 버팀줄을 조정하는 근로자가 지지할 수 있는 한도를 초과하는 하중이 걸리지 않도록 장력조절블록 또는 윈치를 사용하는 등 안전한 방법으로 하여야 한다.

안전보건규칙 제217조(사용 시의 조치 등) ① 사업주는 압축공기를 동력원으로 하는 항타기나 항발기를 사용하는 경우에는 다음 각 호의 사항을 준수하여야 한다. <개정 2022. 10. 18.>
1. 해머의 운동에 의하여 공기호스와 해머의 접속부가 파손되거나 벗겨지는 것을 방지하기 위하여 그 접속부가 아닌 부위를 선정하여 공기호스를 해머에 고정시킬 것
2. 공기를 차단하는 장치를 해머의 운전자가 쉽게 조작할 수 있는 위치에 설치할 것

② 사업주는 항타기나 항발기의 권상장치의 드럼에 권상용 와이어로프가 꼬인 경우에는 와이어로프에 하중을 걸어서는 아니 된다.
③ 사업주는 항타기나 항발기의 권상장치에 하중을 건 상태로 정지하여 두는 경우에는 쐐기장치 또는 역회전방지용 브레이크를 사용하여 제동하는 등 확실하게 정지시켜 두어야 한다.

안전보건규칙 제221조의5(인양작업 시 조치) ① 사업주는 다음 각 호의 사항을 모두 갖춘 굴착기의 경우에는 굴착기를 사용하여 화물 인양작업을 할 수 있다.
1. 굴착기의 퀵커플러 또는 작업장치에 달기구(훅, 걸쇠 등을 말한다)가 부착되어 있는 등 인양작업이 가능하도록 제작된 기계일 것

    2. 굴착기 제조사에서 정한 정격하중이 확인되는 굴착기를 사용할 것
    3. 달기구에 해지장치가 사용되는 등 작업 중 인양물의 낙하 우려가 없을 것
② 사업주는 굴착기를 사용하여 인양작업을 하는 경우에는 다음 각 호의 사항을 준수해야 한다.
    1. 굴착기 제조사에서 정한 작업설명서에 따라 인양할 것
    2. 사람을 지정하여 인양작업을 신호하게 할 것
    3. 인양물과 근로자가 접촉할 우려가 있는 장소에 근로자의 출입을 금지시킬 것
    4. 지반의 침하 우려가 없고 평평한 장소에서 작업할 것
    5. 인양 대상 화물의 무게는 정격하중을 넘지 않을 것
③ 굴착기를 이용한 인양작업 시 와이어로프 등 달기구의 사용에 관해서는 제163조부터 제170조까지의 규정(제166조, 제167조 및 제169조에 따라 준용되는 경우를 포함한다)을 준용한다. 이 경우 "양중기" 또는 "크레인"은 "굴착기"로 본다.
    [본조신설 2022. 10. 18.]

안전보건규칙 제241조의2(화재감시자) ① 사업주는 근로자에게 다음 각 호의 어느 하나에 해당하는 장소에서 용접·용단 작업을 하도록 하는 경우에는 화재감시자를 지정하여 용접·용단 작업 장소에 배치해야 한다. 다만, 같은 장소에서 상시·반복적으로 용접·용단작업을 할 때 경보용 설비·기구, 소화설비 또는 소화기가 갖추어진 경우에는 화재감시자를 지정·배치하지 않을 수 있다. <개정 2019. 12. 26., 2021. 5. 28.>
    1. 작업반경 11미터 이내에 건물구조 자체나 내부(개구부 등으로 개방된 부분을 포함한다)에 가연성물질이 있는 장소
    2. 작업반경 11미터 이내의 바닥 하부에 가연성물질이 11미터 이상 떨어져 있지만 불꽃에 의해 쉽게 발화될 우려가 있는 장소
    3. 가연성물질이 금속으로 된 칸막이·벽·천장 또는 지붕의 반대쪽 면에 인접해 있어 열전도나 열복사에 의해 발화될 우려가 있는 장소
② 제1항 본문에 따른 화재감시자는 다음 각 호의 업무를 수행한다. <신설 2021. 5. 28.>
    1. 제1항 각 호에 해당하는 장소에 가연성물질이 있는지 여부의 확인
    2. 제232조제2항에 따른 가스 검지, 경보 성능을 갖춘 가스 검지 및 경보 장치의 작동 여부의 확인
    3. 화재 발생 시 사업장 내 근로자의 대피 유도
③ 사업주는 제1항 본문에 따라 배치된 화재감시자에게 업무 수행에 필요한 확성기, 휴대용 조명기구 및 화재 대피용 마스크(한국산업표준제품이거나 「소방산업의 진흥에 관한 법률」에 따른 한국소방산업기술원이 정하는 기준을 충족하는 것이어야 한다) 등 대피용 방연장비를 지급해야 한다. <개정 2021. 5. 28., 2022. 10. 18.>
    [본조신설 2017. 3. 3.]

안전보건규칙 제269조(화염방지기의 설치 등) ① 사업주는 인화성 액체 및 인화성 가스를 저장·취급하는 화학설비에서 증기나 가스를 대기로 방출하는 경우에는 외부로부터의 화염을 방지하기 위하여 화염방지기를 그 설비 상단에 설치해야 한다. 다만, 대기로 연결된 통기관에 화염방지 기능이 있는 통기밸브가 설치되어 있거나, 인화점이 섭씨 38도 이상 60도 이하인 인화성 액체를 저장·취급할 때에 화염방지 기능을 가지는 인화방지망을 설치한 경우에는 그렇지 아니하다. <개정 2022. 10. 18.>
② 사업주는 제1항의 화염방지기를 설치하는 경우에는 한국산업표준에서 정하는 화염방지장치 기준에 적합한 것을 설치하여야 하며, 항상 철저하게 보수·유지하여야 한다. <개정 2022. 10. 18.>

안전보건규칙 제302조(전기 기계·기구의 접지) ① 사업주는 누전에 의한 감전의 위험을 방지하기 위하여 다음 각 호의 부분에 대하여 접지를 해야 한다. <개정 2021. 11. 19.>
    1. 전기 기계·기구의 금속제 외함, 금속제 외피 및 철대

2. 고정 설치되거나 고정배선에 접속된 전기기계·기구의 노출된 비충전 금속체 중 충전될 우려가 있는 다음 각 목의 어느 하나에 해당하는 비충전 금속체
   가. 지면이나 접지된 금속체로부터 수직거리 2.4미터, 수평거리 1.5미터 이내인 것
   나. 물기 또는 습기가 있는 장소에 설치되어 있는 것
   다. 금속으로 되어 있는 기기접지용 전선의 피복·외장 또는 배선관 등
   라. 사용전압이 대지전압 150볼트를 넘는 것
3. 전기를 사용하지 아니하는 설비 중 다음 각 목의 어느 하나에 해당하는 금속체
   가. 전동식 양중기의 프레임과 궤도
   나. 전선이 붙어 있는 비전동식 양중기의 프레임
   다. 고압(1.5천볼트 초과 7천볼트 이하의 직류전압 또는 1천볼트 초과 7천볼트 이하의 교류전압을 말한다. 이하 같다) 이상의 전기를 사용하는 전기 기계·기구 주변의 금속제 칸막이·망 및 이와 유사한 장치
4. 코드와 플러그를 접속하여 사용하는 전기 기계·기구 중 다음 각 목의 어느 하나에 해당하는 노출된 비충전 금속체
   가. 사용전압이 대지전압 150볼트를 넘는 것
   나. 냉장고·세탁기·컴퓨터 및 주변기기 등과 같은 고정형 전기기계·기구
   다. 고정형·이동형 또는 휴대형 전동기계·기구
   라. 물 또는 도전성(導電性)이 높은 곳에서 사용하는 전기기계·기구, 비접지형 콘센트
   마. 휴대형 손전등
5. 수중펌프를 금속제 물탱크 등의 내부에 설치하여 사용하는 경우 그 탱크(이 경우 탱크를 수중펌프의 접지선과 접속하여야 한다)

② 사업주는 다음 각 호의 어느 하나에 해당하는 경우에는 제1항을 적용하지 않을 수 있다. <개정 2019. 1. 31., 2021. 11. 19.>
   1. 「전기용품 및 생활용품 안전관리법」이 적용되는 이중절연 또는 이와 같은 수준 이상으로 보호되는 구조로 된 전기기계·기구
   2. 절연대 위 등과 같이 감전 위험이 없는 장소에서 사용하는 전기기계·기구
   3. 비접지방식의 전로(그 전기기계·기구의 전원측의 전로에 설치한 절연변압기의 2차 전압이 300볼트 이하, 정격용량이 3킬로볼트암페어 이하이고 그 절연전압기의 부하측의 전로가 접지되어 있지 아니한 것으로 한정한다)에 접속하여 사용되는 전기기계·기구

③ 사업주는 특별고압(7천볼트를 초과하는 직교류전압을 말한다. 이하 같다)의 전기를 취급하는 변전소·개폐소, 그 밖에 이와 유사한 장소에서 지락(地絡) 사고가 발생하는 경우에는 접지극의 전위상승에 의한 감전위험을 줄이기 위한 조치를 하여야 한다.

④ 사업주는 제1항에 따라 설치된 접지설비에 대하여 항상 적정상태가 유지되는지를 점검하고 이상이 발견되면 즉시 보수하거나 재설치하여야 한다.

안전보건규칙 제304조(누전차단기에 의한 감전방지) ① 사업주는 다음 각 호의 전기 기계·기구에 대하여 누전에 의한 감전위험을 방지하기 위하여 해당 전로의 정격에 적합하고 감도(전류 등에 반응하는 정도)가 양호하며 확실하게 작동하는 감전방지용 누전차단기를 설치해야 한다. <개정 2021. 11. 19.>
   1. 대지전압이 150볼트를 초과하는 이동형 또는 휴대형 전기기계·기구
   2. 물 등 도전성이 높은 액체가 있는 습윤장소에서 사용하는 저압(1.5천볼트 이하 직류전압이나 1천볼트 이하의 교류전압을 말한다)용 전기기계·기구
   3. 철판·철골 위 등 도전성이 높은 장소에서 사용하는 이동형 또는 휴대형 전기기계·기구

4. 임시배선의 전로가 설치되는 장소에서 사용하는 이동형 또는 휴대형 전기기계·기구
② 사업주는 제1항에 따라 감전방지용 누전차단기를 설치하기 어려운 경우에는 작업시작 전에 접지선의 연결 및 접속부 상태 등이 적합한지 확실하게 점검하여야 한다.
③ 다음 각 호의 어느 하나에 해당하는 경우에는 제1항과 제2항을 적용하지 않는다. <개정 2019. 1. 31., 2021. 11. 19.>
   1. 「전기용품 및 생활용품 안전관리법」이 적용되는 이중절연 또는 이와 같은 수준 이상으로 보호되는 구조로 된 전기기계·기구
   2. 절연대 위 등과 같이 감전위험이 없는 장소에서 사용하는 전기기계·기구
   3. 비접지방식의 전로
④ 사업주는 제1항에 따라 전기기계·기구를 사용하기 전에 해당 누전차단기의 작동상태를 점검하고 이상이 발견되면 즉시 보수하거나 교환하여야 한다.
⑤ 사업주는 제1항에 따라 설치한 누전차단기를 접속하는 경우에 다음 각 호의 사항을 준수하여야 한다.
   1. 전기기계·기구에 설치되어 있는 누전차단기는 정격감도전류가 30밀리암페어 이하이고 작동시간은 0.03초 이내일 것. 다만, 정격전부하전류가 50암페어 이상인 전기기계·기구에 접속되는 누전차단기는 오작동을 방지하기 위하여 정격감도전류는 200밀리암페어 이하로, 작동시간은 0.1초 이내로 할 수 있다.
   2. 분기회로 또는 전기기계·기구마다 누전차단기를 접속할 것. 다만, 평상시 누설전류가 매우 적은 소용량부하의 전로에는 분기회로에 일괄하여 접속할 수 있다.
   3. 누전차단기는 배전반 또는 분전반 내에 접속하거나 꽂음접속기형 누전차단기를 콘센트에 접속하는 등 파손이나 감전사고를 방지할 수 있는 장소에 접속할 것
   4. 지락보호전용 기능만 있는 누전차단기는 과전류를 차단하는 퓨즈나 차단기 등과 조합하여 접속할 것

안전보건규칙 제405조(벌목작업 시 등의 위험 방지) ① 사업주는 벌목작업 등을 하는 경우에 다음 각 호의 사항을 준수하도록 해야 한다. 다만, 유압식 벌목기를 사용하는 경우에는 그렇지 않다. <개정 2021. 11. 19.>
   1. 벌목하려는 경우에는 미리 대피로 및 대피장소를 정해 둘 것
   2. 벌목하려는 나무의 가슴높이지름이 20센티미터 이상인 경우에는 수구(베어지는 쪽의 밑동 부근에 만드는 쐐기 모양의 절단면)의 상면·하면의 각도를 30도 이상으로 하며, 수구 깊이는 뿌리부분 지름의 4분의 1 이상 3분의 1 이하로 만들 것
   3. 벌목작업 중에는 벌목하려는 나무로부터 해당 나무 높이의 2배에 해당하는 직선거리 안에서 다른 작업을 하지 않을 것
   4. 나무가 다른 나무에 걸려있는 경우에는 다음 각 목의 사항을 준수할 것
      가. 걸려있는 나무 밑에서 작업을 하지 않을 것
      나. 받치고 있는 나무를 벌목하지 않을 것
② 사업주는 유압식 벌목기에는 견고한 헤드 가드(head guard)를 부착하여야 한다.

안전보건규칙 제439조(특별관리물질 취급 시 적어야 하는 사항) 법 제164조제1항제3호에서 "안전조치 및 보건조치에 관한 사항으로서 고용노동부령으로 정하는 사항"이란 근로자가 별표 12에 따른 특별관리물질을 취급하는 경우에는 다음 각 호의 사항을 말한다.
   1. 근로자의 이름
   2. 특별관리물질의 명칭
   3. 취급량
   4. 작업내용
   5. 작업 시 착용한 보호구

6. 누출, 오염, 흡입 등의 사고가 발생한 경우 피해 내용 및 조치 사항
   [전문개정 2021. 11. 19.]

안전보건규칙 제468조(허가대상 유해물질의 제조·사용 시 적어야 하는 사항) 법 제164조제1항제3호에서 "안전조치 및 보건조치에 관한 사항으로서 고용노동부령으로 정하는 사항"이란 근로자가 허가대상 유해물질을 제조·사용하는 경우에는 다음 각 호의 사항을 말한다.

1. 근로자의 이름
2. 허가대상 유해물질의 명칭
3. 제조량 또는 사용량
4. 작업내용
5. 작업 시 착용한 보호구
6. 누출, 오염, 흡입 등의 사고가 발생한 경우 피해 내용 및 조치 사항
   [전문개정 2021. 11. 19.]

안전보건규칙 제509조(금지유해물질의 제조·사용 시 적어야 하는 사항) 법 제164조제1항제3호에서 "안전조치 및 보건조치에 관한 사항으로서 고용노동부령으로 정하는 사항"이란 근로자가 금지유해물질을 제조·사용하는 경우에는 다음 각 호의 사항을 말한다.

1. 근로자의 이름
2. 금지유해물질의 명칭
3. 제조량 또는 사용량
4. 작업내용
5. 작업 시 착용한 보호구
6. 누출, 오염, 흡입 등의 사고가 발생한 경우 피해 내용 및 조치 사항
   [전문개정 2021. 11. 19.]

안전보건규칙 제517조(청력보존 프로그램 시행 등) 사업주는 다음 각 호의 어느 하나에 해당하는 경우에 청력보존 프로그램을 수립하여 시행해야 한다. <개정 2019. 12. 26., 2021. 11. 19.>

1. 법 제125조에 따른 소음의 작업환경 측정 결과 소음수준이 법 제106조에 따른 유해인자 노출기준에서 정하는 소음의 노출기준을 초과하는 사업장
2. 소음으로 인하여 근로자에게 건강장해가 발생한 사업장

안전보건규칙 제566조(휴식 등) 사업주는 근로자가 다음 각 호의 어느 하나에 해당하는 경우에는 적절하게 휴식하도록 하는 등 근로자 건강장해를 예방하기 위하여 필요한 조치를 해야 한다. <개정 2017. 12. 28., 2022. 8. 10.>

1. 고열·한랭·다습 작업을 하는 경우
2. 폭염에 노출되는 장소에서 작업하여 열사병 등의 질병이 발생할 우려가 있는 경우

안전보건규칙 제626조(상시 가동되는 급·배기 환기장치를 설치한 경우의 특례) ① 사업주가 밀폐공간에 상시 가동되는 급·배기 환기장치(이하 이 조에서 "상시환기장치"라 한다)를 설치하고 이를 24시간 상시 작동하게 하여 질식·화재·폭발 등의 위험이 없도록 한 경우에는 해당 밀폐공간(별표 18 제10호 및 제11호에 따른 밀폐공간은 제외한다)에 대하여 제619조제2항 및 제3항, 제620조, 제621조, 제623조, 제624조 및 제640조를 적용하지 않는다.

② 사업주는 상시환기장치의 작동 및 사용상태와 밀폐공간 내 적정공기 유지상태를 월 1회 이상 정기적으로 점검하고, 이상이 발견된 경우에는 즉시 필요한 조치를 해야 한다.

③ 사업주는 제2항에 따른 점검결과(점검일자, 점검자, 환기장치 작동상태, 적정공기 유지상태 및 조치사항을 말한다)를 해당 밀폐공간의 출입구에 상시 게시해야 한다.
   [본조신설 2022. 10. 18.]

안전보건규칙 제628조(이산화탄소를 사용하는 소화기에 대한 조치) 사업주는 지하실, 기관실, 선창(船倉), 그 밖에 통풍이 불충분한 장소에 비치한 소화기에 이산화탄소를 사용하는 경우에 다음 각 호의 조치를 해야 한다. <개정 2022. 10. 18.>

1. 해당 소화기가 쉽게 뒤집히거나 손잡이가 쉽게 작동되지 않도록 할 것
2. 소화를 위하여 작동하는 경우 외에 소화기를 임의로 작동하는 것을 금지하고, 그 내용을 보기 쉬운 장소에 게시할 것

[제목개정 2022. 10. 18.]

안전보건규칙 제628조의2(이산화탄소를 사용하는 소화설비 및 소화용기에 대한 조치) 사업주는 이산화탄소를 사용한 소화설비를 설치한 지하실, 전기실, 옥내 위험물 저장창고 등 방호구역과 소화약제로 이산화탄소가 충전된 소화용기 보관장소(이하 이 조에서 "방호구역등"이라 한다)에 다음 각 호의 조치를 해야 한다.

1. 방호구역등에는 점검, 유지·보수 등(이하 이 조에서 "점검등"이라 한다)을 수행하는 관계 근로자가 아닌 사람의 출입을 금지할 것
2. 점검등을 수행하는 근로자를 사전에 지정하고, 출입일시, 점검기간 및 점검내용 등의 출입기록을 작성하여 관리하게 할 것. 다만, 다음 각 목의 어느 하나에 해당하는 경우는 제외한다.
   가. 「개인정보보호법」에 따른 영상정보처리기기를 활용하여 관리하는 경우
   나. 카드키 출입방식 등 구조적으로 지정된 사람만이 출입하도록 한 경우
3. 방호구역등에 점검등을 위해 출입하는 경우에는 미리 다음 각 목의 조치를 할 것
   가. 적정공기 상태가 유지되도록 환기할 것
   나. 소화설비의 수동밸브나 콕을 잠그거나 차단판을 설치하고 기동장치에 안전핀을 꽂아야 하며, 이를 임의로 개방하거나 안전핀을 제거하는 것을 금지한다는 내용을 보기 쉬운 장소에 게시할 것. 다만, 육안 점검만을 위하여 짧은 시간 출입하는 경우에는 그렇지 않다.
   다. 방호구역등에 출입하는 근로자를 대상으로 이산화탄소의 위험성, 소화설비의 작동 시 확인방법, 대피방법, 대피로 등을 주지시키기 위해 반기 1회 이상 교육을 실시할 것. 다만, 처음 출입하는 근로자에 대해서는 출입 전에 교육을 하여 그 내용을 주지시켜야 한다.
   라. 소화용기 보관장소에서 소화용기 및 배관·밸브 등의 교체 등의 작업을 하는 경우에는 작업자에게 공기호흡기 또는 송기마스크를 지급하고 착용하도록 할 것
   마. 소화설비 작동과 관련된 전기, 배관 등에 관한 작업을 하는 경우에는 작업일정, 소화설비 설치도면 검토, 작업방법, 소화설비 작동금지 조치, 출입금지 조치, 작업 근로자 교육 및 대피로 확보 등이 포함된 작업계획서를 작성하고 그 계획에 따라 작업을 하도록 할 것
4. 점검등을 완료한 후에는 방호구역등에 사람이 없는 것을 확인하고 소화설비를 작동할 수 있는 상태로 변경할 것
5. 소화를 위하여 작동하는 경우 외에는 소화설비를 임의로 작동하는 것을 금지하고, 그 내용을 방호구역등의 출입구 및 수동조작반 등에 누구든지 볼 수 있도록 게시할 것
6. 출입구 또는 비상구까지의 이동거리가 10m 이상인 방호구역과 이산화탄소가 충전된 소화용기를 100개 이상(45kg 용기 기준) 보관하는 소화용기 보관장소에는 산소 또는 이산화탄소 감지 및 경보 장치를 설치하고 항상 유효한 상태로 유지할 것
7. 소화설비가 작동되거나 이산화탄소의 누출로 인한 질식의 우려가 있는 경우에는 근로자가 질식 등 산업재해를 입을 우려가 없는 것으로 확인될 때까지 관계 근로자가 아닌 사람의 방호구역등 출입을 금지하고 그 내용을 방호구역등의 출입구에 누구든지 볼 수 있도록 게시할 것

[본조신설 2022. 10. 18.]

안전보건규칙 제672조(특수형태근로종사자에 대한 안전조치 및 보건조치) ① 법 제77조제1항에 따른 특수형태근로종사자(이하 "특수형태근로종사자"라 한다) 중 영 제67조제1호·제3호·제7호, 제8호 및 제10호에 해당하는 사람에 대한 안전조치 및 보건조치는 다음 각 호와 같다. <개정 2021. 5. 28., 2021. 11. 19.>

   1. 제79조, 제647조부터 제653조까지 및 제667조에 따른 조치
   2. 법 제41조제1항에 따른 고객의 폭언등(이하 이 조에서 "고객의 폭언등"이라 한다)에 대한 대처방법 등이 포함된 대응지침의 제공 및 관련 교육의 실시

② 특수형태근로종사자 중 영 제67조제2호에 해당하는 사람에 대한 안전조치 및 보건조치는 제3조, 제4조, 제4조의2, 제5조부터 제62조까지, 제67조부터 제71조까지, 제86조부터 제99조까지, 제132조부터 제190조까지, 제196조부터 제221조까지, 제328조부터 제393조까지, 제405조부터 제413조까지 및 제417조부터 제419조까지의 규정에 따른 조치를 말한다.

③ 특수형태근로종사자 중 영 제67조제4호에 해당하는 사람에 대한 안전조치 및 보건조치는 다음 각 호와 같다.

   1. 제38조, 제79조, 제79조의2, 제80조부터 제82조까지, 제86조제7항, 제89조, 제171조, 제172조 및 제316조에 따른 조치
   2. 미끄러짐을 방지하기 위한 신발을 착용했는지 확인 및 지시
   3. 고객의 폭언등에 대한 대처방법 등이 포함된 대응지침의 제공
   4. 고객의 폭언등에 의한 건강장해가 발생하거나 발생할 현저한 우려가 있는 경우: 영 제41조 각 호의 조치 중 필요한 조치

④ 특수형태근로종사자 중 영 제67조제5호에 해당하는 사람에 대한 안전조치 및 보건조치는 다음 각 호와 같다. <개정 2021. 5. 28.>

   1. 제3조, 제4조, 제4조의2, 제5조부터 제22조까지, 제26조부터 제30조까지, 제38조제1항제2호, 제86조, 제89조, 제98조, 제99조, 제171조부터 제178조까지, 제191조부터 제195조까지, 제385조, 제387조부터 제393조까지 및 제657조부터 제666조까지의 규정에 따른 조치
   2. 업무에 이용하는 자동차의 제동장치가 정상적으로 작동되는지 정기적으로 확인
   3. 고객의 폭언등에 대한 대처방법 등이 포함된 대응지침의 제공

⑤ 특수형태근로종사자 중 영 제67조제6호에 해당하는 사람에 대한 안전조치 및 보건조치는 다음 각 호와 같다.

   1. 제32조제1항제10호에 따른 승차용 안전모를 착용하도록 지시
   2. 제86조제11항에 따른 탑승 제한 지시
   3. 업무에 이용하는 이륜자동차의 전조등, 제동등, 후미등, 후사경 또는 제동장치가 정상적으로 작동되는지 정기적으로 확인
   4. 고객의 폭언등에 대한 대처방법 등이 포함된 대응지침의 제공

⑥ 특수형태근로종사자 중 영 제67조제9호에 해당하는 사람에 대한 안전조치 및 보건조치는 고객의 폭언등에 대한 대처방법 등이 포함된 대응지침을 제공하는 것을 말한다.

⑦ 특수형태근로종사자 중 영 제67조제11호에 해당하는 사람에 대한 안전조치 및 보건조치는 다음 각 호와 같다. <신설 2021. 11. 19.>

   1. 제31조부터 제33조까지 및 제663조부터 제666조까지의 규정에 따른 조치
   2. 고객의 폭언등에 대한 대처방법 등이 포함된 대응지침의 제공 및 관련 교육의 실시

⑧ 특수형태근로종사자 중 영 제67조제12호에 해당하는 사람에 대한 안전조치 및 보건조치는 다음 각 호와 같다. <신설 2021. 11. 19.>

   1. 제31조부터 제33조까지, 제38조, 제42조, 제44조, 제86조, 제95조, 제96조, 제147조부터 제150조까지, 제173조, 제177조, 제186조, 제233조, 제301조부터 제305조까지, 제313조, 제316조, 제317조, 제319조,

제323조 및 제656조부터 제666조까지의 규정에 따른 조치
    2. 고객의 폭언등에 대한 대처방법 등이 포함된 대응지침의 제공 및 관련 교육의 실시
⑨ 특수형태근로종사자 중 영 제67조제13호에 해당하는 사람에 대한 안전조치 및 보건조치는 다음 각 호와 같다. <신설 2021. 11. 19.>
    1. 제32조, 제33조, 제38조, 제171조부터 제173조까지, 제177조, 제178조, 제187조부터 제189조까지, 제227조, 제279조, 제297조, 제298조 및 제663조부터 제666조까지의 규정에 따른 조치
    2. 고객의 폭언등에 대한 대처방법 등이 포함된 대응지침의 제공
⑩ 특수형태근로종사자 중 영 제67조제14호에 해당하는 사람에 대한 안전조치 및 보건조치는 제79조, 제646조부터 제653조까지 및 제656조부터 제667조까지의 규정에 따른 조치로 한다. <신설 2021. 11. 19.>
⑪ 제1항부터 제10항까지의 규정에 따른 안전조치 및 보건조치에 관한 규정을 적용하는 경우에는 "사업주"는 "특수형태근로종사자의 노무를 제공받는 자"로, "근로자"는 "특수형태근로종사자"로 본다. <개정 2021. 11. 19.>
    [본조신설 2019. 12. 26.]

■ 산업안전보건법 시행령 [별표 3] <개정 2022. 8. 16.>

안전관리자를 두어야 하는 사업의 종류, 사업장의 상시근로자 수, 안전관리자의 수 및 선임방법(제16조제1항 관련)

사업의 종류	사업장의 상시근로자 수	안전관리자의 수	안전관리자의 선임방법
1. 토사석 광업 2. 식료품 제조업, 음료 제조업 3. 섬유제품 제조업; 의복 제외 4. 목재 및 나무제품 제조업; 가구 제외 5. 펄프, 종이 및 종이제품 제조업 6. 코크스, 연탄 및 석유정제품 제조업	상시근로자 50명 이상 500명 미만	1명 이상	별표 4 각 호의 어느 하나에 해당하는 사람(같은 표 제3호·제7호 및 제9호부터 제12호까지에 해당하는 사람은 제외한다)을 선임해야 한다.
7. 화학물질 및 화학제품 제조업; 의약품 제외 8. 의료용 물질 및 의약품 제조업 9. 고무 및 플라스틱제품 제조업 10. 비금속 광물제품 제조업 11. 1차 금속 제조업 12. 금속가공제품 제조업; 기계 및 가구 제외 13. 전자부품, 컴퓨터, 영상, 음향 및 통신장비 제조업 14. 의료, 정밀, 광학기기 및 시계 제조업 15. 전기장비 제조업 16. 기타 기계 및 장비 제조업 17. 자동차 및 트레일러 제조업 18. 기타 운송장비 제조업 19. 가구 제조업 20. 기타 제품 제조업 21. 산업용 기계 및 장비 수리업 22. 서적, 잡지 및 기타 인쇄물 출판업 23. 폐기물 수집, 운반, 처리 및 원료 재생업 24. 환경 정화 및 복원업 25. 자동차 종합 수리업, 자동차 전문 수리업 26. 발전업 27. 운수 및 창고업	상시근로자 500명 이상	2명 이상	별표 4 각 호의 어느 하나에 해당하는 사람(같은 표 제7호 및 제9호부터 제12호까지에 해당하는 사람은 제외한다)을 선임하되, 같은 표 제1호·제2호(「국가기술자격법」에 따른 산업안전산업기사의 자격을 취득한 사람은 제외한다) 또는 제4호에 해당하는 사람이 1명 이상 포함되어야 한다.
28. 농업, 임업 및 어업 29. 제2호부터 제21호까지의 사업을 제외한 제조업 30. 전기, 가스, 증기 및 공기조절 공급업(발전업은 제외한다)	상시근로자 50명 이상 1천명 미만. 다만, 제37호의 사업(부동산 관리업은 제외한다)과 제	1명 이상	별표 4 각 호의 어느 하나에 해당하는 사람(같은 표 제3호 및 제9호부터 제12호까지에 해당하는 사람은 제외한다. 다만, 제

31. 수도, 하수 및 폐기물 처리, 원료 재생업(제23호 및 제24호에 해당하는 사업은 제외한다) 32. 도매 및 소매업 33. 숙박 및 음식점업 34. 영상·오디오 기록물 제작 및 배급업 35. 방송업 36. 우편 및 통신업 37. 부동산업 38. 임대업; 부동산 제외 39. 연구개발업 40. 사진처리업 41. 사업시설 관리 및 조경 서비스업 42. 청소년 수련시설 운영업 43. 보건업 44. 예술, 스포츠 및 여가 관련 서비스업 45. 개인 및 소비용품수리업(제25호에 해당하는 사업은 제외한다) 46. 기타 개인 서비스업 47. 공공행정(청소, 시설관리, 조리 등 현업업무에 종사하는 사람으로서 고용노동부장관이 정하여 고시하는 사람으로 한정한다) 48. 교육서비스업 중 초등·중등·고등 교육기관, 특수학교·외국인학교 및 대안학교(청소, 시설관리, 조리 등 현업업무에 종사하는 사람으로서 고용노동부장관이 정하여 고시하는 사람으로 한정한다)	40호의 사업의 경우에는 상시근로자 100명 이상 1천명 미만으로 한다.		28호 및 제30호부터 제46호까지의 사업의 경우 별표 4 제3호에 해당하는 사람에 대해서는 그렇지 않다)을 선임해야 한다.
	상시근로자 1천명 이상	2명 이상	별표 4 각 호의 어느 하나에 해당하는 사람(같은 표 제7호·제11호 및 제12호에 해당하는 사람은 제외한다)을 선임하되, 같은 표 제1호·제2호·제4호 또는 제5호에 해당하는 사람이 1명 이상 포함되어야 한다.
49. 건설업	공사금액 50억원 이상(관계수급인은 100억원 이상) 120억원 미만(「건설산업기본법 시행령」 별표 1 제1호 가목의 토목공사업의 경우에는 150억원 미만)	1명 이상	별표 4 제1호부터 제7호까지 및 제10호부터 제12호까지의 어느 하나에 해당하는 사람을 선임해야 한다.

공사금액 120억원 이상(「건설산업기본법 시행령」 별표 1 제1호가목의 토목공사업의 경우에는 150억원 이상) 800억원 미만		별표 4 제1호부터 제7호까지 및 제10호의 어느 하나에 해당하는 사람을 선임해야 한다.
공사금액 800억원 이상 1,500억원 미만	2명 이상. 다만, 전체 공사기간을 100으로 할 때 공사 시작에서 15에 해당하는 기간과 공사 종료 전의 15에 해당하는 기간(이하 "전체 공사기간 중 전·후 15에 해당하는 기간"이라 한다) 동안은 1명 이상으로 한다.	별표 4 제1호부터 제7호까지 및 제10호의 어느 하나에 해당하는 사람을 선임하되, 같은 표 제1호부터 제3호까지의 어느 하나에 해당하는 사람이 1명 이상 포함되어야 한다.
공사금액 1,500억원 이상 2,200억원 미만	3명 이상. 다만, 전체 공사기간 중 전·후 15에 해당하는 기간은 2명 이상으로 한다.	별표 4 제1호부터 제7호까지 및 제12호의 어느 하나에 해당하는 사람을 선임하되, 같은 표 제12호에 해당하는 사람은 1명만 포함될 수 있고, 같은 표 제1호 또는 「국가기술자격법」에 따른 건설안전기술사(건설안전기사 또는 산업안전기사의 자격을 취득한 후 7년 이상 건설안전 업무를 수행한 사람이거나 건설안전산업기사 또는 산업안전산업기사의 자격을 취득한 후 10년 이상 건설안전 업무를 수행한 사람을 포함한다) 자격을 취득한 사람(이하 "산업안전지도사등"이라 한다)이 1명 이상 포함되어야 한다.

공사금액 구분	인원 기준	자격 기준
공사금액 2,200억원 이상 3천억원 미만	4명 이상. 다만, 전체 공사기간 중 전·후 15에 해당하는 기간은 2명 이상으로 한다.	
공사금액 3천억원 이상 3,900억원 미만	5명 이상. 다만, 전체 공사기간 중 전·후 15에 해당하는 기간은 3명 이상으로 한다.	별표 4 제1호부터 제7호까지 및 제12호의 어느 하나에 해당하는 사람을 선임하되, 같은 표 제12호에 해당하는 사람이 1명만 포함될 수 있고, 산업안전지도사등이 2명 이상 포함되어야 한다. 다만, 전체 공사기간 중 전·후 15에 해당하는 기간에는 산업안전지도사등이 1명 이상 포함되어야 한다.
공사금액 3,900억원 이상 4,900억원 미만	6명 이상. 다만, 전체 공사기간 중 전·후 15에 해당하는 기간은 3명 이상으로 한다.	
공사금액 4,900억원 이상 6천억원 미만	7명 이상. 다만, 전체 공사기간 중 전·후 15에 해당하는 기간은 4명 이상으로 한다.	별표 4 제1호부터 제7호까지 및 제12호의 어느 하나에 해당하는 사람을 선임하되, 같은 표 제12호에 해당하는 사람은 2명까지만 포함될 수 있고, 산업안전지도사등이 2명 이상 포함되어야 한다. 다만, 전체 공사기간 중 전·후 15에 해당하는 기간에는 산업안전지도사등이 2명 이상 포함되어야 한다.

공사금액 6천억원 이상 7,200억원 미만	8명 이상. 다만, 전체 공사기간 중 전·후 15에 해당하는 기간은 4명 이상으로 한다.	
공사금액 7,200억원 이상 8,500억원 미만	9명 이상. 다만, 전체 공사기간 중 전·후 15에 해당하는 기간은 5명 이상으로 한다.	별표 4 제1호부터 제7호까지 및 제12호의 어느 하나에 해당하는 사람을 선임하되, 같은 표 제12호에 해당하는 사람은 2명까지만 포함될 수 있고, 산업안전지도사등이 3명 이상 포함되어야 한다. 다만, 전체 공사기간 중 전·후 15에 해당하는 기간에는 산업안전지도사등이 3명 이상 포함되어야 한다.
공사금액 8,500억원 이상 1조원 미만	10명 이상. 다만, 전체 공사기간 중 전·후 15에 해당하는 기간은 5명 이상으로 한다.	
1조원 이상	11명 이상[매 2천억원(2조원이상부터는 매 3천억원)마다 1명씩 추가한다]. 다만, 전체 공사기간 중 전·후 15에 해당하는 기간은 선임 대상 안전관리자 수의 2분의 1(소수점 이하는 올림한다) 이상으로 한다.	

비고
1. 철거공사가 포함된 건설공사의 경우 철거공사만 이루어지는 기간은 전체 공사기간에는 산입되나 전체 공사기간 중 전·후 15에 해당하는 기간에는 산입되지 않는다. 이 경우 전체 공사기간 중 전·후 15에 해당하는 기간은 철거공사만 이루어지는 기간을 제외한 공사기간을 기준으로 산정한다.
2. 철거공사만 이루어지는 기간에는 공사금액별로 선임해야 하는 최소 안전관리자 수 이상으로 안전관리자를 선임해야 한다.

* 개정내용: 안전관리자를 선임해야 하는 사업 중 의복 제조업을 제외한 섬유제품 제조업, 산업용 기계·장비 수리업, 환경 정화 및 복원업, 운수 및 창고업 등의 경우 안전관리자를 2명 이상 선임해야 하는 대상을 '상시근로자 수 1천명 이상인 사업장'에서 '상시근로자 수 500명 이상인 사업장'으로 확대함.

■ 산업안전보건법 시행령 [별표 18] <개정 2022. 8. 16.>

<u>건설재해예방전문지도기관의 지도 기준</u>(제60조 관련)

1. 건설재해예방전문지도기관의 지도대상 분야

건설재해예방전문지도기관이 법 제73조제2항에 따라 건설공사도급인에 대하여 실시하는 지도(이하 "기술지도"라 한다)는 공사의 종류에 따라 다음 각 목의 지도 분야로 구분한다.

　　가. 건설공사(「전기공사업법」, 「정보통신공사업법」 및 「소방시설공사업법」에 따른 전기공사, 정보통신공사 및 소방시설공사는 제외한다) 지도 분야

　　나. 「전기공사업법」, 「정보통신공사업법」 및 「소방시설공사업법」에 따른 전기공사, 정보통신공사 및 소방시설공사 지도 분야

2. 기술지도계약

　　가. 건설재해예방전문지도기관은 건설공사발주자로부터 기술지도계약서 사본을 받은 날부터 14일 이내에 이를 건설현장에 갖춰 두도록 건설공사도급인(건설공사발주자로부터 해당 건설공사를 최초로 도급받은 수급인만 해당한다)을 지도하고, 건설공사의 시공을 주도하여 총괄·관리하는 자에 대해서는 기술지도계약을 체결한 날부터 14일 이내에 기술지도계약서 사본을 건설현장에 갖춰 두도록 지도해야 한다.

　　나. 건설재해예방전문지도기관이 기술지도계약을 체결할 때에는 고용노동부장관이 정하는 전산시스템(이하 "전산시스템"이라 한다)을 통해 발급한 계약서를 사용해야 하며, 기술지도계약을 체결한 날부터 7일 이내에 전산시스템에 건설업체명, 공사명 등 기술지도계약의 내용을 입력해야 한다.

　　다. 삭제 <2022. 8. 16.>

　　라. 삭제 <2022. 8. 16.>

3. 기술지도의 수행방법

　　가. 기술지도 횟수

　　　1) 기술지도는 특별한 사유가 없으면 다음의 계산식에 따른 횟수로 하고, 공사시작 후 15일 이내마다 1회 실시하되, 공사금액이 40억원 이상인 공사에 대해서는 별표 19 제1호 및 제2호의 구분에 따른 분야 중 그 공사에 해당하는 지도 분야의 같은 표 제1호나목 지도인력기준란 1) 및 같은 표 제2호나목 지도인력기준란 1)에 해당하는 사람이 8회마다 한 번 이상 방문하여 기술지도를 해야 한다.

$$\text{기술지도 횟수(회)} = \frac{\text{공사기간(일)}}{15\text{일}} \qquad \text{※ 단, 소수점은 버린다.}$$

　　　2) 공사가 조기에 준공된 경우, 기술지도계약이 지연되어 체결된 경우 및 공사기간이 현저히 짧은 경우 등의 사유로 기술지도 횟수기준을 지키기 어려운 경우에는 그 공사의 공사감독자(공사감독자가 없는 경우에는 감리자를 말한다)의 승인을 받아 기술지도 횟수를 조정할 수 있다.

　　나. 기술지도 한계 및 기술지도 지역

　　　1) 건설재해예방전문지도기관의 사업장 지도 담당 요원 1명당 기술지도 횟수는 1일당 최대 4회로 하고, 월 최대 80회로 한다.

　　　2) 건설재해예방전문지도기관의 기술지도 지역은 건설재해예방전문지도기관으로 지정을 받은 지방고용노동관서 관할지역으로 한다.

4. 기술지도 업무의 내용

　　가. 기술지도 범위 및 준수의무

1) 건설재해예방전문지도기관은 기술지도를 할 때에는 공사의 종류, 공사 규모, 담당 사업장 수 등을 고려하여 건설재해예방전문지도기관의 직원 중에서 기술지도 담당자를 지정해야 한다.
　　　2) 건설재해예방전문지도기관은 기술지도 담당자에게 건설업에서 발생하는 최근 사망사고 사례, 사망사고의 유형과 그 유형별 예방 대책 등에 대하여 연 1회 이상 교육을 실시해야 한다.
　　　3) 건설재해예방전문지도기관은 「산업안전보건법」 등 관계 법령에 따라 건설공사도급인이 산업재해 예방을 위해 준수해야 하는 사항을 기술지도해야 하며, 기술지도를 받은 건설공사도급인은 그에 따른 적절한 조치를 해야 한다.
　　　4) 건설재해예방전문지도기관은 건설공사도급인이 기술지도에 따라 적절한 조치를 했는지 확인해야 하며, 건설공사도급인 중 건설공사발주자로부터 해당 건설공사를 최초로 도급받은 수급인이 해당 조치를 하지 않은 경우에는 건설공사발주자에게 그 사실을 알려야 한다.
　　나. 기술지도 결과의 관리
　　　1) 건설재해예방전문지도기관은 기술지도를 한 때마다 기술지도 결과보고서를 작성하여 지체 없이 다음의 구분에 따른 사람에게 알려야 한다.
　　　　가) 관계수급인의 공사금액을 포함한 해당 공사의 총공사금액이 20억원 이상인 경우: 해당 사업장의 안전보건총괄책임자
　　　　나) 관계수급인의 공사금액을 포함한 해당 공사의 총공사금액이 20억원 미만인 경우: 해당 사업장을 실질적으로 총괄하여 관리하는 사람
　　　2) 건설재해예방전문지도기관은 기술지도를 한 날부터 7일 이내에 기술지도 결과를 전산시스템에 입력해야 한다.
　　　3) 건설재해예방전문지도기관은 관계수급인의 공사금액을 포함한 해당 공사의 총공사금액이 50억원 이상인 경우에는 건설공사도급인이 속하는 회사의 사업주와 「중대재해 처벌 등에 관한 법률」에 따른 경영책임자등에게 매 분기 1회 이상 기술지도 결과보고서를 송부해야 한다.
　　　4) 건설재해예방전문지도기관은 공사 종료 시 건설공사의 건설공사발주자 또는 건설공사도급인(건설공사도급인은 건설공사발주자로부터 건설공사를 최초로 도급받은 수급인은 제외한다)에게 고용노동부령으로 정하는 서식에 따른 기술지도 완료증명서를 발급해 주어야 한다.
5. 기술지도 관련 서류의 보존
건설재해예방전문지도기관은 기술지도계약서, 기술지도 결과보고서, 그 밖에 기술지도업무 수행에 관한 서류를 기술지도계약이 종료된 날부터 3년 동안 보존해야 한다.

* 개정내용: 2호 기술지도계약 가목 개정, 나목 신설, 다목과 라목 삭제

■ 산업안전보건법 시행령 [별표 28] <개정 2022. 8. 16.>

석면해체・제거업자의 인력・시설 및 장비 기준(제92조 관련)

1. 인력기준
   가. 「국가기술자격법」에 따른 산업안전산업기사, 건설안전산업기사, 산업위생관리산업기사, 대기환경산업기사 또는 폐기물처리산업기사 이상의 자격을 취득한 후 석면해체・제거작업 방법, 보호구 착용 방법 등에 관하여 고용노동부장관이 정하여 고시하는 교육(이하 "석면해체・제거관리자교육"이라 한다)을 이수하고 석면해체・제거 관련 업무를 전담하는 사람 1명 이상
   나. 다음의 어느 하나에 해당하는 자격 또는 실무경력을 갖춘 후 석면해체・제거관리자교육을 이수하고 석면해체・제거 관련 업무를 전담하는 사람 1명 이상
      1) 「건설기술 진흥법」에 따른 토목・건축 분야 건설기술인
      2) 「국가기술자격법」에 따른 토목・건축 분야의 기술자격
      3) 토목・건축 분야 2년 이상의 실무경력
2. 시설기준: 사무실
3. 장비기준
   가. 고성능필터(HEPA 필터)가 장착된 음압기(陰壓機: 작업장 내의 기압을 인위적으로 떨어뜨리는 장비)
   나. 음압기록장치
   다. 고성능필터(HEPA 필터)가 장착된 진공청소기
   라. 위생설비(평상복 탈의실, 샤워실 및 작업복 탈의실이 설치된 설비)
   마. 송기마스크 또는 전동식 호흡보호구[전동식 방진마스크(전면형 특등급만 해당한다), 전동식 후드 또는 전동식 보안면(분진・미스트・흄에 대한 용도로 안면부 누설률이 0.05% 이하인 특등급에만 해당한다)]
   바. 습윤장치(濕潤裝置)

비고: 제1호가목에 해당하는 인력이 2명 이상인 경우에는 같은 호 나목에 해당하는 인력을 갖추지 않을 수 있다.

* 개정내용: 종전에는 산업안전산업기사 등 안전 관련 산업기사 이상의 자격자가 없더라도 토목・건축 분야에서의 건설기술인 또는 기술자격자가 있으면 석면해체・제거업자로 등록할 수 있도록 하던 것을, 앞으로는 산업안전산업기사, 건설안전산업기사, 산업위생관리산업기사, 대기환경산업기사 또는 폐기물처리산업기사 이상의 자격이 있는 전담인력이 1명 이상 있어야만 석면해체・제거업자로 등록할 수 있도록 함.

■ 산업안전보건법 시행규칙 [별표 5] <개정 2022. 8. 18.>

안전보건교육 교육대상별 교육내용(제26조제1항 등 관련)

2. 건설업 기초안전보건교육에 대한 내용 및 시간(제28조제1항 관련)

교육 내용	시간
가. 건설공사의 종류(건축·토목 등) 및 시공 절차	1시간
나. 산업재해 유형별 위험요인 및 안전보건조치	2시간
다. 안전보건관리체제 현황 및 산업안전보건 관련 근로자 권리·의무	1시간

* 개정내용: 별표 5 제2호의 표를 위와 같이 한다.

· 개정 전 내용

구분	교육 내용	시간
공통	산업안전보건법령 주요 내용(건설 일용근로자 관련 부분)	1시간
	안전의식 제고에 관한 사항	
교육 대상별	작업별 위험요인과 안전작업 방법(재해사례 및 예방대책)	2시간
	건설 직종별 건강장해 위험요인과 건강관리	1시간

■ 산업안전보건법 시행규칙 [별표 11] <개정 2022. 8. 18.>

자체심사 및 확인업체의 기준, 자체심사 및 확인방법
(제42조제5항·제6항 및 제47조제1항 관련)

1. 자체심사 및 확인업체의 기준: 다음 각 목의 요건을 모두 충족할 것. 다만, 영 제110조제1호 및 이 규칙 제238조제2항에 따른 동시에 2명 이상의 근로자가 사망한 재해(별표 1 제3호라목의 재해는 제외한다. 이하 이 표에서 같다)가 발생하거나 그 밖에 부실한 안전관리 문제로 사회적 물의를 일으켜 더 이상 자체심사 및 확인업체로 둘 수 없다고 고용노동부장관이 인정하는 경우에는 즉시 자체심사 및 확인업체에서 제외된다.
   가. 「건설산업기본법」 제8조 및 같은 법 시행령 별표 1 제1호다목에 따른 토목건축공사업에 대해 같은 법 제23조에 따라 평가하여 공시된 시공능력의 순위가 상위 200위 이내인 건설업체
   나. 별표 1에 따라 산정한 직전 3년간의 평균산업재해발생률(직전 3년간의 사고사망만인율 중 산정하지 않은 연도가 있을 경우 산정한 연도의 평균값을 말한다)이 가목에 따른 건설업체 전체의 직전 3년간 평균산업재해발생률 이하인 건설업체
   다. 영 제17조에 따른 안전관리자의 자격을 갖춘 사람(영 별표 4 제8호에 해당하는 사람은 제외한다) 1명 이상을 포함하여 3명 이상의 안전전담직원으로 구성된 안전만을 전담하는 과 또는 팀 이상의 별도조직을 갖춘 건설업체
   라. 제4조제1항제7호나목에 따른 직전년도 건설업체 산업재해예방활동 실적 평가 점수가 70점 이상인 건설업체
   마. 해당 연도 8월 1일을 기준으로 직전 2년간 근로자가 사망한 재해가 없는 건설업체

2. 자체심사 및 확인방법
   가. 자체심사는 임직원 및 외부 전문가 중 다음에 해당하는 사람 1명 이상이 참여하도록 해야 한다.
      1) 산업안전지도사(건설안전 분야만 해당한다)
      2) 건설안전기술사
      3) 건설안전기사(산업안전기사 이상의 자격을 취득한 후 건설안전 실무경력이 3년 이상인 사람을 포함한다)로서 공단에서 실시하는 유해위험방지계획서 심사전문화 교육과정을 28시간 이상 이수한 사람
   나. 자체확인은 가목의 인력기준에 해당하는 사람이 실시하도록 해야 한다.
   다. 자체확인을 실시한 사업주는 별지 제103호서식의 유해위험방지계획서 자체확인 결과서를 작성하여 해당 사업장에 갖추어 두어야 한다.

* 개정내용: 1호 자체심사 및 확인업체의 기준에서 가~마목 개정

■ 산업안전보건법 시행규칙 [별표 21의2] <신설 2022. 8. 18.>

휴게시설 설치·관리기준(제194조의2 관련)

1. 크기
   가. 휴게시설의 최소 바닥면적은 6제곱미터로 한다. 다만, 둘 이상의 사업장의 근로자가 공동으로 같은 휴게시설(이하 이 표에서 "공동휴게시설"이라 한다)을 사용하게 하는 경우 공동휴게시설의 바닥면적은 6제곱미터에 사업장의 개수를 곱한 면적 이상으로 한다.
   나. 휴게시설의 바닥에서 천장까지의 높이는 2.1미터 이상으로 한다.
   다. 가목 본문에도 불구하고 근로자의 휴식 주기, 이용자 성별, 동시 사용인원 등을 고려하여 최소면적을 근로자대표와 협의하여 6제곱미터가 넘는 면적으로 정한 경우에는 근로자대표와 협의한 면적을 최소 바닥면적으로 한다.
   라. 가목 단서에도 불구하고 근로자의 휴식 주기, 이용자 성별, 동시 사용인원 등을 고려하여 공동휴게시설의 바닥면적을 근로자대표와 협의하여 정한 경우에는 근로자대표와 협의한 면적을 공동휴게시설의 최소 바닥면적으로 한다.

2. 위치: 다음 각 목의 요건을 모두 갖춰야 한다.
   가. 근로자가 이용하기 편리하고 가까운 곳에 있어야 한다. 이 경우 공동휴게시설은 각 사업장에서 휴게시설까지의 왕복 이동에 걸리는 시간이 휴식시간의 20퍼센트를 넘지 않는 곳에 있어야 한다.
   나. 다음의 모든 장소에서 떨어진 곳에 있어야 한다.
      1) 화재·폭발 등의 위험이 있는 장소
      2) 유해물질을 취급하는 장소
      3) 인체에 해로운 분진 등을 발산하거나 소음에 노출되어 휴식을 취하기 어려운 장소

3. 온도
적정한 온도(18℃ ~ 28℃)를 유지할 수 있는 냉난방 기능이 갖춰져 있어야 한다.

4. 습도
적정한 습도(50% ~ 55%. 다만, 일시적으로 대기 중 상대습도가 현저히 높거나 낮아 적정한 습도를 유지하기 어렵다고 고용노동부장관이 인정하는 경우는 제외한다)를 유지할 수 있는 습도 조절 기능이 갖춰져 있어야 한다.

5. 조명
적정한 밝기(100럭스 ~ 200럭스)를 유지할 수 있는 조명 조절 기능이 갖춰져 있어야 한다.

6. 창문 등을 통하여 환기가 가능해야 한다.
7. 의자 등 휴식에 필요한 비품이 갖춰져 있어야 한다.
8. 마실 수 있는 물이나 식수 설비가 갖춰져 있어야 한다.
9. 휴게시설임을 알 수 있는 표지가 휴게시설 외부에 부착돼 있어야 한다.
10. 휴게시설의 청소·관리 등을 하는 담당자가 지정돼 있어야 한다. 이 경우 공동휴게시설은 사업장마다 각각 담당자가 지정돼 있어야 한다.
11. 물품 보관 등 휴게시설 목적 외의 용도로 사용하지 않도록 한다.

※ 비고
다음 각 목에 해당하는 경우에는 다음 각 목의 구분에 따라 제1호부터 제6호까지의 규정에 따른 휴게시설 설치·관리기준의 일부를 적용하지 않는다.

가. 사업장 전용면적의 총 합이 300제곱미터 미만인 경우: 제1호 및 제2호의 기준
나. 작업장소가 일정하지 않거나 전기가 공급되지 않는 등 작업특성상 실내에 휴게시설을 갖추기 곤란한 경우로서 그늘막 등 간이 휴게시설을 설치한 경우: 제3호부터 제6호까지의 규정에 따른 기준
다. 건조 중인 선박 등에 휴게시설을 설치하는 경우: 제4호의 기준

■ 산업안전보건기준에 관한 규칙 [별표 2] <개정 2021. 11. 19.>

관리감독자의 유해·위험 방지(제35조제1항 관련)

작업의 종류	직무수행 내용
10. 달비계 작업(제1편제7장제4절)	가. 작업용 섬유로프, 작업용 섬유로프의 고정점, 구명줄의 조정점, 작업대, 고리걸이용 철구 및 안전대 등의 결손 여부를 확인하는 일 나. 작업용 섬유로프 및 안전대 부착설비용 로프가 고정점에 풀리지 않는 매듭방법으로 결속되었는지 확인하는 일 다. 근로자가 작업대에 탑승하기 전 안전모 및 안전대를 착용하고 안전대를 구명줄에 체결했는지 확인하는 일 라. 작업방법 및 근로자 배치를 결정하고 작업 진행 상태를 감시하는 일

* 개정내용: 10호 신설

■ 산업안전보건기준에 관한 규칙 [별표 6] <개정 2022. 10. 18.>

차량계 건설기계(제196조 관련)

1. 도저형 건설기계(불도저, 스트레이트도저, 틸트도저, 앵글도저, 버킷도저 등)
2. 모터그레이더(motor grader, 땅 고르는 기계)
3. 로더(포크 등 부착물 종류에 따른 용도 변경 형식을 포함한다)
4. 스크레이퍼(scraper, 흙을 절삭·운반하거나 펴 고르는 등의 작업을 하는 토공기계)
5. 크레인형 굴착기계(크램쉘, 드래그라인 등)
6. 굴착기(브레이커, 크러셔, 드릴 등 부착물 종류에 따른 용도 변경 형식을 포함한다)
7. 항타기 및 항발기
8. 천공용 건설기계(어스드릴, 어스오거, 크롤러드릴, 점보드릴 등)
9. 지반 압밀침하용 건설기계(샌드드레인머신, 페이퍼드레인머신, 팩드레인머신 등)
10. 지반 다짐용 건설기계(타이어롤러, 매커덤롤러, 탠덤롤러 등)
11. 준설용 건설기계(버킷준설선, 그래브준설선, 펌프준설선 등)
12. 콘크리트 펌프카
13. 덤프트럭
14. 콘크리트 믹서 트럭
15. 도로포장용 건설기계(아스팔트 살포기, 콘크리트 살포기, 아스팔트 피니셔, 콘크리트 피니셔 등)

16. 골재 채취 및 살포용 건설기계(쇄석기, 자갈채취기, 골재살포기 등)
17. 제1호부터 제16호까지와 유사한 구조 또는 기능을 갖는 건설기계로서 건설작업에 사용하는 것

* 개정내용: 16호 신설

■ 산업안전보건기준에 관한 규칙 [별표 10] 〈개정 2021. 11. 19.〉

강재의 사용기준(제329조 관련)

강재의 종류	인장강도(kg/㎟)	신장률(%)
강관	34 이상 41 미만	25 이상
	41 이상 50 미만	20 이상
	50 이상	10 이상
강판, 형강, 평강, 경량형강	34 이상 41 미만	21 이상
	41 이상 50 미만	16 이상
	50 이상 60 미만	12 이상
	60 이상	8 이상
봉강	34 이상 41 미만	25 이상
	41 이상 50 미만	20 이상
	50 이상	18 이상

* 개정내용: 봉강의 인장강도 항목 개정

■ 산업안전보건기준에 관한 규칙 [별표 11] 〈개정 2021. 11. 19.〉

굴착면의 기울기 기준(제338조제1항 관련)

구분	지반의 종류	기울기
보통흙	습지	1 : 1~1 : 1.5
	건지	1 : 0.5~1 : 1
암반	풍화암	1 : 1.0
	연암	1 : 1.0
	경암	1 : 0.5

* 개정내용: 암반(풍화암, 연암, 경암) 기울기 개정

〈법령 개정사항 반영 예상문제〉

산업안전보건법(시행 2022. 8. 18)
산업안전보건법 시행령(시행 2022. 8. 18)
산업안전보건법 시행규칙(시행 2023. 1. 1)
산업안전보건기준에 관한 규칙(시행 2022. 10. 18)

산업안전보건법령상 산업재해 예방활동의 보조·지원을 받은 자가 그 보조·지원에 대해 산업재해 예방사업의 목적에 맞게 사용되지 아니한 경우로서 고용노동부장관이 그 보조·지원의 전부를 취소한 경우, 그 취소한 날부터 보조·지원을 제한할 수 있는 기간과 지원에 상응하는 금액 외에 추가로 환수할 수 있는 금액으로 옳은 것은?

① 2년, 지급받은 금액의 2배
② 3년, 지급받은 금액의 2배
③ 3년, 지급받은 금액의 5배
④ 5년, 지급받은 금액의 2배
⑤ 5년, 지급받은 금액의 5배

해설

법 제158조(산업재해 예방활동의 보조·지원) ① 정부는 사업주, 사업주단체, 근로자단체, 산업재해 예방 관련 전문단체, 연구기관 등이 하는 산업재해 예방사업 중 대통령령으로 정하는 사업에 드는 경비의 전부 또는 일부를 예산의 범위에서 보조하거나 그 밖에 필요한 지원(이하 "보조·지원"이라 한다)을 할 수 있다. 이 경우 고용노동부장관은 보조·지원이 산업재해 예방사업의 목적에 맞게 효율적으로 사용되도록 관리·감독하여야 한다.
② 고용노동부장관은 보조·지원을 받은 자가 다음 각 호의 어느 하나에 해당하는 경우 보조·지원의 전부 또는 일부를 취소하여야 한다. 다만, 제1호 및 제2호의 경우에는 보조·지원의 전부를 취소하여야 한다.
  1. 거짓이나 그 밖의 부정한 방법으로 보조·지원을 받은 경우
  2. 보조·지원 대상자가 폐업하거나 파산한 경우
  3. 보조·지원 대상을 임의매각·훼손·분실하는 등 지원 목적에 적합하게 유지·관리·사용하지 아니한 경우
  4. 제1항에 따른 산업재해 예방사업의 목적에 맞게 사용되지 아니한 경우
  5. 보조·지원 대상 기간이 끝나기 전에 보조·지원 대상 시설 및 장비를 국외로 이전한 경우
  6. 보조·지원을 받은 사업주가 필요한 안전조치 및 보건조치 의무를 위반하여 산업재해를 발생시킨 경우로서 고용노동부령으로 정하는 경우

③ 고용노동부장관은 제2항에 따라 보조·지원의 전부 또는 일부를 취소한 경우, 같은 항 제1호 또는 제3호부터 제5호까지의 어느 하나에 해당하는 경우에는 해당 금액 또는 지원에 상응하는 금액을 환수하되 대통령령으로 정하는 바에 따라 지급받은 금액의 5배 이하의 금액을 추가로 환수할 수 있고, 같은 항 제2호(파산한 경우에는 환수하지 아니한다) 또는 제6호에 해당하는 경우에는 해당 금액 또는 지원에 상응하는 금액을 환수한다.

④ 제2항에 따라 보조·지원의 전부 또는 일부가 취소된 자에 대해서는 고용노동부령으로 정하는 바에 따라 취소된 날부터 5년 이내의 기간을 정하여 보조·지원을 하지 아니할 수 있다.

⑤ 보조·지원의 대상·방법·절차, 관리 및 감독, 제2항 및 제3항에 따른 취소 및 환수 방법, 그 밖에 필요한 사항은 고용노동부장관이 정하여 고시한다.

영 제109조의2(보조·지원의 취소에 따른 추가 환수) ① 고용노동부장관이 법 제158조제3항에 따라 추가로 환수할 수 있는 금액은 다음 각 호의 구분에 따른 금액으로 한다.

1. 법 제158조제2항 제1호의 경우: 지급받은 금액의 5배에 해당하는 금액
2. 법 제158조제2항 제3호부터 제5호까지의 어느 하나에 해당하는 경우: 지급받은 금액의 2배에 해당하는 금액
3. 법 제158조제2항 제3호부터 제5호까지의 어느 하나에 해당하여 같은 조 제1항에 따른 보조·지원이 취소된 후 5년 이내에 같은 사유로 다시 보조·지원이 취소된 경우: 지급받은 금액의 5배에 해당하는 금액

② 고용노동부장관은 법 제158조제1항 전단에 따라 보조·지원을 받은 자가 같은 조 제2항제3호부터 제5호까지의 어느 하나에 해당하는 경우로서 그 위반행위가 경미한 부주의로 인한 것으로 인정되는 경우에는 제1항제2호에 따른 추가 환수금액을 2분의 1 범위에서 줄일 수 있다. [본조신설 2021. 11. 19.]

시행규칙 제237조(보조·지원의 환수와 제한) ① 법 제158조제2항제6호에서 "고용노동부령으로 정하는 경우"란 보조·지원을 받은 후 3년 이내에 해당 시설 및 장비의 중대한 결함이나 관리상 중대한 과실로 인하여 근로자가 사망한 경우를 말한다.

② 법 제158조제4항에 따라 보조·지원을 제한할 수 있는 기간은 다음 각 호와 같다. <개정 2021. 11. 19.>

1. 법 제158조제2항 제1호의 경우: 5년
2. 법 제158조제2항 제2호부터 제6호까지의 어느 하나의 경우: 3년
3. 법 제158조제2항 제2호부터 제6호까지의 어느 하나를 위반한 후 5년 이내에 같은 항 제2호부터 제6호까지의 어느 하나를 위반한 경우: 5년

답 ②

산업안전보건법령상 도급인은 관계수급인 근로자가 도급인의 사업장에서 작업을 하는 경우 도급에 따른 산업재해 예방조치를 이행하여야 한다. 다음 중 위반했을 경우 벌금이 아닌 과태료 부과에 해당하는 사항은?

① 안전 및 보건에 관한 협의체의 구성 및 운영
② 작업 장소에서 발파작업 시 이에 대한 경보체계 운영과 대피방법 훈련
③ 작업장 순회점검
④ 도급인이 설치한 위생시설 이용 협조
⑤ 관계수급인이 근로자에게 하는 안전보건교육의 실시 확인

해설

법 제172조(벌칙) 제64조제1항 제1호부터 제5호까지, 제7호, 제8호 또는 같은 조 제2항을 위반한 자는 500만원 이하의 벌금에 처한다. <개정 2021. 8. 17.>

법 제64조(도급에 따른 산업재해 예방조치) ① 도급인은 관계수급인 근로자가 도급인의 사업장에서 작업을 하는 경우 다음 각 호의 사항을 이행하여야 한다. <개정 2021. 5. 18.>
  1. 도급인과 수급인을 구성원으로 하는 안전 및 보건에 관한 협의체의 구성 및 운영
  2. 작업장 순회점검
  3. 관계수급인이 근로자에게 하는 제29조제1항부터 제3항까지의 규정에 따른 안전보건교육을 위한 장소 및 자료의 제공 등 지원
  4. 관계수급인이 근로자에게 하는 제29조제3항에 따른 안전보건교육의 실시 확인
  5. 다음 각 목의 어느 하나의 경우에 대비한 경보체계 운영과 대피방법 등 훈련
      가. 작업 장소에서 발파작업을 하는 경우
      나. 작업 장소에서 화재·폭발, 토사·구축물 등의 붕괴 또는 지진 등이 발생한 경우
  6. 위생시설 등 고용노동부령으로 정하는 시설의 설치 등을 위하여 필요한 장소의 제공 또는 도급인이 설치한 위생시설 이용의 협조
  7. 같은 장소에서 이루어지는 도급인과 관계수급인 등의 작업에 있어서 관계수급인 등의 작업시기·내용, 안전조치 및 보건조치 등의 확인
  8. 제7호에 따른 확인 결과 관계수급인 등의 작업 혼재로 인하여 화재·폭발 등 대통령령으로 정하는 위험이 발생할 우려가 있는 경우 관계수급인 등의 작업시기·내용 등의 조정
② 제1항에 따른 도급인은 고용노동부령으로 정하는 바에 따라 자신의 근로자 및 관계수급인 근로자와 함께 정기적으로 또는 수시로 작업장의 안전 및 보건에 관한 점검을 하여야 한다.
③ 제1항에 따른 안전 및 보건에 관한 협의체 구성 및 운영, 작업장 순회점검, 안전보건교육 지원, 그 밖에 필요한 사항은 고용노동부령으로 정한다.

영 제53조의2(도급에 따른 산업재해 예방조치) 법 제64조제1항제8호에서 "화재·폭발 등 대통령령으로 정하는 위험이 발생할 우려가 있는 경우"란 다음 각 호의 경우를 말한다.
  1. 화재·폭발이 발생할 우려가 있는 경우
  2. 동력으로 작동하는 기계·설비 등에 끼일 우려가 있는 경우
  3. 차량계 하역운반기계, 건설기계, 양중기(揚重機) 등 동력으로 작동하는 기계와 충돌할 우려가 있는 경우

4. 근로자가 추락할 우려가 있는 경우

5. 물체가 떨어지거나 날아올 우려가 있는 경우

6. 기계·기구 등이 넘어지거나 무너질 우려가 있는 경우

7. 토사·구축물·인공구조물 등이 붕괴될 우려가 있는 경우

8. 산소 결핍이나 유해가스로 질식이나 중독의 우려가 있는 경우

[본조신설 2021. 11. 19.]

법 제175조(과태료) ① 다음 각 호의 어느 하나에 해당하는 자에게는 5천만원 이하의 과태료를 부과한다.

1. 제119조제2항에 따라 기관석면조사를 하지 아니하고 건축물 또는 설비를 철거하거나 해체한 자

2. 제124조제3항을 위반하여 건축물 또는 설비를 철거하거나 해체한 자

② 다음 각 호의 어느 하나에 해당하는 자에게는 3천만원 이하의 과태료를 부과한다. <개정 2020. 3. 31.>

1. 제29조제3항(제166조의2에서 준용하는 경우를 포함한다) 또는 제79조제1항을 위반한 자

2. 제54조제2항(제166조의2에서 준용하는 경우를 포함한다)을 위반하여 중대재해 발생 사실을 보고하지 아니하거나 거짓으로 보고한 자

③ 다음 각 호의 어느 하나에 해당하는 자에게는 1천500만원 이하의 과태료를 부과한다. <개정 2020. 3. 31., 2021. 8. 17.>

1. 제47조제3항 전단을 위반하여 안전보건진단을 거부·방해하거나 기피한 자 또는 같은 항 후단을 위반하여 안전보건진단에 근로자대표를 참여시키지 아니한 자

2. 제57조제3항(제166조의2에서 준용하는 경우를 포함한다)에 따른 보고를 하지 아니하거나 거짓으로 보고한 자

2의2. 제64조제1항제6호를 위반하여 위생시설 등 고용노동부령으로 정하는 시설의 설치 등을 위하여 필요한 장소의 제공을 하지 아니하거나 도급인이 설치한 위생시설 이용에 협조하지 아니한 자

2의3. 제128조의2제1항을 위반하여 휴게시설을 갖추지 아니한 자(같은 조 제2항에 따른 대통령령으로 정하는 기준에 해당하는 사업장의 사업주로 한정한다)

3. 제141조제2항을 위반하여 정당한 사유 없이 역학조사를 거부·방해하거나 기피한 자

4. 제141조제3항을 위반하여 역학조사 참석이 허용된 사람의 역학조사 참석을 거부하거나 방해한 자

④ 다음 각 호의 어느 하나에 해당하는 자에게는 1천만원 이하의 과태료를 부과한다. <개정 2020. 3. 31. 2020. 6. 9. 2021. 5. 18. 2021. 8. 17.>

1. 제10조제3항 후단을 위반하여 관계수급인에 관한 자료를 제출하지 아니하거나 거짓으로 제출한 자

2. 제14조제1항을 위반하여 안전 및 보건에 관한 계획을 이사회에 보고하지 아니하거나 승인을 받지 아니한 자

3. 제41조제2항(제166조의2에서 준용하는 경우를 포함한다), 제42조제1항·제5항·제6항, 제44조제1항 전단, 제45조제2항, 제46조제1항, 제67조제1항·제2항, 제70조제1항, 제70조제2항 후단, 제71조제3항 후단, 제71조제4항, 제72조제1항·제3항·제5항(건설공사도급인만 해당한다), 제77조제1항, 제78조, 제85조제1항, 제93조제1항 전단, 제95조, 제99조제2항 또는 제107조제1항 각 호 외의 부분 본문을 위반한 자

4. 제47조제1항 또는 제49조제1항에 따른 명령을 위반한 자
5. 제82조제1항 전단을 위반하여 등록하지 아니하고 타워크레인을 설치·해체하는 자
6. 제125조제1항·제2항에 따라 작업환경측정을 하지 아니한 자

6의2. 제128조의2제2항을 위반하여 휴게시설의 설치·관리기준을 준수하지 아니한 자

7. 제129조제1항 또는 제130조제1항부터 제3항까지의 규정에 따른 근로자 건강진단을 하지 아니한 자
8. 제155조제1항(제166조의2에서 준용하는 경우를 포함한다) 또는 제2항(제166조의2에서 준용하는 경우를 포함한다)에 따른 근로감독관의 검사·점검 또는 수거를 거부·방해 또는 기피한 자

⑤ 다음 각 호의 어느 하나에 해당하는 자에게는 500만원 이하의 과태료를 부과한다. <개정 2020. 3. 31. 2021. 5. 18.>

1. 제15조제1항, 제16조제1항, 제17조제1항·제3항, 제18조제1항·제3항, 제19조제1항 본문, 제22조제1항 본문, 제24조제1항·제4항, 제25조제1항, 제26조, 제29조제1항·제2항(제166조의2에서 준용하는 경우를 포함한다), 제31조제1항, 제32조제1항(제1호부터 제4호까지의 경우만 해당한다), 제37조제1항, 제44조제2항, 제49조제2항, 제50조제3항, 제62조제1항, 제66조, 제68조제1항, 제75조제6항, 제77조제2항, 제90조제1항, 제94조제2항, 제122조제2항, 제124조제1항(증명자료의 제출은 제외한다), 제125조제7항, 제132조제2항, 제137조제3항 또는 제145조제1항을 위반한 자
2. 제17조제4항, 제18조제4항 또는 제19조제3항에 따른 명령을 위반한 자
3. 제34조 또는 제114조제1항을 위반하여 이 법 및 이 법에 따른 명령의 요지, 안전보건관리규정 또는 물질안전보건자료를 게시하지 아니하거나 갖추어 두지 아니한 자
4. 제53조제2항(제166조의2에서 준용하는 경우를 포함한다)을 위반하여 고용노동부장관으로부터 명령받은 사항을 게시하지 아니한 자
    4의2. 제108조제1항에 따른 유해성·위험성 조사보고서를 제출하지 아니하거나 제109조제1항에 따른 유해성·위험성 조사 결과 또는 유해성·위험성 평가에 필요한 자료를 제출하지 아니한 자
5. 제110조제1항부터 제3항까지의 규정을 위반하여 물질안전보건자료, 화학물질의 명칭·함유량 또는 변경된 물질안전보건자료를 제출하지 아니한 자
6. 제110조제2항제2호를 위반하여 국외제조자로부터 물질안전보건자료에 적힌 화학물질 외에는 제104조에 따른 분류기준에 해당하는 화학물질이 없음을 확인하는 내용의 서류를 거짓으로 제출한 자
7. 제111조제1항을 위반하여 물질안전보건자료를 제공하지 아니한 자
8. 제112조제1항 본문을 위반하여 승인을 받지 아니하고 화학물질의 명칭 및 함유량을 대체자료로 적은 자
9. 제112조제1항 또는 제5항에 따른 비공개 승인 또는 연장승인 신청 시 영업비밀과 관련되어 보호 사유를 거짓으로 작성하여 신청한 자
10. 제112조제10항 각 호 외의 부분 후단을 위반하여 대체자료로 적힌 화학물질의 명칭 및 함유량 정보를 제공하지 아니한 자
11. 제113조제1항에 따라 선임된 자로서 같은 항 각 호의 업무를 거짓으로 수행한 자
12. 제113조제1항에 따라 선임된 자로서 같은 조 제2항에 따라 고용노동부장관에게 제출한 물질안전보건자료를 해당 물질안전보건자료대상물질을 수입하는 자에게 제공하지 아니한 자

13. 제125조제1항 및 제2항에 따른 작업환경측정 시 고용노동부령으로 정하는 작업환경측정의 방법을 준수하지 아니한 사업주(같은 조 제3항에 따라 작업환경측정기관에 위탁한 경우는 제외한다)
14. 제125조제4항 또는 제132조제1항을 위반하여 근로자대표가 요구하였는데도 근로자대표를 참석시키지 아니한 자
15. 제125조제6항을 위반하여 작업환경측정 결과를 해당 작업장 근로자에게 알리지 아니한 자
16. 제155조제3항(제166조의2에서 준용하는 경우를 포함한다)에 따른 명령을 위반하여 보고 또는 출석을 하지 아니하거나 거짓으로 보고한 자

⑥ 다음 각 호의 어느 하나에 해당하는 자에게는 300만원 이하의 과태료를 부과한다. <개정 2020. 3. 31. 2021. 8. 17.>
1. 제32조제1항(제5호의 경우만 해당한다)을 위반하여 소속 근로자로 하여금 같은 항 각 호 외의 부분 본문에 따른 안전보건교육을 이수하도록 하지 아니한 자
2. 제35조를 위반하여 근로자대표에게 통지하지 아니한 자
3. 제40조(제166조의2에서 준용하는 경우를 포함한다), 제108조제5항, 제123조제2항, 제132조제3항, 제133조 또는 제149조를 위반한 자
4. 제42조제2항을 위반하여 자격이 있는 자의 의견을 듣지 아니하고 유해위험방지계획서를 작성·제출한 자
5. 제43조제1항 또는 제46조제2항을 위반하여 확인을 받지 아니한 자
6. **제73조제1항을 위반하여 지도계약을 체결하지 아니한 자**
   6의2. **제73조제2항을 위반하여 지도를 실시하지 아니한 자 또는 지도에 따라 적절한 조치를 하지 아니한 자**
7. 제84조제6항에 따른 자료 제출 명령을 따르지 아니한 자
8. 삭제 <2021. 5. 18.>
9. 제111조제2항 또는 제3항을 위반하여 물질안전보건자료의 변경 내용을 반영하여 제공하지 아니한 자
10. 제114조제3항(제166조의2에서 준용하는 경우를 포함한다)을 위반하여 해당 근로자를 교육하는 등 적절한 조치를 하지 아니한 자
11. 제115조제1항 또는 같은 조 제2항 본문을 위반하여 경고표시를 하지 아니한 자
12. 제119조제1항에 따라 일반석면조사를 하지 아니하고 건축물이나 설비를 철거하거나 해체한 자
13. 제122조제3항을 위반하여 고용노동부장관에게 신고하지 아니한 자
14. 제124조제1항에 따른 증명자료를 제출하지 아니한 자
15. 제125조제5항, 제132조제5항 또는 제134조제1항·제2항에 따른 보고, 제출 또는 통보를 하지 아니하거나 거짓으로 보고, 제출 또는 통보한 자
16. 제155조제1항(제166조의2에서 준용하는 경우를 포함한다)에 따른 질문에 대하여 답변을 거부·방해 또는 기피하거나 거짓으로 답변한 자
17. 제156조제1항(제166조의2에서 준용하는 경우를 포함한다)에 따른 검사·지도 등을 거부·방해 또는 기피한 자
18. 제164조제1항부터 제6항까지의 규정을 위반하여 서류를 보존하지 아니한 자

⑦ 제1항부터 제6항까지의 규정에 따른 과태료는 대통령령으로 정하는 바에 따라 고용노동부장관이 부과·징수한다.

정답 ④

산업안전보건법령상 건설공사의 건설공사발주자 또는 건설공사도급인(건설공사발주자로부터 건설공사를 최초로 도급받은 수급인은 제외)은 해당 건설공사를 착공하려는 경우 건설재해예방전문지도기관과 건설 산업재해 예방을 위한 지도계약을 체결하여야 한다. 기술지도계약을 체결해야 하는 기간과 체결하지 아니하였을 경우 과태료의 내용으로 옳은 것은?

① 해당 건설공사 착공일의 30일 전, 300만원 이하 과태료
② 해당 건설공사 착공일의 전날, 500만원 이하 과태료
③ 해당 건설공사 착공일의 15일 전, 500만원 이하 과태료
④ 해당 건설공사 착공일의 30일 전, 500만원 이하 과태료
⑤ 해당 건설공사 착공일의 전날, 300만원 이하 과태료

해설

법 제73조(건설공사의 산업재해 예방 지도) ① 대통령령으로 정하는 건설공사의 건설공사발주자 또는 건설공사도급인(건설공사발주자로부터 건설공사를 최초로 도급받은 수급인은 제외한다)은 해당 건설공사를 착공하려는 경우 제74조에 따라 지정받은 전문기관(이하 "건설재해예방전문지도기관"이라 한다)과 건설 산업재해 예방을 위한 지도계약을 체결하여야 한다. <개정 2021. 8. 17.>
② 건설재해예방전문지도기관은 건설공사도급인에게 산업재해 예방을 위한 지도를 실시하여야 하고, 건설공사도급인은 지도에 따라 적절한 조치를 하여야 한다. <신설 2021. 8. 17.>
③ 건설재해예방전문지도기관의 지도업무의 내용, 지도대상 분야, 지도의 수행방법, 그 밖에 필요한 사항은 대통령령으로 정한다. <개정 2021. 8. 17.>

영 제59조(기술지도계약 체결 대상 건설공사 및 체결 시기) ① 법 제73조제1항에서 "대통령령으로 정하는 건설공사"란 공사금액 1억원 이상 120억원(「건설산업기본법 시행령」 별표 1의 종합공사를 시공하는 업종의 건설업종란 제1호의 토목공사업에 속하는 공사는 150억원) 미만인 공사와 「건축법」 제11조에 따른 건축허가의 대상이 되는 공사를 말한다. 다만, 다음 각 호의 어느 하나에 해당하는 공사는 제외한다. <개정 2022. 8. 16.>
1. 공사기간이 1개월 미만인 공사
2. 육지와 연결되지 않은 섬 지역(제주특별자치도는 제외한다)에서 이루어지는 공사
3. 사업주가 별표 4에 따른 안전관리자의 자격을 가진 사람을 선임(같은 광역지방자치단체의 구역 내에서 같은 사업주가 시공하는 셋 이하의 공사에 대하여 공동으로 안전관리자의 자격을 가진 사람 1명을 선임한 경우를 포함한다)하여 제18조제1항 각 호에 따른 안전관리자의 업무만을 전담하도록 하는 공사
4. 법 제42조제1항에 따라 유해위험방지계획서를 제출해야 하는 공사
② 제1항에 따른 건설공사의 건설공사발주자 또는 건설공사도급인(건설공사도급인은 건설공사발주자로부터 건설공사를 최초로 도급받은 수급인은 제외한다)은 법 제73조제1항의 건설 산업재해 예방을 위한 지도계약(이하 "기술지도계약"이라 한다)을 해당 건설공사 착공일의 전날까지 체결해야 한다. <신설 2022. 8. 16.>
[제목개정 2022. 8. 16.]

시행규칙 제89조의2(기술지도계약서 등) ① 법 제73조제1항 및 영 제59조제2항에 따른 기술지도계약의 지도계약서는 별지 제104호서식에 따른다.

② 영 제60조 및 영 별표 18 제4호나목4)의 기술지도 완료증명서는 별지 제105호서식에 따른다. [본조신설 2022. 8. 18.]

답 ⑤

○ **신설조문(휴게시설 관련 조문 모음)**

법 제128조의2(휴게시설의 설치) ① 사업주는 근로자(관계수급인의 근로자를 포함한다. 이하 이 조에서 같다)가 신체적 피로와 정신적 스트레스를 해소할 수 있도록 휴식시간에 이용할 수 있는 휴게시설을 갖추어야 한다.
② 사업주 중 사업의 종류 및 사업장의 상시 근로자 수 등 대통령령으로 정하는 기준에 해당하는 사업장의 사업주는 제1항에 따라 휴게시설을 갖추는 경우 크기, 위치, 온도, 조명 등 고용노동부령으로 정하는 설치·관리기준을 준수하여야 한다.
[본조신설 2021. 8. 17.]

영 제96조의2(휴게시설 설치·관리기준 준수 대상 사업장의 사업주) 법 제128조의2제2항에서 "사업의 종류 및 사업장의 상시 근로자 수 등 대통령령으로 정하는 기준에 해당하는 사업장"이란 다음 각 호의 어느 하나에 해당하는 사업장을 말한다.
  1. 상시근로자(관계수급인의 근로자를 포함한다. 이하 제2호에서 같다) 20명 이상을 사용하는 사업장(건설업의 경우에는 관계수급인의 공사금액을 포함한 해당 공사의 총공사금액이 20억원 이상인 사업장으로 한정한다)
  2. 다음 각 목의 어느 하나에 해당하는 직종(「통계법」 제22조제1항에 따라 통계청장이 고시하는 한국표준직업분류에 따른다)의 상시근로자가 2명 이상인 사업장으로서 상시근로자 10명 이상 20명 미만을 사용하는 사업장(건설업은 제외한다)
     가. 전화 상담원
     나. 돌봄 서비스 종사원
     다. 텔레마케터
     라. 배달원
     마. 청소원 및 환경미화원
     바. 아파트 경비원
     사. 건물 경비원
  [본조신설 2022. 8. 16.]

시행규칙 제194조의2(휴게시설의 설치·관리기준) 법 제128조의2제2항에서 "크기, 위치, 온도, 조명 등 고용노동부령으로 정하는 설치·관리기준"이란 별표 21의2의 휴게시설 설치·관리기준을 말한다. [본조신설 2022. 8. 18.]

■ **산업안전보건법 시행규칙 [별표 21의2] <신설 2022. 8. 18.>**

휴게시설 설치·관리기준(제194조의2 관련)

1. 크기
   가. 휴게시설의 최소 바닥면적은 6제곱미터로 한다. 다만, 둘 이상의 사업장의 근로자가 공동으로 같은 휴게시설(이하 이 표에서 "공동휴게시설"이라 한다)을 사용하게 하는 경우 공동휴게시설의 바닥면적은 6제곱미터에 사업장의 개수를 곱한 면적 이상으로 한다.
   나. 휴게시설의 바닥에서 천장까지의 높이는 2.1미터 이상으로 한다.

다. 가목 본문에도 불구하고 근로자의 휴식 주기, 이용자 성별, 동시 사용인원 등을 고려하여 최소면적을 근로자대표와 협의하여 6제곱미터가 넘는 면적으로 정한 경우에는 근로자대표와 협의한 면적을 최소 바닥면적으로 한다.

라. 가목 단서에도 불구하고 근로자의 휴식 주기, 이용자 성별, 동시 사용인원 등을 고려하여 공동휴게시설의 바닥면적을 근로자대표와 협의하여 정한 경우에는 근로자대표와 협의한 면적을 공동휴게시설의 최소 바닥면적으로 한다.

2. 위치: 다음 각 목의 요건을 모두 갖춰야 한다.

가. 근로자가 이용하기 편리하고 가까운 곳에 있어야 한다. 이 경우 공동휴게시설은 각 사업장에서 휴게시설까지의 왕복 이동에 걸리는 시간이 휴식시간의 20퍼센트를 넘지 않는 곳에 있어야 한다.

나. 다음의 모든 장소에서 떨어진 곳에 있어야 한다.
1) 화재·폭발 등의 위험이 있는 장소
2) 유해물질을 취급하는 장소
3) 인체에 해로운 분진 등을 발산하거나 소음에 노출되어 휴식을 취하기 어려운 장소

3. 온도

적정한 온도(18℃ ~ 28℃)를 유지할 수 있는 냉난방 기능이 갖춰져 있어야 한다.

4. 습도

적정한 습도(50% ~ 55%. 다만, 일시적으로 대기 중 상대습도가 현저히 높거나 낮아 적정한 습도를 유지하기 어렵다고 고용노동부장관이 인정하는 경우는 제외한다)를 유지할 수 있는 습도 조절 기능이 갖춰져 있어야 한다.

5. 조명

적정한 밝기(100럭스 ~ 200럭스)를 유지할 수 있는 조명 조절 기능이 갖춰져 있어야 한다.

6. 창문 등을 통하여 환기가 가능해야 한다.

7. 의자 등 휴식에 필요한 비품이 갖춰져 있어야 한다.

8. 마실 수 있는 물이나 식수 설비가 갖춰져 있어야 한다.

9. <u>휴게시설임을 알 수 있는 표지가 휴게시설 외부에 부착돼 있어야 한다.</u>

10. 휴게시설의 청소·관리 등을 하는 담당자가 지정돼 있어야 한다. 이 경우 공동휴게시설은 사업장마다 각각 담당자가 지정돼 있어야 한다.

11. 물품 보관 등 휴게시설 목적 외의 용도로 사용하지 않도록 한다.

※ 비고

다음 각 목에 해당하는 경우에는 다음 각 목의 구분에 따라 제1호부터 제6호까지의 규정에 따른 휴게시설 설치·관리기준의 일부를 적용하지 않는다.

가. 사업장 전용면적의 총 합이 300제곱미터 미만인 경우: 제1호 및 제2호의 기준

나. 작업장소가 일정하지 않거나 전기가 공급되지 않는 등 작업특성상 실내에 휴게시설을 갖추기 곤란한 경우로서 그 늘막 등 간이 휴게시설을 설치한 경우: 제3호부터 제6호까지의 규정에 따른 기준

다. 건조 중인 선박 등에 휴게시설을 설치하는 경우: 제4호의 기준

산업안전보건법령상 휴게시설의 설치에 관한 것으로 "사업의 종류 및 사업장의 상시 근로자 수 등 대통령령으로 정하는 기준에 해당하는 사업장"에 대한 내용이다. ()에 들어갈 내용을 순서대로 옳게 나열한 것은?

> 1. 상시근로자(관계수급인의 근로자를 포함한다) (㉠)명 이상을 사용하는 사업장(건설업의 경우에는 관계수급인의 공사금액을 포함한 해당 공사의 총공사금액이 (㉡)억원 이상인 사업장으로 한정한다)
> 2. 다음 각 목의 어느 하나에 해당하는 직종의 상시근로자가 (㉢)명 이상인 사업장으로서 상시근로자 10명 이상 (㉣)명 미만을 사용하는 사업장(건설업은 제외한다)
> 가. 전화상담원
> 나. 돌봄 서비스 종사원
> 다. 텔레마케터
> 라. 배달원
> 마. 청소원 및 환경미화원
> 바. 아파트 경비원
> 사. 건물 경비원

① ㉠: 20 ㉡: 20 ㉢: 5 ㉣: 20
② ㉠: 10 ㉡: 30 ㉢: 2 ㉣: 20
③ ㉠: 20 ㉡: 20 ㉢: 2 ㉣: 50
④ ㉠: 10 ㉡: 30 ㉢: 5 ㉣: 50
⑤ ㉠: 20 ㉡: 20 ㉢: 2 ㉣: 20

해설

답 ⑤

산업안전보건법령상 휴게시설 설치·관리기준의 준수사항으로 옳지 않은 것은?

① 휴게시설의 바닥에서 천장까지의 높이는 2.1미터 이상으로 한다.
② 휴게시설의 최소 바닥면적은 6제곱미터로 한다. 다만, 공동휴게시설을 사용하게 하는 경우 공동휴게시설의 바닥면적은 6제곱미터에 사업장의 개수를 곱한 면적 이상으로 한다.
③ 휴게시설임을 알 수 있는 표지가 휴게시설 내부에 부착돼 있어야 한다.
④ 적정한 온도(18℃~28℃)를 유지할 수 있는 냉난방 기능이 갖춰져 있어야 한다.
⑤ 적정한 밝기(100럭스~200럭스)를 유지할 수 있는 조명 조절 기능이 갖춰져 있어야 한다.

해설

답 ③

 산업안전보건법령상 정부의 책무에 관한 사항으로 옳지 않은 것은?

① 사업주의 자율적인 산업 안전 및 보건 경영체제 확립을 위한 지원
② 직업성 질병의 예방 및 조기 발견을 위한 사업
③ 근로자의 신체적 피로와 정신적 스트레스 등을 줄일 수 있는 쾌적한 작업환경의 조성 및 근로조건 개선
④ 노무를 제공하는 사람의 안전 및 건강 증진을 위한 사업의 보급·확산
⑤ 직장 내 괴롭힘 예방을 위한 조치기준 마련, 지도 및 지원

해설

법 제4조(정부의 책무) ① 정부는 이 법의 목적을 달성하기 위하여 다음 각 호의 사항을 성실히 이행할 책무를 진다. <개정 2020. 5. 26.>
  1. 산업 안전 및 보건 정책의 수립 및 집행
  2. 산업재해 예방 지원 및 지도
  3. 「근로기준법」 제76조의2에 따른 직장 내 괴롭힘 예방을 위한 조치기준 마련, 지도 및 지원
  4. 사업주의 자율적인 산업 안전 및 보건 경영체제 확립을 위한 지원
  5. 산업 안전 및 보건에 관한 의식을 북돋우기 위한 홍보·교육 등 안전문화 확산 추진
  6. 산업 안전 및 보건에 관한 기술의 연구·개발 및 시설의 설치·운영
  7. 산업재해에 관한 조사 및 통계의 유지·관리
  8. 산업 안전 및 보건 관련 단체 등에 대한 지원 및 지도·감독
  9. 그 밖에 노무를 제공하는 사람의 안전 및 건강의 보호·증진
② 정부는 제1항 각 호의 사항을 효율적으로 수행하기 위하여 「한국산업안전보건공단법」에 따른 한국산업안전보건공단(이하 "공단"이라 한다), 그 밖의 관련 단체 및 연구기관에 행정적·재정적 지원을 할 수 있다.

영 제7조(건강증진사업 등의 추진) 고용노동부장관은 법 제4조제1항제9호에 따른 노무를 제공하는 사람의 안전 및 건강의 보호·증진에 관한 사항을 효율적으로 추진하기 위하여 다음 각 호와 관련된 시책을 마련해야 한다. <개정 2020. 9. 8., 2022. 8. 16.>
　1. 노무를 제공하는 사람의 안전 및 건강 증진을 위한 사업의 보급·확산
　2. 깨끗한 작업환경의 조성
　3. 직업성 질병의 예방 및 조기 발견을 위한 사업

법 제5조(사업주 등의 의무) ① 사업주(제77조에 따른 특수형태근로종사자로부터 노무를 제공받는 자와 제78조에 따른 물건의 수거·배달 등을 중개하는 자를 포함한다. 이하 이 조 및 제6조에서 같다)는 다음 각 호의 사항을 이행함으로써 근로자(제77조에 따른 특수형태근로종사자와 제78조에 따른 물건의 수거·배달 등을 하는 사람을 포함한다. 이하 이 조 및 제6조에서 같다)의 안전 및 건강을 유지·증진시키고 국가의 산업재해 예방정책을 따라야 한다. <개정 2020. 5. 26.>
　1. 이 법과 이 법에 따른 명령으로 정하는 산업재해 예방을 위한 기준
　2. 근로자의 신체적 피로와 정신적 스트레스 등을 줄일 수 있는 쾌적한 작업환경의 조성 및 근로조건 개선
　3. 해당 사업장의 안전 및 보건에 관한 정보를 근로자에게 제공
② 다음 각 호의 어느 하나에 해당하는 자는 발주·설계·제조·수입 또는 건설을 할 때 이 법과 이 법에 따른 명령으로 정하는 기준을 지켜야 하고, 발주·설계·제조·수입 또는 건설에 사용되는 물건으로 인하여 발생하는 산업재해를 방지하기 위하여 필요한 조치를 하여야 한다.
　1. 기계·기구와 그 밖의 설비를 설계·제조 또는 수입하는 자
　2. 원재료 등을 제조·수입하는 자
　3. 건설물을 발주·설계·건설하는 자

답 ③

산업안전보건법령상 건설공사발주자는 대통령령으로 정하는 안전보건 분야의 전문가에게 산업재해 예방을 위하여 작성한 안전보건대장에 기재된 내용의 적정성 등을 확인받아야 한다. 안전보건 분야의 전문가에 해당하는 사람으로 옳은 것은?

① 기계안전분야 산업안전지도사
② 건설안전기사 자격을 취득 후 건설분야에서 2년 이상 실무경력이 있는 자
③ 건설안전기사 자격을 취득 후 건설분야에서 3년 이상 실무경력이 있는 자
④ 건설안전산업기사 자격을 취득 후 건설분야에서 3년 이상 실무경력이 있는 자
⑤ 건설안전산업기사 자격을 취득 후 건설분야에서 4년 이상 실무경력이 있는 자

해설

영 제55조의2(안전보건전문가) 법 제67조제2항에서 "대통령령으로 정하는 안전보건 분야의 전문가"란 다음 각 호의 사람을 말한다.
1. 법 제143조제1항에 따른 건설안전 분야의 산업안전지도사 자격을 가진 사람
2. 「국가기술자격법」에 따른 건설안전기술사 자격을 가진 사람
3. 「국가기술자격법」에 따른 건설안전기사 자격을 취득한 후 건설안전 분야에서 3년 이상의 실무경력이 있는 사람
4. 「국가기술자격법」에 따른 건설안전산업기사 자격을 취득한 후 건설안전 분야에서 5년 이상의 실무경력이 있는 사람[본조신설 2021. 11. 19.]

답 ③

산업안전보건법령상 사업장의 상시 근로자 수가 500명 이상일 때 안전관리자를 2명 이상 두어야 하는 사업의 종류로 옳지 않은 것은?

① 섬유제품 제조업(의복 제외)
② 청소년 수련시설 운영업
③ 산업용 기계·장비 수리업
④ 환경 정화 및 복원업
⑤ 운수 및 창고업

해설

영 제16조(안전관리자의 선임 등) ① 법 제17조제1항에 따라 안전관리자를 두어야 하는 사업의 종류와 사업장의 상시근로자 수, 안전관리자의 수 및 선임방법은 별표 3과 같다.
② 제1항에 따른 사업 중 상시근로자 300명 이상을 사용하는 사업장[건설업의 경우에는 공사금액이 120억원(「건설산업기본법 시행령」 별표 1의 종합공사를 시공하는 업종의 건설업종란 제1호에 따른 토목공사업의 경우에는 150억원) 이상인 사업장]의 안전관리자는 해당 사업장에서 제18조제1항 각 호에 따른 업무만을 전담해야 한다.

③ 제1항 및 제2항을 적용할 경우 제52조에 따른 사업으로서 도급인의 사업장에서 이루어지는 도급사업의 공사금액 또는 관계수급인의 상시근로자는 각각 해당 사업의 공사금액 또는 상시근로자로 본다. 다만, 별표 3의 기준에 해당하는 도급사업의 공사금액 또는 관계수급인의 상시근로자의 경우에는 그렇지 않다.
④ 제1항에도 불구하고 같은 사업주가 경영하는 둘 이상의 사업장이 다음 각 호의 어느 하나에 해당하는 경우에는 그 둘 이상의 사업장에 1명의 안전관리자를 공동으로 둘 수 있다. 이 경우 해당 사업장의 상시근로자 수의 합계는 300명 이내[건설업의 경우에는 공사금액의 합계가 120억원(「건설산업기본법 시행령」 별표 1의 종합공사를 시공하는 업종의 건설업종란 제1호에 따른 토목공사의 경우에는 150억원) 이내]이어야 한다.
  1. 같은 시·군·구(자치구를 말한다) 지역에 소재하는 경우
  2. 사업장 간의 경계를 기준으로 15킬로미터 이내에 소재하는 경우
⑤ 제1항부터 제3항까지의 규정에도 불구하고 도급인의 사업장에서 이루어지는 도급사업에서 도급인이 고용노동부령으로 정하는 바에 따라 그 사업의 관계수급인 근로자에 대한 안전관리를 전담하는 안전관리자를 선임한 경우에는 그 사업의 관계수급인은 해당 도급사업에 대한 안전관리자를 선임하지 않을 수 있다.
⑥ 사업주는 안전관리자를 선임하거나 법 제17조제4항에 따라 안전관리자의 업무를 안전관리전문기관에 위탁한 경우에는 고용노동부령으로 정하는 바에 따라 선임하거나 위탁한 날부터 14일 이내에 고용노동부장관에게 그 사실을 증명할 수 있는 서류를 제출해야 한다. 법 제17조제3항에 따라 안전관리자를 늘리거나 교체한 경우에도 또한 같다.

■ 산업안전보건법 시행령 [별표 3] <개정 2022. 8. 16.>

안전관리자를 두어야 하는 사업의 종류, 사업장의 상시근로자 수, 안전관리자의 수 및 선임방법
(제16조제1항 관련)

사업의 종류	사업장의 상시근로자 수	안전관리자의 수	안전관리자의 선임방법
1. 토사석 광업 2. 식료품 제조업, 음료 제조업 3. 섬유제품 제조업; 의복 제외 4. 목재 및 나무제품 제조업; 가구 제외 5. 펄프, 종이 및 종이제품 제조업 6. 코크스, 연탄 및 석유정제품 제조업 7. 화학물질 및 화학제품 제조업; 의약품 제외	상시근로자 50명 이상 500명 미만	1명 이상	별표 4 각 호의 어느 하나에 해당하는 사람(같은 표 제3호·제7호 및 제9호부터 제12호까지에 해당하는 사람은 제외한다)을 선임해야 한다.
8. 의료용 물질 및 의약품 제조업 9. 고무 및 플라스틱제품 제조업 10. 비금속 광물제품 제조업 11. 1차 금속 제조업 12. 금속가공제품 제조업; 기계 및 가구 제외	상시근로자 500명 이상	2명 이상	별표 4 각 호의 어느 하나에 해당하는 사람(같은 표 제7호 및 제9호부터 제12호까지에 해당하는 사람은 제외한다)을 선임하되, 같은 표

13. 전자부품, 컴퓨터, 영상, 음향 및 통신장비 제조업 14. 의료, 정밀, 광학기기 및 시계 제조업 15. 전기장비 제조업 16. 기타 기계 및 장비 제조업 17. 자동차 및 트레일러 제조업 18. 기타 운송장비 제조업 19. 가구 제조업 20. 기타 제품 제조업 21. 산업용 기계 및 장비 수리업 22. 서적, 잡지 및 기타 인쇄물 출판업 23. 폐기물 수집, 운반, 처리 및 원료 재생업 24. 환경 정화 및 복원업 25. 자동차 종합 수리업, 자동차 전문 수리업 26. 발전업 27. 운수 및 창고업			제1호·제2호(「국가기술자격법」에 따른 산업안전산업기사의 자격을 취득한 사람은 제외한다) 또는 제4호에 해당하는 사람이 1명 이상 포함되어야 한다.
28. 농업, 임업 및 어업 29. 제2호부터 제21호까지의 사업을 제외한 제조업 30. 전기, 가스, 증기 및 공기조절 공급업(발전업은 제외한다) 31. 수도, 하수 및 폐기물 처리, 원료 재생업(제23호 및 제24호에 해당하는 사업은 제외한다) 32. 도매 및 소매업 33. 숙박 및 음식점업 34. 영상·오디오 기록물 제작 및 배급업 35. 방송업 36. 우편 및 통신업 37. 부동산업 38. 임대업; 부동산 제외 39. 연구개발업 40. 사진처리업 41. 사업시설 관리 및 조경 서비스업 42. 청소년 수련시설 운영업 43. 보건업	상시근로자 50명 이상 1천명 미만. 다만, 제37호의 사업(부동산 관리업은 제외한다)과 제40호의 사업의 경우에는 상시근로자 100명 이상 1천명 미만으로 한다.	1명 이상	별표 4 각 호의 어느 하나에 해당하는 사람(같은 표 제3호 및 제9호부터 제12호까지에 해당하는 사람은 제외한다. 다만, 제28호 및 제30호부터 제46호까지의 사업의 경우 별표 4 제3호에 해당하는 사람에 대해서는 그렇지 않다)을 선임해야 한다.
44. 예술, 스포츠 및 여가 관련 서비스업 45. 개인 및 소비용품수리업(제25호에 해당하는 사업은 제외한다)	상시근로자 1천명 이상	2명 이상	별표 4 각 호의 어느 하나에 해당하는 사람(같은 표 제7호·제11

46. 기타 개인 서비스업 47. 공공행정(청소, 시설관리, 조리 등 현업업무에 종사하는 사람으로서 고용노동부장관이 정하여 고시하는 사람으로 한정한다) 48. 교육서비스업 중 초등·중등·고등 교육기관, 특수학교·외국인학교 및 대안학교(청소, 시설관리, 조리 등 현업업무에 종사하는 사람으로서 고용노동부장관이 정하여 고시하는 사람으로 한정한다)			호 및 제12호에 해당하는 사람은 제외한다)을 선임하되, 같은 표 제1호·제2호·제4호 또는 제5호에 해당하는 사람이 1명 이상 포함되어야 한다.

답 ②

산업안전보건법령상 설치·이전하거나 그 주요 구조부분을 변경하려는 경우 유해·위험방지계획서를 제출해야 하는 기계·기구·설비로 옳지 않은 것은?

① 가스집합 용접장치
② 화학설비
③ 금속의 용해로
④ 분진작업 관련 설비
⑤ 건조설비

> **해설**

영 제42조(유해위험방지계획서 제출 대상) ① 법 제42조제1항제1호에서 "대통령령으로 정하는 사업의 종류 및 규모에 해당하는 사업"이란 다음 각 호의 어느 하나에 해당하는 사업으로서 전기 계약용량이 300킬로와트 이상인 경우를 말한다.
  1. 금속가공제품 제조업; 기계 및 가구 제외
  2. 비금속 광물제품 제조업
  3. 기타 기계 및 장비 제조업
  4. 자동차 및 트레일러 제조업
  5. 식료품 제조업
  6. 고무제품 및 플라스틱제품 제조업
  7. 목재 및 나무제품 제조업
  8. 기타 제품 제조업
  9. 1차 금속 제조업
  10. 가구 제조업
  11. 화학물질 및 화학제품 제조업
  12. 반도체 제조업
  13. 전자부품 제조업
② 법 제42조제1항 제2호에서 "대통령령으로 정하는 기계·기구 및 설비"란 다음 각 호의 어느 하나에 해당하는 기계·기구 및 설비를 말한다. 이 경우 다음 각 호에 해당하는 기계·기구 및 설비의 구체적인 범위는 고용노동부장관이 정하여 고시한다. <개정 2021. 11. 19.>
  1. 금속이나 그 밖의 광물의 용해로
  2. 화학설비
  3. 건조설비
  4. 가스집합 용접장치
  5. 근로자의 건강에 상당한 장해를 일으킬 우려가 있는 물질로서 고용노동부령으로 정하는 물질의 밀폐·환기·배기를 위한 설비
  6. 삭제 <2021. 11. 19.>
③ 법 제42조제1항제3호에서 "대통령령으로 정하는 크기 높이 등에 해당하는 건설공사"란 다음 각 호의 어느 하나에 해당하는 공사를 말한다.

1. 다음 각 목의 어느 하나에 해당하는 건축물 또는 시설 등의 건설·개조 또는 해체(이하 "건설등"이라 한다) 공사
    가. 지상높이가 31미터 이상인 건축물 또는 인공구조물
    나. 연면적 3만제곱미터 이상인 건축물
    다. 연면적 5천제곱미터 이상인 시설로서 다음의 어느 하나에 해당하는 시설
        1) 문화 및 집회시설(전시장 및 동물원·식물원은 제외한다)
        2) 판매시설, 운수시설(고속철도의 역사 및 집배송시설은 제외한다)
        3) 종교시설
        4) 의료시설 중 종합병원
        5) 숙박시설 중 관광숙박시설
        6) 지하도상가
        7) 냉동·냉장 창고시설
2. 연면적 5천제곱미터 이상인 냉동·냉장 창고시설의 설비공사 및 단열공사
3. 최대 지간(支間)길이(다리의 기둥과 기둥의 중심사이의 거리)가 50미터 이상인 다리의 건설등 공사
4. 터널의 건설등 공사
5. 다목적댐, 발전용댐, 저수용량 2천만톤 이상의 용수 전용 댐 및 지방상수도 전용 댐의 건설등 공사
6. 깊이 10미터 이상인 굴착공사

정답 ④

산업안전보건법령상 건설공사도급인이 산업재해가 발생할 위험이 있다고 판단하여 전문가의 의견을 들어 건설공사발주자에게 설계변경을 요청할 수 있는 가설구조물의 종류로 옳지 않은 것은?

① 높이 40m인 비계
② 동력을 이용하여 움직이는 가설구조물
③ 작업발판 분리형 거푸집
④ 높이 10m인 흙막이 지보공
⑤ 높이 5m인 거푸집 동바리

해설

영 제58조(설계변경 요청 대상 및 전문가의 범위) ① 법 제71조제1항 본문에서 "대통령령으로 정하는 가설구조물"이란 다음 각 호의 어느 하나에 해당하는 것을 말한다. <개정 2021. 11. 19.>
1. 높이 <u>31미터 이상인 비계</u>
2. 작업발판 일체형 거푸집 또는 높이 **5미터** 이상인 거푸집 동바리[타설(打設)된 콘크리트가 일정 강도에 이르기까지 하중 등을 지지하기 위하여 설치하는 부재(部材)]
3. 터널의 지보공(支保工: 무너지지 않도록 지지하는 구조물) 또는 높이 2미터 이상인 흙막이 지보공
4. 동력을 이용하여 움직이는 가설구조물

② 법 제71조제1항 본문에서 "건축·토목 분야의 전문가 등 대통령령으로 정하는 전문가"란 공단 또는 다음 각 호의 어느 하나에 해당하는 사람으로서 해당 건설공사도급인 또는 관계수급인에게 고용되지 않은 사람을 말한다.
  1. 「국가기술자격법」에 따른 건축구조기술사(토목공사 및 제1항제3호의 구조물의 경우는 제외한다)
  2. 「국가기술자격법」에 따른 토목구조기술사(토목공사로 한정한다)
  3. 「국가기술자격법」에 따른 토질및기초기술사(제1항제3호의 구조물의 경우로 한정한다)
  4. 「국가기술자격법」에 따른 건설기계기술사(제1항제4호의 구조물의 경우로 한정한다)

답 ③

산업안전보건법령상 안전 및 보건 교육 대상 특수형태근로종사자로 옳지 않은 것은?

① 대리운전 업무를 하는 자
② 소프트웨어 기술자
③ 일반형 화물자동차로 철강재를 운송하는 자
④ 대여 제품 방문점검원
⑤ 골프장 캐디

해설

영 제67조(특수형태근로종사자의 범위 등) 법 제77조제1항제1호에 따른 요건을 충족하는 **사람**은 다음 각 호의 어느 하나에 해당하는 사람으로 한다. <개정 2021. 11. 19.>
  1. 보험을 모집하는 사람으로서 다음 각 목의 어느 하나에 해당하는 사람
      가. 「보험업법」 제83조제1항제1호에 따른 보험설계사
      나. 「우체국예금·보험에 관한 법률」에 따른 우체국보험의 모집을 전업(專業)으로 하는 사람
  2. 「건설기계관리법」 제3조제1항에 따라 등록된 건설기계를 직접 운전하는 사람
  3. 「통계법」 제22조에 따라 통계청장이 고시하는 직업에 관한 표준분류(이하 "한국표준직업분류표"라 한다)의 세세분류에 따른 학습지 방문강사, 교육 교구 방문강사, 그 밖에 회원의 가정 등을 직접 방문하여 아동이나 학생 등을 가르치는 사람
  4. 「체육시설의 설치·이용에 관한 법률」 제7조에 따라 직장체육시설로 설치된 골프장 또는 같은 법 제19조에 따라 체육시설업의 등록을 한 골프장에서 골프경기를 보조하는 골프장 캐디
  5. 한국표준직업분류표의 세분류에 따른 택배원으로서 택배사업(소화물을 집화·수송 과정을 거쳐 배송하는 사업을 말한다)에서 집화 또는 배송 업무를 하는 사람
  6. 한국표준직업분류표의 세분류에 따른 택배원으로서 고용노동부장관이 정하는 기준에 따라 주로 하나의 퀵서비스업자로부터 업무를 의뢰받아 배송 업무를 하는 사람
  7. 「대부업 등의 등록 및 금융이용자 보호에 관한 법률」 제3조제1항 단서에 따른 대출모집인
  8. 「여신전문금융업법」 제14조의2제1항제2호에 따른 신용카드회원 모집인
  9. 고용노동부장관이 정하는 기준에 따라 주로 하나의 대리운전업자로부터 업무를 의뢰받아 대리운전 업무를 하는 사람

10. 「방문판매 등에 관한 법률」 제2조제2호 또는 제8호의 방문판매원이나 후원방문판매원으로서 고용노동부장관이 정하는 기준에 따라 상시적으로 방문판매업무를 하는 사람
11. 한국표준직업분류표의 세세분류에 따른 대여 제품 방문점검원
12. 한국표준직업분류표의 세분류에 따른 가전제품 설치 및 수리원으로서 가전제품을 배송, 설치 및 시운전하여 작동상태를 확인하는 사람
13. 「화물자동차 운수사업법」에 따른 화물차주로서 다음 각 목의 어느 하나에 해당하는 사람
    가. 「자동차관리법」 제3조제1항제4호의 특수자동차로 수출입 컨테이너를 운송하는 사람
    나. 「자동차관리법」 제3조제1항제4호의 특수자동차로 시멘트를 운송하는 사람
    다. 「자동차관리법」 제2조제1호 본문의 피견인자동차나 「자동차관리법」 제3조제1항제3호의 일반형 화물자동차로 철강재를 운송하는 사람
    라. 「자동차관리법」 제3조제1항제3호의 일반형 화물자동차나 특수용도형 화물자동차로 「물류정책기본법」 제29조제1항 각 호의 위험물질을 운송하는 사람
14. 「소프트웨어 진흥법」에 따른 소프트웨어사업에서 노무를 제공하는 소프트웨어기술자

영 제68조(안전 및 보건 교육 대상 특수형태근로종사자) 법 제77조제2항에서 "대통령령으로 정하는 특수형태근로종사자"란 제67조 제2호, 제4호부터 제6호까지 및 제9호부터 제13호까지의 규정에 따른 사람을 말한다. <개정 2021. 11. 19.>

정답 ②

산업안전보건기준에 관한 규칙상 항타기 또는 항발기를 조립하거나 해체하는 경우 사업주의 준수사항 및 점검사항으로 옳지 않은 것은?

① 항타기 또는 항발기에 사용하는 권상기에 쐐기장치 또는 회전방지용 브레이크를 부착할 것
② 권상용의 와이어로프·드럼 및 도르래의 부착상태의 이상 유무를 점검할 것
③ 항타기 또는 항발기가 들리거나 미끄러지거나 흔들리지 않도록 설치할 것
④ 리더(leader)의 버팀 방법 및 고정상태의 이상 유무를 점검할 것
⑤ 그 밖에 조립·해체에 필요한 사항은 제조사에서 정한 설치·해체 작업 설명서에 따를 것

해설

안전보건규칙 제207조(조립·해체 시 점검사항) ① 사업주는 항타기 또는 항발기를 조립하거나 해체하는 경우 다음 각 호의 사항을 준수해야 한다. <신설 2022. 10. 18.>
  1. 항타기 또는 항발기에 사용하는 권상기에 쐐기장치 또는 역회전방지용 브레이크를 부착할 것
  2. 항타기 또는 항발기의 권상기가 들리거나 미끄러지거나 흔들리지 않도록 설치할 것
  3. 그 밖에 조립·해체에 필요한 사항은 제조사에서 정한 설치·해체 작업 설명서에 따를 것
② 사업주는 항타기 또는 항발기를 조립하거나 해체하는 경우 다음 각 호의 사항을 점검해야 한다. <개정 2022. 10. 18.>
  1. 본체 연결부의 풀림 또는 손상의 유무
  2. 권상용 와이어로프·드럼 및 도르래의 부착상태의 이상 유무
  3. 권상장치의 브레이크 및 쐐기장치 기능의 이상 유무
  4. 권상기의 설치상태의 이상 유무
  5. 리더(leader)의 버팀 방법 및 고정상태의 이상 유무
  6. 본체·부속장치 및 부속품의 강도가 적합한지 여부
  7. 본체·부속장치 및 부속품에 심한 손상·마모·변형 또는 부식이 있는지 여부
    [제목개정 2022. 10. 18.]

정답 ①

산업안전보건기준에 관한 규칙상 낙하물 보호구조를 갖춰야 하는 차량용 건설기계에 해당하는 것으로 옳지 않은 것은?

① 모터그레이더
② 스크레이퍼
③ 굴착기
④ 덤프트럭
⑤ 콘크리트 펌프카

> **해설**

안전보건규칙 제198조(낙하물 보호구조) 사업주는 암석이 떨어질 우려가 있는 등 위험한 장소에서 <u>차량계 건설기계[불도저, 트랙터, 굴착기, 로더(loader: 흙 따위를 퍼올리는 데 쓰는 기계), 스크레이퍼(scraper: 흙을 절삭·운반하거나 펴 고르는 등의 작업을 하는 토공기계), 덤프트럭, 모터그레이더(motor grader: 땅 고르는 기계), 롤러(roller: 지반 다짐용 건설기계), 천공기, 항타기 및 항발기로 **한정한다**]를 사용하는 경우에는</u> 해당 차량계 건설기계에 견고한 낙하물 보호구조를 갖춰야 한다. <개정 2021. 11. 19., 2022. 10. 18.>
[제목개정 2022. 10. 18.]

정답 ⑤

예상 14

산업안전보건기준에 관한 규칙상 이산화탄소를 사용한 소화설비를 설치한 지하실, 전기실, 옥내 위험물 저장창고 등 방호구역과 소화약제로 이산화탄소가 충전된 소화용기 보관장소의 조치사항으로 옳은 것은?

① 카드키 출입방식 등 구조적으로 지정된 사람만이 출입하는 경우에도 출입일시, 점검기간 및 점검 내용 등의 출입기록을 작성하여 관리하게 할 것
② 소화용기 보관장소에서 소화용기 및 배관·밸브 등의 교체 등의 작업을 하는 경우에는 작업자에게 방독마스크 또는 공기정화용 보호구를 지급하고 착용하도록 할 것
③ 점검등을 완료한 후에는 방호구역등에 사람이 없는 것을 확인하고 소화설비를 작동할 수 있는 상태로 변경할 것
④ 출입구 또는 비상구까지의 이동거리가 5m 이상인 방호구역과 이산화탄소가 충전된 소화용기를 10개 이상(45kg 용기 기준) 보관하는 소화용기 보관장소에는 산소 또는 이산화탄소 감지 및 경보 장치를 설치하고 항상 유효한 상태로 유지할 것
⑤ 방호구역등에 출입하는 근로자를 대상으로 이산화탄소의 위험성, 소화설비의 작동 시 확인방법, 대피방법, 대피로 등을 주지시키기 위해 분기 1회 이상 교육을 실시할 것. 다만, 처음 출입하는 근로자에 대해서는 출입 전에 교육을 하여 그 내용을 주지시켜야 한다.

해설

안전보건규칙 제628조의2(이산화탄소를 사용하는 소화설비 및 소화용기에 대한 조치) 사업주는 이산화탄소를 사용한 소화설비를 설치한 지하실, 전기실, 옥내 위험물 저장창고 등 방호구역과 소화약제로 이산화탄소가 충전된 소화용기 보관장소(이하 이 조에서 "방호구역등"이라 한다)에 다음 각 호의 조치를 해야 한다.

1. 방호구역등에는 점검, 유지·보수 등(이하 이 조에서 "점검등"이라 한다)을 수행하는 관계 근로자가 아닌 사람의 출입을 금지할 것
2. 점검등을 수행하는 근로자를 사전에 지정하고, 출입일시, 점검기간 및 점검내용 등의 출입기록을 작성하여 관리하게 할 것. 다만, 다음 각 목의 어느 하나에 해당하는 경우는 제외한다.
    가. 「개인정보보호법」에 따른 영상정보처리기기를 활용하여 관리하는 경우
    나. 카드키 출입방식 등 구조적으로 지정된 사람만이 출입하도록 한 경우
3. 방호구역등에 점검등을 위해 출입하는 경우에는 미리 다음 각 목의 조치를 할 것
    가. 적정공기 상태가 유지되도록 환기할 것
    나. 소화설비의 수동밸브나 콕을 잠그거나 차단판을 설치하고 기동장치에 안전핀을 꽂아야 하며, 이를 임의로 개방하거나 안전핀을 제거하는 것을 금지한다는 내용을 보기 쉬운 장소에 게시할 것. 다만, 육안 점검만을 위하여 짧은 시간 출입하는 경우에는 그렇지 않다.
    다. 방호구역등에 출입하는 근로자를 대상으로 이산화탄소의 위험성, 소화설비의 작동 시 확인방법, 대피방법, 대피로 등을 주지시키기 위해 반기 1회 이상 교육을 실시할 것. 다만, 처음 출입하는 근로자에 대해서는 출입 전에 교육을 하여 그 내용을 주지시켜야 한다.
    라. 소화용기 보관장소에서 소화용기 및 배관·밸브 등의 교체 등의 작업을 하는 경우에는 작업자에게 공기호흡기 또는 송기마스크를 지급하고 착용하도록 할 것

마. 소화설비 작동과 관련된 전기, 배관 등에 관한 작업을 하는 경우에는 작업일정, 소화설비 설치도면 검토, 작업방법, 소화설비 작동금지 조치, 출입금지 조치, 작업 근로자 교육 및 대피로 확보 등이 포함된 작업계획서를 작성하고 그 계획에 따라 작업을 하도록 할 것

4. 점검등을 완료한 후에는 방호구역등에 사람이 없는 것을 확인하고 소화설비를 작동할 수 있는 상태로 변경할 것
5. 소화를 위하여 작동하는 경우 외에는 소화설비를 임의로 작동하는 것을 금지하고, 그 내용을 방호구역등의 출입구 및 수동조작반 등에 누구든지 볼 수 있도록 게시할 것
6. 출입구 또는 비상구까지의 이동거리가 10m 이상인 방호구역과 이산화탄소가 충전된 소화용기를 100개 이상(45kg 용기 기준) 보관하는 소화용기 보관장소에는 산소 또는 이산화탄소 감지 및 경보 장치를 설치하고 항상 유효한 상태로 유지할 것
7. 소화설비가 작동되거나 이산화탄소의 누출로 인한 질식의 우려가 있는 경우에는 근로자가 질식 등 산업재해를 입을 우려가 없는 것으로 확인될 때까지 관계 근로자가 아닌 사람의 방호구역등 출입을 금지하고 그 내용을 방호구역등의 출입구에 누구든지 볼 수 있도록 게시할 것

[본조신설 2022. 10. 18.]

정답 ③

산업안전기준에 관한 규칙상 강재의 사용기준 중 인장강도에 따른 신장률(%)의 연결이 옳지 않은 것은?

구분	인장강도(kg/㎟)	신장률(%)
① 강관	34 이상 41 미만	25 이상
② 강판	34 이상 41 미만	21 이상
③ 형강	41 이상 50 미만	16 이상
④ 경량형강	50 이상 60 미만	8 이상
⑤ 봉강	50 이상	18 이상

해설

■ 산업안전보건기준에 관한 규칙 [별표 10] <개정 2021. 11. 19.>

강재의 사용기준(제329조 관련)

강재의 종류	인장강도(kg/㎟)	신장률(%)
강관	34 이상 41 미만	25 이상
강관	41 이상 50 미만	20 이상
강관	50 이상	10 이상
강판, 형강, 평강, 경량형강	34 이상 41 미만	21 이상
강판, 형강, 평강, 경량형강	41 이상 50 미만	16 이상
강판, 형강, 평강, 경량형강	50 이상 60 미만	12 이상
강판, 형강, 평강, 경량형강	60 이상	8 이상
봉강	34 이상 41 미만	25 이상
봉강	41 이상 50 미만	20 이상
봉강	50 이상	18 이상

정답 ④

산업안전보건기준에 관한 규칙에서 굴착면의 기울기 기준에 관한 설명으로 옳지 않은 것은?

구분	지반의 종류	기울기
① 보통흙	습지	1 : 1~1 : 1.5
② 보통흙	건지	1 : 0.5~1 : 1
③ 암반	풍화암	1 : 1.0
④ 암반	연암	1 : 0.5
⑤ 암반	경암	1 : 0.5

해설

■ 산업안전보건기준에 관한 규칙 [별표 11] <개정 2021. 11. 19.>

굴착면의 기울기 기준(제338조제1항 관련)

구분	지반의 종류	기울기
보통흙	습지	1 : 1~1 : 1.5
보통흙	건지	1 : 0.5~1 : 1
암반	풍화암	1 : 1.0
암반	연암	1 : 1.0
암반	경암	1 : 0.5

정답 ④

2023년 대비

산업안전지도사 및 산업보건지도사 (추록)

초판 1쇄 발행 2022년 12월 20일

편저 정명재
발행인 이항준 **발행처** (주)법률저널
등록일자 2008년 9월 26일 **등록번호** 제15-605호
주소 151-862 서울 관악구 복은4길 50 (서림동 120-32)
대표전화 02)874-1144 **팩스** 02)876-4312
홈페이지 www.lec.co.kr
ISBN 978-89-6336-751-4
정가 25,000원